HEGYKŐ AM NEUSIEDLER SEE

ein Dorf im Herzen Europas

und seine Umgebung

*Handbuch für*

*deutschsprachige Gäste*

*und Interessierte*

# HEGYKŐ AM NEUSIEDLER SEE

## ein Dorf im Herzen Europas
## und seine Umgebung

*Handbuch für*

*deutschsprachige Gäste*

*und Interessierte*

von

Oliver Meiser

Dipl.- Geograph

## Impressum

Bibliografische Information der Deutschen Nationalbibliothek:
Die Deutsche Nationalbibliothek verzeichnet diese Publikation in der Deutschen Nationalbibliografie; detaillierte bibliografische Daten sind im Internet über http://dnb.dnb.de abrufbar.



Tuschezeichnungen im Buch und auf dem Cover:



Herstellung und Verlag: BoD – Books on Demand, Norderstedt

ISBN: 978-3-7543-3763-9

**HEGYKŐ**

# Inhalt

## **<u>Steppensee</u>**

*Sommer*


Blick, verloren dort im Blau,
Schwalben schwirren, froh ihr Pfeifen,
wogend-goldne Ährenfelder,
morgenmüder Moorgeruch.

Mittagshitze, Staub die Wege,
roter Mohn am Rande glüht,
Weiden spiegeln sich im Wasser,
Wald in sattem Grün ertränkt.

Nachts des Schilfes süßes Flüstern
in den flauen, lauen Lüften
und im Gras der Grillen Grüße
unterm stillen Sternenzelt.


*Oliver Meiser (2003)*

## **<u>Steppensee</u>**

*Winter*

Blick, verloren dort im Schilf,
Gräben, schweigend, schwarz das Wasser,
Sonne stirbt in Nebelschleiern,
glänzend-fette Ackerschollen.

Weiden, kahl, im Wintertraum,
Kähne außer ihrer Zeit,
hinter langen Horizonten
Hornsignal der Raaberbahn.

Weite, ausgefahrne Wege,
Himmel öffnet sich bescheiden,
See und bronzefarbne Weite,
weiß ein Kirchlein in der Fern'.

*Oliver Meiser (2000)*

# Vorwort des Autors

*Liebe Ferien- und Ausflugsgäste, österreichische Nachbarn, Bürger der Partnergemeinde Buchholz, Ungarndeutsche und ungarische Freunde der deutschen Sprache!*

Das 1766 Einwohner (Stand 2021) zählende westungarische Straßendorf *Hegykő* ist - mit seinem bekannten Thermalbad und in einer reizvollen Landschaft gelegen - ein beliebtes Urlaubs- und Wochenendausflugsziel; einer der freundlichsten Orte auf der ungarischen Seite des Neusiedler Sees.

Manche Feriengäste verbringen dabei sogar mehrere Wochen lang und schon zum wiederholten Male die schönste Zeit ihres Jahres in dieser Gemeinde, sei es, um die Heilkräfte des Thermalwassers auf sich wirken zu lassen oder mit dem Fahrrad die Natur rund um den Neusiedler See zu genießen. Viele begeistern sich auch für die Kunst- und Kulturschätze der Region, die bereits seit langer Zeit besiedelt ist, aber auch in der jüngeren europäischen Geschichte eine wichtige Rolle spielte.

Seit einigen Jahren ziehen kulturelle Events wie das *Tízforrás-Festival* Besucher an, welche die bunte Mischung aus traditioneller, moderner und klassischer Musik schätzen. Mit dem Spitzen-Museum, dem *Csipkeház*, hat Hegykő seit 2015 einen weiteren, interessanten Anlaufpunkt, der in- und ausländische Besucher begeistert.

Auch für international bekannte Veranstaltungen wie die Haydn-Festspiele von Fertőd und Eisenstadt, die Seefestspiele von Mörbisch, die Veranstaltungen in den Steinbrüchen von Fertőrákos und St. Margarethen oder die Liszt-Festspiele von Raiding ist Hegykő ein günstiges Standquartier.

Das nahegelegene Sopron hingegen ist eine der schönsten und besterhaltenen mittelalterlichen Städte Ungarns und kann mit einer Reihe von interessanten Museen aufwarten.

Für Tagesausflüge locken nahegelegene Hauptstädte wie Budapest, Wien und Bratislava oder ein Ausflug zu den östlichsten Gipfeln der Alpen wie etwa dem

2076 m hohen Schneeberg, der an klaren Tagen auch von Hegykő aus zu sehen ist.

Nach dem Fall des Eisernen Vorhangs wuchs Europa allmählich wieder zusammen. Alte Wunden verheilten und 2004 wurde auch der damals von vielen lang ersehnte Beitritt Ungarns zur Europäischen Union verwirklicht. Doch das Zusammenwachsen Europas beginnt unten an der Basis: bei jedem Einzelnen selbst und mit seiner Bereitschaft, sich dem Nachbarn zu öffnen!

Die leider in den letzten Jahren wieder aufgekommenen nationalistischen Tendenzen in Teilen Europas zeigen aber mahnend, daß man sich auf dem bisher Erreichten nicht ausruhen darf, sondern daß das gute Miteinander weiterhin gepflegt und immer wieder neu erarbeitet werden muß. Der Zweite Weltkrieg und die Teilung Europas geraten bei manchen bereits in Vergessenheit und vielen ist gar nicht bewußt, was das vereinigte Europa als einmaliges Friedensprojekt eigentlich bedeutet. Der Krieg in der Ukraine hat uns hoffentlich geweckt!

Auch die Corona-Pandemie hat jetzt gezeigt, wie verletzlich die Errungenschaften des europäischen Gemeinsamen sind, wenn es etwa plötzlich wieder Menschen erschwert wird, zu ihrem Arbeitsplatz jenseits der Grenze zu pendeln; wenn Dienstleister von ihren Kunden und Ferienorte von ihren langjährigen Gästen abgeschnitten werden. Über Sinn und Unsinn der jeweils von den einzelnen Staaten und deren Regionen durchgeführten Corona-Maßnahmen mag man streiten, und wir werden es diesseits wie jenseits der Grenze sicher noch Jahre nach dem Ende der Tragödie tun.

Es bleibt nur stark zu hoffen, daß die bis März 2020 gewohnte Bewegungsfreiheit, die gerade in unserer Grenzregion so wichtig ist, so schnell wie möglich wieder vollständig und ohne jegliche Hindernisse dauerhaft hergestellt wird.

Steht man auf den Anhöhen am südwestlichen Rand des Dorfes, stellt man fest, daß Hegykő in den letzten 15 Jahren flächenmäßig um ein gutes Drittel gewachsen ist. Zum historischen Kern und „alten Dorf" kam inzwischen eine große Fläche an Einfamilienhäusern dazu. Alteingesessene Bürger oder deren Kinder aus dem Ort haben neu gebaut und Menschen aus Sopron haben sich mit den im Vergleich zur Stadt günstigeren Grundstückspreisen und der höheren Umweltqualität den Traum vom Eigenheim verwirklicht.

*Hegykő und der Neusiedler See – eine vielfältige Region*

*Tuschezeichnung von Aglája Viktória Meiser (2021)*

Aber auch aus anderen Teilen des Landes sind Neubürger zugezogen und nutzen die grenznahe Lage des Dorfes, um in Westungarn oder Österreich mehr Geld zu verdienen als z.B. in ihrer Heimat im Osten des Landes. Desweiteren sorgt die inzwischen von Győr bis Sopron gebaute neue Autobahn M 85, die auch bald bis Eisenstadt führen wird, dafür, daß etwa inländische Touristen schneller unsere Region erreichen. Sie wird aber nach ihrer kompletten Fertigstellung, da Sopron verkehrsmäßig immer mehr ein Nadelöhr geworden ist, auch die Verbindung nach Eisenstadt und zum Großraum Wien erleichtern.

Während viele Ungarn zum Arbeiten und Einkaufen ins nahe Österreich fahren, haben im Gegenzug in den letzten Jahren viele Österreicher, Deutsche, aber auch aus anderen Ländern zugezogene Menschen in Hegykő und Umgebung Immobilien erworben und eine neue Heimat gefunden, sei es, daß sie ganzjährig hier wohnen oder zumindest einen Teil des Jahres hier verbringen. Einige nach dem Aufstand 1956 geflohene Ungarn sind - angereichert um die Erfahrungen der „weiten Welt" - nach 1989 wieder in ihre alte Heimat zurückgekehrt.

Seit 2001 verbindet Hegykő auch eine Partnerschaft mit dem deutschen *Buchholz im Westerwald* (Landkreis Neuwied). Trotz einer Entfernung von 764 Kilometern (Luftlinie) finden Begegnungen statt, so daß sich dadurch der Kreis der Fremden, die mehr über unser Dorf wissen möchten, noch erweitert hat.

Das Erscheinen der „*Hegykő Helytörténete*" („*Ortgeschichte von Hegykő*") des damaligen Bürgermeisters *János Völgyi* und von *Ibolya Szemes* im Sommer 2001 hat mich damals zunächst auf die Idee gebracht, dieses Buches eins zu eins einfach ins Deutsche zu übersetzen. Doch schon bald ist im Laufe der Jahre durch Studium vieler anderer Quellen und Hinzufügen neuer Themen und Aktualisierungen dann ein neues und anderes Buch entstanden.

Nachdem im August 2021 mit der *Hegykő történelme* (Geschichte von Hegykő), herausgegeben von Bürgermeister *István Szigethi*, nach zwanzig Jahren nun erneut ein Buch in ungarischer Sprache über Hegykő erschienen ist, hatte ich unerwartet noch einmal eine weitere ergiebige Quelle zur Verfügung. Beide Bücher lieferten viel Interessantes, erforderten aber auch enormen übersetzerischen Aufwand.

Aufgrund der Corona-Pandemie über ein unerwartetes Mehr an Freizeit verfügend, habe ich seit 2020 die ganze Situation zum Anlaß genommen, das lange Zeit zu drei Vierteln unvollendet herumliegende Projekt wieder in die Hand zu nehmen und nun endlich zum Abschluß zu bringen. Neue Publikationsmöglichkeiten wie Books on Demand ermöglichen zudem nun auch die Herausgabe von Büchern, die früher aufgrund ihrer regionalen Thematik oder ihres kleinen Leserkreises nur unter finanziellen Verlusten hätten herausgebracht werden können.

So konnte mit dem hier vorliegenden Buch nun endlich auch ein Werk in deutscher Sprache erscheinen. Während das neue ungarischsprachige – wie der Titel ja besagt - sich fast ausschließlich und sehr detailliert mit der Geschichte befaßt, geht dieses hier auch auf naturkundliche Themen ein und schaut an verschiedensten Stellen auch öfter über den Dorfrand hinaus. Es ist vor allem für die deutschsprachigen Gäste von Hegykő, sowie die nahen österreichischen Nachbarn und Nationalpark-Partner gedacht, doch auch einige Ungarn mit entsprechenden Deutschkenntnissen, so hoffe ich, mögen das Buch vielleicht mit Interesse lesen.

Mein Wunsch ist vor allem der, daß sich durch mein Buch vielleicht auch einige Touristen einmal eingehender mit Hegykő und seiner Umgebung beschäftigen. Auffällig ist nämlich, daß viele der in normalen Zeiten zahlreichen Gäste aus dem Bereich um Campingplatz, Thermalbad und den danebenliegenden Restaurants so gut wie nie hinauskommen. Im übrigen Ort sind diese Leute jedenfalls fast nie zu sehen. Vielleicht animiert sie die Lektüre dieses Buches in ihrem Liegestuhl ja, sich einmal aus diesem zu erheben, sich aus ihrer Komfortzone hinauszubegeben und wahrzunehmen, wo sie überhaupt sind.

Mein Bemühen, mehr Wissen über Hegykő zugänglich zu machen und so noch mehr Menschen aus nah und fern dafür zu begeistern, ist gleichzeitig ein kleines Dankeschön an diesen Ort, der auch meiner Familie hier viele schöne Tage gegeben hat.

Von den natürlichen bis hin zu den Volksbräuchen seiner Bewohner faßt dieses Heimatbuch allerlei Wissenswertes über Hegykő und seine interessante Umgebung zusammen. Etliches davon erschloß sich bisher ja leider nur jenen Interessierten, die der ungarischen Sprache mächtig sind.

Ein Lektorat habe ich mir bei diesem Buch erspart – zum einen aus eigenen Kostengründen und zum anderen, um es somit wiederum auch Ihnen möglichst günstig anbieten zu können. Ich hoffe, daß mir bei der Korrekturarbeit nicht zu viele Fehler entgangen sind und bitte, wo etwa doch welche auftauchen sollten, um entsprechende Nachsicht.

Ebenfalls aus preislichen Gründen konnte ich Ihnen in diesem Buch leider auch keine Farbfotos anbieten, was mich etwas schmerzt, zumal ich selber ein begeisterter Fotograf bin und über viele Bilder vom Ort und seiner Umgebung verfüge. Eine Ausgabe mit farbigen Abbildungen und dem dafür notwendigen Papier hätte für Sie dann entweder zwischen dreißig und vierzig Euro kosten müssen oder aber sie hätte die Notwendigkeit von Werbung oder Sponsoren bedeutet, was sehr schnell ungewollte Kompromisse und unerwünschte Abhängigkeiten mit sich bringt.
Da viele Menschen pandemiebedingt und durch die starken Preissteigerungen der letzten Zeit immer weniger im Geldbeutel haben, wollte ich nun auch ein Buch anbieten, das dennoch für möglichst viele leistbar ist und hoffe, mit dieser Ausgabe eine befriedigende Lösung gefunden zu haben, die auch etwa Wochenend-Ausflugsgäste zum „einfach Mitnehmen" oder „eben mal bestellen oder runterladen" bewegt.

Um auch andere aktuelle Diskussionen aufzugreifen, möchte ich - auch wenn im Text der Einfachheit halber auf das Gendern verzichtet wurde - an dieser Stelle dennoch ausdrücklich darauf hinweisen, daß ich mit diesem Buch *alle* Interessierten unabhängig von Geschlecht, Herkunft, Religion etc. anspreche. Gerade auch, weil in den letzten zwanzig Jahren sehr unterschiedliche Menschen nach Hegykő gezogen sind oder hier Urlaub machen, sei es aus dem Ausland oder auch aus anderen Teilen Ungarns. Das weitere Gedeihen der Region, sowie der Natur- und Umweltschutzgedanke des Nationalparks setzt für eine erfolgreiche Bewältigung der Aufgaben, vor denen wir stehen, unbedingt ein freigeistiges und harmonisches Miteinander voraus, das sich mit jeglichen auf *–ismus* endenden Tendenzen nur schwer oder gar nicht verträgt.
In diesem Sinne grüße ich alle, die dieses Buch in der Hand halten, ganz herzlich und lade Sie ein, Hegykő überhaupt oder noch besser kennenzulernen!


*der Autor, im Frühling 2022*

**1. Der Naturraum - ein gesegneter Landstrich**

Der Naturraum, in dem Hegykő liegt, hat eine ganze Reihe von Gunstfaktoren aufzuweisen. Dazu zählen das angenehme Klima mit viel Sonnenschein, gute Böden für die Landwirtschaft, eine vorteilhafte Geologie, die das Vorhandensein von Thermalwasser gewährt, sowie eine reiche Flora und Fauna, deren Schutz durch den *Nationalpark Fertő-Hanság / Neusiedler See* garantiert wird.


**1.1 Im Herzen Europas: Hegykő und der Neusiedler See**


Im Grenzgebiet zwischen Alpenraum und den großen ungarischen Tieflandgebieten liegt der Neusiedler See, früher auch gerne das *„Meer der Wiener"* genannt. Die ungarische Bezeichnung für diesen Steppensee ist *Fertő Tó* (ob von ung. *fertőzés* = Infektion, wegen früherer Seuchengefahr?).

Hegykő, ein Dorf im westlichsten Ungarn und am Rande der *Kleinen Ungarischen Tiefebene* (ung. *Kisalföld*) gelegen, befindet sich am Südufer des in diesem Teil sehr verschilften Neusiedler Sees, der in diesem Bereich auch *Silbersee* (ung. *Ezüst Tó*) genannt wird. Die Gemeinde Hegykő liegt im Komitat Győr – Moson - Sopron auf 120 Metern Höhe über dem Meeresspiegel. Die Gemarkungsfläche beträgt 26,87 km². Sie grenzt an folgende Nachbargemeinden: im Westen an Fertőhomok, im Südwesten an Pinnye, im Süden an Nagylózs, im äußersten Südosten an Röjtökmuszáj, im Osten an Fertőszentmiklós und Fertőszéplak, sowie im Norden an das Dörfchen Sarród. Die Gemarkungsfläche umfaßt neben dem Siedlungsgebiet von Hegykő Schilfgebiete des Neusiedler Sees, Brach- und Weideland, Ackerflächen, sowie – im Süden und Südosten – einige Gebiete mit Laubwald.

In der Vergangenheit wie heute hat der See das Leben der Dorfbewohner stark geprägt. Wenn auch seit dem für Ungarn so schicksalhaften Vertrag von Trianon am 4. Juni 1920 zu zwei Staaten gehörend, ist und bleibt der See ungeachtet aller politischen Verhältnisse ein einheitlicher, geographischer Raum, der vor allem durch die Einflüsse und Wechselwirkungen der nahen Alpen und der ungarischen Tieflandgebiete so interessant ist.

*Das „alte Dorf" von Hegykő, Tuschezeichnung von Aglája Viktória Meiser (2021)*

Unterschiedliche Klimazonen, sowie tier- und pflanzengeographische Gebiete treffen hier aufeinander und mischen alpine Erscheinungen mit pannonischen Elementen.

Mit – je nach Wasserstand – 309 bis 320 km² Fläche, einer Nord-Süd-Ausdehnung von 36 km, einer Breite von 6-14 km und 170 km Uferlinie ist  der Neusiedler See nach dem Genfer See und dem Bodensee der drittgrößte See Mitteleuropas, sowie  der westlichste einer langen Kette von Steppenseen, die sich von China über Mittelasien bis nach Europa zieht. Durch die Ziehung der neuen Staatsgrenzen nach dem Ersten Weltkrieg ist nur noch ein Viertel des Sees auf ungarischem Territorium verblieben.

20

Der mittlere Wasserspiegel des Neusiedler Sees liegt bei 115,5 mNN und damit noch 20 m niedriger als das Niveau der Donau bei Bratislava. Die mittlere Wassertiefe des Sees beträgt 1,1 m und nur die tiefsten Stellen erreichen 1,80 m.

Größe und Tiefe des Sees haben sich im Laufe der Geschichte immer wieder verändert. Das reichte von kompletter Austrocknung bis zu höheren Wasserständen als jenem von heute. Es heißt, daß der See seit seiner Entstehung vor 13.000 Jahren bis zu vierhundert Mal ausgetrocknet war.

Hinweise auf Austrocknung oder Wassertiefstand geben Berichte des Kreuzfahrerheers unter *Gottfried von Bouillon (1060-1100)*, der auf dem ersten Kreuzzug im Jahr 1096 den See offenbar ohne Probleme überquerte. Wassermangel herrschte aber auch 1324, dann 1543, 1740 (Austrocknung), 1773, 1811 (Austrocknung) und zuletzt in den Jahren 1865-1871 (mit kompletter Austrocknung v.a. 1868). Nach Austrocknungen überlegte man häufig, das Land gewinnbringend zu nutzen, befand aber nach eingehenderen Studien wie 1866, daß u.a. aufgrund hohen Salzgehaltes der Boden für die Landwirtschaft nicht in Frage käme (vgl. *Geschnatter 3/1998*).

Was die Wasserhochstände anbelangt, so muß ein erster Rekordpegelstand im Jahr 1074 erreicht worden sein, zu der Zeit, da der ungarische *König Salomon (1053-1087)* einen Sieg über die Bissener (Petschenegen) errang (vgl. u.a. *Geschnatter 1/1999*).

Aus einer Schenkungsurkunde, die der ungarische König *Imre / Emmerich* 1199 für einen Grafen namens Lőrincz ausstellte, geht hervor, daß offenbar zwischen Balf und Fertőrákos damals noch drei weitere Siedlungen lagen, die später wohl durch gestiegenen Wasserspiegel untergegangen sind.

1230 soll der See fünf Dörfer überflutet haben. Bei Sarród lag ein Ort namens *Urkony*, der verschwunden ist. Auch ein Ort namens *Bánfalva*, der vor 1318 noch *Vitézfölde* hieß, taucht später nicht mehr auf. 1501 muß der See seine größte Ausdehnung gehabt haben, die in ähnlichem Ausmaße wohl auch 1677 wieder erreicht wurde. Auch 1741/42, 1797-1801, 1838, ab 1877 (1879 erreichte er den Dorfrand von Hegykő), 1886, in den 1920er Jahren und 1941 war der Wasserstand sehr hoch.

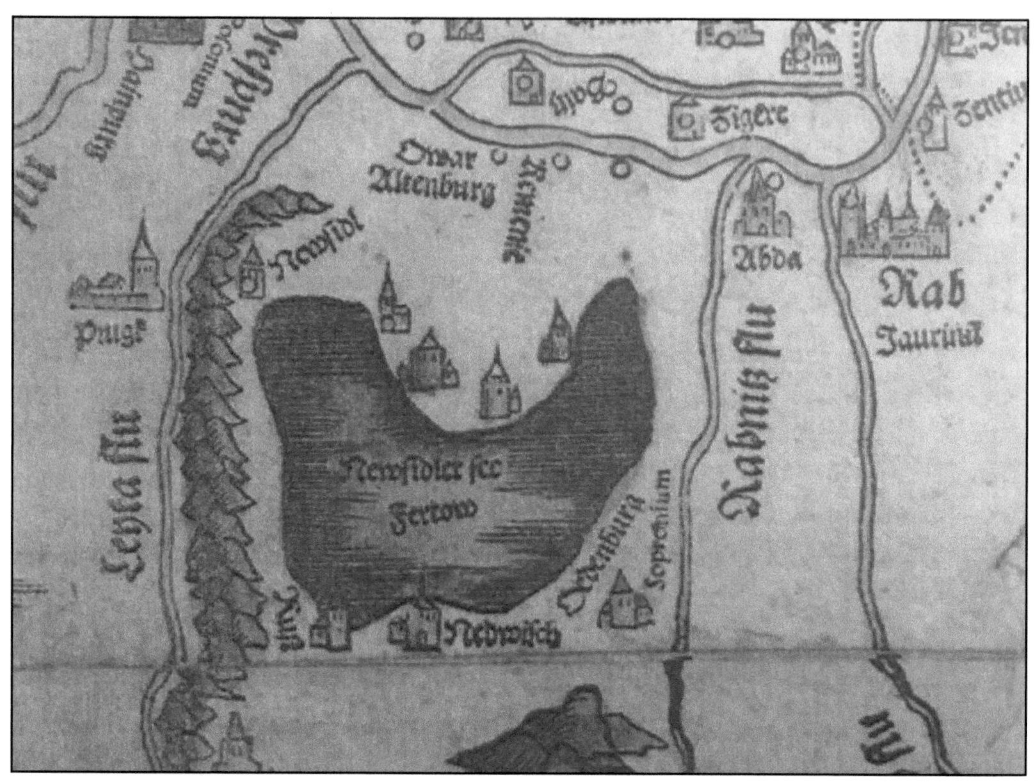


*Veränderte seine Form häufig: der Neusiedler. Lazarus-Karte von 1528*

1768-69 erreichte der Neusiedler See, wie berichtet wird, sogar die Größe des Plattensees (dieser hat derzeit eine Fläche von 594 m²). Auch 1786 lag die Größe des Sees bei 500 km² - vielleicht eine Folge des Klimawandels durch eine gewaltige vulkanische Eruption an der Laki-Spalte in Island 1783.

Alte Karten (s.o.) zeigen die unterschiedlichen Formen und Ausdehnungen des Gewässers. Je nach Zustand wurde es See (lat. „*lacus*"), *Sumpf* (lat. „*stagnum*") oder der sogar *Fluß* (lat. „*fluvius*"; vgl. *Kiss 2010*) genannt. Auf manchen Karten wie jener vom Königreich Ungarn des niederländischen Kartographen und Kupferstechers *Joan Blaeu (1596-1673)* aus dem Jahre 1664 tauchen die lateinische (*Lacus Peiso*), ungarische (*Fertő*) und deutsche Bezeichnung gemeinsam auf: „*Peisofewrtew – Newsidlersee*".

Was die schwankenden Wasserstände betrifft, schreibt der ungarische Erzähler *Maurus (Mór) Jókai von Ásva (1825-1904)* in seinem 1877 erschienenen Werk *„Die namenlose Burg"*:

*„Solch ein eigentümliches Spiel spielte der Neusiedler See oft mit den Vorbeiziehenden. Er ließ seinen Grund trocken. Doch dann kam es ihm auf einmal wieder anders in den Sinn. Erneut nannte er sich See, gewann seine einstige Würde zurück und Felder wie Höfe verschwanden unter dem Spiegel seiner grünen Wellen"*

Seit 1901 soll der See zwei Drittel seiner damaligen Wassermenge verloren haben.

Seit Fertigstellung des von 1892 bis 1909 gebauten Einser-Kanals (ung. *Hanság-Főcsatorna*) kann der Wasserstand durch die *österreichisch-ungarische Gewässerkommision* geregelt werden. Das Wasser des Einser-Kanals fließt über die *Rabnitz* (ung. *Répce* bzw. *Rábca*) zur Donau ab. Dennoch kann der Wasserspiegel des Sees von Jahr zu Jahr um einige Dezimeter schwanken.

Bei starkem Sturm – etwa zweimal im Jahr werden über 10 Beaufort erreicht - kann der Wasserstand gar zur selben Zeit an verschiedenen Orten unterschiedlich sein (sog. Schiefstellung des Wasserspiegels), wie etwa am 29. März 1888 geschehen, als zwischen Fertőboz und Neusiedl 81 cm Differenz zu verzeichnen waren. Ein Herbststurm im Oktober 1926 legte gar 80 km² Seefläche trocken!

Als echter Steppensee verdunstet der See mehr Wasser als er durch Niederschläge und Zuflüsse erhält. Alle anderthalb Jahre tauscht sich das Wasser komplett aus. Das Einzugsgebiet des Neusiedler Sees beträgt 1.116 km². Zu 80 % erhält der See sein Wasser aus Niederschlägen und nur zu 20 % aus Oberflächenwasser. Einzige größere, nennenswerte Zuflüsse sind auf österreichischer Seite die *Wulka* (ung. *Vulka*), die bei Donnerskirchen in den See mündet, sowie auf ungarischer Seite der *Rák Patak* (Krebsbach) bei Fertőrákos, das mit deutschem Namen nach diesem auch Kroisbach heißt.

Aufgrund seiner Flachheit ist der See stark in Verlandung begriffen. Der Schilfgürtel ist an einigen Stellen – so etwa bei Donnerskirchen - bis zu 5 km breit.

<u>**Neusiedler See**</u>

*von Mihály Mentes*
*(1891-1960)*

I.

Ein riesiger, glatter Spiegel,
sich ins bläuliche neigend, milchweiß.
Innen gestaltet sein Lächeln
die Sonne, sowie sie morgens auf ihren Weg geht.

Doch hat er sehr viele Flecken in sich.
Man sagt, es seien Röhrichte,
doch schlimme, große Buben
haben dort den Lack abgekratzt.

Die Sonne glaubt vielleicht,
daß sein Gesicht fleckig ist, verschrammt,
und daß er in den Wolkendecken
einen dichten, großen Schleier sucht.

Eine große, schmutzig-gelbe Decke
schlägt Schatten auf dem Spiegel
und sieht nicht in ihn hinein. So liegt er
unleidig hinter den Bergen.

II.

Doch es geht der Mond auf... Die gelbe, häßliche
Decke lupft er schnell.
Sein blasses Gesicht badet er in des
Silberspiegels weichem Schimmer.

Er ist sehr eitel. Er sieht nicht
die häßlichen, rostigen Flecken.
Schön ist der Spiegel, denn er macht
ihm schmeichelnde, törichte Komplimente.

Und obwohl sein Licht zum Morgen hin schwindet,
glänzt er doch vor Freude.
Und eitel lacht
der riesige Silberspiegel zurück.


aus: Ungarisches Gebet (*Magyar Imádság*), 1927
(Übersetzung ins Deutsche: O.Meiser)

Etwa 55 % des gesamten Sees sind verschilft; im ungarischen Teil sind es sogar 86 %. In letzterem hat man außer bei Fertőrákos kaum noch Zugang zu größeren, freien Wasserflächen. Schätzungen gehen davon aus, daß diese ohne weiteren Eingriff des Menschen in spätestens hundert Jahren verschwunden sein werden. Die starke Röhrichtbildung begann offenbar jedoch erst im 20. Jahrhundert als Folge der Wasserstandsregulierungen durch den Einserkanal ab 1909. Davor führten Trockenperioden eher zum Rückgang des Schilfes, sowie in manchen Uferbereichen auch die Haltung von Steppenrindern (Graurindern), die durch ihren Tritt das Aufkommen von neuem Schilf begrenzen und daher zu diesem Zweck in den letzten Jahrzehnten wieder dafür gehalten wurden. 1950 wurden im ungarischen Bereich des Sees Haupt- und Querkanäle (auf der österreichischen Seite *Schluichten* genannt) angelegt, die man 2014-15 erneut ausgebaggert hat.

Der mittlere Salzgehalt des Neusiedler Sees beträgt 1.200 mg/l und stammt aus ehemaligen Meeressedimenten am Grunde des Sees.

## 1.2 Angenehmes Klima mit reichlich Sonnenschein

> *„Und Gottes lauer Hauch schwebt drüber hin*
> *und wärmt und reift und macht die Pulse schlagen,*
> *wie nie ein Puls auf kalten Steppen schlägt…"*

So äußerte sich der Wiener Dramatiker *Franz Grillparzer (1791-1872)* zum pannonischen Klima.

Im westlichen Ungarn macht sich, wie übrigens auch schon im Wiener Becken und Teilen des Burgenlands, sehr stark der kontinentale Klimaeinfluß bemerkbar. Kennzeichnend für diese Kontinentalität sind lange, heiße und trockene Sommer und kürzere, schneearme, aber zum Teil dennoch sehr kalte Winter. Die Vegetationsperiode kann im Seebereich über 250 Tage betragen. Die Jahresmitteltemperatur liegt im langjährigen Mittel bei 10°C und entspricht damit den wärmsten Orten in Deutschland. Für das Jahr 2021 hat der Autor (siehe

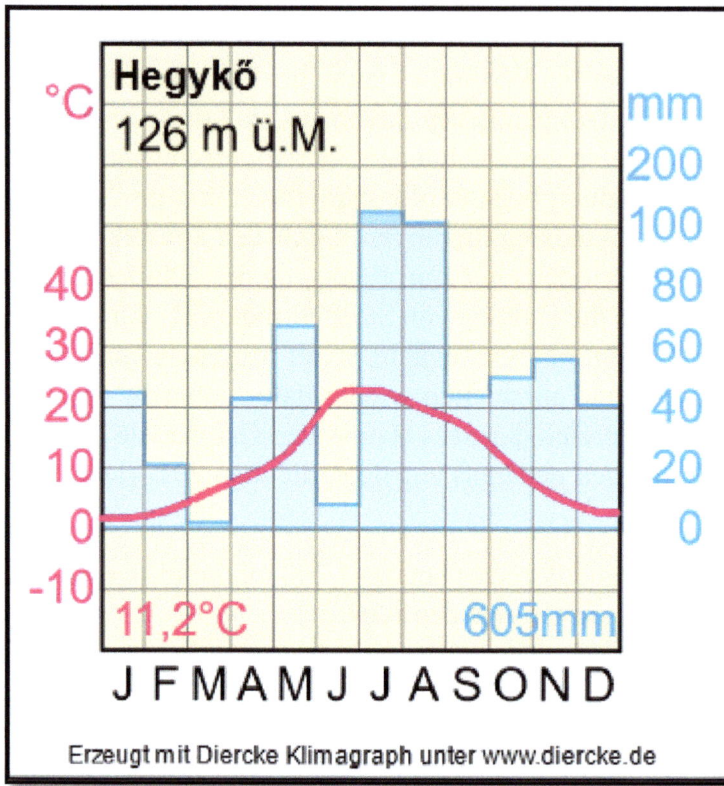


*Temperatur [°C] und Niederschlag [mm = l/m² ] für das Jahr 2021- nach Messungen von O. Meiser*

Klimadiagramm) gar 11,2°C gemessen. Die Übergangsjahreszeiten sind meist weniger stark ausgeprägt als in weiter westlich oder nördlich liegenden Teilen Mitteleuropas. So kann nach einem Frühling von oft nicht einmal vier Wochen Dauer bereits schon die Sommerhitze Einzug halten, während der sommerliche Charakter oft bis spät ins Jahr anhält, um dann abrupt - ja manchmal sogar von einer Stunde auf die andere! - von der Winterkälte abgelöst zu werden. Dies geschieht häufig jedoch, ohne mit einem Ende der sonnigen Witterung einherzugehen.

Die Region Neusiedler See ist zwar, was ihren österreichischen Teil betrifft, das wärmste Gebiet Österreichs. Die ungarischen Teile gehören jedoch - verglichen mit anderen Gebieten Ungarns - eher zu den kühleren und Sopron am Fuße des Ödenburger Gebirges daneben auch zu den regenreicheren Gebieten.

Die Mitteltemperaturen des wärmsten Monats Juli liegen bei 20 °C, während sie sich im Januar, dem kältesten Monat, um − 1°C bewegen. Für das Jahr 2021 betrugen sie in Hegykő 22°C und 1,7°C.

*ein Unwetter zieht hinter Hegykő auf. Foto: O. Meiser (2020)*

Spätfröste treten durch den See, der seine Wärme über Nacht abgibt, kaum auf, was günstig für das Blaufränkischland, d.h. den Weinbau auf beiden Seiten der Grenze ist, aber auch dem Gemüsebau entgegenkommt. Komplett frostfrei sind 190-195 Tage.

Im Sommer steigt das Quecksilber häufiger als etwa in Deutschland über die 30°C-Marke und vereinzelt können – wie in den heißen und trockenen Sommern 2015, 2018 und 2019 - Höchstwerte bis 40°C erreicht werden. Durchschnittlich liegt an 60 Tagen das Tagesmittel bei über 25°C. 2021 gab es gar 80 Tage dieser Qualität.

Das Wasser des Neusiedler Sees - im Jahresmittel mit einer Temperatur von 11°C - erwärmt sich aufgrund seiner geringen Tiefe recht schnell und sorgt daher schon früh im Jahr für ausgedehnten Badespaß. Im Hochsommer hat das

*zunehmend wird Trockenheit in der Region ein Problem. Foto O. Meiser (2020)*

flache Wasser durchschnittlich 22-23°C; in der oberflächennahen Schicht bzw. im Uferbereich aber auch bis zu 30°C. Insgesamt kann im Laufe des Jahres die Wassertemperatur zwischen 2 und 30° schwanken.

Die winterliche Eisdecke kann sich in strengeren Wintern bis zu 100 Tage lang halten. Häufig setzt zu Jahresbeginn bei Hochdruckwetterlage eine längere Frostperiode ein, die für dickes Eis und - Windstille vorausgesetzt - hervorragende Schlittschuhbahnen sorgt. Im Januar 2017 fuhren gar Radler über den See. Doch die Eisdecken können aufgrund von Strömungen und Quellen auch tückisch sein, wie 1270 *Ottokar II. Přemysl (1232-78, ab 1253 König von Böhmen)* schmerzlich erfahren mußte, als er den Ungarn über den zugefrorenen See Infanterie und Reiter entgegenschicken wollte und durch das Einbrechen der Soldaten herbe Verluste erlitt!

*Schneesturm in Hegykő in der Szt. Mihály u. Foto: O. Meiser (2017)*

Schlimm für die im Wasser lebenden Tiere ist es, wenn der flache See bis auf den Grund durchfriert, wie es z.B. in den Jahren 1721, 1892 und 1929 geschah.

Ist der See gefroren, so kann der Einzug des Erstfrühlings um einige Tage verzögert werden, weil beim Auftauen des Eises Wärme gebunden wird.

Im Vergleich zu vielen westlicher in Europa gelegenen Meßstationen fällt in Hegykő weniger Niederschlag. Insgesamt läßt sich feststellen, daß es 2-3 niederschlagsreichere Perioden im Jahr gibt. Im langjährigen Mittel fallen in der Region knapp 640 mm oder l/m². Nach den Angaben einzelner Meßstationen (siehe auch Tabellen im Anhang) hatte von 1971-2005 Fertőrákos 550 mm, Fertőújlak 570 mm und Fertőboz 590 mm Jahresniederschlag. Von 1891-1930 waren im Seewinkel in Apetlon 593 mm und in Andau 612 mm zu verzeichnen. Die in Hegykő vom Autor gemessenen 604 mm für 2021 liegen so gesehen im

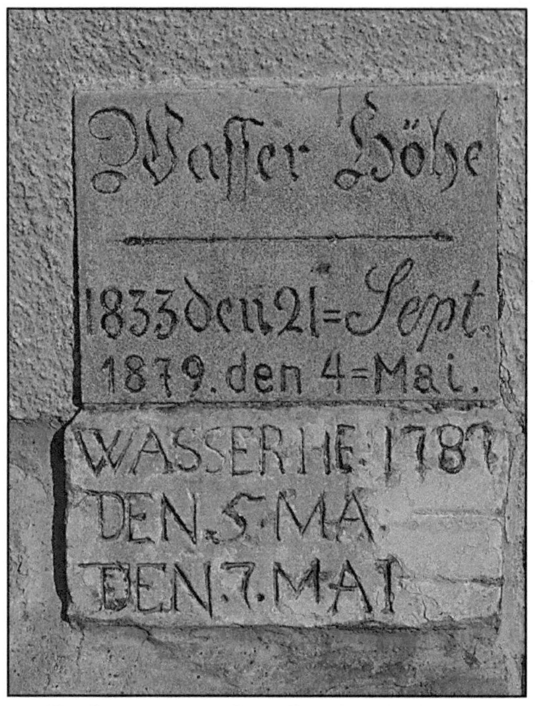



*Hochwassermarken der Ikva in Sopron*
*Foto: O. Meiser (2022)*

Bereich des Normalen, wenn auch die Verteilung - je nach Interessenslage - vielleicht ungünstig war.

Während der Vegetationsperiode fallen 340-360 mm.

In sehr trockenen Jahren hingegen können auch insgesamt weniger als 400 mm verzeichnet werden. So wurden z.B. 1932 in Apetlon nur 346 mm gemessen.

Die höchsten Niederschläge des Jahres gibt es im Juni, was jedoch nichts über deren Verteilung aussagt: Einige, starke Gewitterregen machen die Menge aus, wobei es nach der Auskunft alter Dorfbewohner heißt, daß von Südosten heranziehende Unwetter sehr gefährlich und verheerend sein sollen. Starkregenereignisse kommen vor, doch können sie aufgrund der Flachheit des Geländes und des Fehlens größerer Fließgewässer nicht so große Schäden verursachen – anders als entlang der Ikva, wo etwa im nahen Sopron alte Wasserstandsmarken verheerende Überschwemmungen bezeugen (siehe Foto).

Oft kann man aber auch beobachten, daß sich der Himmel zwar - in unheilschwangerer Stimmung und als ob die Welt unterginge - gewitterschwarz zusammenbraut, ohne daß dabei ein einziger Tropfen Regen fällt. Häufig sind diese Erscheinungen dann nur die Ausläufer von schweren Unwettern, die noch jenseits der Staatsgrenze im Burgenland oder in Niederösterreich niedergehen. Immer wieder fällt auch auf, daß ab Hidegség nach Westen in Richtung Sopron Regen fällt, während es in Hegykő trocken bleibt. Ursache dafür sind wahrscheinlich die dort liegenden, wenn auch kleineren Erhebungen, die bereits Luftströmungen umlenken können.

*An klaren Wintertagen scheint Hegykő direkt vor dem Schneeberg zu liegen.*
*Foto: O. Meiser (2021)*

Großräumig fällt bei Westwetterlage der Niederschlag im Stau entlang der Alpen mit abnehmender Menge in Richtung Osten. Bis die Wolken das hiesige Gebiet erreichen, ist die größte Menge an Niederschlag bereits gefallen.

Eine häufige Wetterscheide ist dabei auch der Wienerwald, östlich dessen es dann trockener bleibt. Oft liegt die Seeregion direkt im Wetterschatten der Ostalpen. Dies ist besonders schön bei guter Fernsicht zu beobachten, wenn man erkennen kann, wie die letzten großen Erhebungen, so vor allem der 2076 m hohe Schneeberg, regelrecht den Himmel über dem Neusiedler See freihalten, während es in Wien und im nördlichen Burgenland, sowie südlich entlang einer Linie zum Komitat Vas hin bedeckt bleibt.

Im Sommerhalbjahr gibt es immer wieder Trockenperioden von mehreren Wochen Dauer, die durchaus, wie in den vergangenen zwanzig Jahren mehrfach geschehen, zwei, drei Monate anhalten können. Aber auch den Winter über gehören staubige Feldwege oft mehr noch zum Alltag als zäher Schlamm.

Neben dem aus langjährigen Beobachtungen ermittelten niederschlagsreichsten Monat Juni liegt das zweihöchste Maximum der Regenfälle im November. Ausnahmen treten freilich immer wieder auf: so brachte der November 2020 an der Meßstation in Hegykő nur 12 mm. Zu allen Jahreszeiten und nun auch mitten im Frühling fehlende Niederschläge scheinen derzeit immer mehr zum Problem zu werden. Im März 2021 gab es in Hegykő insgesamt nur 1,6 mm Niederschlag (nach eigene Messungen) und viele Naturteiche hatten einen niedrigen Wasserstand wie sonst nur nach trockenen Sommern im September zu sehen.

Schnee liegt (vgl. *Bidló* in *Kárpáti / Fally 20212*) an durchschnittlich 30-40 Tagen im Jahr und die Schneedecke erreicht dabei 18-15 cm. Doch dies kann sicher nicht mehr für die vergangenen zwanzig Jahre gelten. Nur noch selten liegt in Hegykő Schnee. In diesem Falle mißt die Schneedecke zumeist nur wenige Zentimeter, um noch am selben Tag oder spätestens nach einigen Tagen wieder zu verschwinden - sei es entweder durch wärmere Temperaturen oder die hohe Einstrahlung der Sonne auch im Winter. Dies deutet in Richtung auf den vieldiskutierten Klimawandel und eine Erwärmung. Der Winter 2020 / 21 brachte so gut wie keinen Schnee, und auch im bisherigen Winter 2021 / 22 ist bisher nur dreimal unergiebig Schnee gefallen. Der Silvestertag 2021 war mit einem Maximum von 17,1°C im Schatten (Messung durch den Autor in Hegykő) vielleicht der wärmste seit in der Gegend Wetter aufgezeichnet wird.

Wenn auch den Winter über nicht so viele Besucher nach Hegykő kommen wie im Sommerhalbjahr, so enthüllt gleichwohl die Landschaft zu dieser Jahreszeit doch oft ganz besondere Reize: wenn etwa die tiefstehende Sonne das verdorrte Schilf in bronzefarbenes Licht taucht, der föhnige Himmel über dem weiten Horizont zur Dämmerstunde feuerrot aufglüht oder, bei Schneelage, alles in bläulichen und rosa Farben zu verschwimmen scheint. Bei klarer Luft herrscht Alpenblick. Dann ist der bereits erwähnte, mächtige Schneeberg zu sehen - die letzte, große Bastion der östlichen Kalkalpen. Eine stramme Wanderung durch den steifen und frischen Steppenwind und ein anschließendes Entspannen im wohltuenden Thermalbad können Körper und Seele nur empfohlen werden. Kommen Sie auch im Winter!

Während des gesamten Jahres werden zwischen 1800 und 2000 Sonnenscheinstunden erreicht; im Mittel sind es 1889.

Nebel herrscht in Hegykő weniger oft, als man dies aufgrund der Seenähe annehmen möchte. Aufs Gemüt drückende, wochenlange Novembertristesse kann zwar manchmal – wie in dem ohnehin schon traurigen Jahr 2020 - vorkommen, ist aber insgesamt gesehen nicht die Regel. Im Herbst und Frühling wandern zwar häufiger Nebelbänke vom See hinauf ins Dorf, doch lösen sie sich normalerweise bereits während des Vormittags wieder auf, was an den häufig einsetzenden Winden liegen mag.

Die stärksten Winde blasen in den Monaten März und April. Wind tritt häufig auch mit dem Ende kürzerer Regenperioden auf, um dann etwa zwei bis drei Tage oft sehr lebhaft anzudauern. Die vorherrschende Windrichtung liegt in 53 % aller Fälle zwischen Nord und West; 32 % wehen direkt aus Nordwest. Hin und wieder bläst der Wind auch einige Tage lang aus Süd-Südost, was dann warme und feuchte Luft von der Adria bringen kann. Generell kann man am See immer mit Wind rechnen, was ihn für Segler attraktiv macht. Vom 10.-20. Mai 2006 fanden auf dem Neusiedler See gar die *World Sailing Games* statt. Auch bei dieser Segel-WM mußten die Teilnehmer über fehlenden Wind nicht klagen; die Veranstalter hingegen über fehlende Finanzmittel…

Während es in unserer Gegend noch keine Windkraftanlagen gibt, kann man bei klaren Wetterlagen und von erhöhten Standpunkten – etwa der Gloriette bei Fertőboz oder dem Csillaghegy oberhalb von Hidegség - die ausgedehnten Windparks der österreichischen Seite auf der Parndorfer Platte sehen. Sportbegeisterte nutzen den Wind auch zum Eissegeln und Kitesurfen am See.

## 1.3. Auf dem Boden der Tatsachen: aus Geologie und Erdgeschichte

Geologen vermuten, daß bis vor etwa 20 Millionen Jahren die Alpen mit den Karpaten einen zusammenhängenden Gebirgszug bildeten. Als sich die Gebirge trennten, wurde das Land entlang der Bruchlinie bis zu 150 Meter hoch mit Schottersedimenten bedeckt. Durch eine weitere Absenkung konnte dann das Meer eindringen, während höhere Partien wie das nördlich vom Neusiedler See gelegene Leithagebirge und das Ruster Hügelland westlich des Sees als korallenriffumsäumte Inseln aus dem Wasser ragten.

Das sog. *Pannonische Meer*, ein Ausläufer des *Tethys-Urmeeres*, bedeckte vor 16 Mio. Jahren unter tropischen bis subtropischen Klimaverhältnissen noch die Kleine Ungarische Tiefebene (ung. *Kisalföld*) und das Wiener Becken. Diese Beckenlagen weisen Sedimentablagerungen von bis zu zweitausend Metern Mächtigkeit auf. Vor ca. 13-14 Mio. Jahren zog sich das Meer nach und nach zurück, bis schließlich ab 11,5 Mio. Jahren zwei Binnenmeere übrigblieben: das *Pannonmeer* und das *Pontmeer*, die sich aufgrund trockener Klimaverhältnisse stetig verkleinerten. Als das Klima wieder feuchter wurde, süßten die Binnenmeere schließlich aus und verlandeten vor ca. 5 Mio. Jahren. Früher glaubte man auch, daß der Neusiedler See ein Rest des Pannon- und Pontmeeres wäre.

Im Zusammenhang mit der Alpenauffaltung bildeten sich weitere Bruchzonen und Einsenkungen, in denen der Neusiedler See entstand. Den heutigen See gibt es seit Ende der letzten Eiszeit (Würm-Eiszeit) und er ist vermutlich maximal 10 - 20 000 Jahre alt. Häufiger wird konkreter das Alter von 13.000 Jahren genannt. Seit 1520 hat der Neusiedler See, mit den o.g. Schwankungen in den einzelnen Jahren und Jahrzehnten, etwa die heutigen Ausmaße beibehalten (vgl. u.a. *Geschnatter 4/1996*).

Aufgrund des flachen Reliefs trifft man in der Umgebung auf keine geologischen Kuriosa wie etwa am Balaton-See. Normalerweise bleibt dem Betrachter in der hiesigen Gegend die Geologie eher verborgen - abgesehen von Baugruben der Neubaugebiete oder beim Straßenbau. Und auch diese geben uns lediglich Einblick in das, was wir ohnehin vermuten: mächtige Sedimentschichten und Ablagerungen von *Löß*. Letztere, wie man sie etwa in Deutschland auch im

*Geologischer Aufschluß an einem Lößabbruch bei Fertőboz. Foto: O. Meiser (2021)*

Kaiserstuhl findet, sind Feinsedimente, die aus eiszeitlichen Schotter- und Sanderflächen  ausgeblasen und anderswo im Windschatten abgelagert wurden. Aufschlüsse im Löß sind zum Beispiel entlang der Seestraße bei Hidegség und noch besser in Fertőboz zu sehen. Die 40 m mächtigen Lößablagerungen sind dort noch erhalten, weil sie offenbar von darüberliegenden, widerstandsfähigeren Sedimenten vor Abtragung geschützt wurden. Lößablagerungen gibt es in vielen Teilen Ungarns und oft dient das weiche, aber dennoch standhafte Material der Anlage von Weinkellern.

Sandablagerungen in einer Linie von Hidegség über Hegykő bis Fertőd sollen hingegen (vgl. *Bidló* in *Kárpáti / Fally 2012*) von einem alten Donaulauf stammen.

*gute Böden und große Flächen – ideal für die Landwirtschaft. Foto: O.Meiser (2001)*

Erst unter den ganzen Sedimentschichten steht kristalliner Schiefer an, wie man ihn bei Sopron dann auch oberflächlich im Soproner Gebirge, welches geologisch gesehen der östlichste Ausläufer der Alpen ist, antreffen kann.

So langweilig die Landschaft demjenigen erscheinen mag, der durch den mineraliengesegneten Schwarzwald oder die fossilienreiche Schwäbische Alb interessanteres kennt, so günstig ist sie für die Landwirtschaft. Gute, steinarme Böden und große Wirtschaftsflächen bieten den Bauern vorteilhafte Voraussetzungen.

Nie vergesse ich, wie vor Jahren ein alter Landwirt aus meiner Verwandtschaft einmal nach Hegykő kam. Für ihn, der sein Leben lang einen Bauernhof im klimatisch ungünstigen und steinigen Oberfranken bewirtschaftet hatte, war die Reise nach Ungarn die erste und einzige seines ganzen Lebens gewesen. Als wir mit dem alten Mann über die Felder hinter dem Dorf spazierten, kniete er plötzlich auf einem Acker nieder, nahm die Erde, als ob es das Heiligste vom Heiligen wäre und sagte ungläubig: „Ich habe vor langer Zeit mal davon gehört,

36

daß es so etwas geben soll. Gesehen habe ich es bisher noch nie: eine Erde, die durch und durch fruchtbar ist - und ohne einen einzigen Stein!…".

Im Gebiet um Hegykő trifft man immer wieder auf tiefschwarze Böden. Dabei handelt es sich um *Schwarzerdeböden* (genannt auch: *Tschernoseme*; aus russ.), die aus Sand und Löß zusammengesetzt sind und deren wichtigstes Merkmal der mächtige, humusreiche Oberboden ist. Schwarzerdeböden sind sehr fruchtbar und bedingen u.a. den intensiven Gemüseanbau in Hegykő.

Dichter zum See hin finden sich sog. *Solonetz-* und *Solontschak-Böden* (beide Bezeichnungen aus russ. / kirg.). Während Solonetze schwere, tonige und kalkarme Salzböden sind, handelt es sich bei letzterem um sandige, leichte Böden mit hohem Grundwasserstand, die aufgrund des kapillaren Aufstiegs der gelösten Stoffe Ausblühungen zeigen. Auf ihnen wachsen nur *Halophyten*, d.h. solche Pflanzen, die an das Leben unter hohen Salzkonzentrationen ihrer Umwelt angepaßt sind, wie etwa der Queller (*Salicornia europaea*), den manche vielleicht auch von Meeresstränden kennen. Immer wieder stößt er Blätter ab und bildet neue, um sich seiner Salzanreicherungen zu entledigen.

In den Böden kommt, neben Kochsalz ($NaCl$), auch Soda ($Na_2CO_3$), Bittersalz ($MgSO_4$), Glaubersalz ($Na_2SO_4$) und Natriumkarbonat ($Na_2CO_3$) vor. Sodahaltige oder alkalische Böden werden im Ungarischen mit *szik* bezeichnet; daher die vielen Flur- und Ortsnamen auch auf der österreichischen Seite, die mit „Zick-" beginnen, wie z.B. der Zicksee bei St. Andrä.

Viele Böden zum See hin sind sog. *hydromorphe Böden*, d.h. sie sind durch Grund- oder Stauwassereinflüsse geprägt.

Wer den Landwirten ihre guten Böden und den Salzpflanzen ihre Anpassungsfähigkeit gönnt, aber dennoch eine interessantere Geologie in der Nähe sucht, findet diese in den *Leithakalken* (sog. *Rákos-Formation*) im nahen Fertőrákos, wo ein Steinbruch, der noch bis 1948 in Betrieb war und nun als Konzertbühne dient, guten Aufschluß gibt. Die fossilienführenden Sedimente – gefunden werden können u.a. die Reste von Seeigeln, Muscheln der Gattung *Pecten* oder Haifischzähne - setzen sich jenseits der Grenze im Ruster Hügelland über St. Margarethen mit seinem Römersteinbruch hin bis zum Leithagebirge hin fort. Sie waren seit der Antike wichtige Baustofflieferanten für Sopron, aber auch für zahlreiche, bekannte Gebäude in Wien und Bratislava. Auch die in Ungarn bekannte romanische Basilika von Lébény bei Győr wurde aus Leithakalk gebaut.

Ebenfalls in Fertőrákos können Mineralienfreunde eine beeindruckende Sammlung von Kalzitkristallen besuchen, während es in Sopron ein interessantes Bergbaumuseum gibt, da in Brennbergbánya (im Ödenburger Gebirge) bis 1959 auch Steinkohle abgebaut wurde.


## 1.4. Heilsames Wasser - die Thermalbäder

Ein positiver Aspekt der lokalen Geologie sind auch die Thermalzonen mit ihren Bädern beiderseits der Grenze. 1955 entdeckte man, daß sich unter dem Neusiedler See die größten Mineralwasservorkommen Europas (ca. 250 km² Fläche) befinden. Beim Bau des Seehotels in Mörbisch wurde eine Süßwasserbohrung durchgeführt (vgl. *Geschnatter 3/1999*).

Bedingt durch die relative Nähe zum Erdmantel, herrscht am Neusiedler See und im Pannonischen Becken in der Erdkruste ein erhöhter Wärmefluß, wobei tektonische Bruchlinien die Thermenzonen noch besonders kennzeichnen.

Dabei gibt es zwei Mineralwasser-„Stockwerke", von denen das obere in eine Tiefe von bis zu ca. 150 m reicht. Dieses obere Stockwerk wird auch von einigen Hausbrunnen genutzt und das Wasser bleibt in diesen Schichten zwischen hundert bis über 30.000 Jahre lang. Im unteren Stockwerk ab 800-1200 m Tiefe finden sich ehemalige Meereswässer unter artesischem Druck (vgl. *Geschnatter 3/1999*).

Insgesamt sind weite Teile Ungarns reich mit Thermalwasser gesegnet und das Baden erfreut sich seit der Römerzeit einer langen, fast ununterbrochenen Tradition, die zwischendurch auch noch einmal während der Türkenherrschaft (1526-1686) wieder neu belebt wurde. Das gilt besonders für die Hauptstadt Budapest, in dessen römischer Vorläufersiedlung *Aquincum* es bereits große Thermen gab, deren Reste dort noch besichtigt werden können. Aber auch in

*Thermalbad Hegykő, Eingangsbereich. Foto: O. Meiser (2022)*

den übrigen Landesteilen wurden in der jüngeren Zeit viele Thermalwässer erschlossen, teilweise als positives Nebenprodukt der damaligen sowjetischen Erdölprospektion. Kaum ein Ort in Ungarn liegt weiter als fünfzig Kilometer von einer Therme entfernt!

Hegykő ist Teil einer ausgedehnten Thermalzone, die geologisch gesehen in Verbindung mit der Thermenwelt Burgenland steht. Zu dieser Thermenregion gehören auch andere bekannte Badeorte wie das nahe Balf mit seinem Kurbad und einer Mineralwasser-Fabrik, aber auch Bük oder Sárvár und auf der österreichischen Seite z.B. Bad Tatzmannsdorf oder Bad Sauerbrunn. Im Seewinkel ist die Martinstherme bei Frauenkirchen bekannt.

Hegykő ist als Bade- und Kurort zwar noch sehr jung, doch die Heilkräfte der Natur waren schon seit eh und je bekannt.

*Thermalbad Hegykő, Außen-Badebereich. Foto: O. Meiser (2022)*

Allein schon das „gewöhnliche" Wasser und der Schlamm des Neusiedler Sees haben, wie die ortsansässige Bevölkerung lange weiß, eine heilende Wirkung. Darauf machte bereits *József Kis*, ein Arzt, im Jahre 1797 aufmerksam. Er schrieb damals:

*„Im Neusiedler See baden im Sommer Hunderte; einige kommen aus großer Entfernung. Fragt man diese Menschen, warum sie einen langen Weg für das Baden zurücklegen, antworten sie: Baden im Neusiedler See ist nützlicher als in jedem anderen Wasser. Was die Erklärung dafür ist, können sie nicht sagen. Daß der Mensch jedoch gerne zum See fährt, muß einen Grund haben. Der gute Beobachter erklärt es mit der Erleichterung, Reinigung und sogar Heilung des Körpers nach dem Baden im Neusiedler See. Ich bin der Meinung, daß es daher in aller Munde ist."*

Die Mineralwässer des nahen Balf hingegen wurden offenbar schon in römischer Zeit unter dem Philosophenkaiser *Marcus Aurelius (121-180)* genutzt. Aus dieser Zeit fand man im Jahr 1900 unweit des Sauerbrunnens Reste einer Quellfassung und eines Bades. Vermutlich haben aber vor den Römern schon die Kelten in Balf gebadet. Um die Mitte des 16. Jahrhunderts machte der Ort dann wieder von sich reden. 1550 ließ man einen Sachverständigen von Wien

*Thermalbad Hegykő, Innenbereich. Foto: O. Meiser (2022)*

kommen, so daß Balf 1560 durch *Kaiser Ferdinand I. (1503-1564)* den Titel eines Bades erhalten konnte. 1631 wurde es durch Schriften weiter bekanntgemacht und erfreute sich im 18. Jh. unter *Kaiserin Maria Theresia (1717-1780)* zunehmender Beliebtheit. 1876 brachte der Bahnanschluß einen weiteren Aufschwung.

Zu jener Zeit fuhren die Leute, die sich das Kuren damals leisten konnten, allerdings eher in berühmte Bäder wie etwa das böhmische Karlsbad. So ist sogar im *Karlsbader Wochenblatt* von *1878* unter der Rubrik *„angekommene Curgäste"* ein Herr *Ladislaus Vaszary*, seines Zeichens Ökonom und Verwalter aus Heiligenstein (= Hegykő!) in Ungarn vermerkt.

Die Geschichte der gezielten fachkundig-technischen Erschließung der Thermalwässer der hiesigen Region beginnt erst nach dem Krieg. Zunehmend erkundete man die Heilwasserbestände in der Tiefe. Dabei stellte man fest, daß

41

*neben dem Thermalbad Hegykő: ein neues Hotel entsteht. Foto: O. Meiser (2021)*

viele der erschlossenen Wässer - zieht man Inhaltsstoffe wie Glaubersalz zum Vergleich heran - sich spielend mit berühmten Quellen wie z.B. dem erwähnten Karlsbad messen können. Zunächst hatte man in Kapuvár und Csorna Brunnen gebohrt. Sechs LPGs im Komitat bekamen einen Brunnen. 1965 teufte die Ungarische Hydrologische Gesellschaft einige Bohrungen in der Umgebung ab, bei denen sich herausstellte, daß es sich lohnen würde, bei Balf und Hegykő Brunnen zu bohren, da sich dort in der Tiefe unter Druck stehendes Thermalwasser befände. Dieses Thermalwasser wäre am besten genutzt, wenn in Hegykő ein Bad gebaut würde. Schon 1966 forderte die mit dem Thema betraute Gemeindekommission bei den zuständigen Behörden entsprechende Hilfe an. Beim Bohren kam dann 60°C heißes Wasser. Offenbar ging es aber erst einmal um die Nutzung des Thermalwassers für das Beheizen von Gewächshäusern wie es beispielsweise ja auch in Island seit langem praktiziert wird. Für diesen Zweck allerdings schien der LPG die geförderte Wassermenge zu gering und sie wollten ihren Anteil von 75 000 Forint am Ausbau des Brunnens nicht übernehmen. Am Ende wurde das ganze Projekt vom Finanzministerium und vom Staat finanziert, was über 4,5 Millionen Forint kostete. Außer dem Brunnen wurden auch Gewächshäuser gebaut, in denen das Thermalwasser so genutzt wurde, wie die LPG es vorgesehen hatte. Zu diesen Zweck bekam die Gemeinde 12 000 m² Glasscheiben. Auch die Verwirklichung der Thermalbäder von Kapuvár und Csorna war Teil dieses landesweiten Plans. Aufgrund des Drucks und seiner Temperatur war klar, daß man das Wasser auch anderweitig würde nutzen können. Nachdem sich der Landwirtschaftsminister, der Finanzminister und der Chef des nationalen Wasserwirtschaftsamts beratschlagt hatten, erhielt Hegykő dann das Recht und die Möglichkeit, ein Thermalbad zu bauen. Im Sommer 1968 begann man mit dem Bau des Brunnens, während neuere Untersuchungen des Wassers auch dessen Heilwirkung bestätigten. Der Brunnen kam in die Hände der Gemeinde, die auch den Bau des Bades in die Wege leitete. Finanziell gesehen kamen 800 000 Forint von der Gemeinde und später noch einmal 300 000 Ft., während die LPG 110 000 Ft. beisteuerte. Mit Hilfe von Gemeinschaftsarbeit durch Arbeitsbrigaden der kommunistischen Jugend sowie des ungarischen Militärs wurde das erste, 180 m² große Schwimmbecken gebaut. Begonnen wurde im Frühling. Bereits im Juli konnte gebadet werden. In den ersten zwei Monaten kamen schon 16 000 Gäste, darunter viele ausländische. 1971 erweiterte man das Bad um ein zweites Sitzbecken und ein Kinderbecken. Auch die Grünanlagengestaltung wurde in Angriff genommen und 1972 über einen Entwicklungsplan für eine Erholungsregion Neusiedler See beratschlagt. Dieser Perspektive folgend, verkaufte die Gemeinde Grundstücke und Ferienhäuschen, die überwiegend von Interessenten aus Städten, darunter natürlich v.a. Sopron nachgefragt wurden.

1974 wurde das dritte Schwimmbecken gebaut, was annähernd eine Million Forint kostete. Dieses Becken erfüllte auch die Normen für Sportwettkämpfe und konnte von den Schulen der umliegenden Gemeinden für den Schwimmunterricht genutzt werden.

Das Thermalwasser von Hegykő kommt aus 1434 Metern - ein Fluor-Thermalwasser mit Alkali-Hydrocarbonat-Gehalt, einer niedrigen Wasserhärte und reich an Salzen. Das Wasser, das 2004 als Heilwasser eingestuft wurde, enthält nach Angaben der Homepage der *Sá-Ra Termál Kft. (2021)* folgende Bestandteile (in mg/l):

| | |
|---|---|
| *Natrium ($Na^+$)* | *3.170* |
| *Kalium ($K^+$)* | *65* |
| *Ammonium ($NH_4$)* | *30,8* |
| *Kalzium ($Ca_2^+$)* | *24,8* |
| *Magnesium ($Mg_2^+$)* | *8,8* |
| *Lithium ($Li^+$)* | *1,8* |
| *Sulfid ($S2^-$)* | *1,6* |
| *Jodid ($I^-$)* | *0,8* |
| *Chlorid ($Cl^-$)* | *900* |
| *Bromid ($Br^-$)* | *1,7* |
| *Sulfat ($SO_4^+$)* | *144* |
| *Fluorid ($F^-$)* | *8,7* |
| *Hydrogenkarbonat ($HCO_3^-$)* | *7110* |
| *Metaborsäure ($HBO_2$)* | *7,8* |
| *Metakieselsäure ($H_2SiO_3$)* | *28* |
| *Kohlensäure ($CO_2$)* | *457* |
| *Mineralgehalt insgesamt* | *11.816* |

Die tägliche Fördermenge beträgt ca. 380-400 m³ pro Tag. 1977 wurde ein Kaltwasserbrunnen (22,5°C) mit einer Tiefe von 357 m gebohrt, aus dem täglich 600-850 m³ sprudeln. Das Mineralwasser hat Trinkwasserqualität.

Das Gelände des Thermalbads erstreckt sich aktuell über eine Fläche von 6 Hektar. Dabei verfügt es über sechs Außen- und zwei Innenbecken. In den letzten Jahren wurde das Bad immer wieder umgestaltet und weiter ausgebaut, wobei die Entwicklung von Hegykő zum Kur- und Fremdenverkehrsort noch lange nicht abgeschlossen ist. Derzeit entsteht neben dem Bad ein Dreisternehotel mit 28 Zimmern, eigenem Sauna- und Wellnessbereich.

Das Wasser der Hegykőer Heilbecken innen und außen hat eine Temperatur von 36-38° C. Daneben gibt es im Innenbereich auch ein größeres Mehrzweck-Schwimmbecken.

Das Thermalwasser der Sitzbecken eignet sich – laut Homepage und Broschüren von Sá-Rá - hervorragend für die Rehabilitation von Muskelverzerrungen, Verrenkungen, Verstauchungen und verheilten Knochenbrüchen. Es wirkt auch entzündungshemmend und hilft bei Gelenk-Beschwerden, Problemen mit der Haut oder solchen gynäkologischer und urologischer Art.

Regelmäßiges Baden entspannt den Körper nach anstrengender Arbeit oder intensiver sportlicher Betätigung. Das Inhalieren des Wasserdampfes wirkt heilend bei Atemwegserkrankungen. Als Trinkkur eingenommen, hilft es auch, Magenbeschwerden zu lindern.

Neben dem eigentlichen Baden werden als Therapiemöglichkeiten angeboten:

- *Fangobehandlungen (mit Heilschlamm aus Hévíz)*
- *medizinische Heilmassagen*
- *Unterwassermassage*
- *Wassergymnastik*
- *Bioptron-Lichttherapie*
- *Fußzonen-Reflexmassagen*
- *Lymphdrainagen-Massage*

Mineralwasser aus der Gegend zum Trinken kann man in kleiner Menge für den privaten Gebrauch von den Quellen der Mineralwasserfabriken von Balf oder Deutschkreutz holen. Das Mineralwasser aus Balf ist seit 2004 in ganz Ungarn auch überall im Getränkehandel erhältlich.

Insgesamt gibt es in der Region Neusiedler See zwanzig Mineralwasserquellen.

Es ist zu hoffen, daß die Thermalwässer der Region in der Zukunft auch für die Privathaushalte verstärkt als umweltschonende und klimafreundliche Alternativ-Energiequelle zu dem vergleichsweise teuren und von autoritär regierten Ländern abhängig machenden Erdgas entdeckt werden.

Ebenfalls bleibt zu hoffen, daß der momentan hart getroffene Tourismus sich nach dem Ende der Corona-Krise schnell wieder erholt und möglichst rasch auf das wirtschaftliche Niveau von 2019 zurückkehren kann.

## 1.5. Reiche Lebewelt - von Tieren und Pflanzen

*Bitte nicht anfassen! – Rehkitz bei Hegykő*
*Foto: O. Meiser (2019)*

Die Gemarkung Hegykő wies schon früher beachtliche Wildbestände auf. Jagdbeschreibungen gibt u.a. auch der ungarische Ornithologe *István Chernel (1865-1922)*, der Ende des 19. Jahrhunderts immer wieder im Gebiet unterwegs war.

An Kleinwild wären diesbezüglich Hase, Fasan und Rebhuhn zu nennen, an Großwild Hirsch, Reh und Wildschwein. Die Jäger kümmern sich um die Bestandsregulierung und Winterfütterung. Rebhuhn und Fasan stehen unter Schutz. Abschuß des Wildes ist nur organisiert und zu bestimmten Zeiten zugelassen. Der hiesige Jagdbezirk des Hegykőer Falken-, Jäger- und Naturschutzvereins umfaßt – neben der Gemarkung Hegykő - auch Teile der Gemarkungen von Fertőhomok, Fertőszéplak, Fertőd, Sarród und Fertőszentmiklós.

Das Gebiet des ungarischen Nationalparkteils hingegen besteht aus drei Jagdbezirken. Dort findet Sportjagd nicht statt. Die Jäger des Nationalparks regeln dort v.a. die Bestände von Wildschwein, Fuchs und Raubzeug. In früherer Zeit lag das Jagdrecht bei den Grundherren.

Wer etwa Rotwild beobachten möchte, streife zur Morgen- oder Abenddämmerung über die Felder rund um Hegykő. Dann sieht man häufig Hasen umherspringen oder Rehe äsen. Bei letztgenannten waren es bei einer Beobachtung im März 2021 sogar um die dreißig auf einmal!

Auch ein Spaziergang durch den Haraszt-Wald jenseits der Hauptstraße Nr. 85 ermöglicht zahlreiche Begegnungen mit Tieren. Man beachte jedoch, daß zu bestimmten Jahreszeiten die Waldwege in den Abendstunden wegen stattfindender Jagdaktivitäten gesperrt sind!

Ebenfalls lohnend kann ein Spaziergang zum Angelteich sein. Zu dessen Fauna sollen eine Familie Bisamratten (*Ondathra zibethicus*), sowie der streng geschützte Fischotter (*Lutra lutra*) gehören. Von letzterem gibt es in Ungarn schätzungsweise um die 1500. Insgesamt leben um den Neusiedler See 40 Säugetierarten. Hier befindet sich auch das westlichste europäische Vorkommen des Europäischen Ziesel (*Spermophilus citellus*) - ein Steppenbewohner, den man z.B. häufig bei Fertőújlak beobachten kann. Die Tiere, die sich hauptsächlich vegetarisch, aber auch von Insekten ernähren, graben unterirdische Gänge und Kammern, in denen sie zwar einzeln leben, aber dabei dennoch Kolonien bilden. Die Ziesel sind wichtige Beutetiere für Greifvögel und größere Säuger.

Weitere Säuger, die man woanders nicht oder kaum antrifft, sind der Steppeniltis (*Mustela eversmannii*), der etwas größer und heller als der Europäische Iltis (*Mustela putorius*) ist, sowie der Feldhamster (*Cricetus cricetus*). Selten und noch seltener zu sehen (in diesem Falle wäre man von ihrer Häßlichkeit entsetzt!), aber bei Vorhandensein manchmal ein Ärgernis für Gartenbesitzer ist die eigentümliche West-Blindmaus (*Spalax leucodon*), die Auswürfe ähnlich denen des Maulwurfs hinterläßt. Wie der Maulwurf auch, steht sie unter Naturschutz. Die Art gräbt sich in Extremfällen bis zu vier Meter tief ein und ist ein Steppenbewohner; hat daher am Neusiedler See ihre westlichste Verbreitung.

Der Goldschakal (*Canis aureus*) tauchte, nachdem er offenbar seit Beginn des 20. Jahrhunderts als ausgerottet galt, erstmalig in den achtziger Jahren im Hanság und am Neusiedler See sporadisch wieder auf. Über die von Nordafrika bis Asien und einige Teile Europas verbreitete Art gab es 2007 im Nationalpark auch einen Reproduktionsnachweis (siehe u.a. *Hartlauf 2018*).

Im Sommerhalbjahr beobachtet man in der langen Abenddämmerung immer noch sehr viele Fledermäuse. Obwohl alte Häuser und Scheunen weniger geworden sind, finden einige Arten wie etwa die Zwergfledermaus (*Pipistrellus pipistrellus*) offenbar auch an modernen Gebäuden Schlaf- und Kinderstuben, vor allem dann, wenn die dazugehörigen Gärten natürlich belassen und ohne Chemie bleiben. Oft in der Dämmerung zu sehen ist dort auch der Abendsegler (*Nyctalus noctula*), die in Ungarn häufigste Fledermausart. Daneben gibt es noch 3-4 andere Arten.

Fledermäuse sorgen dafür, daß schädliche und lästige Insekten nicht überhand nehmen, und es besteht kein Grund, sich vor ihnen zu fürchten. Bitte töten Sie die Tiere auf gar keinen Fall! Europäische Arten saugen weder Blut, und wenn man sie nicht anfaßt, besteht auch keine Gefahr von Krankheitsübertragungen.

Sollten sie in Hegykő oder einem der anderen Dörfer ein altes Haus umbauen und eine Fledermauskolonie entdecken, wenden Sie sich bitte unbedingt an das Nationalparkzentrum in Fertőújlak, das Rat gibt und ggf. einen Fledermausexperten kommen läßt!

Größere Sympathieträger als Blind- und Fledermäuse sind hingegen für die meisten Menschen die Vögel, und Vogelfreunde kommen hier in der Region voll und ganz auf ihre Kosten.

Der Neusiedler See spielt eine wichtige Rolle für den internationalen Vogelzug. Er ist ein europaweit bedeutendes Rast- und Überwinterungsgebiet für Zugvögel. Hier lassen sich 320 Vogelarten beobachten; 120 davon als Brutvögel. Manchmal finden sich mehr als zweihundert verschiedene Arten gleichzeitig ein. Eine ähnlich reiche Vogelwelt ist innerhalb Europas nur noch im Donau-Delta, in der Camargue in Süd-Frankreich oder dem Doñana-Nationalpark im spanischen Andalusien anzutreffen. Nur einige wenige der Arten, die besonders häufig oder charakteristisch sind, seien an dieser Stelle herausgegriffen.

Viele Besucher verbinden ja die Seeregion erst einmal mit den Weißstörchen (*Ciconia ciconia*), für die v.a. das auf der österreichischen Seite liegende Rust sehr bekannt ist. Aber auch auf der ungarischen Seite hat fast jedes Dorf ein bis zwei Brutpaare Weißstörche, von denen die ersten zumeist gegen Ende März aus ihren Winterquartieren eintreffen. In Hegykő brütet ein Paar regelmäßig auf einem Strommasten am Ortsausgang in Richtung Fertőszéplak.

Eine Storchenfamilie benötigt (vgl. www.storchenverein.at) für ihre Ernährung von 4-6 kg pro Tag – u.a. fressen die Adebare Kleinsäuger, Reptilien, Fischen und Insekten – rund 20.000 m² Feuchtwiesen. Die Jungstörche sind nach zwei Monaten flügge. Die Störche machen sich in der zweiten Augusthälfte auf den Weg nach Zentral- und Südafrika und legen dabei auf einer Strecke bis zu 10.000 km zurück! Dazu benötigen sie drei Monate. Auf dem Rückweg stehen für sie die Winde günstiger, so daß sie denselben Weg in zwei Monaten bewältigen können. Aufgrund des Klimawandels ziehen jedoch viele Störche inzwischen kürzere Strecken und überwintern bereits im Mittelmeergebiet.

*Brütende Weißstörche in Hegykő*
*Foto: O. Meiser (2020)*

Andere bemerkenswerte und daher streng geschützte Arten der Gegend sind der in Afrika überwinternde Purpurreiher (*Ardea purpurea*), der mit den Reihern nur weitläufiger verwandte Löffler (*Platalea leucorodia*), der von Natur aus seltene und auf Baumkronen brütende Schwarzstorch (*Ciconia nigra*), der im Herbst und Frühling durchziehende Fischadler (*Pandion haliaetus*) oder der Seeadler (*Haliaetus albicilla*), der eine Flügelspannweite von zwei Metern hat und damit der größte Greifvogel des Karpatenbeckens ist. Letzterer, der auch entlang der Donau vorkommt, brütet im Nationalpark seit 1998 wieder.

Der Würg-oder Sakerfalke (*Falco cherrug*) ist ein Steppenfalke, der einzeln zu allen Jahreszeiten angetroffen werden kann und häufig mit dem mythischen *Vogel Turul* der Ungarn in Verbindung gebracht wird. Er soll das Volk auf ihrem Weg aus ihrer zentralasiatischen Urheimat durch die Steppen ins Karpatenbecken begleitet haben. Sein Verbreitungsgebiet deckt sich ziemlich mit dem historisch bekannten Wanderweg des ungarischen Volkes. Der Vogel ziert die 50-Forint-Münze. Der Neusiedler See als westlichster Steppensee ist auch sein westlichstes Vorkommen. Früher wurde er in der Falknerei, die in Ungarn Tradition hat und daher auch in die Liste der für das Land typischen *Hungarica* aufgenommen wurde, häufig eingesetzt.

Der *Schilfgürtel* des Neusiedler Sees ist an einigen Stellen 4-6 km breit und bedeckt den See zu über dessen Hälfte! Ein Kanalnetz von insgesamt 240 km Länge macht die Schilfgebiete des ungarischen Seeteils zumindest teilweise mit Kähnen zugänglich. Erkundungstouren werden angeboten.

Hier brütet mit 700-800 Paaren die größte Silberreiherkolonie Mitteleuropas. Der Silberreiher (*Egretta alba*), der früher wegen seiner Federn intensivst bejagt wurde, ist der Wappenvogel der Region, der übrigens auch auf der Fünf-Forint-Münze abgebildet ist. Überdies finden auch Haubentaucher (*Podiceps cristatus*) oder die Rohrweihe (*Circus aeruginosus*) hier Nahrung und Bleibe. Schwimmvögel der Schilfgebiete sind Taucher, Rallen und die Moorente (*Aythya nyroca*). Der sich mit seinem „Karre-kiet" lautstark äußernde Drosselrohrsänger (*Acrocephalus arundinaceus*), sowie Teichrohrsänger (*Acrocephalus scirpaceus*), Rohrschwirl (*Locustella luscinoides*) und Bartmeise (*Panurus biarmicus*) sind kleinere Vogelarten dieser Zonen. Auch ein großer Teil der Graugänse (*Anser anser*) brütet hier.

Vom See weg werden mit abnehmendem Grundwasserstand die Schilfgebiete von *Feuchtwiesen* abgelöst, die von dem selten brütenden Großen Brachvogel (*Numenius arquata*) bevorzugt werden, sowie dem durchziehenden Kampfläufer (*Philomachus pugnax*), der bis 1955 auch noch Brutvogel war.

Große, schilfige Feuchtwiesen, den Schilfgürtelrand und das Schilf mag auch der Höckerschwan (*Cygnus olor*), dessen Junge in früherer Zeit von Kleinfischern an den Bauernhäusern aufgezogen wurden. Nach vielen Jahrzehnten Unterbrechung brütete er erstmalig wieder ab 1970 bei Fertőrákos und hat sich seitdem stärker verbreitet. Die 15 kg schweren, zwei Meter Spannweite messenden Schwäne verteidigen kämpferisch ihren Nachwuchs und versuchen, den wirklichen oder vermeintlichen Feind mit Zischen und Schnabelhieben abzuwehren.

Mit etwas Glück ist in einigen Teilen des Nationalparks die Großtrappe (*Otis tarda*) zu beobachten. Die scheuen Vögel, manchmal auch scherzhaft als „Europäischer Strauß" bezeichnet, sind die schwersten fliegenden Vögel der Welt. Die Hähne erreichen bis zu 18 kg Gewicht; die Hennen 6 kg. Ihre Flügelspannweite beträgt bis zu 2 m. Beeindruckend ist die Balz der Großtrappen im April und Mai. Die Art brütet am Boden und benötigt daher ungestörte Wiesenflächen. Sie ist insbesondere im Hanság anzutreffen.

In der sommerlichen Hitze umgürten Krusten von Sodasalz die schrumpfenden Tümpel und *Lacken*, an welchen sich alljährlich zahlreiche Kiebitze (*Vanellus vanellus*) und Säbelschnäbler (*Recurvirostra avosetta*) einfinden. Die *Salzsteppen* sind Gebiete, in denen früher die altungarischen Nutztierrassen wie Graurind (genannt auch Steppenrind; ung. *szürke marha*) oder Zackelschaf (genannt auch Reitzenschaf; ung. *rác birka*) gehalten wurden.

In *Gebüschen oder Windschutzgürteln* entlang von Gräben trifft man im Frühling und frühen Sommer auf zwei Vogelarten, die anderswo kaum noch ein Kind kennt: Es ist dies die unauffällig-braune und daher schwer auszumachende Nachtigall (*Luscinia megarhynchos*), die man mit ihren schluchzenden und perlenden Strophen aber um so häufiger hört und die im Ungarischen sehr lautmalerisch *fülemüle* heißt. Und dann ist da der Pirol (*Oriolus oriolus*), den man ebenfalls nur selten sieht, aber dafür oft hören kann: Man erkennt ihn an seinem eigentümlich und melancholisch flötenden Lied. Bekommt man doch einmal selten die prächtigen goldgelben Männchen zu Gesicht, versteht man den ungarischen Namen des Vogels: *sárgarigó* – viel in Volksliedern besungen - bedeutet „Gelbamsel".

Auf *Brachflächen* begegnet man Arten, die anderswo längst ausgestorben oder extrem selten sind. Dazu gehören Schwarzkehlchen (*Saxicola torquata*), Braunkehlchen (*Saxicola rubetra*) oder der seine Beute auf Dornen aufspießende Neuntöter (*Lanius collurio*). Wer einen naturnahen Garten am Rande des Dorfes besitzt, mag den einen oder anderen der genannten Vögel zuweilen von

*Graugänse neben dem Einser-Kanal bei Fertőújlak. Foto: O. Meiser (2019)*

dort aus beobachten, doch sind es auch da in den letzten Jahren deutlich weniger geworden.

Im Sommerhalbjahr ist manchmal ein farbenprächtiger Vogel zu sehen, der oft zu mehreren herumschwirrt und dabei eigentümlich girrende Laute von sich gibt. Es ist der türkisblau und orange gefärbte Bienenfresser (*Merops apiaster*; ung. *gyurgyalag*), der an lehmigen oder erdigen Steilabbrüchen in Höhlen brütet. Ein solcher Brutplatz befindet sich in Hegykő unweit des Angelteiches, sowie in einer aufgelassenen Sandgrube hinter der Nachbargemeinde Röjtökmuzsáj. Sollte man die Vögel bei ihren Bruthöhlen entdecken, verhalte man sich still und störe sie nach Möglichkeit nicht! Den Winter verbringen diese Vögel in Afrika, südlich der Sahara.

Unvergessen wird einem jeden Besucher im Herbst der „Ganslstrich" bleiben, wenn Scharen von Wildgänsen, in bizarren Keilformationen fliegend, den Himmel verdunkeln. Dann denken wir an die Römer, die das Schicksal und die Zukunft aus dem Flug der Vögel, der „Vogelschau", dem *auspicium*, zu deuten versuchten. Die Wildgänse suchen auf den weiten Feldern nach Nahrung. Über den Winter kommen sie aus nördlicheren Gebieten zum Neusiedler See.

Am häufigsten gibt es u.a. Graugänse (*Anser anser*), Saatgänse (*Anser fabalis*) und Bläßgänse (*Anser albifrons*).

Ebenso auf den Feldern und im Staub der Feldwege anzutreffen ist ab dem frühesten Frühjahr die hübsche Haubenlerche (*Galerida cristata*). Sie ist die erste Verkünderin des Frühlings und schwebt an sonnigen Tagen hoch in den Lüften.

Im Winter scharen sich - neben Sperlingen, Kohl- und Blaumeisen - der Grünfink (*Carduelis chloris*) und der Stieglitz (*Carduelis carduelis*) am Futterhaus. Seltener stillen dort ihren Hunger der Buchfink (*Fringilla coelebs*) oder bei großer Kälte der Kernbeißer (*Coccothraustes coccothraustes*) und der Bergfink (*Fringilla montifringilla*). Dann kann es vorkommen, daß ein ebenso hungriger Sperber (*Accipiter nisus*) oder ein Turmfalke (*Falco tinnunculus*) über die Terrasse schießt - auf der Jagd nach den kleinen Singvögeln oder den sich ebenfalls einfindenden Türkentauben (*Streptopelia decaocto*). Das Gurren der letzteren gehört in Hegykő unbedingt und sehr typisch zum Frühling und Sommer.

Vogelfreunde seien auf speziellere Literatur und einen Besuch der Nationalparkzentren verwiesen. Vollständige Artenlisten (deutsch – ungarisch – englisch – wiss.) gibt es im Internet unter *www.nationalparkneusiedlersee.at*

An Reptilien trifft man häufiger auf die Ringelnatter (*Natrix natrix*), die neben warmen, trockenen Bereichen auch immer gerne Wasser in der Nähe hat. Leider werden viele der Tiere immer wieder überfahren, weil sie die Angewohnheit haben, sich auf dem aufgeheizten Asphalt der Straßen und Wege aufzuwärmen.

Eine andere Schlangenart ist die Würfelnatter (*Natrix tessellata*) wohingegen die Wiesenotter (*Vipera ursinii*) seit 1973 nicht mehr sicher bestätigt werden konnte.

*Sie gibt es zu Tausenden: Teichfrosch in einem Tümpel. Foto: O. Meiser (2018)*

In sonnigen Wäldern begegnet man mit etwas Glück Smaragdeidechsen.

An Wassergräben lebt die sehr scheue und auch in den Donauauen beheimatete Europäische Sumpfschildkröte (*Emys orbicularis*), Mitteleuropas einzige heimische Schildkrötenart, die früher, wie Rezepte in alten K&K-Kochbüchern belegen, auch gegessen wurde. Sie sonnt sich gerne auf Wurzeln und an freien Stellen, flüchtet aber – vielleicht in Erinnerung an die Kochrezepte - bei den geringsten Geräuschen meistens sehr schnell ins Wasser, noch ehe man sie überhaupt gesehen hat. Daher ist es schwer, genaue Anzahl und Verbreitung festzustellen.

Amphibien wie Frösche und Kröten sind durch die vielen Feuchtbiotope naturgemäß sehr zahlreich. Zu beobachtende Froschlurche sind u.a. verschiedene Arten von Grünfröschen, aber auch die Tiefland- oder Rotbauchunke (*Bombina bombina*) und der Laubfrosch (*Hyla arborea*).

Letztgenannter ist mit seinen knarrenden Rufen häufig während des Sommerhalbjahres auch in Weinlauben und natürlich belassenen Gärten anzutreffen. Möglicherweise durch den Einsatz von Gift in der Landwirtschaft und das Bekämpfen der Moskitos mit Insektiziden sind die wunderhübschen Tiere leider stark zurückgegangen. Mit etwas Glück und scharfen Augen findet man entlang des Güterwegs zum See hinab den einen oder anderen an einem Schilfhalm sitzend. Zuweilen auch an Haus und im Garten begegnet man der olivgrüngefleckten Wechselkröte (*Bufo viridis*), die ihr Erscheinungsbild der Umgebung anpassen kann.

An Schwanzlurchen kommen Donau-Kammolch (*Triturus dobrogicus*) und Teich- bzw. Streifenmolch (*Triturus vulgaris*) vor.

An der Seeuferstraße beim übernächsten Ort Hidegség wurden schon vor etlichen Jahren Durchlässe und Tunnel angelegt, um den Amphibien im Frühling und Herbst das Wandern zwischen Wald und Feuchtgebietszonen zu erleichtern.

Fische spielten am Neusiedler See früher auch wirtschaftlich gesehen eine große Rolle. Die Hauptfischarten im Neusiedler See sind Karpfen (*Cyprinus carpio*), Hecht (*Esox lucius*) und der schmackhafte Zander (*Sander lucioperca*). Daneben gibt es u.a. auch Schleien (*Tinca tinca*), Karauschen (*Carassius carassius*), Brachsen (*Abramis brama*), sowie Rotfedern (*Scardinius erythrophthalmus*), Schlammpeitzger (*Misgurnus fossilis*), Sichelfisch (*Peleus cultratus*) und Rotaugen (auch Plötze; *Rutilus rutilus*); seltener auch Aitel (bzw. Döbel; *Squalius cephalus*) und Lauben (auch Ukelei; *Alburnus alburnus*).

Zum Anglerteich wurde die wassergefüllte, in Richtung Fertőszéplak liegende Kiesgrube erkoren.

Ein späteres Kapitel wird gesondert auf die Fischerei eingehen, die früher auch in Hegykő eine große Bedeutung hatte; im Anhang findet sich auch eine Liste mit den Fischarten des Neusiedler Sees.

Insektenfreunde können in den Schilfregionen verschiedenste Arten von Libellen, wie z.B. die Große Moorjungfer (*Leucorrhinia pectoralis*) oder die Keilflecklibelle (*Aeshna isoceles*) beobachten. An naturbelassenen Wegrändern und in naturnahen Gärten sieht man noch viele große Falter wie etwa Schwalbenschwanz (*Papilio machaon*) oder der mit letzterem verwandte und daher ähnliche Segelfalter (*Iphiclides podalirius*), der an heißen, windstillen Sommertagen tatsächlich segelt, anstatt wie andere Falter zu gaukeln.

Auf von Wiesenknopf (*Sanguisorba spec.*) beherrschten Moorwiesen kommen verschiedene Arten der unauffälligeren, aber sehr hübschen Bläulinge (*Lycaenidae*) vor. Ein Projekt zu ihrer Erhaltung kümmert sich um die Pflege von Moorwiesen zwischen dem Nachbarort Fertőhomok und Hidegség.

Noch vor zwanzig Jahren waren in warmen Sommernächten im Schein von Lampen unzählige Nachtfalter und andere Insektenarten zu sehen, darunter auch manchmal das Große Wiener Nachtpfauenauge (*Saturnia pyri*), der größte europäische Falter, der eine Spannweite von bis zu 16 cm erreichen kann. Im Herbst spannen Kreuzspinnen große Radnetze in Hausnähe. Durch jahrelange Insektenbekämpfung mit Flugzeugen sind die Stechmücken bzw. Gelsen zwar weniger geworden; damit jedoch auch alle anderen Insekten und damit gewiß auch etliche Vogelarten, die von ihnen leben. Der Rückgang der Insektenfauna war in den letzten beiden Jahrzehnten sehr auffällig und zeigt sehr dramatisch, unter welchem Druck in der heutigen Zeit die Natur selbst hier am Rande eines großen Nationalparks steht. Auch in Ungarn klagen die Imker allenthalben über den Rückgang und das Sterben der Bienen.

Ein zunehmendes Problem ist auch, daß seit einiger Zeit bei Neubauten viele Flächen stark versiegelt werden, und auch sonst sind Gärten, v.a. jene zur Zeit modischen „Designergärten", oft alles andere als natur- und umweltfreundlich.

Was die Pflanzenwelt anbelangt, beherbergt die Region Neusiedler See mit einer Vegetationsperiode von über 250 Tagen, einem günstigen Klima, sowie einem abwechslungsreichen Mosaik an Böden und Biotopen 1254 Pflanzenarten; davon 1026 auf der ungarischen Seite. 60 geschützte Arten, von denen 20 Orchideen sind, kommen vor.

Da das Wasser des Neusiedler Sees reich an Kochsalz und Soda ist, entstehen durch die Verdunstung in der Umgebung des Sees Sodalacken, wie man sie vor allem auf der österreichischen Seite im Seewinkel finden kann. Die Flora im Bereich dieser Salzsteppen ähnelt jener von vergleichbaren Standorten in den

Pusztagebieten des Kunság in der Großen Ungarischen Tiefebene (ung. *Alföld*), südlich von Budapest.

Solche *Halophyten*, d.h. salztolerante Pflanzen, sind die violette Pannonische Salzaster (*Aster tripolium, ssp. pannonicus*), der Strand-Beifuß (*Artemisia maritima*), die Salzschwade (*Puccinellia peisonis*), das Kampferkraut (*Camphorosma annua*), der auch von Meeresstränden bekannte Queller (*Salicornia europaea*), die Strand-Salzmelde und die Pannonische Salzmelde (*Suaeda pannonica*).

Biotope dieser Art können auch Kostbarkeiten bergen wie die mit ihrer Blüte ein Insekt vortäuschende und mit diesem Trick ihre Bestäubung sichernde Spinnen-Ragwurz (*Ophrys sphegodes*) und das purpurfarbene Sumpf-Knabenkraut (*Orchis palustris*), beides Orchideen.

Im Bereich der feuchteren Wiesen stehen oft Silber-Pappeln (*Populus alba*) oder Grau-Pappeln (*Populus canescens*). Ganze Waldinseln sind z.T. Relikte von ehemals zusammenhängenden *Flaumeichen-Zerreichen-Waldgesellschaften* (*Euphorbio angulatae – Quercetum pubescentis*), die bis zur jungsteinzeitlichen Rodung das Gebiet bedeckten. Sie weisen eine außerordentlich abwechslungsreiche Pflanzenwelt auf. Einzig und allein dort wächst in der hiesigen Gegend der Felsen-Kreuzdorn (*Rhamnus saxatilis*), eine Art, die sonst mehr im Gebirge zu Hause ist und in den Alpen bis auf 1300 m Meereshöhe vorkommt.

Die heutigen Wälder setzen sich - neben den Eichenarten, wie z.B. der Zerr-Eiche (*Quercus cerris*) oder der Flaumeiche (*Quercus pubescens*) - auch aus Waldkiefern (*Pinus sylvestris*), Linden (*Tilia spec.*) und Falschen Akazien (auch Robinie genannt, ung. *akác*; *Robinia pseudoacacia*) zusammen. Letztere Art, auch wenn erst im 17. Jahrhundert von dem französischen Botaniker *Jean Robin (1550-1629)* aus Nordamerika nach Europa eingeführt und – was selbst viele Ungarn nicht wissen – ab 1865 stärker im Karpatenbecken verbreitet, erfreut uns gegen Ende des Frühlings mit ihren prächtigen Blüten. Imker bringen zu dieser Zeit ihre Bienenvölker in die Akazienwälder, um später den beliebten Akazienhonig anzubieten, wie man ihn auch etwa auf dem kleinen Samstagsmarkt von Hegykő oder bei Leuten privat kaufen kann. Der Akazienhonig wurde in die offizielle Liste der für Ungarn typischen *Hungarica* aufgenommen. Er hilft bei Husten und wird gerne beim Backen verwendet.

*Frühlings-Adonisröschen (Adonis vernalis). Foto: O. Meiser (2015)*

Eine andere, nicht heimische, aber sich stellenweise stark ausbreitende Art ist auch die Ölweide (*Elaeagnus angustifolia*), die ursprünglich aus Zentralasien stammt, im 17. Jahrhundert im Mittelmeergebiet eingeführt wurde und von dort offenbar in andere Teile Europas kam.

Im Frühling blühen auf Lichtungen die violette Kuh- oder Küchenschelle (*Pulsatilla vulgaris*) und das sattgelbe Frühlings-Adonisröschen (*Adonis vernalis*). Intensiver Duft nach Knoblauch zeigt die Blüte des Bärlauchs (ung. *medvéhagyma*, wiss. *Allium ursinum*) an, der u.a. vor allem in den Wäldern zwischen Fertőboz und Balf zu finden ist und sich in manchen Küchen beiderseits der Grenze großer Beliebtheit erfreut, so etwa als Suppe oder als Pesto.

Die größten botanischen Raritäten der Wälder sind auch dort wiederum einheimische Orchideen, die zwar kleiner als ihre tropischen Verwandten sind und nicht wie diese auf den Bäumen wachsen, sich dabei an Schönheit jedoch aber durchaus mit diesen messen können. So verzaubern mit ihren Farben und Formen das Kleine Knabenkraut (*Orchis morio*), die unscheinbare Fliegenragwurz (*Ophrys insectifera*) oder die Waldvögelein-Arten (*Cephalanthera spec.*).

Im Frühling öffnen sich die Maiglöckchen (*Convallaria majalis*), die giftig sind und deren Blätter daher tunlichst nicht mit dem schmackhaften und eßbaren Bärlauch verwechselt werden sollten. Häufig schmücken auch Spaziergänger ihre Blumensträuße mit ihnen, was jedoch bei Strafe verboten ist! Daher ist es notwendig, zumindest die geschützten Arten zu kennen, denn auch Unwissenheit schützt bekanntlich vor Strafe nicht ganz.

Um in Hegykő Natur zu beobachten, ist ein Spaziergang von der Kirche auf dem Güterweg zur Grenzzaun-Gedenkstätte interessant. Einige Tafeln erklären die Tierwelt. Man gelangt bis an den Rand des Schilfgürtels, wo sich auch ein kleiner Beobachtungsturm aus Holz befindet. Beachten Sie jedoch bitte die Betretungsverbote des Vollnaturschutzgebiets! Sie sind durch entsprechende Tafeln gekennzeichnet.

Noch bessere Beobachtungen sind auf der ungarischen Seite von den beiden Beobachtungsplattformen beim Einser-Kanal zwischen Sarród und Fertőújlak möglich.

Ein schöner Naturspaziergang, bei dem sich z.B. Singvögel verschiedener Art beobachten lassen, ist auch die alte Allee, die vom Schloß Nagycenk bis zu der sehenswerten Grabstätte des ungarischen Forschungsreisenden *Graf Béla Széchenyi (1837-1918)* führt.

Unter *www.naturgucker.de* sind zahlreiche Naturbeobachtungen von Hegykő und Umgebung zu finden. Jeder kann dort mitmachen und auch seine eigenen Beobachtungen einstellen.

## 1.6. Grenzenloser Schutz - der Nationalpark Neusiedler See

Nicht immer war sich der Mensch des Wertes, den der Neusiedler See für ihn und seine Mitgeschöpfe darstellt, vollständig bewußt. Meistens wurde das große Feuchtgebiet lediglich als verlorenes Land, Mücken- und Seuchenbrutstätte oder Verkehrshindernis gesehen.

Trocknete der See natürlicherweise einmal aus, war in früherer Zeit der Mensch schnell zur Stelle, um den Seeboden zu parzellieren und für sich wertvolleres Land zu gewinnen. Doch die Natur machte dem vorschnellen Handeln stets einen Strich durch die Rechnung, indem sie das Seebecken - so unerwartet wie es ausgetrocknet war - sich wieder füllen ließ.

Aus diesen Launen der Natur resultierten schließlich die zahlreichen *Pläne zur Trockenlegung* des Sees, erstmals im Jahre 1616 und zuletzt noch in den 20er Jahren des 20. Jahrhunderts. Naturschützer und die örtliche Bevölkerung verhinderten diese jedoch, u.a. weil sie eine Klimaveränderung befürchteten, obwohl dieses Wort freilich damals noch längst nicht wie heutzutage in aller Munde war. Noch 1938 wäre ohne das Engagement eines Naturschützers zumindest der ungarische Teil des Neusiedler Sees der Trockenlegung preisgegeben worden. Durch die Kriegswirren und den Eisernen Vorhang bedingt wurden solcherlei Pläne dann zum Glück endgültig verworfen. Ende der 1960er Jahre drohte auf österreichischer Seite erneut Gefahr durch die Planung einer Brücke quer über den See, denn durch den Eisernen Vorhang war der Seewinkel zu einem verkehrstechnisch sehr schlecht erreichbaren toten Winkel geworden. Knapp 200.000 Unterschriften aus 46 Ländern der Welt kippten das unsinnige Projekt schließlich. Weitere Pläne, die das Ökosystem gefährdet oder zerstört hätten, waren Aufschüttungen von Dämmen und Zuleitungen von Donau oder Leitha.

So schmerzhaft die geschlossenen Grenzen während der Zeit des Eisernen Vorhangs für die Menschen - vor allem auf der ungarischen Seite - einerseits waren, so günstig war die Unzugänglichkeit der Grenzregion andererseits für die ungestörte Entwicklung ihrer Natur: Viele Gebiete blieben aufgrund fehlender, anderer Nutzungsansprüche über Jahrzehnte hin weitgehend unbeeinträchtigt.

Erste Ansätze zu naturschützerischen Bestrebungen der Region gab es auf der österreichischen Seite bereits in den 1920er Jahren, als im Seewinkel einige Wiesen unter Schutz gestellt wurden. Mitte der 1930er Jahre wurden auf freiwilliger Basis Vogelbruten bewacht und im Seewinkel Flächen von über 200 Hektar für den Naturschutz gepachtet. 1959 stellte man die Umgebung des österreichischen Seeteils unter Landschaftsschutz. 1962 waren dort schon 500 km² Teilnaturschutz- und Landschaftsschutzgebiet. Ungarn zog 1977 gleich, wobei gesehen werden muß, daß im ungarischen Teil die Nutzungsansprüche, auch bedingt durch den Grenzstreifen, geringer

*Nördlich von Hegykő: bitte nicht betreten!*
*Foto: O. Meiser (2022)*

ausfielen. Im selben Jahr erfolgte in Österreich und sodann 1979 in Ungarn die Erklärung zum Biosphärenreservat, während 1978 im *Mattersburger Manifest* die grenzüberschreitende Zusammenarbeit festgeschrieben wurde.

Daß nach der Grenzöffnung von beiden Seeanrainerstaaten die europaweite Bedeutung dieses Naturparadieses noch stärker als in der Vergangenheit erkannt wurde, kann in seinem Wert gar nicht hoch genug eingeschätzt werden.

Dies schlug sich 1989 in der Anerkennung des ungarischen Teils als bedeutender Wasserlebensraum nach Ramsar-Konvention nieder (auf österreichischer Seite bereits 1982), dann aber v.a. in der Einrichtung des Nationalparks Neusiedler See – Seewinkel (*Fertő Tavi Nemzeti Park*; damals 6400 ha Schilfareal, 1100 ha Wasserfläche und 670 ha Weideland ) im Jahr 1991, während der österreichische Nationalpark Neusiedler See und das Schutzgebiet Hanság 1993/94 geschaffen wurden.

*Obacht im Frühling bei Fertőújlak (Mekszikópuszta)! Foto: O. Meiser (2011)*

Nachdem der Gedanke an einen grenzüberschreitenden Nationalpark schon ab 1988 aufgekommen war, wurden 1994 die beiden Nationalparkteile vereinigt und sollen seitdem in Übereinstimmung miteinander geführt werden. Im selben Jahr kaufte der ungarische Staat große Flächen des Hanság an, die dem Nationalpark angegliedert wurden. Seit 1994 ist der Park auch nach den internationalen IUCN-Kriterien anerkannt. Innerhalb Ungarns wurde der Nationalpark Neusiedler See als fünfter ausgewiesen und ist derzeit einer von insgesamt zehn; innerhalb Österreichs einer von sechs. Am 16. Dezember 2001 erfolgte mit der Erhebung in den Rang des UNESCO-Weltkultur- bzw. Weltnaturerbe ein weiterer, wichtiger Schritt.

Die Gesamtfläche des grenzüberschreitenden Nationalparks Fertő-Hanság – Neusiedler See / Seewinkel beträgt nun 27.229 Hektar, von denen 19.629 ha auf den ungarischen Teil entfallen. Letzterer setzt sich aus den ehemaligen Landschaftsschutzgebieten Fertő Tó (Neusiedler See; 12.543 ha) und Hanság (Waasen; 7086 ha) zusammen.

Die Verwaltung des ungarischen Nationalparkteils untersteht der Regierung bzw. dem Ministerium und befindet sich in Sarród

Auf der ungarischen Seite gibt es zehn Nationalparkgemeinden, zu denen auch Hegykő gehört. Die übrigen sind (von Ost nach West): Sarród, Fertőd, Fertőszéplak, Fertőhomok, Hidegség, Nagycenk, Fertőboz, Balf und Fertőrákos.

Nachdem es im Frühjahr 1996 Überschwemmungen gab und auch 2011 ein Höchstwasserstand erreicht wurde, bereitet vielen derzeit der nun sehr niedrige Wasserstand Sorge. Verursacht wurde er durch die sehr trockenen Jahre 2018-2020, die nicht nur in den heißen Sommern, sondern auch zu den übrigen Jahreszeiten oft zu wenig Niederschlag brachten. Es bestehen bereits Überlegungen, dem Neusiedler See zusätzliches Wasser zuzuführen. Was der Fremdenverkehrssektor, der durch die Corona-Pandemie nun ohnehin massiv geschädigt ist, begrüßen würde, sieht der Naturschutz hingegen mit kritischen Augen, da zugeführtes Wasser den gesamten Chemismus des Sees negativ verändern und somit das für ihn so Typische zerstören könnte.

Wechsel zwischen feuchten und trockenen Phasen und somit unterschiedlichen Wasserständen gab es zwar schon immer und sie gehören zum Charakter dieser Region. Wenn aber der Klimawandel weiter in Richtung wärmer und trockener fortschreitet und nichts geschieht, ist in den nächsten drei Jahrzehnten, wie einige prophezeien, mit einer weitestgehenden Austrocknung des Neusiedler Sees zu rechnen. Dies würde den Fremdenverkehr sicher noch schwerer treffen als die Pandemie, ließe sich doch ein ausgetrockneter See kaum noch vermarkten. Schon seit es Tourismus am Neusiedler See gibt, entschied der Wasserstand über das Auf und Ab desselben, wobei für den Tourismus direkt in Hegykő – da die ungarischen Gemeinden mit Ausnahme von Fertőrákos ohnehin keinen direkten Zugang zum offenen Wasser haben – eher die Qualität des Thermalbades entscheidend ist. Doch auch indirekt profitiert Hegykő letztendlich von vielen Gästen, die in Gemeinden direkt am Seeufer Urlaub machen und etwa mit Auto oder Fahrrad auch Ausflüge auf die ungarische Seite unternehmen, um dort ins Restaurant zu gehen, das Thermalbad aufzusuchen oder günstige Dienstleistungen zu nutzen.

Nicht glücklich sind Naturschützer, sowie viele Bewohner des südlichen Neusiedler Sees auch wegen einer Projektplanung, die sie nicht in Einklang mit den Zielen des Nationalparks und den Vorgaben der UNESCO sehen.

*Bitte Platz nehmen zur Diskussionsrunde über Naturschutz! Leider immer wieder zu sehen: Hinterlassenschaften der Zuvielisation am Südrand des Nationalparks.*
*Foto: O. Meiser (2021)*

Der ungarische Nationalpark gliedert sich in drei Schutzzonen: in eine Natur-zone, die besonders schützenswerte Gebiete umfaßt, in eine Erhaltungszone, in der nur naturschonende, althergebrachte Bewirtschaftungsformen zulässig sind, und in eine Pufferzone mit jenen schutzbedürftigen Arealen, die den bei-den ersten Zonen nicht zugeordnet werden können.

Hegykő zählt zur Welterberegion und liegt am Rande des Nationalparks. Viele Teile der Gemarkung Hegykő liegen innerhalb der Naturzone und dürfen daher nur mit Sondererlaubnis betreten werden, doch auch außerhalb oder am Rande des Vollnaturschutzgebiets lassen sich bereits viele interessante Beobachtun-gen machen. Zu diesem Zweck hat die Gemeinde Hegykő im Sommer 2002 den bereits erwähnten, leider jedoch immer wieder durch Vandalismus beschä-digten Beobachtungsturm errichten lassen. Auch an einem kleinen Teich am Ortsrand hinter der Kirche gibt es eine Beobachtungsplattform.

Allen weiter am Thema Interessierten steht für den ungarischen Teil des Natio-nalparks das Informationszentrum in Fertőújlak und für die österreichische

Seite das 2019 modernisierte Nationalparkzentrum in Illmitz zur Verfügung, beide mit Ausstellungen und Filmvorführungen. In der Hanság-Gemeinde Öntésmajor gibt es darüber hinaus auch seit 1981 ein Naturkundemuseum, das 2012 erneuert wurde. Im Zusammenhang mit beiden Nationalparkteilen finden sich Möglichkeiten der Weiterbildung und Freizeiten für Schulen und Schulklassen, so etwa auf der ungarischen Seite die *Csapody István Természetiskola* (*István-Csapody-Naturschule*) von Fertőújlak, die 2004-2007 in einem ehemaligen Wohnheim für Grenzsoldaten eingerichtet wurde.

Trotz aller bisherigen Bemühungen wird weiterhin viel zu tun bleiben, im Großen wie im Kleinen. Leider ist insbesondere im südlichen Teil des Nationalparks zu beobachten, daß regelmäßig Hinweistafeln mutwillig zerstört, Einrichtungen zur Naturbeobachtung beschädigt und trotz der seit langem überall und für jeden vorhandenen Möglichkeit, eine geregelte und moderne Abfallentsorgung in Anspruch zu nehmen, immer wieder Müll einfach in die Landschaft geworfen wird. Solange derlei immer noch geschieht, ist der Naturschutzgedanke nicht in den Herzen aller Menschen angekommen. Lange können wir uns das allerdings nicht mehr leisten, denn eine gesunde Umwelt braucht – ohne Rücksicht auf Nationalität - den Respekt aller. Der Lohn ist eine lebenswertere Welt für uns und unsere Nachkommen! Vor allem letztere werden es uns gewiß danken.

*Achtung, Touristen! Ungarn hat noch keinen Euro, sondern Forint: Fünf-Forint-Münze mit dem Wappenvogel des Nationalparks, dem Silberreiher, und Fünfzig-Forint-Stück mit dem Sakerfalken. Gesunde Natur und Umwelt sind indes unbezahlbar!*

## 2. Wechselvoll: die Geschichte

Günstige Naturvoraussetzungen von Räumen laufen zumeist parallel mit einer wechselvollen Geschichte.

Die Gegend um den Neusiedler See ist seit mindestens 8000 Jahren bewohnt und daher Altsiedelland. Der See ernährte den Menschen mit Fischen, die Wälder lieferten ihm Wildbestände und später auch Holz für den Bau von Siedlungen. Fruchtbare Böden ermöglichten schon früh Landwirtschaft. Die Menschen fanden offenbar - egal ob sie Jäger, Sammler, Fischer oder Bauern waren - in der Gegend um den Neusiedler See von der Steinzeit bis in unsere Tage durchgehend geeigneten Lebensraum. Die Pfortenlage der Region, sowie seit frühesten Zeiten existierende Wege von West nach Ost entlang der Donau oder von Nord nach Süd entlang des Ostrandes der Alpen – wie etwa die Bernsteinstraße - ermöglichten Kontakte und Austausch mit anderen Kulturen, was Entwicklungen beschleunigte.

Ganz allgemein war der Raum zwischen Alpen und Karpaten schon immer eine Gegend, durch die sich während der unterschiedlichen Zeitepochen Völker und Ethnien der verschiedensten Art auf der Suche nach Lebens- und Siedlungsraum bewegten – ein Prozeß, der bis zum heutigen Tage nicht abgeschlossen ist. Konkurrierende Bestrebungen liefen dabei freilich nicht immer konfliktfrei ab, jedoch oft friedlicher als wir uns das im Allgemeinen vorstellen. Der „reinblütige" Ungar ist dabei in all dem Kontext ein ähnliches Märchen wie etwa der „reinblütige" Deutsche oder jeder andere Mitteleuropäer, der sich mit diesem Prädikat schmücken zu können glaubt.

So war das Karpatenbecken, an dessen westlichsten Rande Hegykő liegt, stets durch ethnische und kulturelle Vielfalt geprägt, genau jene Vielfalt, die letztendlich auch den Reiz von interessanten Regionen Europas ausmacht. Die beiden Weltkriege haben dem Vielvölker-Ungarn leider ein brutales Ende bereitet – zunächst einmal vor allem durch die für Ungarn so traumatischen Vertragsschlüsse von Trianon, doch später dann auch durch die Shoa und die Vertreibung der Donauschwaben bzw. Ungarndeutschen . Unsere Hoffnung mag jetzt auf jenen Menschen der Gegenwart und Zukunft ruhen, die sich ernsthaft für das einmalige Friedensprojekt Europäische Union begeistern können und auf

Verantwortungsträger, die das vereinigte Europa nicht nur als eine Möglichkeit für wirtschaftliche oder politische Eliten sehen, an noch mehr Geld zu kommen. Allerdings scheint es, als würde sich der Himmel derzeit wieder verdüstern.

Während zum Studium der Geschichte erste Quellen über die Region Neusiedler See aus der Römerzeit stammen und ab dem Mittelalter dann zahlreiche schriftliche Dokumente existieren, müssen wir uns hingegen für die älteren Epochen die Ergebnisse der Spatenwissenschaften ansehen.

Einen Überblick über die archäologischen Funde von Hegykő und

*Angelteich, Hegykő. Foto: O. Meiser (2019)*

seinen Nachbardörfern am südlichen Ufer des Neusiedler Sees gibt *János Gömöri (2012)*. In Hegykő war, was archäologische Funde anbelangt, die ehemalige Sandgrube (heute Angelteich) sehr ergiebig. Sie brachte Funde aus fast allen Epochen der Vor- und Frühgeschichte.

## 2.1. Die Anfänge

Seit dem Eozän (d.h. seit ca. 35 Mio. Jahre) waren die geologischen und klimatischen Gegebenheiten immer wieder sehr unterschiedlich, wie die vorgeschichtlichen Funde aus der ehem. Sandgrube von Hegykő beweisen. In der näheren Umgebung und auch in der Kleinen Ungarischen Tiefebene waren die physisch-geographischen Bedingungen vermutlich ähnlich wie für jenen *Vorzeit-Menschen von Vertesszőlős* (bei Tata), dessen Reste man 1965 gefunden hat und dessen Alter auf eine halbe Million Jahre datiert wurde.

1874 fand eine Gruppe von Archäologen zwischen Hidegség und Fertőboz 191 steinzeitliche Werkzeuge, nebst anderen Hinterlassenschaften.

Ebenfalls bei Hidegség tauchten in den Fluren Kender- und Feketeföldek Spuren einer jungsteinzeitlichen Siedlung auf.

1913 wurden steinzeitliche Geräte im Neusiedler See gefunden; 1962 auf dem Gelände der Kolchose von Fertőhomok ein Steinbeil.

Um 5700 v. Chr. breitete sich mit den Bandkeramikern bzw. der (Linear-)Bandkeramischen Kultur innerhalb von etwa 200 Jahren - ausgehend vom Neusiedler See und Mittleren Donauraum - über die fruchtbaren Lößgebiete der Flußtäler auch die bäuerliche Kultur aus


## 2.2. Kupferzeit (ab ca. 5500 v.Chr.)


Die Kupferzeit (heute auch *Kupfersteinzeit* genannt) ist dadurch gekennzeichnet, daß der Mensch begann, Metalle wie Kupfer, Gold und Silber zu verarbeiten. Bekannteste archäologische Stätte aus dieser Epoche ist in Europa Stonehenge in England, dessen Anlage in der Kupferzeit begann.

In Ungarn besetzte die Zeit innerhalb Europas einen eigenen, zentralen Bereich. Von der Jungsteinzeit her setzt sich noch die durch bemalte Keramiken charakterisierte Kultur fort, aber es treten auch neue, eigenständige Gruppen auf. Dies sind – in der Reihenfolge von alt nach jung - die nach ihren Fundorten und Fundgebieten benannten *Kulturen von Tiszapolgár, Bodrogkeresztúr, Ludanecie* und *Pécel / Baden*. Zur Badener Kultur gehört auch ein interessanter Fund im nahen burgenländischen Zillingtal. Es ist der trepanierte Schädel eines Mannes, dessen Vernarbungswülste belegen, daß dieser Mensch den chirurgischen Eingriff offenbar überlebte.

Auch die sog. Plattensee-Gruppe bzw. *Balaton-Lasinja-Kultur* ist Teil der Badener Kultur, von der in Hegykő Streufunde wie Tonscherben und Knochenreste auftauchten. Sie wurden in Abfallgruben gefunden.

Die Kupferzeit ist auf dem Gebiet des Komitats Győr-Moson-Sopron, was Siedlungsplätze und Funde anbelangt, nur sehr spärlich vertreten. Aus Hegykő existiert ein fein ausgearbeitetes und mit Loch versehenes Steinbeil, das im Museum von Sopron zu sehen ist und aus der Sammlung von *Béla Széchenyi* stammt. Bekannt ist auch der Einzelfund einer kupfernen Hacke aus *Kóny* (östl. von Csorna gelegen).

Einen in die Kupferzeit gehörenden, allerdings oft umstrittenen Siedlungsplatz gab es wohl auf der Gemarkung von Hidegség. Westlichen Beispielen und der damaligen Mode folgend, wurde zu Ende des 19. Jahrhunderts diese Siedlung für eine Pfahlbausiedlung gehalten. Nach weitergehenden Untersuchungen ist es jedoch unklar, ob es entlang des Neusiedler Sees Siedlungen dieser Art gab.

Auf dem Kirchberg von Hidegség soll sich aber nach *J.Gömöri* in *Kárpáti / Fally (2012)* eine frühkupferzeitliche Siedlung befunden haben.

Neueste Forschungen über den Siedlungsplatz rechneten ihn jener unmittelbar der Bronzezeit vorangehenden, aber noch zur Kupferzeit gehörenden Kultur von *Sarvas-Vučedol*, die in ganz Transdanubien verbreitet war, zu. Diese Kultur hat von hier aus in Richtung Westen mehrere Pfahlbausiedlungen hervorgebracht. Ob solche entlang des Neusiedler Sees existierten, muß daher wohl weiter diskutiert werden, denn gute Voraussetzungen dafür hätte der Neusiedler See ja schließlich geboten.

Im Jahr 2000 kamen bei Bauarbeiten an der Nationalstraße 85 bei der Abzweigung der Straße nach Fertőhomok Reste einer Siedlung aus der späten Kupferzeit bzw. frühesten Bronzezeit zum Vorschein.


## 2.3. Bronzezeit (ab ca. 2200 v. Chr.)


Während der Bronzezeit war das Gebiet des Neusiedler Sees offenbar dicht besiedelt. Das neue Metall brachte u.a. auch neue Waffen mit sich.

Die *Glockenbecher-Kultur* (ung. *harangedényes kultúra*) leitet aus der endenden Kupferzeit in die frühe Bronzezeit über. Die dafür charakteristischen Keramiken sprechen für eine Ausbreitung von Westen her bis hin zum mittleren Abschnitt der Donau. Viele Wissenschaftler gehen von einer Wanderung der

Menschen entlang der nahen Donau aus, doch ist es möglich, daß auch die Pforte zwischen Neusiedler See und Ostalpen eine Schlüsselstelle für die Besiedlung der kleinen ungarischen Tiefebene, des *Kisalföld*, darstellte.

Die frühe Bronzezeit, zu der in Europa bekannte Funde wie die *Himmelsscheibe von Nebra* in Sachsen-Anhalt oder der *Sonnenwagen aus Trundholm* in Dänemark gehören, wird durch einen in der näheren Umgebung des Neusiedler Sees bekannten Formenkreis von Keramik charakterisiert, der nach seinen beiden Fundorten Oggau und Sarród als *Oggau-Sarróder Gruppe* bezeichnet wird. Daneben gibt es auch die *Kultur von Makó-Somogyvár-Vinkovic*. Die Skelette in den Gräbern nehmen die typische zusammengekauerte Hock-Stellung ein; neben ihnen findet sich die charakteristische Keramik der Glockenbecher-Kultur. Aus dieser Zeit kamen in Hegykő in der Petőfi-Straße Funde ans Tageslicht.

Die auf Rodungsflächen von Hegykő gefundenen Reste der *Wieselburger-* und der *Gattendorfer Kultur* (ung. *gátai kultúra*) fallen zeitlich in den Übergang von der frühen zur mittleren Bronzezeit. Im Grenzgebiet bei Deutschkreutz wurde eine so große Anzahl von Gräbern gefunden, daß man auf eine bedeutende Siedlung, zumindest aber auf eine hohe Einwohnerdichte schließen kann.

2018 wurden (vgl. *Kiss 2018*) bei Nagycenk Reste einer Siedlung und ein Friedhof mit 27 Gräbern entdeckt. In den Gräbern fanden sich Doppelhenkelgefäße, goldene Haarreife, Bernsteinperlen, weiterer Schmuck aus Kupfer und Bronze, sowie Waffen.

Bekannt sind von dieser Kultur weitere Einzelfunde aus dem Soproner Becken (etwa von Sopronkőhída), sowie vom Südufer des Neusiedler Sees aus Balf und auch aus Hegykő. Zur selben Kultur gehören auch zwei Gräberfelder in der Umgebung: In Petőháza wurden hinter der Zuckerfabrik, am Ufer der Ikva, Gräber geöffnet. Bei der früheren Ziegelei in Fertőszéplak konnte man aus einem zerstörten Friedhof, der aus derselben Zeit stammt, Gefäße retten. Eine Schanze aus der frühen Bronzezeit gibt es auch auf dem Kecskehegy (Ziegenberg) bei Fertőrákos. Eine früh- bis mittelbronzezeitliche Befestigung befand sich auch auf dem Gradina-Berg von Fertőboz.

In jenem Gebiet, in dem man die Fundstätten der Wieselburger Kultur kennt, taucht noch eine weniger bekannte Gruppe auf: Dort wurde vereinzelt Material aus der sog. *Litzenkeramik* (ung. *zsinegdíszes kerámia*, 2000-1600 v.Chr.) gefunden, die auch als *Draßburger Kultur* bekannt ist.

Aus der Zeit um ca. 1500 v. Chr. stammt ein sehr bekannter Fund aus dem nahen, burgenländischen Haschendorf: ein eigentümliches, kronenartiges Bronzegerät (ung. *Hasfalvi kultikus bronzkorong*), das vermutlich kultischen Zwecken diente. Von derselben Art wurde nur noch ein zweites im südschwedischen Balkåkra gefunden (die sog. Balkåkra-Trommel). Das Objekt aus Haschendorf befindet sich im Franz-List-Museum von Sopron, denn es wurde 1913 gefunden, als das Burgenland noch zu Ungarn gehörte. Am Fundort in Haschendorf ist seit 2001 eine Replik zu sehen.

Besonders war im hiesigen Gebiet die für die mittlere Bronzezeit vielerorts typische *Hügelgräber-Kultur* (ung. *halomsíros kultúra*; 1600-1300 v.Chr.) der mittleren Donau beheimatet. Der in den Gräbern festzustellende, größere materielle Wohlstand läßt Rückschlüsse auf die allgemeine Ausbreitung der Metallkunst zu. Die Unterschiede im Reichtum sind eine Folge der Herausbildung einer Schicht von Kunsthandwerkern, denen auch die Entstehung einer Kaste von Kriegern folgte. Von der reicheren Ausstattung der Gräber läßt sich auch auf reicher ausgestattete Wohnhäuser schließen. Aus dieser Zeit wurden in Hegykő Funde auf dem ehemaligen Gärtnereigelände gemacht. Dort muß sich eine Siedlung befunden haben, die sich bis auf die Flur Kenderszer-dűlő hinzog. Eine bronzezeitliche Siedlung befand sich auch südlich des Dorfes im Bereich der Hauptstraße 85.

Wahrscheinlich gehören auch die im westlichen Teil der kleinen Ungarischen Tiefebene gefundenen Grabhügel im Gebiet von Vitnyéd, Hövej, Iván, Csapod und Süttör der Hügelgräber-Kultur an. Aus Mangel an Beobachtungen können einige Fundorte nicht genau einer Kultur zugeordnet werden. Bronzezeitliche Gräber fand man auch bei Kópháza und Nagycenk. In Hidegség kam ein bronzezeitlicher Dolch ans Tageslicht. Bei Pereszteg wurden auf einem niedrigen Hügel im Gewann *Belsővízálló* Reste einer Siedlung entdeckt. Allgemein jedoch sind Spuren von Siedlungen selten.
Das Volk der späten Bronzezeit waren die *Illyrer* - das erste mit Namen bekannte Volk der Region Neusiedler See. Es kam etwa um 1300 v. Chr. aus der Region Lausitz. Anders als die Kulturen der frühen und mittleren Bronzezeit verbrannten sie ihre Toten und bestatteten sie in Friedhöfen mit Urnen, den

Urnenfeldern. Daher spricht man von der *Urnenfelderkultur*, die um 800 v. Chr. zur Eisenzeit überleitet.

Ein sehr bedeutender Goldschatz aus der späten Bronzezeit, der u.a. verzierte Goldschalen enthielt, wurde übrigens 2019 keine 50 Kilometer von hier in Ebreichsdorf südlich von Wien gefunden.

## 2.4. Eisenzeit und Kelten (ab ca. 800 v. Chr.)

Die Technik des Schmelzens von Eisen kam von Kleinasien. Dort waren es offenbar die Hethiter, die es als erste zur Herstellung von Werkzeugen und Waffen praktizierten. Gleichzeitig wurden natürlich auch weiterhin noch Gegenstände aus den bisher bereits länger verwendeten Metallen gefertigt.

In Europa wird die Ausbreitung der Technik des Eisenschmelzens dem indoiranischen Volk der *Kimmerer* zugeschrieben, die sich vor den vorstoßenden Skythen ins Karpatenbecken zurückzogen. Die Eisenzeit gliedert sich in zwei Hauptperioden: die ältere nach ihrem oberösterreichischen Hauptfundort benannte *Hallstatt-Zeit* und – ab 450 v. Chr. - die nach ihrem Hauptfundort in der Schweiz benannte *La-Tène-Zeit*. Man spricht auch von der älteren oder jüngeren Keltenzeit, da die Zeiträume mit den zu den indoeuropäischen Völkern zählenden Kelten zusammenfallen.

Auch die Kelten verdankten die Erfolge bei ihren Eroberungen der Überlegenheit ihrer Eisenwaffen. Im nicht allzuweit entfernten Oberpullendorf im Burgenland hatten die Kelten ein Zentrum für Eisenerzverarbeitung. Das Metall wurde dort in sog. *Pingen* abgebaut und später von den Römern als *ferrum noricum* bezeichnet.

Es scheint, daß das in der Zahl zwar kleinere, aber mit besseren Waffen ausgerüstete, keltische Volk die vorher hier lebenden Illyrer unterwarf und zum Teil versklavte. Die aufeinanderfolgenden, keltischen Einwanderungswellen übertrafen die bereits herrschenden Schichten an Zahl nicht, da zu dieser Zeit die keltischen Eroberungen über das Donaugebiet hinausgingen und ganze Stämme von dort auf den Balkan und nach Kleinasien wanderten. Die besser organisierten, hellenistischen Vasallenstaaten konnten indes jedoch das Vordringen abwehren und die Kelten zurückschlagen. Danach fanden die Kelten wieder Zuflucht auf dem Gebiet des heutigen Ungarn.

Der letzte keltische Stamm, der in das hiesige Gebiet eindrang, waren die *Boier*. Diese wurden allerdings um 40 v. Chr. von den Dakern so schwer geschlagen, daß antike Chronisten kurz darauf auch von der „Boierwüste" (lat. „*deserta Boica*") sprechen. Folglich war das Gebiet bei der Ankunft der Römer kurz danach offenbar nur dünn besiedelt.

Für die Hallstatt-Zeit sind aus Eisen geschmiedete Fibeln und Langschwerter, die sogenannten *Hallstatt-Schwerter* charakteristisch. Die Gräber waren kleine Bauten aus Holz und Stein, in denen die Urnen mit der Asche der Toten, sowie Grabbeigaben für die Reise ins Jenseits, z.B. Waffen oder Schmuck, beigesetzt wurden.

Für die La-Tène-Periode sind auch Einflüsse der skythischen, griechischen oder etruskischen Kultur festzustellen. Wohn- und Bestattungsformen blieben hingegen weitestgehend unverändert.

Die keltischen Stämme wurden, wie auch von verschiedenen römischen Quellen bekannt ist, von Druiden und militärischen Anführern beherrscht. Ihre Gesellschaften waren streng gegliedert.

Die Menschen wohnten in strohgedeckten Häusern aus Holz und Stein, die durch Palisaden abgegrenzt waren. Als Siedlungsplätze bevorzugten die Kelten oft Höhenlagen, weshalb größere Fundstätten bei Sopron und im Ödenburger Gebirge liegen.

Dort wurde ab 1882 von dem in Eisenstadt geborenen Rechtsanwalt und Archäologen *Iván Paur (1806-1888)* und ab 1887 von dem Archäologen *Lajos Bella (1850-1937)*, sowie Fachleuten aus Wien ausgegraben. 1892 nahm sogar der bei dem Attentat von Sarajevo ermordete *Erzherzog Franz-Ferdinand (1863-1914)* an Ausgrabungen teil. Neuere Grabungen erfolgten 1994/95 durch den Soproner Archäologen *Gyula Nováki (*1926)*.

*Keltisches Frauengrab am Burgstall bei Sopron. Foto: O. Meiser (2021).*

Neben den Gebieten am Karlsturm (*Károly-kilátó*), am Schanzenberg (*Sánchegy*) und am *Váris*-Berg, ist insbesondere der Burgstall (ung. *Várhely*) zu nennen, ebenfalls im Soproner Gebirge, wo sich auf 30 Hektar Fläche eine Siedlung und auf zehn Hektar Fläche Grabhügel finden. Die Schanze erreicht 10-15 m Höhe und bei ihrer Anlage wurden schätzungsweise 60.000 m³ Erde bewegt.

Vieles, was im Soproner Gebirge erforscht und ausgegraben wurde, gehört in die Hallstatt-Periode.

Vom Neusiedler See hingegen ist eine Hallstatt-Siedlung von Donnerskirchen bekannt, wo man seit 1910 immer wieder Funde (u.a. von Mondidolen) gemacht hat. Nachdem zur Hallstattzeit der Seespiegel aufgrund von Klimaveränderungen sehr hoch war, muß die dortige Höhensiedlung direkt über dem See

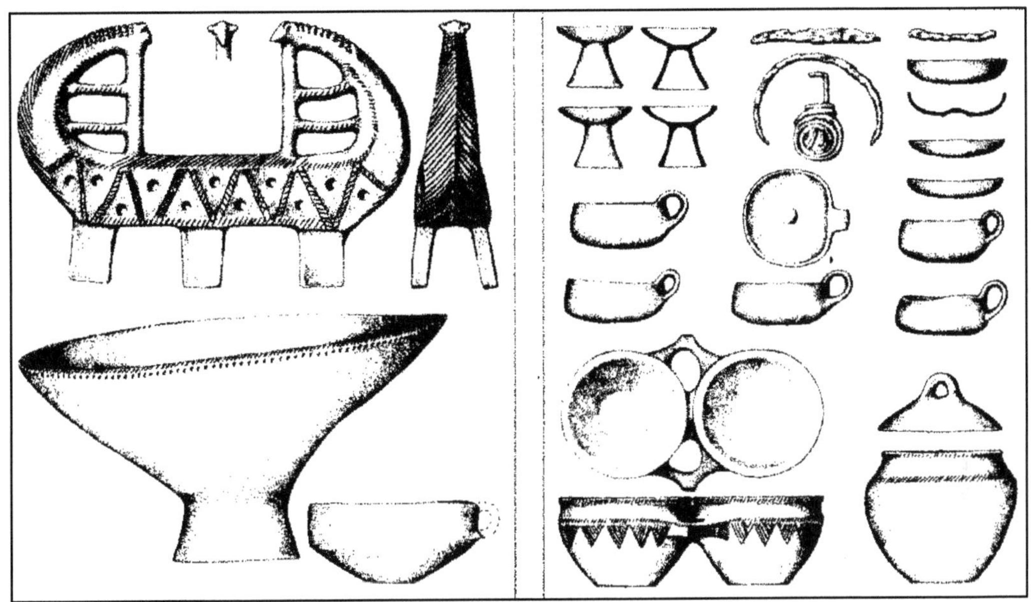

*Funde von eisenzeitlichen Keramik-Grabbeigaben am Burgstall bei Sopron.*
*Nach einer Informationstafel.*

gelegen haben. Auf der ungarischen Seite wurde auf dem Kirchberg von Hidegség offenbar jener bereits erwähnte frühkupferzeitliche Siedlungsplatz auch in der Hallstattzeit genutzt. 1955 fand man zwei Kilometer nördlich von Fertőszéplak Siedlungsspuren. Auch in Hegykő gab es wohl eine Siedlung in dieser Zeit, wie in der ehem. Sandgrube gefundene Reste vermuten lassen.

In die La-Tène-Zeit gehören überwiegend die Funde am Krautacker in Sopron. Sie wurden gemacht, als man 1973 für die Plattenbau-Wohnsiedlung Jereván einen Schul- und Kindergartenkomplex baute. Dort befand sich zur jüngeren Keltenzeit einmal eine vermutlich schönere Siedlung als die heutige. Es wurden Gräber mit Urnen gefunden. Die von *Erzsébet Jerem* geleitete Ausgrabung war damals leider eine Notgrabung im Wettlauf mit den Bauarbeiten.

Aus der La-Tène-Zeit stammen auch mehrere hundert Gräber am Südufer des Neusiedler Sees. Vermutlich war die Gegend aufgrund der Pfortenlage und der Nähe zum Wasser sehr dicht besiedelt.

Im Nachbarort Fertőhomok tauchten beim Rathaus Urnen, Krüge und Reste eines Steinbeils auf.

*Rekonstruierte Keltensiedlung in Schwarzenbach (N.Ö.). Foto: O. Meiser (2020)*

Bei Hidegség fand man neben der nach Fertőhomok führenden Straße einen Friedhof, dessen Fundstücke – Keramiken und Lanzenspitzen - nach dem Zweiten Weltkrieg nach Eisenstadt kamen.

1910 kam in Fertőrákos ein Gefäß aus der späten La-Tène-Zeit mit 100-120 silbernen Tetradrachmen zum Vorschein, von denen sich einige im Ungarischen Nationalmuseum von Budapest sowie auch im Kunsthistorischen Museum von Wien befinden.

In Hegykő führte *Prof. Dr. István Bóna* (1930-2001) Ausgrabungen im oberen Dorf in der Mező-Straße durch. Er fand mehr als hundert Gräber.

Wer einen lebendigen Einblick in das Leben der Kelten gewinnen möchte, kann auf der ungarischen Seite die Fundstellen im Ödenburger Gebirge besuchen. Dort findet am *Várhely* (dt. *Burgstall*) auch allsommerlich ein Keltentag statt, bei dem es Events für Kinder sowie archäologische Führungen gibt. Sehr viel zum Thema Kelten bietet auch die im grenznahen Österreich gelegene *Höhensiedlung von Schwarzenbach* (am Ostrand der Buckligen Welt) mit ihrem Freilichtmuseum. Seit 1922 werden dort archäologische Ausgrabungen durchgeführt. Zur Sommersonnwende findet alljährlich ein Kelten-Festival statt.

## 2.5. Römerzeit (ab 15 v. Chr. bzw. 9 n. Chr.)

Die Römer errichteten um das ganze Mittelmeer und die angrenzenden Gebiete ein großes Vasallenreich mit gut geplanter Infrastruktur. Mit seinen Eroberungen um die Alpen herum gewann Rom auch wirtschaftliche Vorteile. Die in den Bergen zu findenden Rohstoffe wie Gold und Eisen, die hier lebende, dichte Bevölkerung (in manchen Gebieten z.T. dichter als heute!), aber auch die vorkommenden Tierbestände veranlaßten die Römer, ihre östlichen Grenzen auszuweiten und die dortigen, kleineren Königreiche zu unterwerfen. So wurde im Jahre 15 v. Chr. das *Königreich Noricum* auf dem Gebiet des heutigen Österreich erobert. Das zu diesem Bereich schon nicht mehr zählende Gebiet östlich davon unterwarfen sie ebenfalls. Dieser östliche Streifen, der sich von Norden nach Süden zog, befand sich zwischen den Alpen und dem Neusiedler See, den die Römer – wie nach *Plinius d.Ä. (23-79 n. Chr.)* in *Naturalis Historia III* beschrieben - damals *Lacus Peiso* bzw. nach Meinung einiger auch *Pelso(is)* nannten – möglicherweise nach einem *Pei* genannten Stamm, der am See lebte. Dabei könnte es allerdings auch Verwechslungen mit dem Balaton, dem Plattensee, gegeben haben.

Vermutlich trugen die Römer auch als erste Kultur in größerem Maße zur Versteppung der Landschaft um den Neusiedler See bei, denn für den Bau von Siedlungen wie etwa *Carnuntum* (bei Hainburg, N.Ö.) benötigten sie große Mengen an Holz.

Die Eroberung der Römer war, wie bereits angesprochen, auch unter wirtschaftlichen Gesichtspunkten richtungsweisend, denn das Gebiet lag entlang der alten *Bernsteinstraße* (lat. *Via Sucinaria*), die Adria und Ostsee miteinander verband und dann zu einer Militärstraße ausgebaut wurde.

Wahrscheinlich gingen von diesem Gebiet, das einstweilen wie Noricum organisiert war, teilweise jene militärischen Eroberungen aus, die schließlich ganz Transdanubien an das Römische Reich anschlossen. Die Grenze des Imperiums schob sich in diesem Teil bis zum Lauf der Donau hinaus, und so entstand unter *Kaiser Augustus (63 v. – 14 n. Chr.)* im Jahre 9 n. Chr. ein neueres Gebiet im Bereich der mittleren Donau: das spätere *Pannonien*. Die hiesige Gegend, einschließlich des vorher erwähnten Streifens, wurde daran angeschlossen.

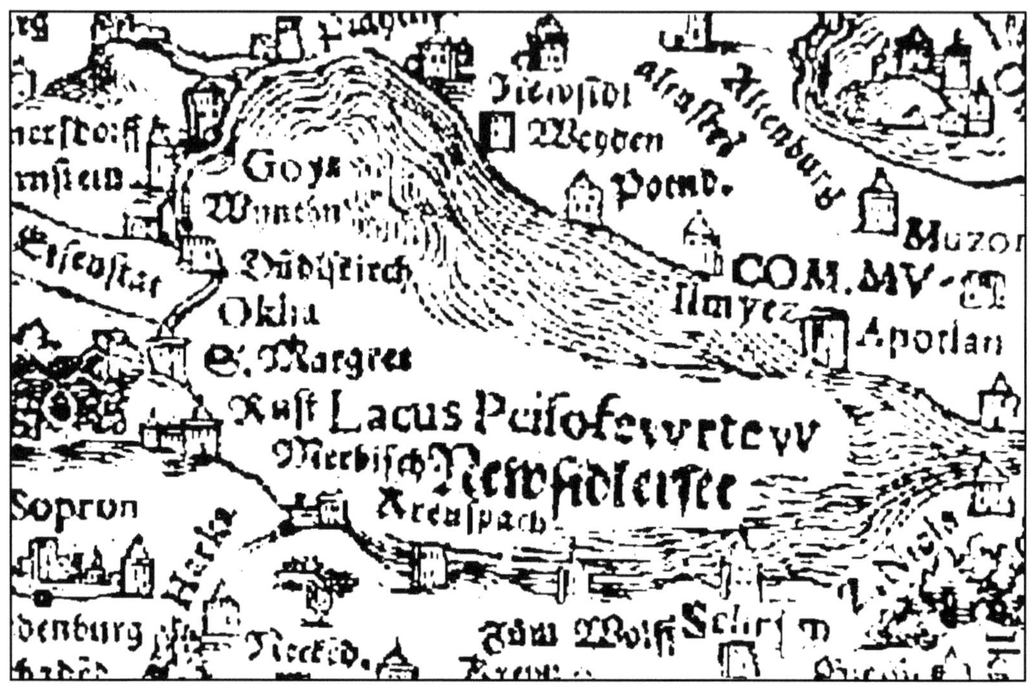


*Die röm. bzw. lat. Bezeichnung Lacus Peiso für den Neusiedler See war auf Karten noch lange gebräuchlich. Hier ein Ausschnitt der Ungarn-Karte von Wolfgang Lazius (1556)*

Innerhalb kurzer Zeit begann die Organisation des Gebietes. Zunächst kamen römische Kaufleute. Dann siedelten sich entlang der wichtigsten Römerstraßen ausgediente Legionäre an, so unter *Kaiser Tiberius (42 v. – 37 n. Chr.)* solche, die vermutlich Veteranen der *XV. Legion Apollinaris* waren. Die römische Verwaltung beließ die alten, einheimischen Bezirke (sog. *civitas*, Mz. *civitates*), unterstellte die Urbevölkerung jedoch einer militärischen Überwachung, während ihre Anführer und ihre Aristokratie römische Bürgerrechte erhielten und nach dem Grundsatz *divide et impera – teile und herrsche* eingebunden wurden. Die übrige, einheimische Bevölkerung zog sich immer weiter von den Straßen zurück und lebte weiter ihr gewohntes Dorfleben – wenn zwar auch nicht als Sklaven, aber so dennoch in ihren Entfaltungsmöglichkeiten stark eingeschränkt. Die römische Eroberung verminderte signifikant die Stärke der hier lebenden Einwohnerschaft, da Menschen auch als Sklaven in andere Teile des Imperiums verschleppt wurden. Bräuche der verschiedenen Kulturen vermischten sich aber auch. Dies konnte man bei Gräbern feststellen, wo sich nach römischer Art ein Abbild des Toten und dazu keltische Symbole wie etwa Sonne, Mond oder Lebensbaum finden. Details in der Darstellung der Toten lassen anhand von Kleidung, Frisur und Schmuck ebenfalls Rückschlüsse auf die Herkunft zu. Auch das Hügelgrab blieb eine bei der alteingesessenen Bevölkerung populäre Bestattungsform.

Die wirtschaftliche Grundlage der römischen Siedler war der Landbau. Kleinere Gutshöfe oder größere Latifundien, die das Gebiet wie ein Netz überzogen, wurden mit der Arbeitskraft von Sklaven bewirtschaftet. Die einheimischen Leute wurden als Pächter in dieses System gezwungen. Die ortsansässige Stammaristokratie, die römisches Bürgerrecht erhalten hatte, wurde romanisiert und lebte als Großgrundbesitzer weiter. Das hervorragend ausgebaute Straßennetz verband die wirtschaftlichen Knotenpunkte, um die herum die Städte entstanden.

Unter den einheimischen Stämmen, welche die antiken Geographen häufig nennen, sind für unser Gebiet die Boier zu nennen. Die von Plinius allgemein und bereit schon einmal genannte *„deserta Boiorum"*, d.h. die „Boierwüste", war im engeren Sinne die Umgebung von Hanság und Neusiedler See, doch im weiterem Sinne auch die sich von der Bernsteinstraße nach Osten öffnende, weite Kleine Ungarische Tiefebene (ung. *Kisalföld*). Es ist wahrscheinlich, daß die Bojer auch östlich des Neusiedler Sees beheimatet waren.

Etliche der zugezogenen römischen Familien waren Händler, wie die lat. Bezeichnung *negotiator* auf Grabsteinen zeigt. Voraussetzung für erfolgreichen Handel waren gute Straßen. Von den das Gebiet durchquerenden Verkehrswegen war die wichtigste die bereits erwähnte *Bernsteinstraße*. Von dieser zweigte wahrscheinlich eine weniger bedeutende Straße ab, die sich am Ufer des Neusiedler Sees nach Norden hinzog. Mit dieser Nebenstraße stand auch das aus dem 3. Jh. n. Chr. stammende *Mithras-Heiligtum von Fertőrákos* in Verbindung. Das für die persische Sonnengottheit in einen Felsen gegrabene Heiligtum ist ein interessantes Denkmal in Pannonien. Es liegt am Weg von Fertőrákos nach Mörbisch, direkt vor der österreichischen Grenze.

Von Sopron, das unter Tiberius durch kaiserliche Erlaubnis als *Oppidum Scarbantia Iulia* gegründet wurde, dann als *Forum Scarbantiae* unter *Kaiser*

*Reste einer römischen Straße im Zentrum von Sopron. Foto: O. Meiser (2022)*

*Vespasian (9 – 79 n. Chr., reg. ab 69)* den Rang eines Municipiums erhalten hatte (*Municipium Flavium Scarbantiae)* und daher ein wichtiges Zentrum war, führte nach Osten zu ebenfalls eine bedeutendere Römerstraße, die „*keltische Straße*", bis ans Ende des Kisalföld. Ebensowenig ist es ausgeschlossen, daß sogar zwei Straßen in Richtung Osten geführt haben: Die eine führte über die Hügel, welche den Neusiedler See von Süden her begrenzen, während die andere sich vielleicht durch das Tal der Ikva zog. Der gemeinsame Ausgangspunkt der beiden Straßen war die *Balfi út* (Schlippergasse) in Sopron. Auch die Thermalquellen von Balf kannten die Römer wahrscheinlich. Im Dorf wurden Reste römischer Häuser gefunden.

Wahrscheinlich kann man insgesamt von einer größeren Besiedlung sprechen, weil es in den Weinbergen entlang des Sees an mehreren Stellen Spuren römischer Gutshöfe (sog. *villae rusticae*) gibt. Die Römer kultivierten damals in der

Gegend bereits den Wein, wie auch vermutlich den zuvor siedelnden Boiern der Wein nicht unbekannt war. Der aus dem hispanischen Gadir (heute Cádiz in Andalusien) stammende *Lucius Columella*, ein antiker Autor landwirtschaftlicher Bücher aus dem 1. Jh. n. Chr., beschreibt für Pannonien bereits mehrere Rebsorten, obwohl es gemeinhin heißt, daß *Kaiser Marcus Aurelius (276-282)* den Weinbau in die Gegend gebracht habe.

Für die Gemarkung Fertőboz sind die Spuren einer Römerstraße belegt. Sie lassen vermuten, daß diese sich auch durch Hegykő zog.

Für Hegykő kann daher vielleicht auch eine größere, römische Siedlung angenommen werden. Reste davon entdeckte im Jahr 1900 der aus Preßburg stammende ungarische Archäologe *Lajos Bella (1850-1937)*. Aus dem Dorf kommen auch zwei bedeutende Grabsteine, die alle beide aus dem 1. Jh. v.Chr. stammen.

Der eine ist der Grabstein eines gewissen Händlers *Titus Canius Cinnamus*, seiner gesellschaftlichen Stellung nach ein befreiter Sklave, der entweder aus dem Gebiet des nördlichen Italien oder aus dem südlichen Gallien nach Pannonien gekommen war. Der Grabstein ist aus Sandstein.

Die Darstellung auf dem Grabstein ist ein interessantes Zeugnis keltischer Grabsymbolik. Es sind lange Inschriften und Abbildungen zu sehen: ein Pfau, ein Halbmond (der übrigens – ob Zufall? – dann später auch im Wappen von Hegykő auftaucht!), eine Kugel, ein Hirsch, der von einem Hund gestellt wird, sowie zwei Wildschweine. Der Grabstein diente früher in der alten Kirche als Treppenstufe zum Altar.

Der zweite Grabstein ist das Bruchstück einer kunstvollen Arbeit aus Marmor, der den Namen *Marcus Canius* trug – seines Zeichens offenbar *decurio*, d.h. eine Art Stadtrat von Scarbantia. Das Relief trägt eine geheimnisvolle Darstellung: eine in einem Kahn über einen Fluß setzende Gestalt, die am anderen Ufer von einer Frau erwartet wird, unter der eine vielköpfige Schlange abgebildet ist; vielleicht eine mythologische Darstellung mit einem der Flüsse der Unterwelt wie Acheron oder Styx.

Die Lage eines spätrömischen Friedhofs kennt man aus dem Gewann *Bán hossza* östlich von Hegykő. Dort befand sich offenbar auch eine *Villa rustica*, dessen Bewohner vielleicht ja der o.g. Cinnamus war. Auf der Gemarkung kamen auch Ziegelurnen zutage, darunter ein Gefäß, das dem vierten, nachchristlichen Jahrhundert zuzuordnen ist. Beim Bau von Häusern in der Petőfi-Straße stieß man ebenfalls auf eine größere römische Siedlung.

Am Südufer des Neusiedler Sees sind in allen Gemeinden römische Bodendenkmäler zu finden. 1967 kamen im benachbarten Fertőhomok nahe der Heimatstube Reste eines Brandgrabes aus dem 1.-2. Jh. n. Chr. zum Vorschein. In die Außenwand des Pfarrhauses von Fertőszéplak, der östlichen Nachbargemeinde, ist der Grabstein eines einheimischen, keltischen Bewohners eingemauert. Im Überschwemmungsbereich des Neusiedler Sees wurden zwei römische Ziegelurnen gefunden.

Die Geschichtsschreiber geben keine eindeutige Antwort auf die Frage, wann genau die Gegend des Neusiedler Sees aufhörte, römisches Territorium zu sein. Man kann den Niedergang der römischen Verwaltung bereits schon kurz nach dem großen Einfall der Quaden im Jahr 374 annehmen. Ihr Ende kam dann wohl, nachdem im Jahre 433 der römische Kommandant *Aetius* den Hunnen unter *Attila* Pannonien kampflos übergeben hatte.

Nach dem Untergang lebten die Römer und die eingedrungenen, sogenannten Barbaren (Germanen, Awaren und Slawen) noch lange auf dem Gebiet der Städte und ihrer Substanz. Die endgültige Aufgabe der römischen Siedlungen fällt erst ins achte bis neunte Jahrhundert.

Besuchern, die sich für die Römerzeit der Region interessieren, bieten sich zahlreiche mit dieser Thematik verbundene Ausflugsziele in der Umgebung. Neben dem erwähnten Mithras-Heiligtum bei Fertőrákos finden sich am Stadtrand von Sopron Reste eines Amphitheaters. Hinter dem Rathaus wurden Teile des römischen Straßensystems von *Scarbantia* freigelegt und sind für jedermann zu sehen. Im Kellergeschoß eines Hauses im Zentrum von Sopron an der Ecke Új u. / Szt. György u., das zur Zeit auch die Touristeninformation beherbergt, befindet sich außerdem ein Römermuseum mit Stelen, Sarkophagen etc.

Das nur 45 km entfernte Szombathely, das unter den Römern *Colonia Claudia Savariae* hieß und eines der wichtigsten Isis-Heiligtümer der Antike besaß, hat mit dem *Iseum* zu diesem Thema ein sehenswertes und in den letzten Jahren neugestaltetes Römermuseum zu bieten. Im August finden die *Römischen Tage* statt, ein Fest mit Karneval und Umzug im antiken Stil.

Speziell für Familien interessant ist ein Tagesausflug in das zwischen Wien und Hainburg an der Donau gelegene *Carnuntum*. Außer einem Römermuseum und Ausgrabungen hat man dort auch Häuser rekonstruiert und somit die Antike lebendig werden lassen, was auch jugendliche Besucher begeistern kann.


## 2.6. Hunnen, Langobarden und Awaren (ab 433 n.Chr.)


Die Hunnen, die bereits ab 375 in die Gebiete westlich des Dons im nördlichen Schwarzmeergebiet eindrangen und das Ostgotenreich vernichteten, kamen um 433 in das hiesige Gebiet. Für viele Historiker beginnt mit dem Hunnensturm die Völkerwanderungszeit bzw. sie werden als Auslöser dieser gesehen. Die Hunnen wiederum wurden durch Machtverschiebungen im chinesischen Raum nach Westen gedrängt. Überdies ist anzunehmen, daß gewiß auch Klimaveränderungen die großräumige Bewegung der Völker verursacht haben. Trockenheit zwang die aus den innerasiatischen Steppen stammenden, viehhaltenden Völker zur Abwanderung. Andere wiederum sehen auch Überbevölkerung in manchen Gebieten als auslösenden Grund an. Die innerasiatischen nomadischen oder halbnomadischen Völker gaben immer wieder Anlaß zu Bevölkerungsbewegungen, die sich bis in das Karpatenbecken hinein fortsetzten. Das Gras- und Steppenland entlang von Donau und Theiß wurde idealer Rast- und Siedlungsplatz der nomadisierenden Völker. Auch der *Hunnenkönig Attila* – im Nibelungenlied *Etzel* - nahm seinen Hauptsitz an der Theiß, wo er 453 starb, was den raschen Zerfall des riesigen Hunnenreiches zur Folge hatte.

Archäologische Funde sind indes aufgrund der Lebensweise der Menschen nicht immer häufig. Bekannt ist in Ungarn etwa der Fundkomplex von *Szeged-Nagyszéksós*, einer der größten Mitteleuropas aus der Hunnenzeit . Dort wurden über 200 Objekte aus Gold gefunden, die vermutlich hunnischen Fürsten gehörten. Auch die Verbreitung der Funde von hunnischen Kesseln, die vermutlich Begräbnisritualen dienten, zeigt einen Schwerpunkt im Donauraum bzw. Karpatenbecken. Am Neusiedler See wurden am Goldberg (Name!) bei Mörbisch goldene Schnallen, z.T. mit Almandinbesatz, aus der Hunnenzeit gefunden.

Das hingegen zu den germanischen Stämmen gehörende Volk der Langobarden (ob der Name tatsächlich „die Langbärtigen" bedeutet, ist unklar) erreichte um 520 n. Chr. das hiesige Gebiet, wobei es wahrscheinlich Scarbantia, d.h. Sopron als Zentrum übernahm. Am Neusiedler See befand sich jedoch auch eine Siedlung, deren Friedhof im Bereich der Mező u. von Hegykő lag. Dort wurden 1955 Schmuckstücke gefunden und dem Soproner Museum übergeben. Der Soproner Archäologe *Dr. Gyula Nováki* (*1926) untersuchte damals den Ort. Bei Bauarbeiten wurden schließlich drei Skelette gefunden. 1959 / 60 erfolgten weitere Ausgrabungen durch den Archäologieprofessor *István Bóna* (1930-2001). Die Einwohnerschaft von Hegykő verfolgte die Ausgrabungen damals mit großem Interesse. Allein auf einem Grundstück wurden 26 Skelette gefunden. Insgesamt entdeckte man 81 Gräber, darunter jeweils ungefähr zu einem Drittel Frauen, Männer und Kinder, wobei letzteres auf eine hohe Kindersterblichkeit hindeutet. Die in 1,5 – 2 m Tiefe liegenden Gräber hatten eine Ost-West-Ausrichtung. Der Friedhof von Hegykő zeigt starke Ähnlichkeit mit Friedhöfen dieser Art in Österreich, z.B. jenem von Nikitsch. Einen langobardischen Friedhof gab es auch im nahen Fertőszentmiklós, während zwischen Kapuvár und Veszkény offenbar eine langobardische Adelige mit ihrem Wagen bestattet wurde. Letzterer Fund wurde leider durch den Sandgrubenabbau zerstört.

Während die Toten der Langobarden z.B. auf Elba eingeäschert wurden, wurde im Karpatenbecken die Ganzkörperbestattung praktiziert und ähnelt damit den Bräuchen anderer germanischer Volksgruppen, wenngleich die Gräber von Hegykő nicht so tief angelegt wurden.

Die Menschen lebten wohl nach einerseits römischer Art und hatten andererseits ihrer materiellen Kultur nach auch langobardische Traditionen übernommen. Schmuckstücke wie etwa Fibeln zeigen Parallelen zu alemannischen und fränkischen Funden dieser Art.

Die Frauen verwendeten für ihre Kleidung normalerweise weißes Leinen. Ihre Gewänder waren mit typischen Scheiben-, Vogel- und S-Fibeln verschlossen. Röcke, die fast bis an die Fußknöchel reichten, trugen sie mit Ledergürteln, an denen Beutel für Gegenstände wie Nähnadeln, Schere, Messer und Spinnwirtel befestigt waren. Ihre Haare hatten die Frauen geflochten und mit einer Haarnadel seitlich zusammengesteckt, wobei sie auch Kopftücher verwendeten. Als Schmuck wurden Ringe, Ohrringe und Armreifen gefunden, sowie in allen Gräbern Ketten aus Perlen, Glasperlen und Bernstein. Eine Besonderheit bei einigen waren die silbernen Zierschlüssel, die vermutlich als Amulette dienten.

Männer trugen vermutlich von eisernen Schnallen zusammengehaltene Leinenbekleidung – Reithosen mit längeren oder kürzeren Mänteln - und benutzten als Waffe Streitäxte. Die pannonischen Langobarden von Hegykő besaßen auch Lanzen nach römischer Art, sowie zweischneidige Schwerter. Auch führten die Männer einen Leder- oder Leinenbeutel mit sich, Jh dem sie Messer, Wetzstein, Rasierzeug und Geräte zum Feuermachen mit sich trugen. Ihren Kopf hatten sie vermutlich unbedeckt und das Haar in der Mitte gescheitelt und lang nach hinten zusammengebunden, wie man es etwa auf italienischen Münzen der Zeit sieht.

Die gefundenen Grabbeigaben der Langobarden weisen auf intensiven Handel hin. Einige Fundstücke wie Fibeln, v.a. jene des S-Typus, zeigen starke Ähnlichkeiten mit denen Nord-Italiens.

Die Langobarden, die im pannonischen Bereich von den Königen Wacho, Waltari, Audoin und Alboin regiert wurden, verließen das Karpatenbecken um 568 und zogen nach Italien („Lombardei").

Danach wanderten die *Awaren*, ein aus Zentralasien stammendes Reitervolk, ein. Sie waren über 200 Jahre der wichtigste Machtfaktor zwischen dem fränkischen und byzantinischen Reich. Ihre Krieger galten als grausam und unbesiegbar. Neuartige Waffen, ungewöhnliche Kampftaktik, schnelle Pferde und geschickter Umgang mit dem Reflexbogen machten sie erfolgreich. Das römische Sopron war zu dieser Zeit nicht nur von den Römern, sondern auch von den Langobarden aufgegeben und die Ruinen von *Scarbantia* blieben als „öde Burg" (daher der deutsche Name von Sopron!) zurück. Die Awaren besetzten das Karpatenbecken, wo sie in dessen zentralen Gebieten einen einheitlichen Staat errichteten, und dehnten sich bis zum 9. Jh. im Westen auch über den Wiener Wald hin aus.

Nach Meinung der Historiker war das Volk der Awaren sehr wohl gemischt und bestand nicht nur aus Mittelasiaten und Hunnen, sondern unter ihnen fanden sich auch Germanen und Slawen.

Indes identifizieren chinesische Quellen die Awaren mit der Stammesföderation von Rouran, die - nachdem sie von den aus dem südlichen und westlichen Altai stammenden Göktürken (auch: Aschina) geschlagen worden waren - in Richtung Westen flüchteten. Diese Gleichsetzung ist aber unter Fachleuten nicht unumstritten.

Einer der byzantinischen Geschichtsschreiber, *Theophylaktos Symokates*, schreibt über die Awaren, daß sich der Stamm der „*uar*" (Awaren) und jener der „*chunni*" (Hunnen) verbündeten und dann als Awaren auftauchten. Die beiden Stämme lebten im nördlichen Teil des Irans, und jener vom Chronisten „*chunni*" genannte war identisch mit den sogenannten weißen Hunnen. Den Awaren schlossen sich bulgarische Stämme an, die sich auf dem Gebiet des heutigen Ungarn niedergelassen hatten. Die Awaren nahmen kulturelle Einflüsse aus ganz Eurasien auf, wie viele archäologische Funde in Ungarn zeigen.

Die Awaren waren ein Steppenvolk. Daher bauten sie zu ihrem Schutz keine Mauern und starke Befestigungen, sondern umgaben sich mit einem Kreis von Besiegten, so daß der Angriff des Feindes zuerst diese heimsuchte; umgekehrt mußten im Falle eines Angriffs aus eigener Initiative die Unterworfenen auch die Vorhut bilden.

Am Anfang wurde die Volksgruppe vom Großkhan oder Khagan (Herrscher, Stammesfürst) zusammengehalten: *Baian Khagan (reg. 562-602)*. Andere Ethnien wie etwa Slawen wurden tributpflichtig gehalten, wie Grabfunde von Hennersdorf am Südrand von Wien gezeigt haben. Auch das reiche und mächtige Byzanz erkaufte sich durch jährliche Tributzahlungen von den Awaren den Frieden.

Unter *Karl dem Großen (768-814)* war die hiesige Gegend unter der Bezeichnung „*Oriens*" (= Osten) als Teilbereich Oberpannonien (ein Gebiet vom Wiener Wald bis zur Raab) dem Präfekten von Baiern unterstellt.
Nun mußten die Awaren selber Tribut zahlen, nämlich gegenüber den Franken. 828 wurde das awarische Fürstentum von *Kaiser Ludwig dem Frommen (778-840)* aufgelöst, nachdem 822 zum letzten Mal eine Abordnung des Khaganats

beim fränkischen Kaiser in Frankfurt erschienen war. Die letzten tributpflichtigen Awaren sind für 870 belegt. Die Awaren verschwanden dann auffällig schnell von der Bildfläche. Nach Meinung einiger ist das Reich der Awaren an eigener Schwäche und inneren Zwistigkeiten zerbrochen, da die Anführer einem ehemals nomadischen und inzwischen seßhaft gewordenem Volk keine politischen Perspektiven mehr bieten konnten.

Die ostslawische *Nestor-Chronik* (1113-18) vermerkt zu den Awaren: *„Gott vertilgte die Awaren. Sie alle starben und nicht ein einziger Aware blieb übrig"*, und auch eine russische Redensart besagt: *„Sie sind untergegangen wie die Awaren; kein Vetter, kein Erbe von ihnen lebt noch"*. Letztendlich gingen sie aber wahrscheinlich – ob frei oder z.T. versklavt – als Bauern und Viehzüchter in anderen Ethnien auf.

Nach der Theorie des Historikers und Archäologen *László Gyulas (1910-1998)* von der sog. *„doppelten Landnahme"* soll die Sprache der späten Awaren, der Onoguren, wenigstens zu einem Teil Ungarisch gewesen sein, und das heutige ungarische Volk von den späten Awaren abstammen. Zumindest fanden die Magyaren beim Eindringen in das Karpatenbecken eine stark awarisch geprägte Kultur vor.

Wie das Leben der Menschen zur Awarenzeit war, darüber geben die Gräberfelder nur teilweise Auskunft. Die Leute lebten in Sippen oder Großfamilien von 120-140 Mitgliedern, und in jedem Dorf fanden sich 2-3 Sippen zusammen. Bei der Bestattung gliederten sich die einzelnen Sippen in drei Bereiche auf. In der Mitte, mit einem goldenen Gürtel, lag der Sippenführer begraben. Rechts von ihm ruhte das Kriegervolk. Bänder am Kopf zeigten den Rang der Sippenmitglieder an. Höhergestellte Leute trugen silbernen, einfachere einen bronzenem Kopfschmuck.

In der näheren Umgebung wurden bei Sopronkőhída ein awarisches Gräberfeld, sowie Reste eines Hauses, Abfallgruben, Gräben und Öfen gefunden. Grabungen fanden dort zwischen 1956 und 1972 statt. Auch im nahen Burgenland entdeckte man in den Gemeinden Oggau, Rust oder Podersdorf Gräber. Ab 2007 wurden awarische Hügelgräber in Sigleß bei Mattersburg erforscht. So gibt es auch eine Verbindung mit gleichaltrigen Gräberfeldern des Wiener Beckens auf dieser uralten Strecke.

Der bekannteste archäologische awarenzeitliche Fund aus dem Karpatenbecken ist indes der Goldschatz aus dem rum. *Sânnicolau Mare* (dt. *Groß-Sanktniko-laus* / ung. *Nagyszentmiklós*) im Banat. Er wurde 1799 gefunden, stammt aus dem 7.-9. Jh. und ist im Kunsthistorischen Museum Wien zu sehen.

Außer den Hunnen und Awaren zogen während der Völkerwanderungen auch Quaden, Sueben, Goten, Heruler und Onoguren durch das hiesige Gebiet. Viele Fragen sind dabei noch offen. So kann man sich - wenn man ein Grab findet - fragen, welchem Volk der Tote eigentlich angehörte, der etwa auf awarische Weise bestattet wurde, aber germanische Waffen und byzantinischen Schmuck trug. Doyen für die Völkerwanderungszeit in der Kleinen Ungarischen Tief-ebene ist der Archäologe *Péter Tomka* (*1940).

## 2.7. Die ungarische Landnahme (ab 895 / 896)

Mit der ungarischen Landnahme begann für die Gegend des Neusiedler Sees ein neues, bis heute andauerndes Kapitel der Geschichte. Als die Magyaren mit der Besetzung des Gebiets begannen, aus dem später der Soproner Bezirk her-vorging, stießen sie in der dünnbesiedelten Gegend auf Awaren und Slawen, die sich im Zustand einer sich auflösenden Gemeinschaft befanden, wobei grö-ßere Teile des römischen Sopron wahrscheinlich noch erhalten waren. Bei den Slawen läßt sich eine blühende Landwirtschaft nachweisen, da die zunächst nur viehzüchtenden und fischenden Ungarn den Ackerbau offenbar erst von den slawischen Völkern in größerem Stil „gelernt" haben. Viele Wörter für land-wirtschaftliche Geräte im Ungarischen sind slawischer Herkunft. Die Ankunft der Magyaren vollzog sich gerade an der Schwelle gesellschaftlicher Verände-rungen dieser Völker.

Zur Zeit der Landnahme kamen die Magyaren jedoch wahrscheinlich nicht in einer einzigen Besiedlungswelle und in jener heroischen Form, wie es uns das 1894 im Hinblick auf die Jahrtausendfeier entstandene, bekannte Panoramabild „*Einzug der Ungarn*" von *Árpád Feszty (1856-1914)* im südungarischen

*Ausschnitt von Árpád Fesztys Panoramabild „Einzug der Ungarn" (1894)*

*Ópusztaszer* mit seinem damaligen Zeitgeist sehr nationalistisch vermitteln möchte. Konflikte hat es zwar sicher gegeben, doch andererseits konnten Slawen als Ackerbauern und Magyaren als Viehzüchter und Fischer sicher auch bequem nebeneinander leben und sich wirtschaftlich ergänzen. Die sieben Anführer der ins Karpatenbecken eindringenden magyarischen Stämme sollen in Ópusztaszer eine Blutsbruderschaft geschlossen und die einzelnen Gebiete für die Besiedlung unter sich aufgeteilt haben. Im nordwestlichen Karpatenbecken ließen sich Teile von Stämmen der *Kér*, der *Megyer*, der *Tarján* und der *Nyék* nieder, wie auch noch manche Ortsnamen wie etwa *Újkér, Nagymegyer* (slowak. *Vel'ký Meder,* dt. *Groß-Magendorf), Sopronnyék* (heute *Neckenmarkt* i. Bgl.) zeigen. Auf den von den benachbarten Völkern unbesiedelten Landstreifen teilten sie untereinander die einzelnen Stammesgebiete auf. Diese Landstreifen waren zwar einerseits Auslöser dafür, daß zwischen den einzelnen Stämmen Kriege um das Weiderecht ausbrachen, doch andererseits dienten sie auch zur Grenzsicherung gegenüber den benachbarten Völkern. Die damalige magyarische Grenzsicherung im Grenzödland erschwerte das Übertreten von Grenzen sowohl durch natürliche Gegebenheiten wie etwa den Neusiedler See

89

als auch durch künstliche Hindernisse. Übergänge, sogenannte „Tore", an welche noch Ortsnamen wie *Kapuvár* (= "Torburg") erinnern, dienten zu Zwecken des Übergangs bei Kriegszügen.

Zur Zeit der ersten magyarischen Besiedlungswelle reichten die Herrschaftsgebiete noch bis zur inneren Linie des Komitatsgebiets, wie etwa bei Kapuvár und der Gegend von Lövő.

Das Ungarntum hatte in seiner neuen Heimat indes mit einigen Krisen zu kämpfen. So kam es durch die gestiegene Macht der Stammesoberhäupter, die Etablierung des privaten Landbesitzes, den Rückgang der Weideflächen und das Wachstum der Einwohnerzahl zu einem im Verhältnis dazu geringen landwirtschaftlichen Produktionsvermögen.

Auf dem Gebiet des Komitats Sopron wurde die Krise dadurch gemildert, daß die verarmten Stammesmitglieder in den Heeresdienst der Stammesführer eintraten und als sogenannte *kalandozások* (ung., bedeutet *"die Abenteurer"*) ihren Lebensunterhalt sicherstellten, womit sich im Verlauf des 10. Jahrhunderts der ungarische Einfluß auch auf außerhalb von Grenzödländern liegende Gegenden ausdehnte. Dies war die zweite Siedlungswelle des Ungarntums, das sich nicht nur vom inneren Grenzödland nach Westen, sondern auch durch die Soproner Pforte auf westlich vom Neusiedler See gelegene Gebiete ausdehnte. Dabei spielte auch Sopron als *Castrum Supron*, zu dem Hegykő wahrscheinlich in Abhängigkeit stand, eine wichtige Rolle.

Wie stark die Abhängigkeit der Stammesmitglieder von den Stammes- und Sippenführern gewesen war, wurde offensichtlich, als die Herrscherfamilie die Macht dieser brach und sich die Gesellschaft in den ersten Jahrzehnten des 10. Jh. in einen feudalen Staat wandelte. Die natürliche Folge der Staatsgründung war, daß anstelle der ethnischen Organisation die territorial-königliche trat und die Stammesorganisation ersetzte.

Den gefürchteten Ungarnvorstößen bis weit nach Westen konnte schließlich Kaiser *Otto I. (der Große, 912-973)* bei der Schlacht auf dem Lechfeld 955 ein Ende bereiten. Die Ungarn wurden dann u.a. auch durch Heiratspolitik befriedet.

Das Territorium der *Stephanskrone* wurde einerseits nach dem Vorbild der unter dem römisch-deutschen Kaiser in karolingischer Zeit entstandenen Grafschaften („Komitate", von lat. *comes* = Graf) und auch nach den Verwaltungen der ortsansässigen slawischen Vorbewohner organisiert.

Das Gebiet von Sopron hatte unmittelbar vor der magyarischen Landnahme zum Gebiet der Awaren gehört. Die Zahl der slawischen Bewohner war gering gewesen. So ist es wahrscheinlich, daß die Organisation des Soproner Komitats relativ spät, d.h. im Verlauf des 10. Jahrhunderts mit dem Erstarken der königlichen Macht und unter Einbezug der westlich des Neusiedler Sees liegenden Gebiete aus den erhöhten Erfordernissen der Grenzsicherung hervorgegangen ist.

Außer den vom feudalen Staat aus dem Ausland ins Land gerufenen und auf dem Komitatsgebiet mit Land belehnten Rittern, sowie den sich um die Städte herum drängenden Freien, kam die größte Unterstützung von der Kirche.

*König Stephan der Heilige* (der im übrigen nicht mit dem antiken Heiligen Stephanus zu verwechseln ist!) machte um das Jahr 1000 die Annahme des Christentums mit Feuer und Schwert bekannt – ein für die Ungarn wichtiges Datum und überdies leicht zu merken. Daher fanden zum tausendjährigen Gedenken an die Christianisierung des Landes im Jahr 2000 überall in Ungarn Feierlichkeiten statt und in vielen Gemeinden wurden anläßlich dieses Jubiläums neue Denkmäler errichtet.

König Stephan ließ Kirchen erbauen und verfolgte die Anhänger nichtchristlichen Glaubens. Zu seiner Heiligkeit soll u.a. auch gehört haben, daß er seinen Gegnern, wenn diese nicht seine Ansichten vertraten, flüssiges Blei in die Ohren gießen ließ.

Die Organisation der Kirche und die Zunahme ihrer Macht lagen im Interesse des Staates. Das Territorium um den Neusiedler See gehörte – nach anfänglicher Zugehörigkeit zu den Bistümern von Esztergom und Veszprém - zum 1009 entstandenen Bistum Győr und löste sich in die Hauptsprengel von Sopron, Lutzmannsburg (ung. *Locsmánd*) und Rábaköz auf. Die Größe des Sprengels von Sopron umfaßte auch das westlich des Neusiedler Sees liegende Gebiet.

Der Name der Gemeinde Hegykő wurzelt indes noch in heidnischer Zeit. Er leitet sich von einem alten, vorchristlichen Opferstein her, wie er als Namensbestandteil auch in anderen Ortsnamen der Gegend, z.B. Geschrieben*stein* (mit derselben Bedeutung ung. *Irottkő*) oder *Stein* am Anger (ung. *Szombathely* ist hingegen keine Übersetzung des deutschen Namens!) vorkommt. Schon in heidnischer Zeit brachten die Ungarn in jedem Hain an einem einzelnen Opferstein ihre Opfergaben dar. Auch auf dem Gebiet der heutigen Gemeinde stand offenbar ein solcher Opferstein – vermutlich von überregionaler Bedeutung, so daß sich dessen Name auf den Ort übertragen hat. *Egy* bzw. *igy* (oder *eg* bzw. *ig*) ist wohl ein altungarisches Wort für „heilig"; davon auch *egyház* als Wort für die Kirche als Institution abgeleitet. Dieser Wurzel entspringt offenbar auch der Name Ikva für den von Sopron kommenden Bach.

Mit einem Berg (obschon ung. *hegy* = Berg) hat der Ort Hegykő also sehr wahrscheinlich gar nichts zu tun, wenngleich man sich die Höhe zwischen Hegykő und Fertőszéplak sehr gut als Ort für ein vorchristliches Heiligtum vorstellen könnte. Der deutsche Name des Ortes „Heiligenstein" formuliert die Bedeutung, die auch im Ungarischen steckt, indes sehr klar.

2008 wurde in dem kleinen Park *Hősi Kert*, dem „Heldengarten" ein Denkmal mit dem Namen *Szent Kő* (= Heiliger Stein) eingeweiht; weiteres auch in Kap. 3.2.).


## 2.8. Hegykő ab dem hohen Mittelalter


Während zahlreiche Orte durch die Wirren der Geschichte, aber auch die klimatisch bedingten Schwankungen des Seespiegels aufgegeben wurden und heute allenfalls noch als Wüstungen nachzuweisen sind, blieb Hegykő bestehen und wurde im Mittelalter ein bedeutender Ort. Archäologische Untersuchungen belegen, daß die Siedlung zu jener Zeit ihre größte Ausdehnung hatte. Dort, wo heute Gärten und Felder liegen, befanden sich damals auch Wohngebäude. Auch an der Stelle, wo sich heute bei der Hauptstraße 85 das Wasserwerk befindet, lag vermutlich eine Herberge für Viehhändler.

*Der Ort Hegykő entstand entlang einer Straße. Blick vom Kirchturm nach Westen*
*Foto: O. Meiser (2003)*

In Hegykő wurden im 11. Jahrhundert zahlreiche Gerichts- und Generalversammlungen des Komitats abgehalten. In Anwesenheit eines Untergespans,
vier Hilfsrichtern und der Einwohner wurden hier Urteile vollstreckt.

In den Wirren des *Mongolensturms von 1241* versuchte der Babenberger *Her-
zog Friedrich II. von Österreich (auch Friedrich der Streitbare genannt, 1211-
1246)* die westlichsten Teile Ungarns an sich zu reißen. Diese konnten allerdings 1242 durch den ungarischen *König Béla IV. (1206-1270)* wieder zurückgewonnen werden. In einer abermaligen Begegnung mit letzterem fiel Friedrich
1246 in einer Schlacht an der Leitha.

Hegykő wird erstmals 1262 urkundlich erwähnt und gehörte zunächst einer Familie *Kanizsay*. Die erste Erwähnung ist damit verbunden, daß König Béla IV.
das Wochenmarktsrecht von Fertőszéplak an Hegykő – dort lat. *Villa Igku* genannt – übergibt.

Austeller der Urkunde sind *Fülöp Szentgróti (1218-1272)*, Bischof von Esztergom, sowie der Kanzler des Königs.

Wenige Jahre später, 1277, gab die Erhebung von Sopron zur königlichen Stadt durch den ungarischen König *László / Ladislaus IV. (1262-1290)* der Region neue Entwicklungsimpulse.

*Wappen der Adelsfamilie Kanizsai*

Ab 1313 taucht Hegykő unter der lat. Bezeichnung *Cives de Igku* auf. Zu dieser Zeit wurden in Anwesenheit des Hegykőer Burgherren mindestens zehn Komitats-Hauptversammlungen bzw. richterliche Generalversammlungen abgehalten, was die Bedeutung des Ortes im Mittelalter unterstreicht. Irgendwann bekam Hegykő wahrscheinlich auch schon den Rang einer „Landstadt" (ung. *mezőváros*) zugesprochen, obwohl dies eigentlich erst später ab 1593 geschehen sein soll. Vielleicht wurde der Status zwischenzeitlich wieder aufgehoben oder entsprechende Urkunden existieren nicht mehr.

Der König hatte damals gemeinsam mit *István Kanizsai* das Recht, von Hegykő, sowie von den Orten Fertőhomok, Hidegség, Fertőboz und den am nördlichen Neusiedler See liegenden Dörfern Feketeváros (heute Purbach) und Fertőfehéregyháza (heute Donnerskirchen) Steuern einzutreiben.

1366 wird Hegykő von dem Palatin *Miklós Konth* unter dem Namen *Egki* erwähnt; bei der Probstei von Csorna wird es *Egkű* bzw. *Igkű* genannt.

1385 heißt Hegykő in einer schriftlichen Quelle bereits „*Hydku*".

Auf einem schönen pergamentenen und lateinisch ausgestellten Brief aus dem Jahr 1446 heißt Hegykő „*Heghkw*". Aus diesem Brief vom 21. Juni geht hervor, daß vor dem Landrat ein gewisser *János Rozgonyi* in seinem und seiner Geschwister Namen das von ihnen verpflichtete Dorf Hegykő den Herren *János, Miklós* und *László Kanizsay* zurückgegeben werde.

*Blick von Süden auf den alten Ortskern. Foto: O. Meiser (2022)*

Aus der Zeit von *König László V. (1440-1457)* stammt ein in Pécs (Fünfkirchen) ausgestellter Brief vom 25. Juni 1454. In diesem sendet der König Leute aus, um herauszufinden, wie stark *Konrad Weitracher* und *Gyles Hofi* die 16 Dörfer der Kanizsay, darunter auch Hegykő (dort „*Kogkew*" genannt), zerstört haben.

Bei diesem Überfall hatte man Bewohner getötet, ihre Häuser angezündet und ihr Vieh davongetrieben. Insgesamt ist von einem Schaden von zehntausend Forint die Rede. Die beiden genannten Personen, die offenbar auch in gutem Verhältnis zu den Hussiten standen, waren Raubritter, die eine Katzenstein genannte und zwischen Fertőrákos und Mörbisch gelegene Burg erworben hatten, von der aus sie ihre Raubzüge unternahmen. Nachdem sich die Familie der Kanizsai mit einer Beschwerde an den König gewandt hatte, schickte dieser durch eine 1454 in Pécs herausgegebene Verordnung den Domherren von Vasvár und Geistliche der Benediktinerabtei Pannonhalma zur Prüfung des Vorfalls aus.

Gleichwohl kamen die Raubritter aufgrund der Schwäche der königlichen Regierung zunächst ungestraft davon. Allerdings zerstörte dann 1464 *Ambrus Török*, der Stadthauptmann von Sopron, die Burg Katzenstein.

Wenn wir von Burgen sprechen, sei erwähnt, daß im Bereich der Siedlung von Hegykő offenbar bis über das Mittelalter hinaus ebenfalls eine Burg stand. Diese wird am östlichen Ende des Dorfes auf dem Hügel im Gewann *Bánhossza* vermutet. Auf diese Tatsache verweist auch das aus dem 16. Jahrhundert stammende Gemeindewappen, das einen silbernen Burg- oder Wachturm auf rotem Grund, flankiert von Sonne und Mond zeigt.

Im Jahre 1456 nahmen die Herren von Kanizsay, die Hegykőer Grundherren und ihre Bauern auch an der *Schlacht um Belgrad* teil, bei der *János Hunyadi* die von *Mehmed II.* angeführten Türken besiegte.

1459 wird für Hegykő in einem Brief erstmalig eine eigene Pfarrei erwähnt; von einem „*Ladislaus plebanus de Hegkw*" ist die Rede.

Aus einem Urbarium der Kanizsay aus dem Jahre 1492 geht hervor, daß das Dorf zu jener Zeit ebenfalls überwiegend dieser Familie gehörte, wobei auch die Besteuerung der Fischereirechte geregelt ist.

Am 21. Dezember 1517 verpfändete *János Kanizsay* vor dem Domherren von Vasvár das Dorf Hegykő zusammen mit anderen Dörfern an *László Kanizsay*, den Obergespan des Komitats Vas.


## 2.9. Von der Zeit der Türkengefahr bis ins 18. Jahrhundert


Obwohl man 1456 zunächst über die Türken bei Belgrad gesiegt hatte, war die Türkengefahr nicht dauerhaft gebannt und konnte schließlich ein paar Jahrzehnte später nicht mehr erfolgreich abgewehrt werden. 1521 fiel Belgrad, und nach der tragischen *Schlacht von Mohács* im Jahr 1526, bei der auch König *Lajos / Ludwig II. (1506-1526)* im Kampf gegen *Süleyman d. Prächtigen*

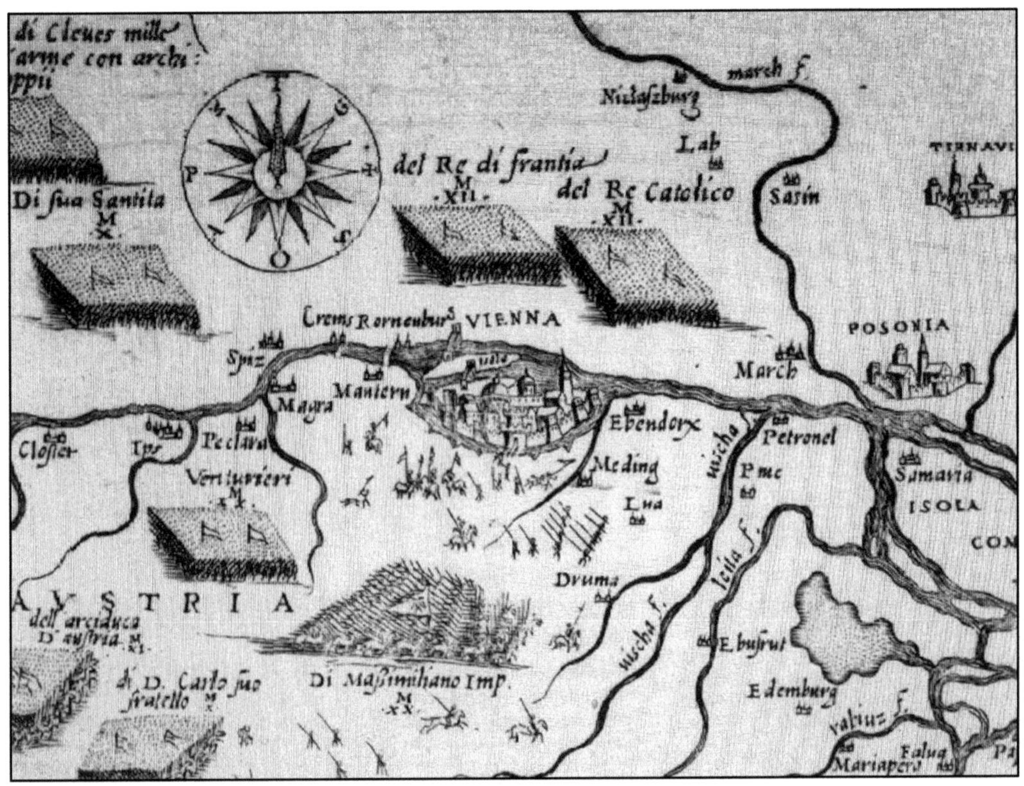


*Das Grenzgebiet Österreich / Ungarn zur Zeit der Türkenkrieg auf einer Ungarn-Karte von Domenico Zenoi (1567). Unten rechts der Neusiedler See und Sopron („Edemburg").*

*(1494?-1566)* sein Leben verlor, konnten die Türken Buda erobern. Hegykő, das damals nur aus einer Straße mit einer nördlichen und einer südlichen Häuserzeile bestand, war aufgrund der offenen Lage des Dorfes dem nach Nordwesten vorrückenden Feind schutzlos ausgeliefert. Die Idee des aus dem Mittelalter bereits bekannten Grenzödlands wurde wieder aktuell und die hiesige Region zum Kampfgebiet. Die Türken kamen hierher, als sie 1529 erstmalig gegen Wien zogen. Gerade in der Gegend des Neusiedler Sees wurden viele Ortschaften derart gebrandschatzt und zerstört, daß sie anschließend nicht mehr aufgebaut wurden und wüst fielen.

In den beinahe anderthalb Jahrhunderten, in welchen das zentrale Ungarn unter der Herrschaft der Osmanen stand, waren der Norden und der Westen (und somit auch die Gegend um Sopron) weiter unter der Bezeichnung Königreich

*Zweisprachige Ortstafel in Hidegség (kroat. Vedešin). Foto: O. Meiser (2022)*

Ungarn Teil der habsburgischen Gesamtmonarchie, während das Ungarn Siebenbürgens (Transsilvanien, ung. *Erdély*, von *erdő* = Wald, vgl. lat. *silva*) von den dortigen Fürsten regiert wurde.

In diesem Zusammenhang der „Dreiteilung" ist auch die Ansiedlung der Kroaten durch westungarische Magnaten ab 1524 in vielen der Nachbardörfer (so Fertőhomok: kroat. *Umok*, Hidegség: kroat. *Vedešin*, Kópháza: kroat. *Koljnof*) und im österreichischen Burgenland zu sehen. Die erstmalige Erwähnung einer kroatischen Familie in Hegykő stammt aus dem Jahr 1557; weitere kamen dann offenbar erst ab 1650. Manche der vor den Türken geflohenen Kroaten stammten von der Adriaküste und wurden daher auch als „Wasserkroaten" bezeichnet, wohingegen man anderswo auch liest, daß der Name von dem neuen Siedlungsgebiet um das Wasser des Neusiedler Sees käme.

In den Kroatendörfern wird bis heute noch – wenngleich immer weniger - kroatisch gesprochen und die Leute können sich mit Kroaten aus Kroatien verständigen, gleichwohl es freilich dialektische Unterschiede gibt und das hiesige Kroatisch zahlreiche deutsche und ungarische Lehnwörter aufweist. Familiennamen wie *Horváth* (ung. für Kroate) oder slawische Endungen wie *–ics* oder *–its* (= *ič*) können auf diese Einwanderung hinweisen. Auch in Musik und Tanz sind kroatische Traditionen noch lebendig.

Insgesamt gab es im 16. und 17. Jahrhundert in der Gegend um Sopron und Eisenstadt 80 Gemeinden mit kroatischer Einwohnerschaft. Beiderseits der Grenze sind viele dieser Orte an ihren zweisprachigen Ortstafeln zu erkennen. In Ungarn zeigt jeweils die grüne Ortstafel unter der ungarischsprachigen, weißen den Ortsnamen in der Minderheitensprache (siehe Foto).

Unter jenen, welche die von den Türken bedrohten Kroaten in der Gegend ansiedelten, war auch *Tamás Nádasdy* (*Thomas Nádasdy III., 1498-1562*), einer der größten Landmagnaten der damaligen Zeit, der in Graz, Bologna und Rom studiert hatte. Da er auch Besitztümer in West-Slawonien hatte, war für ihn die Umsiedlung seiner Untergebenen weiter nach Norden nicht ganz uneigennützig.

Jener Nádasdy, der auch den Fluß Raab als Grenzlinie gegenüber den Türken zu sichern versuchte, war ab 1536 auch für Hegykő der Rechtsnachfolger der Kanizsay und besaß somit den Ort. Kurz davor hatte 1534 Tamás Nádasdy, der u.a. Generaloberst von Transdanubien, königlicher Sekretär, Burgvogt von Buda und Schatzmeister war, die zwölfjährige *Orsolya (Ursula) Kanizsay (1521-1571)* geehelicht. Dadurch konnte er, da die Familie Kanizsai im Mannesstamm ausgestorben war, an den Besitz kommen. Tamás Nádasdy war ein gottesfürchtiger Mensch, der aber dennoch – wie man offenbar von Zeitgenossen weiß – nach Vermögen strebte. In dieser Zeit gab es im Besitz der Felsővidék vier große Meierhof-Wirtschaften – neben der von Hegykő auch jene von Tormás (bei Újkér, heute Tormásliget), Csér (bei Iván) und (Sopron-) Horpács. Dabei war jene von Hegykő, die unter dem Namen *allodiatura Hegkwiyensis* auftaucht, die größte, da ihr auch Ländereien von Kiscenk und Fertőszéplak angeschlossen waren. Viel Brachland wurde damals schon umgebrochen. Die Einwohner von Hegykő waren zu jener Zeit aber auch stark als

*Amtssiegel der „Landstadt" Hegykő*

Fischer tätig. Schon im Jahr 1531 wurde laut dem Kirchenbuch mittwochs viel Fisch zum Markt getragen. Hatte ein Fischer mehr als zehn Fische gefangen, stand einer davon dem Pfarrer zu. Zur Zeit von Tamás Nádasdy trat das Lehensgesinde seinen Herren folgend und nach dem lat. Grundsatz *„Cuius regio, eius religio"* („Wem das Land gehört, dessen Glaube gilt") im Zuge der reformatorischen Einflüsse zum protestantischen Glauben über, zumal Sopron eines der reformatorischen Zentren in Ungarn war und der neue Glaube dort schon seit 1522 Fuß gefaßt hatte. Hegykő wurde protestantisch und gehörte in dieser Zeit kirchenverwaltungsmäßig zum Sprengel von Hidegség. Tamás Nádasdy nahm damals auch Ländereien der Kirche in Besitz. Um 1550 baute man in Hegykő u.a. Weizen, Roggen, Gerste und Hafer. Während die Anbaumenge von Hegykő normalerweise ein Zweieinhalbfaches der in der Zeit üblichen Menge betrug, soll sie 1559 gar das Vierfache betragen haben, was den intensiven Landbau zeigt.

Nach dem Tode von Tamás Nádasdy wurde dessen Sohn *Graf Ferenc Nádasdy II. (1555-1604)* Grundbesitzer von Hegykő. 1571 hatte die Hegykőer Meierhof-Wirtschaft einen Aufseher und sieben Bedienstete – offenbar Adelige, die vor den Türken geflohen waren und die der Graf aufgenommen hatte. 1593 wurde Hegykő Landstadt (ung. *mezőváros*). In einer am 20. August (dem Stephanstag!) in Prag ausgestellten Urkunde erlaubt König *Rudolf von Habsburg* dem Grundherrn Ferenc Nádasdy die Abhaltung eines Jahrmarktes am Sonntag nach dem 2. Juli (Tag von Mariae Heimsuchung) bzw. einem anderen geeigneten Tag. Mit diesem Recht beginnt für Hegykő die Zeit als Landstadt. 1608 fand der Markt bereits dreimal jährlich statt. Auch Straßenmaut wurde Ende des 16. Jahrhunderts in Hegykő erhoben; diese dabei zunächst vom Dorfrichter und später von einer speziell dafür zuständigen Person eingetrieben.

*Die Türken rauben Menschen und Vieh. Aus einem Holzschnitt (16. Jh.)*

Ferenc Nádasdy II. selbst war ein engagierter Kämpfer gegen die Türken. In seine Zeit fällt z.T. der *Lange Türkenkrieg (1593-1609)*, wegen dem Kampf um Festungen auch *Burgenkrieg* genannt. Während dieses Krieges nahmen die Türken u.a. 1594 Győr ein, das 1598 durch *Adolf von Schwarzenberg (1551-1600)* wieder zurückgewonnen wurde.

Auch die Dörfer der hiesigen Region gerieten zwischen die Fronten. 1601 brannten tatarische, für die Osmanen kämpfende Truppen Fertőboz und Hidegség nieder, während Hegykő wahrscheinlich unbeschadet davonkam, doch seine Bewohner fliehen mußten. Von der Gegenseite brandschatzte ein kaiserliches Söldnerheer Deutschkreutz und Nagycenk. Wegen des harten Vorgehens gegen seine Feinde war Nádasdy II. damals unter dem Namen "*schwarzer Ritter*" bekannt. Seine Gemahlin war *Elisabeth / Erzsébet Báthory (1560-1614)*, die sog. *"Blutgräfin"*, die als Serienmörderin offenbar zahlreiche junge Mädchen umbrachte, wobei sie nach Ansicht einiger auch selbst Opfer von politischen Intrigen gewesen sein soll. Der Sohn der beiden, *Paul / Pál Nádasdy (1598-1633)* gelangte schon als Kind an das Erbe, nachdem sein Vater 1604 starb. Im selben Jahr erschien das Heer des Siebenbürgener Fürsten *Stephan / István Bocskai (1557-1606)*, der mit türkischen und tatarischen Truppen bei Kópháza ein Lager aufschlug, um das auf kaiserlicher Seite stehende Sopron einzunehmen, was ihm aber trotz siebenwöchiger Kämpfe nicht gelang. Was indes das frühe Erbe von Paul Nádasdy betraf, übernahm ein Onkel zunächst die Vormundschaft. Nachdem er sich als junger Mann während des Feldzuges von *Gabriel / Gábor Bethlen*, der 1619 in Sopron eingezogen war, auf die Seite von Siebenbürgen geschlagen hatte, Bethlen aber dann in Lackenbach (heute Bgl.) eine Niederlage erlitt, schwor er 1622 *Kaiser Ferdinand II. von Habsburg (1578-1637)* erneut Treue und wurde ein bedeutender Hauptmann im Kampf gegen die Türken. In den Jahren 1623-24 wurde er Obergespan der Komitate Vas und Sopron. 1625 erhielt er den Titel eines Grafen. Nach dem Tode von Paul Nádasdy verwaltete dessen Gemahlin *Judit Révay (?-1643)* bis zu ihrem Lebensende den Familienbesitz mit großer Umsicht. Zur Hegykőer Meierhof-Wirtschaft gehörten in den 1620er-Jahren u.a. auch Ländereien von Fertőhomok und Kiscenk. In Hegykő standen 120 Morgen Ackerland unter Bearbeitung der Meierei. Nachdem durch den Burgenkrieg die Produktion zurückgegangen war, ist für das erste Drittel des 17. Jahrhunderts neben den gängigen Getreidearten auch der Anbau von Erbsen, Rüben, Linsen, Lein und Hirse belegt. Bei der Viehhaltung standen an erster Stelle Rinder. Daneben gab es Haltung von (Trut-)Hühnern, Gänsen und Tauben, sowie Imkerei. An den Meierhof waren ein Haus für das Gesinde, eine Küche und ein Fruchtkasten angeschlossen. Auf dem Hof gab es zwei Ochsengespanne, zwei Schlachttröge für Schweine und zwei Taubenschläge, sowie Speicher für Mehl, Getreide und Wein. Auch ein Weinkeller mit Kelter war dabei. Ein Kellermeister war für die Produktion des herrschaftlichen Weines zuständig; ein Küfer kümmerte sich zeitweilig um die Fässer. Zum Gesinde gehörten außerdem der Wirtschafter mit seiner Frau, 2-3 Pächter, ein Gärtner, sowie Hirten für Schafe, Schweine und Kälber. Über allem Personal stand der Gespan, während der Wirtschafter direkt über die materiellen Dinge bestimmte und von seiner Frau, welche z.B. die Kühe molk, unterstützt wurde. Die Pächter waren mit den Ochsen zugange, pflügten, brachten die Ernte ein und erledigten Fuhrdienste. Die Leute wurden mit Geld und / oder Naturalien (z.B. Wein, Getreide, Futter für das Vieh) bezahlt. Manchmal erhielten sie auch freie Kost. Der größte Teil der Arbeiten wurde jedoch durch Leibeigene erledigt, die unentgeltlich arbeiten mußten und dazu auch - wie aus dem 16. Jahrhundert belegt ist - in bis zu 30 km entfernte, andere Ländereien der Herrschaft (z.B. Újkér) abkommandiert werden konnten.

Hegykő war um 1639, wie das Urbarialbuch aus diesem Jahr zeigt, eine aufblühende Landstadt, die sich auch wieder bevölkert hatte, nachdem 1608 offenbar noch ein Drittel der Häuser leergestanden war.

Herrschaftliche Wälder gab es im 17. Jahrhundert zwei - zu beiden Seiten der nach Fertőszéplak führenden Straße. Einer davon hieß *Tilos tölgy* (ung. = „verbotene Eiche"). Der Name zeigt, daß in diesem Wald die Grundbesitzer den Leuten etwa das Sammeln von Eicheln bzw. die Waldweide (für die Schweinemast) nicht erlaubten. Zuwiderhandlungen konnten mit Geldstrafen geahndet werden. Ein Waldhüter wachte über die Einhaltung des Verbots.

Steuern wurden praktisch auf alle landwirtschaftlichen Produkte und auf Vieh erhoben. Wie auch bei der Bezahlung geschah dies entweder in Form von Geld oder Naturalien. Hegykő war gemeinsam mit Nagycenk und Lövő einer von drei Orten im Grundherrschaftsgebiet, an denen man Steuern eintrieb. Steuern gegenüber dem König wurden an der Haustüre verlangt. Die an den Grundherrn abzuführenden Steuern richteten sich auch nach der Größe der bewirtschafteten Fläche. Termine für die Entrichtung von Steuern waren Georgii (24. April) und Michaeli (29. September). Für Ostern und Weihnachten war genau festgelegt, wie der Grundherr von der Dorfgemeinschaft zu „beschenken" sei. Für die zweite Hälfte des 17. Jahrhunderts waren dabei abzuliefern: ein Kalb, 12 Hühner, 6 Gänse, 8 Kapaune, 4 Viertel Honig, 8 Viertel Butter, 2 Stück Topfen und 100 Eier. Weil die Hühner im Winter weniger legen, wurden den Leuten immerhin zugestanden, an Weihnachten nur halb so viele Eier abzugeben. Bei anderen Gelegenheiten mußten es dafür vermutlich entsprechend mehr sein. Neben Ostern und Weihnachten konnten die Leute von ihrer Grundherrschaft außerdem noch zu Dienstleistungen bei außergewöhnlichen Anlässen wie Taufen, Hochzeiten, Versammlungen etc. herangezogen werden.

Was nun den Glauben anbelangt, war durch das nahe Wien und die Habsburger das Bestreben groß, den Protestantismus zu verhindern, doch gab es indes durch die immer noch bestehende Türkengefahr andererseits auch dringendere Probleme und man brauchte das ohne Türkenbesatzung verbliebene restliche Westungarn im Kampf gegen die Türken. So blieb die Gegend über hundert Jahre evangelisch. Quellen aus dem Jahr 1590 folgend, gab es in Hegykő eine Kirche, doch sie gehörte als Tochtergemeinde zur Kirche von Hidegség. Da heißt es: *„Sie haben eine Kirche, aber keinen Pastor. Hin und wieder kommt zu ihnen der Pastor von Hidegség herüber…"*. Als der Ort Hidegség unterstellt wurde, nahm der damalige Grundherr Ferenc Nádasdy die Pfarrwiese an sich, allerdings mit dem Versprechen, sie sofort wieder zurückzugeben, sobald Hegykő erneut einen eigenen Geistlichen hätte. Auch 1631 war Hegykő offenbar noch dem Sprengel von Hidegség untergeordnet. Am 2. April jenes Jahres besuchte der evangelische Bischof Hegykő. Zwei Kelche erinnern an diesen Besuch. Ein weiteres bischöfliches Besucherprotokoll ist auf den 6. März 1663 datiert. Hegykő wird zu jener Zeit als kirchlich zu Fertőszéplak gehörend erwähnt. Über den Ort ist zu lesen:

*„Die Gewölbe seiner Kirche sind gotisch. Sie besitzt einen Altar. Sie hat einen Turm und keine Sakristei. Es gibt eine Kanzel aus Stein. Die Gemeinde hat ungarische und kroatische Einwohner"*.

Ab 1660 setzte sich z.T. gewaltsam wieder die Gegenreformation durch. Der Urenkel von Tamás Nádasdy (jener, der damals zum Protestantismus übergetreten war), *Graf Ferenc Nádasdy III. (1623-1671)*, welcher als Obergespan von Vas, Haupthofmeister, königlicher Statthalter und Richter fungierte, war der letzte Nádasdy-Besitzer von Hegykő. Weil er um die Hand der Tochter von *Miklós Esterházy* anhielt, trat er schon 1643 zum katholischen Glauben über und stand danach in enger Beziehung zu den Jesuiten, v.a. jenen des Soproner Kollegiums. Nach der Wiedereinführung des katholischen Glaubens wurde Hegykő kirchlich von Lutzmannsburg und Fertőszéplak verwaltet (bei letzterem verblieb es, obwohl es seit dem 19. Jh. mehrere Versuche gemacht hatte, sich zu verselbständigen, bis 1932!). Nádasdy III. nahm dann unter *Palatin Ferenc (Franz) Wesselényi von Hadad (1605-1667)* bei der sog. *Magnatenverschwörung* gegen die Habsburger teil. Zwar versuchten zwei weitere Anführer – die Grafen *Péter Zrínyi (1621-1671)* und *Ferenc Frangepán (1643-1671)* –

Kaiser Leopold I. in Wien ihre Treue zu bekunden, allerdings vergeblich: 1671 wurden sie in Wiener Neustadt enthauptet; Graf Nádasdy in Wien. Die Besitztümer von letzterem - darunter auch Hegykő - wurden beschlagnahmt. Der Familie gehörten damals – neben den beiden „Landstädten" Hegykő und Lövő auch Fertőszéplak, Fertőhomok, Hidegség, Fertőboz, Pereszteg, Nagycenk, Sopronhorpács, Sopronkövesd, Iván, Pusztacsalád und Újkér. Graf Ferenc Nádasdy erlaubte übrigens keine Ansiedlung von Roma auf seinen Besitztümern. Ein Jahr vor seinem Tode, im Jahr 1670, drohte er Orten, welche die Roma durchziehen oder sich ansiedeln ließen, mit Geldstrafen und ließ die Anordnung auch in Hegykő vom Dorfrichter verlesen.

Nach dem Tode von Nádasdy III. wechselte Hegykő offenbar mehrfach den Besitzer. Der Ort kam erst in die Hand der ungarischen Krone. In einer von *Leopold I. (1640-1705)*

*Wappen der Adelsfamilie Nádasdy*

ausgestellten Urkunde wird der Besitz dann 1677 für 330.000 Forint an *Graf Miklós Draskovich* und *Krisztina Nádasdy*, die Tochter des hingerichteten Grafen, verkauft. Wenig später gelangte es in den Besitz der Familie Széchenyi, wo es zunächst bis 1700 und danach bis 1771 Pfandbesitz blieb.

Durch Pfandverträge und familiäre Bindungen kam es, daß die Familien der *Széchenyi* und *Nádasdy* zuweilen gleichzeitig Besitztümer in Hegykő hatten, was auch durchaus mit Rivalitäten einherging, die auf dem Rücken der einfachen Leute ausgetragen wurden. Beispielsweise ging es darum, wer wo bei der Nutzung in den Wäldern das Sagen hatte – ein Konflikt, der sich vor allem auf die Mitte des 18. Jahrhunderts hin zuspitzte, während der armen Bevölkerung so gut wie jede Nutzung des Waldes verboten war. Erst 1760 einigten sich die beiden Familien.

Im 16. und 17. Jahrhundert wurde der riesige Besitz der Nádasdy-Familie in Westungarn neu organisiert und in Bezirke eingeteilt, an deren Spitze ein Präfekt stand. Das Gebiet wurde zunächst von drei Burgen aus beherrscht. Diese waren die von Kapuvár, die von Sárvár-Felsővidék und die von Lockenhaus (ung. *Léka,* noch heute sehr sehenswert!). Der Bezirk von Sárvár wurde auf die Gebiete von Sopron und Vas ausgedehnt. Außer Hegykő gehörten dazu noch 23 andere Orte, u.a. auch Dörfer wie Fertőhomok, Hidegség, Fertőboz und Nagycenk. Beide sog. *Rendanturen* (eine Art von Rechnungsbehörde) hatten jeweils eigene Finanzverwalter. Gutsverwalter, Gesinde von Meierhöfen und Gespane waren diesen gegenüber Rechenschaft schuldig. Auf Ebene der Siedlungen vertraten die von den Beamten eingesetzten Gespane die Interessen der Grundherren. Hegykő hatte einen eigenen Gespan und im 17. Jahrhundert ist von einer eigenen Herrschaft die Rede, in der sich auch ein Rechnungshof befand. Die Nádasdys besaßen auch die Blutgerichtsbarkeit, d.h. sie konnten u.a. Todesurteile vollstrecken. Hegykő war in diesem Zusammenhang ebenfalls Ort dieser Gerichtsbarkeit.

Die Dorfgemeinschaft wurde zu dieser Zeit von einem Richter bzw. Dorfschulzen angeführt, während die Geschworenen aus den sehr betagten Bewohnern ausgewählt wurden und sozusagen einen Ältestenrat bildeten. Die Dorfrichter trugen das Siegel der Gemeinde stets mit sich, wie auch den Schlüssel zu einer Truhe, in der wichtige Dokumente verwahrt wurden.

Querelen gab es indes nicht nur mit den Grundherren, sondern auch mit den Besitzern des Nachbarortes Fertőszéplak, den Prämonstratensern von Csorna. So etwa im Jahr 1679, als die Hegykőer sich ein Gebiet aneigneten, das die Bewohner von Széplak schon seit langem als Allmende nutzten. Wie der Streit genau ausging, ist nicht bekannt. Bekannt ist jedoch, daß die Herrschaft von Széplak 1682 Pfandbesitz der Széchenyi wurde, was zur Beilegung des Konflikts beigetragen haben mag. Damals verwendete man offenbar zur Abgrenzung der Besitztümer aus Gras gebundene Grenzmarkierungen, *hőlye* genannt.

In der „großen Politik" standen die Türken 1683 das zweite Mal vor Wien. Sopron mußte sich den osmanischen Truppen unter dem *Großwesir Kara Mustafa Pascha (1634-1683)* ergeben, der mit 150-170.000 Mann gegen Wien zog.

*Ausschnitt aus der Ungarn-Karte von Giacomo Cantelli (1686). Wegen hoher Wasserstände des Sees zu jener Zeit konnten sich die Türken nicht immer gut bewegen.*

Sopron war dabei gezwungen, sich dem oberungarischen *Fürsten Imre (Emmerich) Thököly von Készmárk (1657-1705)*, der mit den Türken verbündet war, zu unterstellen. Dessen Heeresführer zog im Juli des Jahres ein und leistete Thököly den Treueeid. Ein Heer von marodierenden Krim-Tataren konnte zwar von christlichen Truppen bei Kapuvár aufgehalten werden, zog dann aber über den Hanság in Richtung Moson und schloß sich von dort aus dem Großwesir bei Wien an. Günstig für die am Neusiedler See liegenden Dörfer war die Tatsache, daß der See zu jener Zeit eine seiner großen Ausdehnungen hatte und sich die Bevölkerung auf dem Wasser und im Schilf verstecken konnte, während die Türken nicht vorrangig mit wassertauglichen Verkehrsmitteln ausgerüstet waren.

Die Türken wurden ja dann, wie weiter bekannt, durch das auf die Heilige Allianz gestützte Heer der Habsburger in der *Schlacht am Kahlenberg* (12.9.1683) hinter Wien besiegt. 1686 wurde dann auch Buda zurückerobert.

Zwar richteten die Türken – auch bei ihrem Rückzug - große Zerstörungen an, weshalb man im heutigen Ungarn selten Kirchen findet, die ältere Stile als den Barock zeigen. Die Türken verbreiteten aber während ihrer Herrschaft und ihres Einflusses in Ungarn auch – vor allem in Budapest - die aus dem Orient mitgebrachte Badekultur und erinnerten auch die Nicht-Muslime einmal wieder daran, daß es an sich nicht unbedingt ungesund ist, den Körper zuweilen mit Wasser in Berührung zu bringen.

Überdies sind zahlreiche türkische Wörter sind in die ungarische Sprache eingegangen (z.B. der Apfel: ung. *alma*, türk. *elma*, oder die Aprikose bzw. Marille: ung. *kajszibarack*, türk. *kaysı*). Dabei können Wortähnlichkeiten jedoch auch auf ältere Einflüsse verweisen, da die Ungarn bereits in ihrer ursprünglichen asiatischen Heimat schon in enger Verwandtschaft mit Turkvölkern gelebt haben.

Verse und Reime erinnern an die „bösen" Türken, wie etwa das „*Golya, golya gilice...*", das jedes ungarische Kind kennt und das ich recht frei so übersetzen möchte:

> *„Storch, Storch, Steine,*
> *weshalb hast' blutig' Beine?*
> *Türkenkind tat dir ein Leid,*
> *doch Ungarkind macht dir nun Freud'!"*

Gleichwohl mag es auch weniger gewaltsame Kontakte zwischen den Menschen gegeben haben. Ungarische Familiennamen wie *Török (= Türke)* weisen vielleicht auf solche Beziehungen hin.

Die Erfahrung des Türkensturms ist jedenfalls in der Volksseele des Ungarn tief verankert und trägt sicherlich dazu bei, daß viele Menschen im Land die aktuelle Flüchtlingsproblematik und das Einwandern v.a. von muslimischen Migranten aus dem Orient oft kritischer sehen, wahrnehmen und bewerten als dies EU-Bürger westlich von Wien tun. Nur zu rasch fühlen sich die kleineren

*Ehem. Széchenyi-Sitz im Nachbarort Fertőszéplak. Foto: O. Meiser (2021)*

Völker des südöstlichen Mitteleuropa und des Balkan wie damals schon als Prellbock gegenüber dem Islam und fürchten, im Ernstfall wieder den Kopf für den Schutz der größeren Nationen Mitteleuropas hinhalten zu müssen.

Doch wie ging es damals nun weiter? *György (Georg) Széchenyi I. (1603-1695)* war Erzbischof und Primas von Esztergom. Sein Sohn erkor ab den 1690er Jahren den Nachbarort Fertőszéplak zum wirtschaftlichen Zentrum und Sitz seiner Familie, was Hegykő etwas schwächte, wenngleich dieses auch in der ersten Hälfte des 18. Jahrhunderts noch Zentrum für das Besitztum Sárvár-Felsővidék blieb. Sogenannte Provisoren verwaltete den Besitz.

Am 1. Oktober 1697 fand der Besuch eines katholischen Bischofs in Hegykő statt. In diesem Zusammenhang wird der Ort als „*Oppidum*" (von lat., eine Art

Landstadt) erwähnt. Die Kirche besaß ihre eigenen Felder und ihr eigenes Geld. Dabei ist von einem vergoldeten Kelch aus Silber die Rede.

Im Jahr 1700 ging Hegykő schließlich an die Benediktiner des Wallfahrtsortes Mariazell. 1719 tauschte *Antal Esterházy* den Besitz zurück.

Die Kriege im Zusammenhang mit der Vertreibung der Türken waren gerade erst zwanzig Jahre vorbei, als mit dem *Rákóczi-Freiheitskampf* bzw. dem *Kuruzzenkrieg* von 1703-1711 ein neuer Konflikt kam. *György Széchenyi II.*, der nun auch Hegykő besaß und den Habsburgern Treueeid geschworen hatte, wurde wegen seiner Parteinahme für Österreich oft in Bedrängnis gebracht und mußte, während seine Besitztümer verwüstet wurden, aus Széplak fliehen. Die ungarntreuen Kuruzzen zogen 1704 marodierend durch die Gegend und brandschatzten die Dörfer. Ab 1705 griffen sie mehrmals Sopron an, doch konnten sie die fest zum Wiener Hof stehende Stadt nicht einnehmen. 1707 besetzten die Truppen von Rákóczi die Besitztümer der Széchenyi und 1708 wurden einige umliegende Dörfer verwüstet. Da ein Unglück selten allein kommt, trat 1710 noch eine Pestepidemie auf, nach der die Bewohner von Hegykő zum Dank für deren Ende 1711 auf dem Hauptplatz jene noch heute existierende Pestsäule errichteten.

Nach dem Tode von György Széchenyi II., erbte den Nachlaß dessen *Sohn Zsigmond (Sigismund) I. (1681-1738)* und nach dessen Tod wiederum die vier Söhne, wobei zwei davon, *Antal* und *Zsigmond II.* sich in Kiscenk bzw. Fertőszéplak niederließen. Zsigmond II. hatte dabei auch über Hegykő, sowie Teile von Sarród und Süttör (heute Ortsteil von Fertőd) das Sagen. Der Meierhof stand damals offenbar an der heute als „Schloß" bezeichneten Stelle und hatte neun Räumlichkeiten, von denen drei durch jeweils die Meierin, die Pächter und einen Schäfer bewohnt waren. Dabei gab es Küchen, Speisekammern, verschiedene Viehställe, einen Keller, ein großes Taubenhaus und eine Remise. Im Hof befand sich ein Brunnen. Die Gebäude waren aus luftgetrockneten Lehmziegeln gebaut und mit Schindeln und Schilf gedeckt. Zur Meierei gehörten 151 Morgen Ackerland.

Als Husarenanführer kämpfte Zsigmond II. übrigens auch für die Österreicher im *Österreichischen Erbfolgekrieg (1740-48)* und wurde 1744 bei Prag durch einen preußischen Gewehrschuß am Fuß so schwer verwundet, daß Militärärzte den Fuß amputieren wollten, was Zsigmond jedoch nicht zuließ. Er zog sich aufgrund dieser Verletzung aus dem militärischen Leben auf seine Besitztümer zurück. Nachdem sein Fuß später dann doch wieder heilte, stiftete er in Fertőszéplak eine Skulptur des Heiligen Peregrinus, der ein Schutzheiliger bei Fußbeschwerden ist. Die Skulptur ist noch heute zu sehen. Beim Eintreiben des Zehnten erhoben sich Leibeigene aus Sarród und Széplak gegen ihn und brachten sein Leben in Gefahr.

Ab 1760 ist – hundert Jahre nach dem Ansiedlungsverbot durch Ferenc Nádasdy III. – auch für Hegykő eine Minderheit von *Roma* erwähnt, von der einige wieder fortzogen, andere jedoch das Schmiedehandwerk (ein traditioneller Beruf vieler Angehöriger der Rom-Gruppen!) betrieben. 1780 gab es auch zwei Erwachsene und zwei Minderjährige *jüdischen Glaubens*, die vielleicht in Zusammenhang mit einem damals funktionierenden jüdischen Kaufmannsladen zu sehen sind und das Dorf wohl um 1792 wieder verließen.

*Miklós (Nikolaus) Esterházy d.J.* erwarb 1771 den Besitz von Zsigmonds Witwe *Maria Cziráki*, die danach nach Sopronhorpács zog und ihren beiden Söhnen *Ferenc* und *József Széchenyi* das Schloß in Széplak (Gebäude vis-a-vis der Kirche) hinterließ. 1783 zog Ferenc nach Kiscenk, wo er für die nächsten vierzig Jahre seinen Familiensitz hatte, um von dort aus seine Besitztümer in Somogy, Zala, Vas und Sopron zu beaufsichtigen. Ferenc, der auch Ritter vom Orden des Goldenen Vlieses war, wurde 1754 in Széplak geboren. Er besuchte die Jesuitenschulen von Sopron und Tyrnau (heute *Trnava* in der Slowakei, ung. *Nagyszombat*), sowie das Theresianum von Wien, wo er u.a. Recht und Sprachen studierte. Zeitweilig vertrat er einen kroatischen Banus und kümmerte sich später als königlicher Vertrauter um die Regulierung der Flüsse Mur und Drau. Eine seiner Leidenschaften war auch die Literatur. Als Mäzen unterstützte er daher Literaten wie etwa den ungarischen Dichter *Mihály Csokonai Vitéz (1774-1805)*. Verheiratet war er mit *Julianna Festetics (1753-1824)*, der Witwe seines Onkels József Széchenyi.

Auch im 16.-18. Jahrhundert waren die Bewohner von Hegykő zum größten Teil noch Fischer und lebten sehr bescheiden.

Obwohl Hegykő zu dieser Zeit selbst keinen Wein baute, war der sich im Ort befindende Weinkeller für die Wirtschaft der Grundherren von großer Bedeutung, wurden doch hier die aus Zehnten und Zöllen abgeführten Weine aufbewahrt. Er lag an der Südseite der Hauptstraße, etwa auf der Höhe der Kirche und bot Platz für 70 Fässer mit einem Fassungsvermögen von je 6 *csöbör* (Schober; altes ungarisches Maß, ca. 80 l). Im Dachgeschoß wurden leere Fässer aufbewahrt und dort befand sich auch die Werkstätte eines Küfers. Im Jahre 1721 lagerten dort nach Berichten vierzig Fässer mit Wein u.a. aus den benachbarten Orten Fertőhomok, Ebergőc und Pereszteg.

## 2.10. Hegykő nach den Urbarialordnungen von 1767 und 1804

Die einfache Bevölkerung der Gegend lebte unter sehr ärmlichen Bedingungen und litt unter großer Ungerechtigkeit. Puszta-Romantik hat sie nie erlebt; allenfalls bittere Realität!

Insbesondere auf den abgelegenen Meierwirtschaften, die – wie die Landschaftseinheit - ebenfalls als „Puszta" bezeichnet wurden, war das Leben sehr brutal. Wie rücksichtslos man mit der ärmeren Landbevölkerung auf den großen Gütern sogar noch bis ins 20. Jahrhundert umgegangen ist, davon berichtet übrigens der ungarische Schriftsteller *Gyula Illyés (1902-1983)*, selbst Sohn eines Landmaschinisten, in seiner 1936 erschienenen und sehr lesenswerten literarischen Reportage *Die Puszta*.

Zunehmende Arbeitsbelastung der leibeigenen Bauern führten jedenfalls in Transdanubien ab 1765 zu Aufständen, v.a. in den Komitaten Zala, Vas und Somogy. Die Einwohner von Fertőhomok und Hidegség schrieben sogar an Kaiserin bzw. Königin *Maria Theresia (1717-1780)* einen Brief.

Aus der Zeit der Besitzverhältnisse unter *Graf Zsigmond II. Széchenyi* ist schließlich ein Dokument erhalten, in dem die Hegykőer Leibeigenen 1766 die unerträglichen Zustände und die von Seiten der Grundherrschaft erfahrenen Ungerechtigkeiten in zwölf Punkten schildern und das Patrimonialgericht bitten, es möge doch endlich Gerechtigkeit walten lassen.

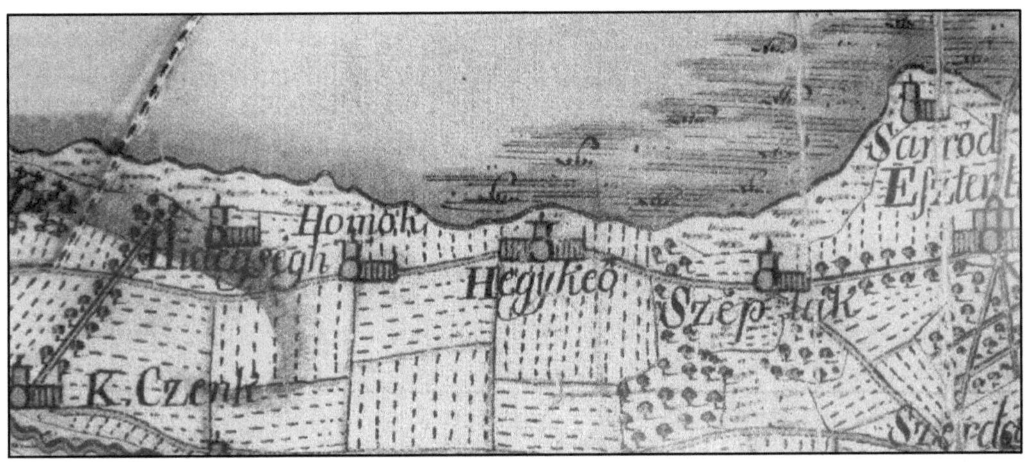


*In der 2. Hälfte des 18. Jh. hatte sich der See wieder sehr stark ausgedehnt und Hegykő lag damals an dessen Ufer. Karte von János Nepomuk Hegedűs (1783).*

So beklagen sich die Leibeigenen über die Willkür der Herrschaft, die sie nach Lust und Laune abkommandiert, und ihnen entgegen aller Absprachen die Arbeitszeiten erhöht. Sie monieren überdies nicht gewährte Arbeitspausen, sowie strenge Strafen, wenn die Arbeit einmal nicht so läuft, wie die Herrschaft sich das vorstellt.

Auch beschweren sie sich darüber, daß ihnen auf so gut wie alles der Zehnt erhoben wird, nicht nur auf Getreide, sondern auch auf Vieh oder Anbauprodukte wie Linsen, Rüben oder Lein. Zudem würden ihnen noch weitere Abgaben in Form von Geld oder Holz aufgebürdet. Ferner läßt der Grundherr die Gemeinschaft seines Personals für Sachen bezahlen, die an sich seine eigene Angelegenheit wären. Die Leibeigenen klagen außerdem, daß der Grundherr nun die Erstattung von Heu verlangt bzw. sie Heu zukaufen müssen. Durch das stetige Ansteigen des Neusiedler Sees in den vergangenen 10-12 Jahren war es nämlich zu einer Überschwemmung des Weideslandes gekommen, weshalb die Leute ihre Kühe woanders hatten weiden lassen müssen. Auch führen die Leibeigenen an, daß man ihnen Nutzungsrechte im Wald entzogen und ohne Gegenleistung den Fischteich weggenommen hätte; auch, daß sie bei Festen nicht ihren eigenen Wein trinken dürften, sondern den des Grundherrn kaufen müßten. Daneben würde der Grundherr, wenn jemand stürbe und keinen Sohn als Nachkommen hätte, das Erbe einfach an sich reißen und eventuelle andere Kinder gingen vollkommen leer aus. Der Grundherr würde sich Landstücke der

Leibeigenen aneignen und gegen schlechtere tauschen. Und während früher auch eine Jagd noch möglich gewesen sei, hätte er ihnen auch diese weggenommen und an andere Leute verpachtet. Insgesamt forderten die Leute, man möge ihre mißliche Lage zur Kenntnis nehmen. Ein wirklich umfangreicher Beschwerdekatalog!

Die Verhältnisse waren also damals wirklich alles andere als gerecht und die arme Bevölkerung, die ja überwiegend des Lesens und Schreibens unkundig war, hatte nur in Ausnahmefällen Möglichkeiten, sich gegen diese Art der Behandlung erfolgreich zur Wehr zu setzen. So ist auch nicht bekannt, ob die o.g. Leibeigenen nach ihrer Klage Erfolg hatten.

Die Kaiserin versuchte, da es vielerorts brodelte, zunächst mithilfe von Soldaten Ruhe zu schaffen, sah aber schließlich, daß sich etwas ändern mußte. So ließ sie durch ihren Vertrauten *Pál Festetits (1722-82)* eine neue Urbarialordnung ausarbeiten, welche die Verhältnisse besser regeln sollte und am 23. Januar 1767 verabschiedet wurde. In den meisten Teilen des Reiches milderte die Reform die Lasten und Arbeitspflichten der Leibeigenen. Zur Umsetzung der Ordnung wurden Kommissare bestellt, welche sowohl die Besitztümer als auch die Leibeigenen registrierten. Für jeden Grundbesitzer mußte dabei ein eigenes Urbarium angefertigt werden. Folgende Informationen sollten dabei in neun Punkten bereitgestellt und unter Eid der Ortsvorsteher protokolliert werden:

1. die Beschaffenheit vom Wohnhaus des Leibeigenen

2. das Nutznießungsrecht des Leibeigenen

3. die Dienste und Arbeitspflichten

4. die Besteuerung des Leibeigenen

5. die Neuntel-Abgaben und Zölle

6. die Einkünfte des Grundherren

7. alle unerlaubten und daher zu beseitigenden, unrechtmäßigen Zustände

8. unerlaubte Zustände bei den Leibeigenen und zu verhängende Strafen

9. was die Wahrung der inneren Sicherheit betrifft

Bei den Nutznießungsrechten der Leibeigenen ging es vor allem um deren Recht, Wein verkaufen zu dürfen (was ihnen aufgrund eines Gesetzes von 1550 schon einmal gewährt worden war), sowie um das Zugeständnis von Weiderechten für ihr Vieh (auch etwa für die Eichelmast im Wald) und die Holznutzungsrechte. Die Aufnahme nach dem o.g. Neunpunkte-Katalog fand in Hegykő am 3. Juli 1767 statt. Da die Leute zwar wußten, daß es eine neue Urbarialordnung gab, deren Inhalt jedoch nicht kannten, hielten sie sich an das Gewohnte, was bedeutete, daß jeder leibeigene Vollpächter von Georgii (24. April) bis Michaeli (29. September) zwei Tage in der Woche mit oder ohne Vieh dienen mußte. In der übrigen Zeit waren mit Einsatz von Vieh ein Tag und ohne Vieh zwei Tage Arbeit fällig. Darüber hinaus mußte ab Mariae Heimsuchung (2. Juli) bis zum Stephanstag (20. August) jeden Tag Arbeit geleistet werden. Viertelpächter mußten das ganze Jahr über einen Tag die Woche Arbeit leisten und während der Ernte zwei. Dabei zählte immerhin der Weg zum Einsatzort und zurück als Arbeitszeit.

Nach der Urbarialordnung gab es 44 Leibeigene mit Land, 21 Zinsbauern mit und 9 ohne Haus, d.h. insgesamt 74 Familien, die dem Grundherrn unterstanden. In den Händen der Leibeigenen waren ca. 32 Morgen Land (d.h. Fläche von Haus, Hof und Garten). Zum Ort gehörten 990 Morgen Äcker und 67 Morgen Wiesenland. Die Haushalte hatten jährlich insgesamt folgende Abgaben: 65 Forint Pacht, 36,25 öl (91-127 m³) zu schlagendes Brennholz, 224 Pfund (ca. 125,5 kg) zu spinnenden Flachs, 40 icce (32 l) Butter, 85 Hühner, 87 Kapaune und 466 Eier.

Die Sorgen der Hegykőer Bewohner waren indes nicht viel weniger geworden. 1773/74 beklagten sie sich vor dem Bezirksgericht, daß ihre Arbeit nicht fair berechnet wurde, wenn sie Roggen nach Sopron bringen mußten oder um Wein nach Lutzmannsburg geschickt wurden. Das Anwachsen der Bevölkerung zu Beginn des 19. Jahrhunderts machte die Situation ebenfalls nicht leichter, wenngleich im Jahr 1804 die Urbarialordnung verbessert wurde. Kurz danach gab es 40 Leibeigene mit Land, 38 Zinsbauern mit und 5 ohne Haus. Diesen gehörten zusammen 35 Morgen im Innenbereich des Ortes, während im Außenbereich 820 Morgen Ackerland und 336 Morgen Wiesen lagen.

Nachdem Hegykő lange Zeit ein Fischerort gewesen war, bekam es im 18. Jahrhundert allmählich den Charakter eines Ackerbauerndorfes.

Nach der Urbarialordnung von 1767 konnte der Bestand an Flurstücken nicht weiter aufgeteilt werden und die Gemarkung erwies sich als zu klein.

Der Grundherr zog in stillschweigender Übereinkunft die Kleinbauern zum Roden von Wäldern und Trockenlegen von Sumpfgebieten heran. Das auf diese Weise gewonnene Ackerland von guter Bodenqualität nannte man ung. *irtásföld*.

*Wappen der Adelsfamilie Széchenyi*

Ein Teil dieser neugewonnenen Ländereien, der für den Lebensunterhalt der Kleinbauern notwendig war, blieb von der Steuerlast befreit. Da die Neuländer am intensivsten bebaut wurden und deren Erträge mit einem Mal an Bedeutung gewannen, versuchten die Grundherren allerdings, diese Länder für sich zurück zu gewinnen.

Die gräflichen Besitztümer wurden 1777 in der Hand von *Graf Ferenc (Franz) Széchenyi (1754-1820)* vereinigt. Im Jahr 1780 wird am Marktplatz erstmalig ein schilfgedecktes Haus erwähnt, in dem sich ein Krämerladen befand und das, weil es offenbar von einem Juden betrieben wurde, "Judenhaus" genannt wurde.

Zentrum für die Verwaltung der Ländereien wurde ab 1783 (Nagy-)Cenk, wobei der Graf neue Verwaltungsrichtlinien einführte. 1789 wurde eine Wirtschaftskommission gegründet, der auch eine zentraler Finanz- und Rechnungsabteilung angegliedert war. Grund dafür war, daß einzelne Personen über die umfangreichen Besitztümer im Detail keinen Überblick mehr haben konnten, so etwa wenn es zu Schäden gekommen war.

1790 gliederte sich der Besitz von Sárvár-Felsővidék in folgende zehn Wirtschafts-Verwaltungseinheiten: Hegykő, Cenk (Nagycenk, Kiscenk, Hidegség

*Ab 1783 Zentrum für die Verwaltung der hiesigen Ländereien: Nagycenk*
*aktueller 5000-Forint-Schein*

und Fertőboz), Pereszteg (mit Fertőhomok), Sopronkövesd, Iván (mit der Meierei von Csér), Újkér, Lövő, Sopronhorpács, Sopron, sowie das Waldgebiet von Nagyerdő (bedeutet „großer Wald", zwischen Pusztacsalád und Röjtökmuzsáj gelegen). Zur Verwaltung der Wirtschaft von Hegykő wurde ein eigener Gespan eingesetzt, der in der Meierei wohnte. Darüber hinaus gab es einen Waldhüter, einen Schafhirten, sowie andere Angestellte, die in Geld, Naturalien oder mit dem Recht, Schweine und Kühe halten zu dürfen, bezahlt wurden. An Vieh wurden hauptsächlich Schafe gehalten; daneben auch Ochsen und fünfzig Schweine. Auf den Feldern herrschte Getreidebau. In den herrschaftlichen Gärten wurde überwiegend Gemüse gepflanzt; daneben auch Lein und Buchweizen.

Die Neuländer blieben bis zum Jahr 1790 (in diesem Jahr 160 steuerpflichtige Morgen) in der Hand der Kleinbauern. Das Kleinbauerntum konnte so ein bis zwei Jahrzehnte lang die Früchte seiner mühsamen Arbeit ernten.

Die Nutzung der Neuländer bedeutete bis zu einem gewissen Grade Selbständigkeit und die Möglichkeit, zu Wohlstand zu gelangen. Der Kleinbauer konnte die Neuländer auch verkaufen oder verpfänden. Besteuert wurden nur jene Neuländer, welche für das Leben der Bauern unbedingt notwendig waren.

In Hegykő zählte man nun: urbariales Ackerland 29 Kleinmorgen, Neuländer 5 Kleinmorgen, insgesamt 34 Kleinmorgen. Einem Kleinmorgen (ung. *kishold*) entsprachen 3.586,25 m².

Die Grundherren, die an der Selbständigkeit der Bauern natürlich keinerlei Interesse hatten, erwarben die Ländereien aber oft für eine geringe Summe zurück und sie wurden den Flächen der Meierhöfe angeschlossen. Auf diese Weise fielen riesige Landstücke in ihre Hände. Ferenc Széchenyi verfügte, daß unter Androhung von Verlust des Landstückes und 12 Stockhieben niemand Land tauschen, kaufen oder verkaufen solle, ohne die Herrschaft zuvor davon in Kenntnis gesetzt zu haben.

Im Ort selbst ist ab 1792 nun auch von einer Metzgerei die Rede. Sie befand sich in einem an der Straße stehenden Wohnhaus. Außer Fleischwaren, durften dort auch – mit Ausnahme von Alkohol - andere Waren verkauft werden. Bei Verkauf von Alkohol wurde dieser konfisziert. Rindfleisch durfte frei zu den im Komitat üblichen Preisen angeboten werden, jedoch nur von gesunden Tieren. Fleisch von kranken Tieren wurde beschlagnahmt. Hatten Rinder ein Bein gebrochen oder waren durch zu viel Genuß von Klee aufgebläht, mußte dies den herrschaftlichen Aufsehern gemeldet werden, welche die Tiere prüften. Wurde für eine Hochzeit geschlachtet, mußte ebenfalls der Aufseher seine Genehmigung erteilen. Jedermann konnte Kälber und Schafe schlachten lassen, allerdings ohne deren Fleisch zu verkaufen.

Im Zentrum von Hegykő befand sich zu dieser Zeit auch eines von zwei Gasthäusern, zu welchem ein Keller und eine Kelter, sowie Metzgerei und Stallungen gehörten. Ein weiteres gab es an der Landstraße (der heutigen 85). Das schindelgedeckte Gebäude hatte drei Zimmer, Küche und Vorratskammer. Auch Pferdestall und Remise waren dabei. Der Gästeraum war u.a. mit langen Tischen und Bänken eingerichtet. In diesem Gasthaus wurde auch der herrschaftliche Wein verkauft und es wurde schwer geahndet, wenn die Leute unter der Hand ihren eigenen verkauften, wohingegen dies bei Pálinka (Schnaps) nicht galt. Den Gästen durften keine warmen Speisen, sowie keine Sülze und kein Käse angeboten werden. Es gab nur Brot und Brötchen, und diese mußten beim herrschaftlichen Bäcker in Kiscenk gekauft werden. Für den Handel durfte fremder Wein eingeführt werden, doch mußte man dies bei einem Aufseher genehmigen lassen. Hatte der Wirt nicht genügend guten Wein für Kranke verfügbar, brachte der Aufseher im Interesse der Gesundheit welchen. Ansonsten wurde alles streng kontrolliert und Verstöße mit Arbeitsdiensten bestraft. Die Leibeigenen durften ihre eigenen Anbauprodukte - je nach häuslicher Notwendigkeit - frei selbst verwerten.

Den Grundherren von Hegykő waren also die Rodungen und das Trockenlegen der Sümpfe durch die Bauern von großem Nutzen. Im 18. Jahrhundert brachen diese 477 Morgen Land aus eigener Kraft um. Bis 1800 waren schon 427 Morgen Ackerland und 70 Morgen Wiesenland in ihren Händen. Danach verpachteten sie die zurückgetauschten Neuländer den Kleinbauern zu hohem Zins. Ziel des Rücktauschs war nämlich nur die Wiedergewinnung des Besitzrechts. Für die Bewirtschaftung der *irtásföldek* mußten dem Grundherrn 4 Kreuzer pro Morgen und ein Zehntel des Ertrags entrichtet werden.

Ende des 18. Jahrhunderts funktionierte die Dorfpolitik in der Form, daß in Hegykő die Grundherrschaft drei Personen für das Amt des Dorfrichters vorschlug, von denen die Bevölkerung in Anwesenheit des Aufsehers einen wählte. Im Falle mißliebigen Verhaltens konnte der Dorfrichter allerdings abgesetzt und auch bestraft werden. Geschworene und Notar wurden von den Dorfbewohnern ohne Eingriff der Grundherrschaft gewählt bzw. abgewählt. Notarielle Aufgaben konnten auch vom Schulmeister wahrgenommen werden.

Ferenc Széchenyi wird gegenüber den Leibeigenen als verständnisvoll und wohlwollend beschrieben. Wie bekannt ist, kam er den Leuten bei mehreren Gelegenheiten finanziell entgegen.

Erschwerend für das Leben der Menschen war dann allerdings wieder, daß sich von Mai bis Mitte November 1809 die Truppen Napoleons in der Gegend um Sopron aufhielten. Österreich hatte in Koalition mit England am 9. April jenes Jahres den Krieg gegen Napoleon eröffnet, um dessen Vorherrschaft zu brechen. In einem Brief vom 18. Juli, den der Hegykőer Dorfrichter János Szalai an den Untergespan schrieb, wird berichtet, daß sich am Vortage 17 französische Jäger im Dorf eingenistet hätten. Diese bedrohten das Dorf und forderten 300 Einheiten Heu ein; andernfalls würden sie zwei Ochsen mitnehmen. Am 10. August gingen dann offenbar sogar 1400 Einheiten Heu zu jeweils 8,4 kg an das französische Heer.

1812 zählte Hegykő 550 Einwohner; die meisten davon römisch-katholisch. Es gab 40 Vollbauern, 38 Zinsbauern mit und 2 ohne Haus. Zweimal jährlich wurde Markt abgehalten; einmal zu Ostermontag und einen Tag nach St. Michael (wobei die Leute von letzterem offenbar nicht viel hielten). Dabei mußte das Marktrecht alljährlich neu von der Grundherrschaft gepachtet werden. Während der Warenmarkt am Platz bei der Pestsäule stattfand, wurde der Viehmarkt – im übrigen noch bis 1923 - am Südrand des Dorfes abgehalten, bevor man ihn u.a. aus Platzgründen mehrfach anderswohin verlegen mußte.

An Handwerksberufen gab es in Hegykő: Schmied, Schreiner, Schuster, Schneider und Leinenweber. Auch die Handwerker hatten der Grundherrschaft zuzuarbeiten. Die Dorfbevölkerung besaß kein eigenes Weideland, sondern nutzte dieses – ca. 600 Morgen - gemeinsam mit dem Grundherrn, wobei das Weideland in Zeiten von Trockenheit knapp war. Im Dorf zählte man 425 Schafe, 180 Ochsen, 100 Kühe, 80 Kälber und 16 Pferde (davon 6 Fohlen). Auch hatten die Leute vom Dorf keinen eigenen Wald. Bauholz mußten sie vom Gebiet um Wiener Neustadt und aus den Landseer Bergen kaufen, während sie Brennholz aus dem Wald von *Nagyerdő* (s.o.) heranschaffen mußten.

Währenddessen bereitete sich Ferenc Széchenyi darauf vor, seinen Besitz seinen drei Söhnen zu vererben. Er schloß mit Erlaubnis des Königs 1815 ein Familienfideikommiss, durch den das Vermögen innerhalb der Familie bleiben sollte. Von seinen drei Kindern fiel *Graf István Széchenyi (1791-1860)* der Anteil mit Hegykő, Fertőhomok, Hidegség, Fertőboz und den beiden Cenk (Nagy- und Kiscenk mit dem Schloß) zu. István Széchenyi, der auf der 5000-Forint-Banknote abgebildet ist, wurde später eine der größten und wichtigsten Persönlichkeiten der ungarischen Geschichte. Aufgrund seines massiven Einsatzes u.a. für die Wirtschaft und Verkehrsinfrastruktur des Landes (so ließ er etwa die Kettenbrücke von Budapest bauen) gilt er als „der größte Ungar" und einer der führenden Köpfe des ungarischen Reformzeitalters. 1848 war er in der ersten unabhängigen Regierung unter dem Ministerpräsidenten *Lajos Batthyány (1807-1849)* Verkehrsminister.

Dieser István Széchenyi übernahm nun die Cenker Grundherrschaft, zu der neben Hegykő auch Fertőhomok, Hidegség, Fertőboz, Kis- und Nagycenk gehörten. Der Besitz wurde in zwei Wirtschaftsbereiche aufgegliedert: den einen von Cenk und den anderen von Hegykő. Zu letzterem gehörten neben Hegykő auch Cseralja (eine Meierei südöstlich des Ortes, zwischen dem Bahnübergang und

*Der „größte Ungar", Graf István Széchenyi (1791-1860), hatte auch großen Einfluß auf Hegykő und seine Umgebung. Vorderseite des aktuellen 5000-Forint-Scheines.*

der Landstraße), Fertőhomok und Szolgagyőr (eine Meierei bei Pusztacsalád). Hegykő besaß nach Cenk die größte Meierei.

Für die Beweidung schlossen die Bewohner von Hegykő und Fertőhomok 1815 mit István Széchenyi einen Vertrag, nach welchem die Leute von Georgii (24. April) bis zum Tag der Hl. Elisabeth (19. November) Rinder auf eine Weide bei Pusztacsalád führen durften. Dabei bekamen sie auch die Erlaubnis, daß die Tiere im Falle von Schlechtwetter oder Hitze in einen Teil des angrenzenden Waldes gelassen werden durften. Für das Weiderecht mußten die Leute bezahlen und überdies für jedes geweidete Rind zwei Tage und für ein Kalb einen Tag Arbeit leisten. Die Anzahl der Tiere wurde zu Georgii registriert. Wenn sich allerdings bei einer Zwischenkontrolle herausstellte, daß mehr Tiere auf der Weide waren, wurde für die überzähligen die dreifache Arbeitsleistung eingefordert. Schäden am Wald wurden ebenfalls schwer geahndet. Brennholz, damit sich etwa die Viehhirten bei Kälte und in der Nacht aufwärmen konnten, mußte von den Dorfbewohnern von anderswo herbeigeschleppt werden. Dung durfte nicht verheizt werden, denn dieser stand der Herrschaft zu. 1820 wurde den Leuten eine weitere Nutzung nur dann in Aussicht gestellt, *„wenn sie sich diese durch fleißige Arbeit und willige Demut verdienen"*. Die Arbeit mußte oft in Form vom Mähen der Wiesen geleistet werden, und zwar von Sonnenaufgang bis Sonnenuntergang, was entsprechend im Sommer sehr lange Arbeitstage waren. Wenn die Leute dazu gerufen wurden, hatten sie sofort zu erscheinen. Auch hier ist wieder einmal zu sehen, wie gnadenlos und brutal man den einfachen Menschen gegenüber auftrat! Allein der Pfarrer und der Dorfrichter durften ihr Vieh unentgeltlich weiden lassen…

1828 wird die Gemarkung der Landstadt Hegykő zu zwei Dritteln als hügelig und sandig und zu einem Drittel als flach beschrieben. Angebaut wurde auf dem einen Teil der Gemarkungsfläche hauptsächlich Roggen, aber auch Weizen, Gerste und Hafer, während der andere Teil der Fläche brach lag.

Im Ort, gab es damals 78 Wohnhäuser und 85 Haushalte. Es wirtschafteten 40 Vollbauern, sowie 41 Zinsbauern mit Haus und 4 ohne Haus. Nachdem seit 1767 der Bestand an Leibeigenen-Ländereien nicht erhöht werden konnte, gab es 12 Leibeigene, die über keine eigene Wirtschaft verfügten, sondern sich z.B. mit den Geschwistern das Brot teilten. Die Vollbauern bewirtschafteten 20,5 Morgen Ackerland, sowie 8 Mannsmahd Wiesenland und hielten ein Paar Ochsen, eine Kuh, zwei Schafe und ein Schwein, während die Meiereien 134 Rinder, 60 Schafe, 34 Schweine und 12 Pferde besaßen. Der Ort lebte also 1828 immer noch von der Landwirtschaft und es finden sich allein 3 Leute, die vollerwerbsmäßig in anderen Berufen arbeiteten: ein Gastwirt, der auch gleichzeitig Metzger war, ein Schreiner und ein Schmied. Ein Leinenweber und ein Schuster hingegen waren als solche nur saisonal tätig.

In den 1830er Jahren wurden vom Landtag neue Gesetze zur Flurbereinigung beschlossen. Diese wurden 1836 in Hegykő, Fertőhomok und Hidegség bekanntgegeben. Mit der Umsetzung der Gesetze begann man im Sommer des folgenden Jahres. Dabei stellte sich die brennende Frage, welche Flurstücke den Leibeigenen und welche der Herrschaft zukommen sollten. Nach dem Willen des Grundherrn István Széchenyi sollte das Problem in gütlicher Einigung gelöst werden.

1828 wird über Hegykő als ein Dorf mit 90 Häusern und 672 Einwohnern berichtet. 1833 wird es gar als deutsches Dorf erwähnt.

Zwischen 1831 und 1833 fiel die Einwohnerzahl von Hegykő von 698 auf 609. Die meisten fielen einer damals grassierenden Choleraepidemie zum Opfer – mindestens 40 im Jahr 1831 und mindestens 63 im Jahr 1832. Es dauerte über 15 Jahre, bis der Bevölkerungsverlust wieder ausgeglichen war. Erst 1847 wurde der Stand von 1830 (701 Ew.) wieder erreicht bzw. übertroffen.

Der Viehbestand, insbes. an Schafen, nahm in der ersten Hälfte des 19. Jahrhunderts stark zu. 1817 noch 1271 Schafe, die insgesamt ca. 1060 kg Wolle lieferten, waren es 1848 dann 3217 Tiere bei einer Produktion von ca. 2630 kg. Dies lag daran, daß in dieser Zeit die Wolle zunehmende Wertschätzung erfuhr. Nach Verabschiedung der Gesetze zum Schutz der Pächter in den Jahren 1832 und 1836, begehrten die Bewohner von Hegykő 1837 eine gesonderte Weide. Am 11. Dezember desselben Jahres wurde ihnen Weideland in der Größe von 436 Morgen zugestanden. Zusammen mit Wiesen im Hanság waren dies 1724 Morgen. 1848 kam etwa ein Viertel aller Einkünfte der Grundherrschaft aus dem Verkauf von Wolle.

Auf dem Besitz der Széchenyi wurde auch die Seidenraupenzucht eingeführt. Einer alten Rechnungsaufstellung aus dem Jahr 1840 folgend, pflanzte man damals auf der Gemarkung Hegykő 2756 der zur Seidenraupenzucht benötigten Maulbeerbäume an.

Hinsichtlich industrieller Entwicklung sei der Betrieb einer herrschaftlichen Ziegelbrennerei zu erwähnen. In dieser wurden verschiedenste Ziegel für Mauern, Brunnen, Kamine und Dächer (so etwa Biberschwänze, Mönch-und-Nonne) hergestellt.

1840 kam es in Cenk zwischen den Bewohnern von Hegykő und der Grundherrschaft zum Vertrag der „Zusammenlegung und Aufteilung", der auch von Komitatsseite bekräftigt wurde und sieben Punkte umfaßte. Dabei wurden u.a. die am See liegenden Weiden (113 Morgen) und das dazugehörige Weiderecht den Leibeigenen zugesprochen. Die Herrschaft verzichtete auf umstrittenes Wiesenland und würde sich mit der dafür zu bezahlenden Pacht zufriedengeben. Da die Gemeinde bisher keine Fläche für allgemeindienliche Zwecke wie den Anbau von Hafer für die Versorgung von Soldaten besaß, wurde dieser Mangel behoben und die Herrschaft stellte vier Morgen Land ohne Gegenleistung und Besteuerung für diesen Zweck zur Verfügung.

Ein Jahr später wurde auch über die Holzgerechtigkeit entschieden. Diese wurde aufgelöst und als Ausgleich bekamen die 40 Vollbauern sowie der Schulmeister neben den Feldern der Meierei von Cseralja jeweils 2 Morgen Land, die sie steuer- und abgabenfrei bis auf ewige Zeit bewirtschaften und besitzen durften (an einen Kommunismus dachte damals noch niemand!).

In den 1840er Jahren wurde in Hegykő im Gewann Kis Bajcsa auch Weinbau betrieben. Eine Weinbergsordnung wurde 1843 herausgegeben. Die Weingärtner hielten dreimal im Jahr eine Versammlung ab: zu Georgii (24. April), zu Laurentii (10. August) und zu Allerheiligen. Die Weinberge waren zur Begrenzung mit Hecken umgeben. Wer diese nicht ordentlich instand hielt, wurde mit einer Geldstrafe belegt. Dies geschah auch, wenn jemand den Wein mit Wasser panschte. Ebenso wurde Diebstahl im Weinberg bestraft und der Schaden mußte wieder gutgemacht werden. Strafen zog es auch nach sich, wenn Weingärtner sich gegenseitig beschimpften oder gar prügelten. Zwischen den Weinreben durften keine Schatten werfenden Bäume angepflanzt werden. Das Obst von Bäumen, die auf Grenzen standen, mußte zwischen den Besitzern beider Grundstücke jeweils zur Hälfte aufgeteilt werden. Die Weinberge durften nicht verkauft werden. Die Maßeinheiten beim Weinverkauf wurden durch einen Weinbergsmeister kontrolliert. Wer eine Strafe bekam und nicht zahlen konnte oder wollte, wurde entsprechend mit Stockhieben bestraft. Strafgelder gingen zu jeweils einem Drittel an den Weinbergsmeister, den Feldschütz und den Dorfrichter.

Was die Jagd anging, war ja in der Urbarialordnung von 1767 festgelegt worden, daß diese allein der Herrschaft zustand und den Leibeigenen untersagt war, sofern nicht jemand das Jagdrecht pachtete. Nach Verordnungen von 1831 durften die Aufseher von Wäldern, Feldern und Weinbergen kein Gewehr besitzen. Gegen Wilderei wurde mit strengen Strafen vorgegangen. Auch das Ausnehmen von Vogelnestern, sowie das Beschädigen von Bäumen und Abbrechen deren Äste war verboten.

Zwar hatten die neueren Ordnungen für die Leute den freien Kauf und Verkauf von Grundstücken, sowie das Eröffnen von Geschäften und Ausüben eines Handwerks von Leibeigenen möglich gemacht, und auch die Abgabepflicht von Hühnern, Eiern etc. war verschwunden, doch wurde dafür die Arbeitspflicht von zwei Tagen unter Vieheinsatz bzw. vier Tagen ohne Vieheinsatz eingeführt. 1841 gab es in Hegykő 40 Vollbauern und 38 Zinsbauern, wobei jeder Vollbauer 25 Morgen Ackerland und 2,75 Mannsmahd Wiesenland bewirtschaftete. Den Mangel an Wiesenland hatte man – vgl. 1828 – durch weitere Zuteilung von Ackerland auszugleichen versucht. Dabei waren unter den Vollbauern insgesamt 225 Morgen Land aufgeteilt worden.

**2.11. Ab 1849 / 49**

Im Zuge des Romantizismus erwachten in den Vielvölkergebilden wie der Habsburgermonarchie allmählich auch immer stärker die Bestrebungen der einzelnen Ethnien nach Selbstbestimmung bzw. einem eigenen Staat – so auch bei den Ungarn, die innerhalb des Kaiserreichs das zweitgrößte Volk waren.

Am ungarischen Freiheitskampf und Aufstand gegen die Habsburger von 1848/49 nahmen auch fünf Bürger aus Hegykő teil: *Pál Árki, Antal Hekli, György Horváth, János Kiss* und *Ferenc Zsugonits*. Ihre Grabstätten sind leider unbekannt.

Ein Grab aus der Zeit des Freiheitskampfes ist allerdings auf dem Friedhof noch erhalten. Wie die alten Dorfbewohner berichten, liegt dort ein Sohn des Amtmanns der Széchenyi begraben. Auf dem Grabstein ist eine Wespe zu sehen, durch deren Stich er angeblich zu Tode kam. Es ist dort zu lesen:

> *„Hier*
> *ruht beim Herrn*
> *Tu di [ unleserlich ]*
> *Imre Turzó*
> *geboren den 19. Dezember 1826,*
> *gestorben den 19. März 1852,*
> *seine trauernden Eltern und Geschwister*
> *in tiefem Schmerz*

Die Familie Turzó kam durch Eheschließung mit den Esterházy zusammen. Ihre Stammburg befindet sich in Bytča (ung. *Nagybiccse*) in der nordwestlichen Slowakei.

Die revolutionären Ereignisse des ungarischen Vormärz ab dem 15.3.1848 führten zum Verschwinden der alten urbarialen Strukturen und brachten der

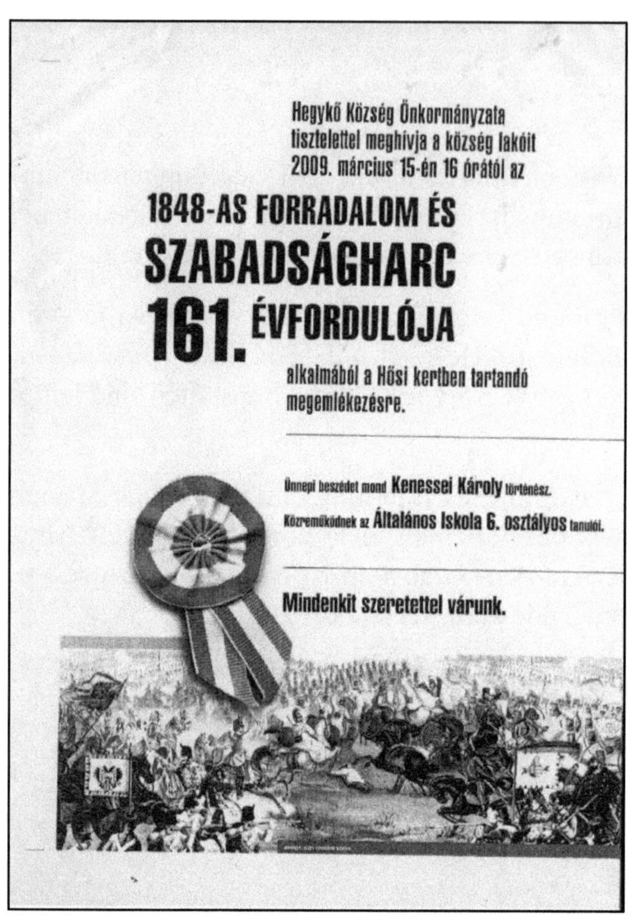


*Alljährlich auch immer noch in Hegykő begangen: Nationalfeiertag in Erinnerung an den 15. März 1848. Einladungs-Flyer der Gemeinde Hegykő*

Bevölkerung auf dem Land erst einmal mehr Freiheit. Die entscheidenden Gesetze wurden am 19. April 1848 im Rathaus von Sopron bekanntgegeben, womit die Freiheit der Leibeigenen begann. Die Belastungen in Form von Arbeit, Geld- und Naturalienabgaben wurden aufgehoben, sowie der Zehnt der Kirche abgeschafft. Anstehende Arbeiten mußten nun durch Tagelöhner erledigt werden. Hegykő erreichte mit 759 Einwohnern die bis dato höchste Zahl der Geschichte. Zu dieser Zeit nahm auch der Meierhof von Cseralja als Siedlung für Arbeitspersonal mit (1847) 29 bzw. (1851) 45 Einwohnern an Bedeutung zu.

Der Landtag führte ein Wahlsystem nach Volksvertretern durch, bei dem unabhängige und einer gesetzlich anerkannten Konfession angehörende Männer ab dem 20. Lebensjahr das aktive Wahlrecht besaßen. Leute mit Bildung hatten unabhängig vom Vermögensstand Wahlrecht. In ein Amt gewählt werden durfte, wer bereits das aktive Wahlrecht besaß und das 24. Lebensjahr vollendet hatte. Dies bedeutete, daß in Hegykő zu diesem Zeitpunkt 47 Vollbauern, sowie der Schmied und der Lehrer / Notar das Wahlrecht erhielten. Die Wahlen wurden Ende Juni abgehalten, wobei Hegykő zum Wahlkreis Kapuvár gehörte. Der Abgeordnete für den Wahlkreis wurde damals der Soproner Hilfsrichter *Mihály Lukinich*.

126

Mit den bürgerlichen Bewegungen wurde auch eine Nationalgarde eingeführt, die für alle Männer zwischen 20 und 50 galt, die Voll- oder Halbbauern waren oder über 100 Forint jährliches Einkommen verfügten. Von den Mitte Mai 1848 in Hegykő erfaßten 55 Wehrpflichtigen hatten sich 21 freiwillig gemeldet. Unter den Aufgelisteten fanden sich u.a. auch ein herrschaftlicher Verwalter, ein Meierei-Vorsteher und ein Lehrer.

Noch am 11. September desselben Jahres überquerten Truppen des kroatischen Banus *Josip Graf Jelašić Bužimski (1801-1859)* die Drau und starteten einen Angriff auf die erste unabhängige Regierung Ungarns. Denn mit den überall aufkommenden nationalen Bewegungen drängte es auch andere Völker nach Freiheit. Doch bereits am 29. September besiegte das ungarische Heer die Kroaten, deren Anführer nach der Schlacht das Land verließ. Ein Teil der kroatischen Soldaten wollte unter der Führung von *General Kuzman Todorović (1787-1858)* über den Bezirk Sopron nach Kroatien zurückkehren, wurde aber von Soldaten aus Sopron und Umgebung am 10. Oktober zwischen Lövő und Röjtökmuzsaj angegriffen, wobei er unterlag. Allerdings plünderten die Kroaten Lövő und brannten dessen Kirche, sowie einen Teil des Ortes nieder. Auch Sopronhorpács und Völcsej wurden verwüstet. In Zsira wurde die Kirche in Brand gesteckt.

Unter den Leutnants des ungarischen Freiheitskampfes taucht ein 1820 in Hegykő geborener auf: *Imre Szalay*, der einen Gymnasialabschluß hatte und 1838 freiwillig ins Heer eingetreten war. 1841 war er Gefreiter und 1842 Obergefreiter des 48. Infanterieregiments geworden; hatte an den o.g. Kämpfen gegen Jelašić teilgenommen. Später war er Feldwebel geworden und auch in Gefangenschaft geraten, konnte jedoch fliehen. Danach wurde er als Schreiber eingesetzt, bevor er buchführender Leutnant des 99. Bataillons wurde. Nach der Niederschlagung des Freiheitskampfes wurde er in sein altes Regiment eingegliedert, bevor man ihn ausmusterte.

Wenngleich Sopron bereits schon 1848 unter die Besatzung von österreichischen Soldaten kam und an die Spitze des Komitats ein kaisertreuer Beamter gesetzt wurde, kämpften aus der Gegend stammende ungarische Soldaten auf anderen, entfernter liegenden Schlachtfeldern weiterhin für ihre Heimat. Doch auch die erfolgreichen Feldzüge im Frühjahr 1849 vermochten die Region nicht zu befreien, zumal am 2. Dezember 1848 *Kaiser Franz Joseph (1830-1916)* seinen Onkel *Kaiser Ferdinand I.* (bzw. für Ungarn *König Ferdinand V., 1793-1875*) auf dem Thron abgelöst hatte und mit immer eisernerer Hand durchgriff.

Eine der letzten für die Ungarn siegreichen Kämpfe fand am 13. Juni bei Csorna statt, wo *General György Kmety (1813-1865)* die Österreicher besiegte. Letztere kämpften unter dem aus Bern stammenden *Generalmajor Franz Salomon Wyss (1796-1849)*, der bei einem Ausbruchsversuch fiel.

Auch wenn Hegykő glücklicherweise in den Freiheitskämpfen von Plünderung und Brandschatzung verschont blieb, waren die einzelnen Truppen von Soldaten eine erhebliche Belastung und die Leute hatten für sie Spanndienste zu leisten. Einmal mußten beispielsweise 29 Fuhren Holz nach Schwechat gebracht werden (wo 30. Oktober 1848 die ungarischen Truppen eine erste Niederlage erlitten), was 278 Forint und 45 Kreuzer kostete. Die österreichischen K&K-Soldaten benötigten gar 1982 Forint und 16 Kreuzer, da sie noch mehr an Verpflegung brauchten. Getreide, Wein, Vieh, Heu und Brennholz transportierten sie karrenweise davon. Überdies mußten die Leute Fuhr- und Transportdienste in die Dörfer der Umgebung, aber manchmal auch bis nach Eisenstadt oder sogar nach Szerdahely (heute *Dunajská Streda*, Slowakei) übernehmen. 1849 waren vier Einwohner von Hegykő als Fuhrleute in einem Militärlager in Győr beschäftigt. Der Gastwirt von Rongyosmajor fand sich durch die Soldaten erheblich geschädigt, da diese ihm Klee in der Größenordnung von mehreren Fuhren entwendeten und überdies auch ihren Wein und ihr Brot nicht bezahlten.

Nachdem ab Mitte 1849 Rußland unter *Zar Nikolaus I. (1796-1855)* Österreich gegen das aufständische Ungarn unterstützte, konnte der Freiheitskampf nicht gewonnen werden. Rußland und Österreich stellten zweieinhalbmal mehr Soldaten als Ungarn und auch die Bauern, die sich anfangs mehr hinsichtlich einer Verbesserung ihrer Situation versprachen, waren kampfesmüde geworden. Viel zu spät hatte man auch ethnischen und sprachlichen Minderheiten weitere Rechte gewährt, um sie für die „ungarische Sache" zu gewinnen. Am 13. August 1849 mußten die Ungarn bedingungslos kapitulieren; *Lajos (Ludwig) Kossuth von Udvard und Kossuthfalva (1802-1894)*, einer der führenden Köpfe der Unabhängigkeitsbewegung mußte mit etlichen Mitstreitern ins Exil in die

Türkei gehen. Viele aufständische Kämpfer wurden hingerichtet und gingen in die ungarische Geschichte als „Märtyrer" (ung. *vértanú,* bedeutet in der wörtl. Übersetzung *„Blutzeugen"*) ein. Einer der ersten dieser Märtyrer ist ebenfalls mit der hiesigen Region verbunden. Es ist der 1817 in Sopron geborene *Samuel Murmann,* der am 25. August 1849 im heute rum. Timişoara (dt. Temeschwar, ung. Temesvár) hingerichtet wurde. Besonders jedoch gedenken die Ungarn noch immer jener 13 Honvéd-Generäle, die am 6. Oktober 1849 in Arad (heute ebenfalls zu Rumänien) hingerichtet wurden.

Wenngleich das Eingreifen Rußlands sicher erheblich zur Niederlage Ungarns beigetragen hat, so waren es – das darf nicht verschwiegen werden - jedoch gewiß auch gleichermaßen innenpolitische Spannungen und innergesellschaftliche Interessenskonflikte.

Ungarn wurde nun von Wien aus neoabsolutistisch regiert und war nurmehr eine Verwaltungsprovinz. Der Landtag und die Komitate mit Selbstverwaltung wurden abgeschafft und das Land in fünf Verwaltungsbezirke eingeteilt, die unter Aufsicht der sog. Bach-Husaren – benannt nach dem österr. Innenminister *Alexander Freiherr von Bach (1813-1892)* - standen. Die neun Komitate Transdanubiens wurden von Sopron aus regiert. Es folgten unterschiedlich rigide Regierungen, bis es 1867 zum sog. *Ausgleich* kam, der für Ungarn eine Blüte bedeutete.

Einige Jahre davor, im Jahr 1851, schreibt der Statistiker und Geograph *Elek Fényes Csokalyi (1807-1876)* in seinem geographischen Wörterbuch Ungarns über Hegykő:

*„Ein ungarisches Dorf im Komitat Sopron. Seine Gemarkung umfaßt 3839⅞ Morgen, davon der aus 16 Feldern bestehende, grundherrliche Besitz 615 Morgen, Kirche, Pfarrer und sein Diener 35³/₈ Morgen herrschaftliche Wiesen, 689 Morgen Weideflächen, 133 Morgen Röhricht und 370 Morgen Wald. ...*

*Es wird angebaut: Weizen, Hafer, Roggen, Gerste, Mais, Kartoffeln, Bohnen, Erbsen, Buchweizen und Linsen.*
*Die Einwohner besitzen 300 Schafe, die Grundherren 3000.*
*Die Wälder aus Stiel- und Zerreichen sind Besitz von Graf István Széchenyi. "*

Was also wiederum die Besitzverhältnisse anbelangt, blieb Hegykő bei der Familie *Széchenyi* (siehe auch Stammbaum Kap. 5.3.). Die 1848 befreiten Leibeigenen erhielten ihr Land offiziell erst 1853 durch kaiserlichen Beschluß. Dem Grundbesitzer – im Falle von Hegykő Graf István Széchenyi – wurde vom K&K-Gerichtshof in Sopron für den Grund der 40 Voll- und 39 Zinsbauern Entschädigung zugesprochen.

Graf István Széchenyi, der für die Reformen und den Liberalismus in Ungarn eingestanden war, hatte während der Freiheitskämpfe einen Nervenzusammenbruch erlitten und verbrachte die letzten Jahre seines Lebens in einer Heilanstalt in Wien-Döbling, eher er sich 1860 das Leben nahm. Während dieser Zeit übernahm seine Gemahlin, die *Gräfin Crescentia von Seilern-Aspang (1799-1875)* und später sein ältester *Sohn Béla Széchenyi (1837-1918)* die Besitztümer. Béla studierte Recht, u.a. auch in Bonn und Berlin, reiste durch Italien, Frankreich und England, sowie Nordamerika. 1861 wurde er Wahlkreisabgeordneter des Wahlkreises Neckenmarkt (i. Bgl., ung. Sopronnyék). Von 1865-1870 hielt er sich mehrfach bei Großwildjagden in Afrika auf. 1870 heiratete er *Hanna Erdődy*, Gräfin von Vép. Aus dieser Ehe stammen *Alice (1871-1945)*, die spätere Gemahlin von *Graf Tibor Teleki* und *Hanna (1872-1972)*, die *Graf Lajos Károlyi* heiratete. Bei der Geburt des zweiten Kindes starb die junge Gräfin. Nach gerade einmal zwei Jahren glücklicher Ehe wurde Béla Széchenyi zum Witwer. Er vermählte sich kein weiteres Mal und wandte sich statt dessen wieder dem Reisen und der Forschung zu. Der Graf begleitete Expeditionen nach Mittel- und Ostasien und wurde aufgrund dessen 1880 Ehrenmitglied der Ungarischen Akademie der Wissenschaften. Durch den tragischen Tod seines Stiefvaters war er 1860 auch an die Besitztümer von Cenk gekommen. Er selbst starb 1918. Gemeinsam mit seiner Frau liegt er am Ende der vom Schloß Nagycenk nach Norden führenden Baumallee in einem stillen Wald begraben. Ein lohnenswerter Spaziergang führt zu diesem Grabmal.

1856 umfaßte die Gemarkung Hegykő 4471 Morgen, wovon aufgrund der Topographie (Sumpf- und Schilfgebiete) 40 % unbearbeitet waren. Ein Drittel der Flur war das südlich des Dorfes gelegene Ackerland. Fast die Hälfte der Gemarkung war im Besitz von Graf István Széchenyi. Die Siedlung bestand aus 90 Häusern. Neben dem Vorgängerbau der heutigen Kirche befand sich das alte Schulgebäude, während an der Stelle der heutigen Schule der herrschaftliche

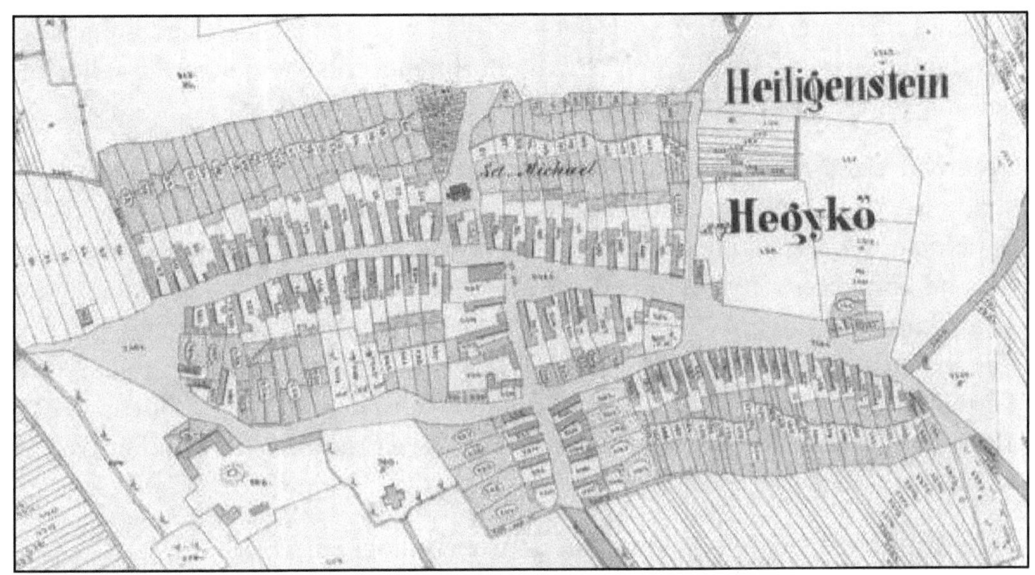



*Aus dem Franziszeischen Kataster der Habsburgermonarchie: Hegykő 1856*

Kornspeicher stand. Die jetzige Kossuth-Straße war auch damals schon die Hauptstraße. Beim heutigen Kindergarten standen die herrschaftliche Ziegelfabrik, sowie das Haus des Ziegel-Brennmeisters. Von Westen her begann die Bebauung im Wesentlichen auf der Höhe der Abzweigung zur St. Michael-Straße und zog sich nach Osten bis zur Kreuzung mit der Sziget-Straße hin. Ab dort gab es mit Ausnahme der Schmiede auf der nördlichen Seite keine weitere Bebauung. Im westlichen Bereich der St. Michael-Straße lag das „Schloß" mit seinem Obstgarten und gegenüber davon die einzigen, wenigen Gebäude dieser Straße. Die Petőfi-Straße, die nach der Kossuth-Straße heute die zweite Hauptstraße im Dorf ist, endete zur damaligen Zeit auf der Höhe der heutigen Schulstraße (Iskola u.) und der Friedensstraße (Béke u.).

1861 kam es zwischen dem Grundherrn Béla Széchenyi und den Einwohnern von Hegykő zu Streitigkeiten, weil die Herrschaft die Leute von Landstücken, die sie früher frei als Weideland nutzen durften, verdrängte. Letztere wehrten sich allerdings und gingen gewaltsam gegen den herrschaftlichen Rinderhirten vor, um die Weiden wieder für sich in Beschlag zu nehmen. Die Sache kam vor Gericht und ging zunächst zu Ungunsten der Bewohner aus; den Vollbauern wurde nicht mehr erlaubt, auf den umstrittenen Flächen ihre Tiere weiden zu lassen. Entstanden war der Streit letztendlich, weil seit 1837 einige Fragen der Landaufteilung offengeblieben bzw. behördliche Entscheidungen ins Stocken geraten waren. Erst 1865 kam es zu einer Übereinkunft.

Während des Neoabsolutismus wurde der Gemeindevorstand nicht gewählt, sondern vom Komitatsvorstand ernannt. Amtliche Angelegenheiten erledigte der Notar, der gleichzeitig auch der Lehrer war. Später trennte man – im Interesse qualifizierterer Erledigung der Geschäfte – die beiden Ämter voneinander. 1855 wurde im Zuge einer Modernisierung der Notariatsbezirk Eszterháza und Umgebung geschaffen, der neben Hegykő damals die heutigen Orte Fertőszéplak, Fertőd, Sarród und Agyagosszergény umfaßte. Davor – von 1849-1854 – hatte Hegykő zur Kaiserl.-Kgl. Kreiskommission von Fertőszentmiklós gehört.

1853 kaufte die Gemeinde von dem Soproner Glockengießer *Friedrich Seltenhofer*, der auch Feuerspritzen fertigte, sieben Feuerspritzen, um die Brandschutz-Aufgaben wahrnehmen zu können. 1863/64 wird von einem Spritzengebäude berichtet, dessen Örtlichkeit aber nicht mehr genau lokalisiert werden kann. Zu jener Zeit gab es auch vier Dorfwächter, einen Nachtwächter, sowie einen Feldschützen. Diese Dienstleister wurden aus der Gemeindekasse bezahlt. Die Bevölkerung von Hegykő war auch zu dieser Zeit – von einigen Deutschen abgesehen – ein überwiegend ungarischsprachiges Dorf und – mit Ausnahme weniger Protestanten und einiger Bewohner jüdischen Glaubens – römisch-katholisch. Dabei waren die Leute weiterhin überwiegend in der Landwirtschaft tätig und bauten Getreide, Kartoffeln, Erbsen, Bohnen, Linsen, Mais, Rüben, Kohl, Lein und Wein. Letzterer soll eher von mittelmäßiger Qualität gewesen sein, so daß er nicht vermarktet, sondern von den Bewohnern direkt konsumiert wurde. Auch die Viehhaltung spielte nach wie vor eine große Rolle.

Während sich in der zweiten Hälfte des 19. Jahrhunderts in vielen Teilen Mitteleuropas sehr stark Industrien entwickelten, blieb Ungarn diesbezüglich – von Budapest und einigen größeren Städten abgesehen – relativ zurück. Für Hegykő ist als industrieller Ansatz allenfalls die Ziegelfabrik zu nennen, die 1850-1860 von einem österreichischen Ziegel-Brennmeister geführt wurde und eine jährliche Produktion von etwa 800 000 Ziegeln verschiedener Art aufweisen konnte.

An Handwerksberufen gab es im Dorf einen Schmied, einen Schreiner, einen Schneider, einen Schuster und sechs Leinenweber (einer davon auch Meister). Für allerlei Bedarf fand sich ein Krämerladen, der u.a. von einem jüdischen Kaufmann geführt wurde (der bei einer Gelegenheit einmal brutal überfallen wurde). Im Dorf gab befand sich ein Gasthaus, und vom 29. September bis zum 25. Dezember durfte ausgesteckt, d.h. Weinheurigen betrieben werden. Auch die beiden Märkte am Ostermontag und zu Michaeli, wie wir sie schon von früherer Zeit kennen, erfreuten sich einer Vielzahl an Besuchern. Dort wurden Vieh, sowie Haushaltswaren gehandelt.

Mit dem sog. Ausgleich (auch ung. *kiegyezés* in dieser Bedeutung) von 1867 gab es in den Jahren danach einige Veränderungen, die auch Hegykő betrafen. Mit einer Verordnung von 1871 wurden Siedlungen in Städte, Groß- und Kleingemeinden eingeteilt, wobei letztere solche Gemeinden wurden, die ihre Bedürfnisse aus eigener Finanzkraft nicht decken konnten. So wurde Hegykő, das bis dato Landstadt (ung. *mezőváros*) gewesen war, durch die neue Ordnung zur Kleingemeinde (ung. *kisközség*). Zwar hielt sich die Bezeichnung „Landstadt" noch eine ganze Weile, verschwand dann jedoch endgültig nach einem Gesetz des Jahres 1886, das auch die Unabhängigkeit der Gemeinden stark einschränkte, wenngleich sie ihre inneren Angelegenheiten noch selber regeln konnten und mußten. Auch das Lehr- und Notariatsamt wurde 1871 getrennt. Hegykő konnte auf dieser Grundlage einen eigenen Notar unterhalten und zählte (bis 1899) zum Kreisnotariatsbezirk von Nagycenk, zu welchem insgesamt sechs Gemeinden gehörten. Diese unterhielten alle gemeinsam einen Kreisnotar. Die Gemeindeverwaltung bestand aus einem Dorfschulzen (der erste Mann im Dorf und Gemeinderatsvorsitzender) und seinem Vertreter, sowie dem Notar, drei Geschworenen, einem Schatzmeister und einem Steueraufseher. Daneben gab es zwei Feldschützen, vier Nachtwächter, jeweils einen Hirten für Schweine, Kühe und Ochsen, sowie eine Hebamme und den sog. *kisbíró*. Letzterer, in Übersetzungen auch „Kleinrichter" genannt, war sozusagen eine Art Erfüllungsgehilfe des Dorfschulzen und des Notars. Er sorgte dafür, daß Entscheidungen bekanntgemacht und umgesetzt wurden. Von den 12 Gemeinderatsmitgliedern wurde die eine Hälfte von den Wahlberechtigten der Gemeinde bestimmt, die andere Hälfte von jenen, welche die meisten Steuern bezahlten, so etwa natürlich der Grundherr (damals Béla Széchenyi), der Lehrer, der Pfarrer, der Gastwirt und wohlhabende Bauern.

Im Zuge der verkehrstechnischen Modernisierungen des Landes baute die Raab-Ödenburg-Ebenfurther Eisenbahngesellschaft 1875 / 76 den Streckenabschnitt zwischen Sopron und Győr. Die Eisenbahnlinie führt bis heute durch den südlichen Teil der Hegykőer Markung. Leider bekam Hegykő keine eigene Haltstation, was insofern sehr schmerzlich war, da diese dem Ort mit seinem intensiven Gemüsehandel besonders förderlich gewesen wäre. Die nächstgelegene Bahnstation war jene von Pinnye. Zwar erfolgten weitere Verhandlungen bezüglich eines eigenen Haltepunkts für Hegykő, doch der Wunsch erfüllte sich erst 1946!

Wie sah die Arbeitswelt zu jener Zeit aus? 1876 arbeiteten nach Unterlagen der Soproner Handelskammer im Dorf außer den Bauern vier Leinenweber, drei Schmiede, drei Schneider, zwei Müller, zwei Gastwirte (einer davon auch Metzger) ein Schreiner, ein Schuster, sowie ein Gemischtwarenhändler. Die Schmiede, Schneider und Gastwirte beschäftigten jeweils einen Gehilfen; die Leinenweber zwei.

In den 1880er Jahren kam zum Handwerk noch ein Wagner hinzu. Das Jagdrecht oblag dem Grundherren Béla Széchenyi, der auch durch Wild entstandene Schäden gutmachen mußte.

Für gebildetere Leute gab es ab 1881 einen Lesekreis und ab 1889 eine kleine Volksbücherei.

1883 erhielt Hegykő auch ein eigenes Postamt, nachdem der Ort postverwaltungstechnisch seit 1876 erst zu Nagycenk und dann zu Pinnye gehört hatte. Zum Zustellbezirk gehörten – neben Hegykő selbst – auch der Nachbarort Fertőhomok, sowie der Meierhof von Cseralja. Die Post besaß zunächst kein eigenes Gebäude, sondern mietete eines an.

Was die gesundheitliche Versorgung anbelangte, gehörte Hegykő damals gemeinsam mit zehn anderen Orten zunächst zum Kreisarztbezirk von Nagylózs.

Gegen Ende des Jahrzehnts wurde dann der Arztbezirk von Nagycenk geschaffen. Der Kreisarzt wurde von den entsprechenden Gemeinden des Bezirks gemeinsam bezahlt und hatte zu festgelegten Zeiten Sprechstunden; ab 1900 kam er mindestens zweimal im Monat nach Hegykő. Wurde der Arzt ins Haus gerufen, mußten wohlhabendere Leute eine Gebühr bezahlen; war es des Nachts, kostete es das Doppelte, außer wenn es sich um kleine Kinder handelte.

Für den Fall von Seuchen wurde aufgrund der Choleraepidemie 1894 ein eigenes Quarantänezimmer eingerichtet.

*Freiwillige Feuerwehr Hegykő*
*gegründet 1889*

Geburten fanden zu jener Zeit noch so gut wie ausschließlich zu Hause statt. Dabei kam eine Hebamme ins Haus, die bezahlt werden mußte. Brauch war dabei auch, daß im Falle der Geburt eines Mädchens die Hebamme zusätzlich Roggen bekam. Wurde ein Junge geboren, so erhielt sie Weizen.

Ab 1888 mußte auf Beschluß des Innenministeriums jede Gemeinde eine Feuerwehr unterhalten. Dieser Beschluß wurde vom Hegykőer Gemeinderat 1889 umgesetzt; die Feuerwehr, die unter der Schirmherrschaft von Béla Széchenyi stand, wurde durch eine Gemeinde- bzw. Haussteuer unterhalten. Nur aktive Mitglieder durften die Feuerwehruniform tragen, und das auch nur bei Einsätzen. Diese Uniform bestand aus Helm bzw. Mütze, einer dunkelbraunen Jacke mit gelben Knöpfen und einer roten Hose aus Segeltuch. Dazu hatte jeder Feuerwehrmann ein Beil. Brandfälle sind ab 1870 vermerkt, wobei damals schon die Versicherungen einen Teil der Schäden übernahmen. 1884 brannten sechs Wohngebäude und eine Scheune nieder, wobei ein Menschenleben zu beklagen war – ein Bettler, der in der Scheune geschlafen hatte. Ein größeres Feuer gab es auch 1893.

1892 schaffte die Gemeinde für das Wiegen von Vieh eine Brückenwaage an. Diese war bis dato in Fertőd gestanden und hatte Miksa Stern, einem Bürger aus Fertőszéplak gehört. Von nun an konnten Bauern nicht nur das genaue Gewicht ihrer Tiere erfahren, sondern auch beobachten, wie es im Verlauf der Entwicklung des Viehs um die Gewichtszunahme stand.

Hegykő gehörte damals zum Katasteramt Eszterháza, was den Einwohnern wegen der Entfernung hohe Gebühren und Umstände bereitete, weshalb dafür 1896 eigene Ämter geschaffen wurden. Im selben Jahr beging man auch in Hegykő mit großem Stolz die Feier zum tausendjährigen Bestehen Ungarns (nach dem Datum der Landnahme von 896). An der Hauptstraße wurde ein Baum aufgestellt und das Dorf – zu jener Zeit natürlich eine Sensation – von acht bis neun Uhr beleuchtet.

1897 bildete sich eine Konsumentenvereinigung, die bis zum Jahr 1906 bestand.

Um die Wende vom 19. zum 20. Jahrhundert begann die Einwohnerzahl (vgl. Tabelle) rasch anzuwachsen. Auch die Anzahl der Häuser wuchs um 40 %. 1898 / 99 wurde Hegykő daher Großgemeinde. Dazu gehörte auch ein eigenes Notariatsgebäude, das damals errichtet wurde.

Im Jahr 1899 richtete erneut ein Feuer im Dorf Schäden an, obgleich auch damals schon nurmehr ein Viertel der Häuser mit Reet oder Holzschindeln gedeckt war. Viele von ihnen besaßen aber noch an ihrer zur Straße gewandten Seite einen Überbau aus Holzbalken. In der *Oedenburger Zeitung vom 7.11.1899* heißt es dazu:

*„**Schadenfeuer**. In Hegykő (Heiligenstein) im Oedenburger Komitat brach gestern Sonntag 8 Uhr Abends ein Feuer aus. Dasselbe äscherte ein Wohnhaus und 15 Scheunen ein. Auch größere Vorräthe von Stroh- und Viehfutter wurden ein Raub der Flammen.“*

Der Brand war durch Zündeleien entstanden. Die inzwischen zwar gut ausgerüstete Hegykőer Feuerwehr war dennoch machtlos und der Brand konnte nur durch die Zusammenarbeit mehrerer Feuerwehreinheiten gelöscht werden.

Auch in den Jahren danach änderte sich das Aussehen des Dorfes weiter. Eine neue Kirche und – an der Stelle des Feuerspritzenhauses - eine neue Schule wurden 1904/05 gebaut. Ein neues Feuerwehrhaus fand dann neben der Schule Platz. Einige Gräben, die bei starken Niederschlägen immer wieder ausgewaschen wurden, füllte man auf. 1911 wurden alle Gebäude mit einer Hausnummer versehen und man gab den Straßen ihre offiziellen Namen, damals:

- *Fő u.* („Hauptstraße"), heute *Kossuth u.*
- *Cseraljai u.* („nach Cseralja führende Straße"), heute *Petőfi Sándor u.*
- *Templom u.* („Kirchstraße"), heute *Fertő u.*
- *Temető u.* („Friedhofsstraße"), heute *Béke u.*
- *Major u.* („Meierei-Straße"), heute *Szent Mihály u.*

( Ein Verzeichnis der heutigen Straßen mit Übersetzung ins Deutsche befindet sich im Anhang! )

Hegykő hatte inzwischen 1320 Einwohner; die Siedlung von Cseralja 131.

Für die öffentliche Sicherheit des Dorfes waren Dorfwächter zuständig, welche zunächst ab 1899 im Notariatsgebäude und dann ab 1908 im Feuerwehrhaus ihren eigenen Ruheraum hatten. Der bereits o.g. *kisbíró* nahm Polizeiaufgaben wahr. Für die Nachtwache wurden vom Gemeinderat alle drei Jahre vier Nachtwächter gewählt. Nachdem man auch die Sperrstunde der Dorfwirtschaft auf einen späteren Zeitpunkt verlegt hatte, diente ein Teil dieser „Späteinkünfte" des Wirtes zur Unterhaltung der Nachtwächter. Damals stellte vor allem massiver Alkoholkonsum von jungen Burschen im Vorfeld von Hochzeitsfeierlichkeiten ein Problem für die öffentliche Sicherheit dar. Zusätzlich zu den Nachtwächtern wurde auch abwechselnd die Bevölkerung zur Nachtwache herangezogen. Nach einem Beschluß des Gemeinderats aus dem Jahr 1902 wurde jeder unabhängige Haushalt, der ein eigenes Haus oder einen Teil eines Hauses besaß, zur Nachtwache herangezogen, was im übrigen auch für Frauen galt.

Trotz einiger Entwicklung wanderten in den Jahren um 1900-1907 - in der Hoffnung auf eine bessere Zukunft - 75 Bürger aus Hegykő nach Amerika aus. Von all den Auswanderern kehrten nur drei Familien zurück. Zu jener Zeit gab es insgesamt eine große Auswanderungswelle, die wirtschaftlich bedingt war und bei der insgesamt 1,7 Millionen ungarische Staatsbürger (darunter 650-700.000 ethnische Ungarn) das Land in Richtung USA verließen. Sie siedelten (vgl. *Szondi / Seres 2011*) hauptsächlich in den sich industriell entwickelnden Gegenden wie dem Großraum New York, Pennsylvania, West-Virginia, Ohio und Illinois. Dabei vergaßen die Auswanderer ihre alte Heimat nicht. Nachdem sie sich etabliert hatten und einige auch zu Geld gekommen waren, schickten viele von ihnen Geld nach Hause. Im Falle der Hegykőer Auswanderer waren dies zwischen 1905 und 1914 über 30.000 Kronen (zum Vergleich: Der Bau der neuen Schule kostete damals 28.000 Kronen).

1905 verpachtete Béla Széchenyi Teile seines Besitzes von Hegykő, Fertőhomok und Hidegség an die Aktiengesellschaft der Zuckerfabrik von Nagycenk. Dies betraf 787 Morgen der Markung Hegykő, wobei laut Vertrag nur ein Drittel dieser Fläche mit Zuckerrüben bebaut werden durfte. Der Graf behielt in den verpachteten Ländereien u.a. auch das Jagdrecht, sowie das Recht auf Nutzung und Ertrag der Maulbeerbäume, wenngleich letztere von der Zuckerfabrik gepflegt werden mußten.

In den letzten Jahren vor dem ersten Weltkrieg spielte die Landwirtschaft in Hegykő noch immer eine große Rolle, wenngleich sich auch deren Schwerpunkte verlagert hatten und der Gemüsebau zunahm. Aber auch der Obstbau war nicht unbedeutend und man erntete Äpfel, Birnen, Marillen, Pfirsiche, Süß- und Sauerkirschen. Daneben gab es zwei Baumschulen, in denen man auch Maulbeerbäume für die o.g. Seidenraupenzucht heranzog. Über den Weinbau der Zeit ist wenig bekannt, doch hatte man in den 1890er Jahren auch hier die Katastrophe durch die Reblaus *Phylloxera* gehabt. 1906 wurde die Vereinigung der westungarischen Landproduzenten gegründet, welche die Landwirtschaft förderte und 1908 einen Korbflechterkurs abhielt.

Noch immer wurden in Hegykő wie seit langer Zeit zweimal jährlich Märkte abgehalten. Verkauft wurden u.a. Schuhe und andere Bekleidung, Kurzwaren, Eisenwaren, Töpferwaren und Fässer. Die Händler bzw. Waren kamen zumeist aus Kapuvár oder Sopron; Töpferwaren auch aus Stoob (wo sich heute die österr. Landesfachschule für Keramik und Ofenbau befindet). Anders als die Gemüsebauern suchten die Hegykőer Handwerker interessanterweise weder lokale noch regionale Märkte auf, sondern bedienten ihre Kunden bei sich zu

Hause. Obwohl es in der näheren Umgebung auch noch andere Marktorte gab, waren diese wenig Konkurrenz für Hegykő. Ausnahme war das jedoch schon entfernter liegende Csorna, dessen Herbstmarkt-Termin mit jenem von Hegykő zusammenfiel.

Da die lokale Wirtschaft darauf abzielte, die Grundbedürfnisse der Bewohner zu befriedigen, kam eine Produktion – mit Ausnahme der Ziegelfabrik – nicht über das kleinindustrielle Niveau hinaus. 1910 war das Spektrum des Handwerks noch um einen Zimmermann, einen Maurer, einen Uhrmacher und eine Näherin erweitert. In diesem Jahr begründeten 195 Bürger erneut eine Verbraucherkooperative mit dem Ziel, qualitativ gute Waren günstig erwerben zu können.

1911 wurde die alte, 1892 angeschaffte Viehwaage ausgemustert, weil sie den Ansprüchen nicht mehr genügte, und eine neue angeschafft.

Die untenstehende Tabelle gibt Auskunft über Einwohnerzahl, Religion und ethnische Zusammensetzung während der Blütezeit Ungarns. Man beachte – trotz zeitweiliger Auswanderung - das Anwachsen der Bevölkerung um 241 Personen zwischen 1881 und 1910!

| Jahr | Ew. | ung. | deutsch | kroat. | kath. | ev. | jüd. |
|---|---|---|---|---|---|---|---|
| 1881 | 1079 | 1014 | 15 | 13 | 1060 | 2 | 17 |
| 1891 | 1150 | 1121 | 7 | 21 | 1140 | 1 | 9 |
| 1900 | 1337 | 1323 | 12 | 2 | 1334 | 0 | 3 |
| 1910 | 1320 | 1288 | 16 | 9 | 1318 | 0 | 2 |

*nach Szigethi (2021)*

Wie zu ersehen ist, war die Bevölkerung so gut wie ausnahmslos katholisch. So erstaunt es wenig, daß sich noch zu Beginn des 20. Jahrhundert extrem viele Bürger des damals rund 1300 Einwohner zählenden Dorfes in verschiedenen kirchlichen Vereinigungen engagierten. Im Jahr 1913 (vgl. *Szigethi 2021*) verzeichnete die Scapuliers-Gemeinschaft 115, der Katholische Volksverein 122, der Christliche Konsumentenverein 195, die Herz-Jesu-Vereinigung 232 und der Rosenkranzverein gar 345 Mitglieder.

## 2.12. Hegykő im Ersten Weltkrieg

*ungarische Soldatenuniform aus dem Ersten Weltkrieg*
*Mahnmal am Hősi Kert (Heldengarten)*

Nach dem Attentat von Sarajewo auf den habsburgischen Thronfolger *Erzherzog Franz Ferdinand (geb. 1863)* und dessen Frau *Sophie Gräfin Chotek von Chotkowa (geb. 1868)* brach am 28. Juli 1914 der Erste Weltkrieg aus – der Anfang vom Ende der K&K-Glanzepoche. Wie auch woanders, so wurde in Ungarn der Ausbruch des Krieges ebenfalls von der Politik so gut wie vollständig unterstützt. Die zum Militär einberufenen Männer aus Hegykő wurden an den Fronten der Kriegsschauplätze Italien, Serbien, Rumänien und Rußland eingesetzt.

Durch die Beschlagnahmung von Vieh und Metall (u.a. auch die Kirchenglocken), sowie das Fehlen der Männer und die Inflation durchlitt der Ort - wie viele andere auch - schwere Zeiten.

Mit dem Tod von *Kaiser Franz Josef* am 30. November 1916 endete auch personell gesehen eine lange Epoche. Der Tod der Führer- und Vaterfigur, sowie die Tatsache, daß das Militär schwere Verluste ohne nennenswerte Kriegserfolge hinnehmen mußte, führten nun verstärkt zur Kriegsmüdigkeit. *Kaiser Karl I.* (für Ungarn *König Karl IV., 1887-1922*) und *Kaiserin* bzw. *Königin Zita (1892-1989)* folgten auf dem Thron. Friedensinitiativen wurden von der Entente, aber auch teilweise von innen her abgelehnt.

Mehrere Male wurden während der Kriegsjahre von der Gemeinde Hegykő Wohltätigkeitsveranstaltungen organisiert, so etwa zur Unterstützung von Blinden. 1917 unterstützte sie den Komitats-Kriegsfürsorgeverein. 1918 engagierte sie sich für die Gründung der Soproner Waldschule (zwischen Bánfalva und Brennbergbánya), die damals für die Heilung lungenkranker Kinder eingerichtet wurde.

1918 endete der Erste Weltkrieg mit dem Sieg über die Zentralmächte. Am 17. Oktober dieses Jahres gestand der ehemalige Ministerpräsident *István Graf Tisza (1861-1918)* vor dem Parlament ein, daß man den Krieg verloren habe. Die staatsrechtliche Beziehung zwischen Ungarn und Österreich wurde nach 400 Jahren aufgelöst; die K&K-Monarchie brach zusammen; die „gute alte Zeit", die es allerdings auch nur für eine ganz bestimmte Schicht des großen Herrschaftsgebiets gegeben hatte, war für immer zuende.

Aus Hegykő waren im Ersten Weltkrieg 59 Soldaten gefallen; 8 Kriegerwitwen und 23 Waisenkinder blieben zurück. 12 Soldaten kehrten als Invalide heim. Einige der Soldaten hatten Auszeichnungen erhalten, so etwa Tapferkeitsmedaillen oder das Karl-Truppenkreuz.

Die Gefallenen des Ersten Weltkrieges waren – mit Ausnahme eines Tischlers und eines Gymnasiallehrers - fast alle Bauern. Bei den meisten sind genauer Ort und Umstand ihres Todes, sowie ihre letzte Ruhestätte unbekannt.

36 der Soldaten fielen oder starben in Rußland und der Ukraine, 3 in Serbien, 3 in Rumänien, 2 in Italien und die übrigen an verschiedenen anderen Orten. Die Namen sind am Kriegerdenkmal am Heldengarten zu lesen.

## 2.13. Zwischenkriegszeit und Horthy-Ära

Nach dem verlorenen Ersten Weltkrieg und dem Zusammenbruch der Habsburger Doppelmonarchie war Ungarn eine Monarchie ohne König geblieben. Zwar hatte Karl I. 1921 noch zwei Versuche unternommen, seine Ansprüche auf den ungarischen Thron geltend zu machen, wobei er beim zweiten nach Sopron gekommen war, um von dort aus nach Budapest zu gelangen. Als er jedoch sah, daß seine Bemühungen in einem Bürgerkrieg enden würden, auf den nach vier Jahren Weltkrieg gewiß niemand mehr Lust hatte, lenkte er ein. Ungarn wurde dann durch einen sog. Reichsverweser geführt. Dies war der österreichisch-ungarische *Admiral Miklós Horthy (Nikolaus Horthy von Nagybánya, 1868-1957)*.

Zunächst jedoch kam es zur Gründung einer kurzlebigen Volks- und Räterepublik unter dem aus Siebenbürgen stammenden Anführer *Béla Kún (1886-1938)*. Sie existierte vom 21. März bis zum 1. August 1919. Die Ereignisse der Oktoberrevolution 1917 hatten zwischen Moskau und Lissabon überall Interesse am Kommunismus geweckt.

Das Alltagsleben - auch auf dem Land - war damals eine große Herausforderung. Gleichwohl existieren aus jener Zeit wenige Zeugnisse.

Die Räterepublik brachte ihre eigenen Organe hervor. Aufgaben der Staatsführung übernahmen anstelle der repräsentativen Körperschaften die Räte. Die Dorfräte wurden auf der Grundlage von Wahlen gebildet. Diese wiederum bildeten ein Direktorium, unter dessen Federführung die staatlichen Aufgaben angegangen wurden.

In Hegykő wurde der örtliche Volksrat am 7. April 1919 gebildet. Er bestand aus 15 Mitgliedern, die einen gewählten Vorsitzenden hatten und von denen einige sich auch an der Arbeit des Rates beteiligten. Während der Zeit der Räterepublik fand zweimal eine Sitzung des Dorf-Volksrats statt, wobei bedeutendere Beschlüsse nicht gefaßt wurden. Wichtigere Ereignisse fanden hingegen außerhalb des Dorfes statt, so etwa am 5. Juli in Nagycenk, wo sich eine Bewegung gegen die Rätediktatur formierte und sich aus 40 Orten – so auch aus Hegykő – Anhänger einer Gegenrevolution einfanden. Dabei kam es auch zu bewaffneten Zwischenfällen. Bei Kópháza zwangen die „Roten" ihre Gegner zum Rückzug.

Nach dem Scheitern der Rätediktatur wurde der Gemeinderat von Hegykő wiederhergestellt, der auch die Gemeindekasse übernahm, die sich in rechtmäßigem Zustand befand.

1920 hatte Hegykő 1394 Einwohner, die zu jenem Zeitpunkt samt und sonders katholisch waren. Nur zehn Personen sahen sich als kroatisch und eine als deutsch an; alle anderen waren Ungarn. 85 % der Bewohner lebten noch immer von Landwirtschaft, darunter die Frauen auch vom Markthandel und die Männer im Winter vom Holzschlägern und Schilfschneiden.

Zu Beginn der Zwanzigerjahre verfügte man bereits schon über die beiden ersten dampfbetriebenen Dreschmaschinen. An Handwerkern gab es (u.a. nach Angaben von 1923) fünf Schuster, zwei Schmiede, zwei Tischler, einen Zimmermann, einen Wagner, einen Maurer, einen Schneider und einen Müller. Weitere kamen noch hinzu, so u.a. ein Glaser, ein Spengler und eine Näherin.

Das herrschaftliche Gebäude (heute *„kastély"*, „Schloß" genannt) war nach Beschreibungen von 1921 ein ziegelgedecktes Gebäude mit sechs Zimmern und verschiedenen Wirtschaftsräumen, das v.a. als Gärtnerwohnung diente.

Nach dem *Vertrag von Trianon* vom 4. Juni 1920 wurde Sopron zunächst Österreich zugesprochen und die neue Grenze (näheres dazu noch später unter 2.16) verlief zwischen Fertőboz und Hidegség bzw. Nagycenk und Pereszteg. Behörden und Verwaltungseinrichtungen aus Sopron zogen nach Csorna, Kapuvár und Fertőd um. Mit schweigender Unterstützung der ungarischen Regierung brachen bewaffnete Aufstände vom Zaun, welche die Österreicher daran hindern sollten, die ihnen zugesprochenen Gebiete in Besitz zu nehmen. Dies führte schließlich dazu, daß die Großmächte in Venedig entschieden, daß in Sopron und acht umliegenden Gemeinden (Ágfalva, Balf, Fertőboz, Fertőrákos, Harka, Kópháza, Nagycenk und Sopronbánfalva) eine *Volksabstimmung* über die Zugehörigkeit entscheiden sollte. Bei dieser Volksabstimmung, die vom 14.-16. Dezember 1921 abgehalten wurde, bekannten sich zwei Drittel der Stimmberechtigten zu Ungarn. Aufgrund dieser Treue bekam Sopron den Titel *„Civitas fidelissima"* (lat. „die sehr Getreue") im Stadtwappen.

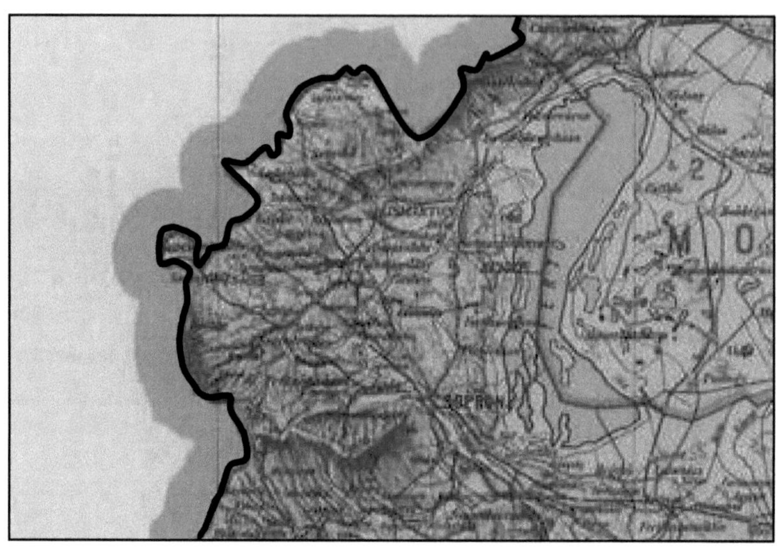

*Karte der ungarischen Verwaltung von 1914 (oben) und Ausschnitt aus Meyers großem Hausatlas von 1938 (unten).*
*Man vergleiche die jeweiligen Grenzverläufe (zusätzlich hervorgehoben) nach den Gebietsabtretungen.*

Wenn auch Hegykő nicht mehr zum Bereich der Volksabstimmung gehörte, war der Verbleib von Sopron bei Ungarn unter wirtschaftlichen Gesichtspunkten sehr bedeutend, da die Stadt für den Ort seit eh und je der nächste Absatzmarkt war.

Hegykő wurde zu dieser Zeit auch zeitweilig Quartier vom ersten Bataillon des fünften Königlich-Ungarischen Infanterieregiments.

1921 kam in Ungarn die *Levente-Bewegung* auf. Ihr Ziel war die sportliche Ertüchtigung junger Burschen zwischen 12 und 21 Jahren, womit sie freilich sehr stark auf eine vormilitärische Erziehung hinarbeitete und daher gerne mit der Hitler-Jugend verglichen wird. Die Ortsgruppe von Hegykő gründete sich 1925 und erhielt später ihr eigenes Vereinsheim. Der offizielle Gruß der Levente-Mitglieder lautete „*Szebb jövő!*" („Schönere Zukunft!"), worauf die Antwort lautete „*Adjon Isten!*" („Gott gebe es!"). Friedlichere Ziele hingegen verfolgte gewiß der ebenfalls 1925 gegründete *Géza-Bolla-Chor* (siehe Kap. 5.1.).

Die Zwischenkriegszeit und sogar die Jahre des Zweiten Weltkriegs machten in Hegykő einiges an Entwicklung möglich, wodurch etwa öffentliche Gebäude entstehen konnten. So wuchs das Dorf etwa um die damals neue Jókai-Straße, und auch die Petőfi-Straße (damals noch Cseralja u. genannt) wurde weiter nach Süden ausgebaut, sowie die Hauptstraße auf Komitatskosten mit Kopfsteinpflaster versehen. Daneben wurde der Bestand der Dorfbibliothek erweitert. Dennoch blieb der wirtschaftliche Einbruch nach dem verlorenen Ersten Weltkrieg nicht ohne Folgen und die Inflation der Krone mußte durch Kreditaufnahmen und Sondersteuern abgefangen werden. Schicksale wie der Brand vom 1. Juni 1923, bei dem nach dem Blitzeinschlag in eine Scheune 16 Wirtschaftsgebäude niederbrannten, wobei jedoch kein Menschenleben beklagt werden mußte, machten das Leben für einige nicht einfacher. Vielleicht aufgrund dieses Ereignisses gehörte die Feuerwehr von Hegykő wenige Jahre später zu den bestausgestatteten Wehren der Gegend. Sie arbeitete 1929 mit zwanzig Mann und half auch beim Löschen des verheerenden und vier Todesopfer fordernden Dorfbrandes im Nachbarort Fertőhomok am 19. Mai 1930.

Auch die Verteilung des Landes blieb immer noch eine Frage. 1928 gingen von den grundherrschaftlichen Flächen 189 Morgen in den Besitz von Antragstellern über. Da 187 Leute dieses Land bekamen, bedeutet dies gerade einmal knapp die Fläche von einem Morgen pro Person.

1928 wurde eine *Postbuslinie* von Sopron nach Süttör (Ortsteil von Fertőd) eingerichtet. Gleichwohl erfüllte sie die Erwartungen der Hegykőer nicht, vor allem nicht jene der Gemüsehändlerinnen, die für ihre zu transportierenden Waren noch extra bezahlen mußten, während sie auf dem Lastwagen des Gastwirts nur pro Person zahlten. Manche Marktgängerinnen mieteten auch zusammen einen Fuhrdienst, was dann ebenfalls günstiger kam. So ist es nicht verwunderlich, daß das Busunternehmen Verluste einfuhr und drei Jahre später die Linie einstellte. Danach richtete allerdings die Bahn eigene Buslinien ein.

Ebenfalls 1928 wurde in Hegykő ein *Schützenverein* gegründet.

Die Gemeinde wirtschaftete noch bis in die Zwanzigerjahre hinein nach der Ordnung von 1899.

Eine neue Ordnung wurde 1930 eingeführt, wobei der Gemeinderat immer noch aus 20 Mitgliedern bestand. Von diesen wurden zehn durch Wahl und die anderen zehn über ihre Virilität, d.h. ihr Steuerzahlungsvermögen bestimmt. Der Gemeinderat hielt jährlich zwei Sitzungen - zum Frühling und zum Herbst. Bei Bedarf konnten aber auch außerordentliche Sitzungen anberaumt werden. Der Ort hatte in diesem Jahr 1513 Einwohner, von denen mit Ausnahme von neun alle katholisch und abgesehen von sechs alle Ungarn waren.

1931 wurde das *Pfarrhaus* gebaut und Hegykő 1932 eine eigene Pfarrei, nach dem es kirchenverwaltungsmäßig lange zu Fertőszéplak gehört hatte.

Die *Krise der Dreißigerjahre* verursachte auch der Gemeinde Hegykő Schwierigkeiten. 1933 wurde daher der Posten des Sekretärs abgeschafft; dafür jedoch zur Erleichterung der Arbeit eine Schreibmaschine angeschafft. Die Jugend suchte offenbar ihren Trost beim Alkohol, wobei es mehrere Male zu Randale kam und bei einer Gelegenheit auch der zu Hilfe gerufene, damalige Bürgermeister bewußtlos geschlagen wurde, was für die an der Aktion beteiligten Jugendlichen allerdings Haftstrafen nach sich zog. Einige sozialer denkende

Menschen hingegen engagierten sich bei der 1935 gegründeten Ortsgruppe des Roten Kreuzes.

Unglücksfälle wie ein *Brand am 21. Juli 1937*, bei dem zehn Wohnhäuser, sowie 30 große Scheunen und zahlreiche Nebengebäude in Flammen aufgingen und über dreihundert Stück Vieh verbrannten, brachten zusätzliche Belastung. Offenbar hatte ein verrückter „Feuerteufel" aus dem Ort den Brand gelegt; wie es heißt, ein arbeitsloser Mann, der drohte, daß er für Arbeit sorgen würde, wenn man ihm keine gäbe. Auch im Folgejahr brannten noch einmal acht Scheunen nieder, diesmal aus Unachtsamkeit. Allein aufgrund der Windstille und der Anwesenheit der Bewohner konnte eine größere Katastrophe verhindert werden.

Positive und ein wichtige Meilensteine für das Dorf waren hingegen das Bohren eines 34 m tiefen artesischen Brunnens auf dem Hauptplatz, sowie der Anschluß von Hegykő an das Stromnetz im Jahr 1937. Die Arbeiten wurden von einem Installateur aus Csorna ausgeführt. Hegykő erhielt 20 Straßenlaternen zu jeweils 25 W, wobei deren eine Hälfte die ganze und die andere Hälfte die halbe Nacht brannte. Auch öffentliche Gebäude wie Schule, Notarsgebäude, sowie Wach- und Feuerwehrhaus wurden angeschlossen.

Zu Ende des Jahrzehnts beschäftigte sich die Gemeinde auch mit Schulbauten und der Errichtung eines Kulturhauses. Durch Gewährung von entsprechenden Jagdrechten erhielt die Gemeinde im Gegenzug von Graf Bálint Széchenyi entsprechende Immobilien. Auf dem Gelände befinden sich noch heute ein Teil der Grundschule, sowie die Praxis des Dorfarztes. Auch Einkünfte aus Jagdpacht und Marktgebühren flossen z.T. in einen Kulturfond.

Auf Anordnung des Innenministers erhielt die Freiwillige Feuerwehr 1938 eine neue, einheitliche Ordnung.

Ebenfalls 1938 entstand ein Interessensverband der Gewerbetreibenden, der Hegykőer Gewerbekreis. Er wurde von 45 Gewerbetreibenden aus 11 verschiedenen Gewerbesparten gegründet. Dabei waren u.a. Schreiner, Zimmerleute, Wagner, Maschinenbauer, Schlosser, Maurer, Schneider, Bäcker und Gastwirte.

1939 wurde ein neues Schlachthaus eingerichtet. Großvieh durfte nur dort geschlachtet werden. Dafür und für die Prüfung des Fleisches war eine Gebühr zu entrichten. Fleisch, das den Qualitätsanforderungen entsprach, erhielt ein Prüfsiegel und konnte nur mit diesem vertrieben werden. Kinder unter vierzehn Jahren durften sich am Schlachthof nicht aufhalten. Gewerbetreibende mit eigener Schlachterlaubnis mußten einen Fleischbeschauer kommen lassen.

Für kleinere Kinder gab es in den Sommermonaten, wenn die Eltern in der Landwirtschaft stark eingespannt waren, Beschäftigungsprogramme, die im Schulhaus stattfanden.

## 2.14. Hegykő im Zweiten Weltkrieg

Mit dem Angriff von Nazi-Deutschland auf Polen begann am 1. September 1939 der Zweite Weltkrieg. Die ungarische Regierung nahm polnische Flüchtlinge auf. Die Soldaten wurden in Lagern untergebracht, in denen sie auch arbeiten konnten. 1941 arbeiteten in Hegykő 6-10 Polen, unter ihnen Infanteristen, Gefreite und Wachtmeister.

Nachdem Ungarn 1941 nach der Kriegerklärung an die Sowjetunion in den Krieg mit eingetreten war, bekamen auch die Wehrpflichtigen aus Hegykő sehr schnell ihre Einberufungen und wurden an die russische Front abkommandiert.

Die Zivilbevölkerung unterstützte nach ihren materiellen oder sonstigen Möglichkeiten die an der Front kämpfenden oder dort verwundeten Soldaten. Überdies mußte sie auch Rinder und für militärische Zwecke Pferde abliefern. Wegen schlechter Ernte kam es auch zu Versorgungsengpässen. Auch in der Schuh- und Lederindustrie fehlten dringend benötigte Waren.

Zu Jahresbeginn 1942 unterstützte die Gemeindeverwaltung bzw. die vermögenderen Bürger von Hegykő ein nicht näher bezeichnetes, armes Dorf im Komitat Szolnok-Doboka – einer Gegend, die, nachdem sie durch Trianon verloren war, nun wieder zu Ungarn gehörte (jetzt wieder rum. *Solnoc-Dăbâca*).

Im Dorf waren nun 90 % aller Häuser aus Ziegeln oder Stein erbaut. 80 % der Häuser bezogen ihr Wasser vom eigenen Grundstück, während einige Leute

148

noch über hundert Meter zu Brunnen laufen mußten. 1942 wurden für das Militär Winterbekleidung und Weihnachtspakete gesammelt; für das Soproner Militärkrankenhaus hingegen Federn und Kissen. Auch Bücher mit schöner Literatur gingen an die Front und man kümmerte sich um die Kriegswaisen.

Luftalarm wurde durch Kirchenglocken angekündigt und zudem jeden Sonntag den Leuten das Verhalten im Ernstfall mündlich mitgeteilt. In Gräben wurden bedeckte Schutzräume eingerichtet.

Mit dem Vorrücken der Frontlinie nach Westen und aufgrund von Luftangriffen kamen im Mai 1944 zunehmend Flüchtlinge aus Budapest, Kispest, von der Insel Csepel und aus Győr nach Hegykő. Im August wurde die Gemeinde auch angewiesen, vor der Roten Armee fliehende Familien aus Weißrußland und der Ukraine aufzunehmen.

Mitte Dezember wohnten 220 evakuierte Zivilpersonen und 612 Soldaten in Hegykő; daneben auch evakuierte Angehörige der Hauptabteilung des Finanzministeriums.

Die Soldaten wurden in Zimmern und Ställen untergebracht. Als Kommandantur dienten zwei Klassenräume der Schule; als Speiseraum für die Offiziere die beiden Lehrerzimmer. Das Levente-Heim wurde zur Arztpraxis und zum Lazarett umfunktioniert. Im Parkraum des Konsumladens Hangya wurde eine Soldatenküche eingerichtet. Im Januar 1945 wurden zu Versorgungszwecken eine Fleischerei und Bäckerei eingenommen. Im sog. gräflichen Schloß mußten sechs Räume für zivile Flüchtlinge, Soldaten, sowie jene Angehörige des Finanzministeriums zur Verfügung gestellt werden.

Schnell rückte die Frontlinie näher. Mitte März wurde Wien besetzt. Aufgrund der Kriegshandlungen brach am 25. März die Stromversorgung ab. Mit dem Vorrücken der Roten Armee nach Westen begann gleichzeitig der Rückzug der deutschen Wehrmacht. Um sich zu versorgen, bediente sich diese auch am Besitz der Bevölkerung. Am 29. März stahl eine deutsche Kanonierbrigade einer Hegykőer Witwe Schweine, Mehl, Zucker, Schmalz und Kleidung. Aus einem anderen Haushalt ließen deutsche Soldaten Schweine, Schinken, Schmalz und Eier mitgehen. Der Grundherrschaft wurden 300 Schweine, 250 Rinder und 12 Pferde unrechtmäßig entwendet.

*Gedenktafel für die Gefallenen des Zweiten Welkriegs auf dem Friedhof von Hegykő. Haben wir in Europa aus der Geschichte gelernt? - Foto: O. Meiser (2022)*

Im Rahmen der Kriegshandlungen erlitten auch einige Häuser im Dorf Schäden. Am Gründonnerstag, den 29. März starteten die Sowjets einen Bombenangriff auf Hegykő. Eine Bombe beschädigte den Stall eines Wohnhauses in der St. Michael-Str., wobei das gesamte Gebäude mit seinen Fenstern stark in Mitleidenschaft gezogen wurde. Eine weitere schlug in ein Wohnhaus, dessen Dach schwer beschädigt wurde. Geringeren Schaden trug das Wohnhaus des Kreisarztes davon. Insgesamt kamen bei dem Bombenangriff zwei Frauen und ein Mann ums Leben.

Am Morgen des Karfreitags (30. März) durchbrach das vierte Bataillon der dritten ukrainischen Front Stellungen der sich bei Petőháza befindlichen, dritten SS-Panzerbrigaden und näherten sich Hegykő. Von Csapod aus drängten sowjetische Kampffahrzeuge die 232. deutsche Panzerbrigade auf eine Linie

*Mit 18 Jahren gestorben, noch bevor sein Leben wirklich begonnen hatte: der jüngste Gefallene des Zweiten Weltkriegs aus Hegykő (links). Er ruht auf dem Ungarnfriedhof von Pocking in Bayern (rechts). Fotos: Marika Leicht (2021).*

von Lövő über Sopronhorpács und Röjtökmuzsáj zurück. Am Karsamstag sprengten die sich zurückziehenden deutschen Truppen die Brücke über den kleinen Hegykőer Bach auf der Höhe der Kossuth-Str. Das Gebäude Nr. 87 erlitt dabei erhebliche Schäden. Die Wehrmacht zog sich hinter die in einer Linie von Deutschkreutz, Nagycenk und Fertőboz errichteten Schutzstellungen zurück. Am selben Tag besetzten die Truppen der dritten ukrainischen Front Hegykő. Zwei bei dieser Gelegenheit gefallene russische Soldaten wurden in Cseralja begraben. Aus Sopron zog sich die Wehrmacht am 1. April morgens um drei Uhr zurück.

Insgesamt fielen dem Zweiten Weltkrieg 24 Soldaten und 3 Zivilpersonen aus Hegykő zum Opfer, von denen der jüngste Soldat gerade erst 18 Jahre alt war. Er liegt übrigens als einer der überwiegend 747 kriegsgefallenen Ungarn auf dem Ungarnfriedhof der bayrischen Gemeinde Pocking begraben – unweit vom österreichischen Braunau, in dem das teuflische Grauen 1889 das Licht der Welt erblickt hatte.

Neben allen Schrecken des Krieges gab es dennoch in den Kriegsjahren auch Dorfalltag und z.T. - so in der Landwirtschaft - sogar Weiterentwicklung. 1940 besaß man in Hegykő schon zwei Traktoren, von denen einer Bálint Széchenyi gehörte. 1942 / 43 standen vier Dreschmaschinen zur Verfügung.

Bemerkenswert ist auch, daß 1941 von den über sechs Jahre alten Dorfbewohnern nur noch 3 % Analphabeten waren. Für Erwachsene gab es Bildungsangebote im Gesundheitsbereich, sowie Kochkurse oder Kurse zur Pflege von Obstbäumen. Die Dorfbibliothek verfügte 1943 über 356 Bände. Von Vereinigungen wie dem katholischen Mädchenkreis oder dem Verein der Gewerbetreibenden wurde auch eine ganze Reihe von Theaterstücken aufgeführt.

 Im Sommer 1942 begann man eine Arztpraxis zu bauen. Die nächsten Apotheken befanden sich damals allerdings in Fertőd und Nagycenk.

1944 erhielt die Levente-Vereinigung (s.o.) schließlich ihr eigenes Vereinsheim, obwohl der Verein dann 1945 verschwand.

Allgemein war während des Krieges und auch danach die Lebensmittel-Versorgungslage in Ungarn offenbar besser als beim Nachbarn Österreich und die Österreicher schmuggelten in Rucksäcken die in Hegykő eingekauften Ferkel über die Grenze.


## 2.15. Nach 1945


Die Besetzung durch die Sowjets hatte zwar Ungarn von den Nationalsozialisten befreit, weitere Freiheit jedoch auch nicht gebracht. Ungarn wurde zu einem der sog. Satellitenstaaten, welche die in weiten Teilen ärmliche, zurückgebliebene und ebenfalls durch den Krieg ausgezehrte Sowjetunion für ihre Ernährung und Sicherstellung von Gütern benötigte. Die Satellitenstaaten wurden in die kommunistische Ideologie einverleibt, so daß das Jahr 1945 leider kein demokratischer Neuanfang für Ungarn war. Auch in der Bevölkerung von Hegykő herrschten trotz einerseits Erleichterung über das Kriegsende andererseits gleichzeitig Furcht und Unsicherheit.

Kurze Zeit nach Kriegsende kam es zur Zerschlagung der Großgrundbesitz-Strukturen und einer kommunistischen Landreform. Der Soproner Rat für Landbesitzregelung hatte seine Arbeit bereits am 18. April 1945 begonnen und nahm auch die Aufteilung der Ländereien von Hegykő in Angriff. Noch im selben Frühling wurde der Besitz von Graf Bálint Széchenyi unter armen Bauern und ehemaligem Dienstpersonal aufgeteilt. Dabei erhielt jede Familie acht Kleinmorgen Land. Hegykő hatte 1946 insgesamt 4462 Kleinmorgen Land, die durch Landreform zur Gänze in die Hände von Kleinbesitzern kamen. Große herrschaftliche Gebäude ließen sich zwar schlecht aufteilen, konnten jedoch anderen Zwecken zugeführt werden, wie etwa der Kornspeicher, in welchem man eine Konservenfabrik einrichten wollte. Nach der Landreform strebte man an, die Kleinbesitzer in Produktionsgenossenschaften zu zwingen, durch welche man die Leute politisch wie auch wirtschaftlich unter Kontrolle hatte.

Die Sehnsucht der Menschen nach einem aus der Vorkriegszeit gewohnten Leben war groß, so daß eines der ersten Begehren, welches vor dem Gemeinderat verhandelt wurde, der Wunsch nach einem neuen Dorfgasthaus war. Bald gab es derer sogar drei – Orte, an denen nicht nur getrunken wurde, sondern auch Dorfangelegenheiten diskutiert werden konnten. Daneben wurde von einem Bewohner vorgeschlagen, den großen Saal des Kulturhauses im früheren Levente-Heim als Kino zu nutzen – ein Vorschlag, der natürlich auch politischen Interessen entgegenkam, indem dort entsprechende Propagandafilme gezeigt werden konnten. Ansonsten wurde das Kinoprogramm einer Zensur durch die Sowjets unterzogen.

Ende 1945 mußte die Bevölkerung zur Versorgung der Roten Armee 73 Rinder halten. Von dieser Verordnung waren unsinnigerweise auch 28 Bewohner betroffen, die bislang nie Rinderwirtschaft betrieben hatten.

Mit der Einrichtung neuer Dienste zur Volksgesundheit vom 27. Juni 1946 wurde die Stelle für eine Hebamme geschaffen.

Im selben Jahr wurde in Fertőd eine Schule für Gartenbau ins Leben gerufen, wobei auch Hegykőer Bürger beteiligt waren.

Für den Wiederaufbau des Verkehrswesens wurden im Rahmen des Programms „Blick auf die Bahn" alte Pläne wiederbelebt und eine Haltstation für Hegykő eingerichtet. So konnte auch das auf den Märkten beliebte Gemüse von Hegykő leichter nach Győr, Sopron, Mosonmagyaróvár oder in die Städte der Komitate von Vas und Zala gebracht werden – ein Fortschritt für die kommunistische Arbeiter- und Bauerngesellschaft.

Auf Druck der westlichen Siegermächte und nach den Konferenzen von Jalta und Potsdam mußten am 4. November 1945 freie Wahlen abgehalten werden. Wahlberechtigt waren Bürger über 20 Jahre, sofern sie nicht etwa Funktionäre der faschistischen Pfeilkreuzler-Bewegung (ung. *nyilasok*) gewesen waren oder – was aufgrund der überwiegend ungarischen Einwohnerschaft von Hegykő kein weiteres Thema war - der deutschen Minderheiten angehörten, deren Vertreibung bereits vorbereitet wurde. Bei dieser Wahl konnte die sehr entfernt von der Kommunistischen Partei (ung. *Magyar Kommunista Párt - MKP*) stehende Unabhängige Kleinbauern-Partei (ung. *Független Kisgazdapárt*) 57 % der Stimmen für sich verbuchen. Das Programm dieser Mitte-Rechts–Partei beinhaltete bürgerliche Demokratie mit Selbstverwaltung, Privatbesitz und Unternehmerfreiheit. Dennoch war die Wahl keine nach Gleichheitsprinzipien. Während für die Wahlkampagnen der Ungarischen Kommunistischen Partei notwendiges Material wie Papier etc. zur Verfügung gestellt wurde, mangelte es den Oppositionsparteien an allem. Auch der kurz zuvor zum Primas von Ungarn gewählte *József Mindszenty (1892-1975)* ließ in einem am 18. Oktober von der Bischofskonferenz abgesegneten Rundbrief verkünden, daß nur solche Kandidaten gewählt werden sollten, die das Land in katholisch und moralisch entsprechendem Sinne führen würden.

Wenn auch die Kleinbauern-Partei aufgrund ihres Wahlergebnisses allein hätte regieren können, so wurde sie doch durch das sowjetische Parteiüberwachungsgremium zu einer Koalition mit den übrigen Parteien gezwungen. Die Ungarische Kommunistische Partei hatte damals nur 16,9 % der Stimmen erreicht. Daneben hatten noch 17,4 % sozialdemokratisch gewählt (ung. *Szociáldemokrata Párt*) und 6,8 % die Nationale Bauernpartei (ung. *Nemzeti Parasztpárt*). Am 1. Februar 1946 wurde Ungarn offiziell zur Republik; der Abgeordnete *Ferenc Nagy (1903-1979)* ihr Premierminister.

Von Anfang an schwächte die Kommunistische Partei mit der bekannten „Salamitaktik" ihren größten politischen Rivalen, die Kleinbauern-Partei. Bei den

Wahlen vom 31. August 1947 bekam die Demokratische Volkspartei sowohl in Hegykő mit 79 % als auch im Bezirk Sopron mit 44 % die meisten Stimmen. Wenn auch die Wählerschaft für die Kommunistische Partei im Bezirk Sopron von 7 auf 24 % angestiegen war, so galt das nicht für Hegykő, wo die MKP nur 1,4 % Anhängerschaft fand. Sowohl bei der Wahl von 1945 als auch jener von 1947 lag die Wahlbeteiligung bei jeweils über 97 %. Dennoch wurde 1947 offenbar einigen Bürgern das Wahlrecht entzogen, um die gewünschten Ergebnisse zu erhalten.

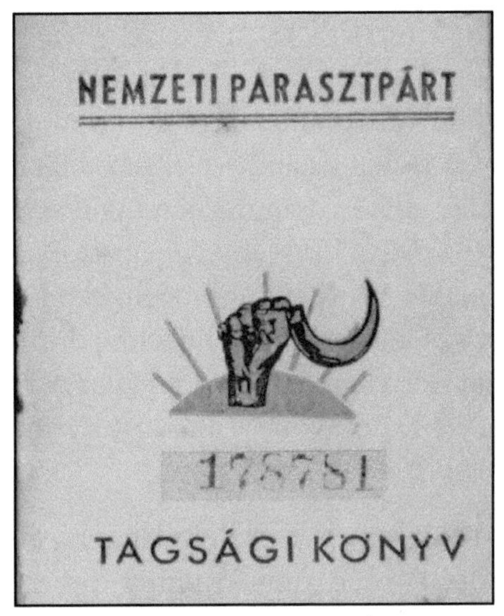


*Nationale Bauernpartei, Parteibuch*

Die nächste „Wahl" fand 1949 statt, bei der dann nur noch eine Partei zur „Auswahl" stand. Eine echte demokratische Wahl gab es danach erst wieder am 25. März 1990!

Die harten Diktaturjahre von 1949-1956 unter Mátyás Rákosi betrafen sehr stark die Dörfer und innerhalb dieser insbesondere die Bauern, welche der neuen kommunistischen Ordnung zu dienen hatten und von denen Dankbarkeit für das ihnen zugeteilte Land erwartet wurde. Kritische Geister oder Unwillige wurden zu Beginn der Fünfzigerjahre in Zwangsarbeitslager in der Ungarischen Tiefebene gebracht – aus der westlichen Grenzregion mehrere Zehntausend, von denen die meisten nicht zurückkehrten und deren Schicksal bis heute unbekannt ist. Aus Hegykő wurden vier Personen in eines der Arbeitslager in der Gegend der Hortobágy-Puszta „umgesiedelt".

Um die Leute anderweitig zu motivieren, wurden Erntewettbewerbe ausgerufen, an denen sich die Bauern nolens-volens beteiligten, mußte die Ernte doch so oder so eingebracht werden.

Auch in den Fünfzigerjahren war die wichtigste Einnahmequelle von Hegykő immer noch die Landwirtschaft und innerhalb dieser der Gemüsebau (siehe Kap. 5.5.1.).

Im Freizeitbereich wurde – wie nun woanders auch – Sport groß geschrieben, v.a. der *Fußball*. Schon 1946 hatte man eine Fußballmannschaft aufgestellt. Fußball konnte mit relativ wenigen Mitteln im wahrsten Sinne des Wortes „auf die Beine gestellt" werden. Flächen, die als Fußballplatz dienen konnten, fanden sich in dem flachen Land schließlich überall. Auch die Popularität der sog. *Goldenen Elf* (ung. *aranycsapat*) mit dem Star *Ferenc Puskás (1927-2006)* zeigte Wirkung und begeisterte die Leute für diesen Sport. Um so bitterer für die Ungarn, daß Deutschland ihnen bei der Fußball-WM 1954 beim Endspiel in Bern durch das 3:2 und das entscheidende Tor von *Helmut Rahn (1929-2003)* den Traum vom Weltmeister nahm – für die Deutschen bekannt als das *Wunder von Bern*.

1957 formierte sich in Hegykő eine neue Fußballmannschaft, die sich zweimal die Woche zum Training traf und vom Gemeinderat mit zweitausend Forint unterstützt wurde. Diese Unterstützung erwies sich jedoch als zu gering, da die Spieler keine eigenen Trikots etc. hatten, dies jedoch bei Turnieren erwartet wurde.

Ein Meilenstein in der ungarischen Nachkriegsgeschichte war der Aufstand vom Oktober 1956. Wie der jetzige Bürgermeister István Szigethi im Rahmen einer Festrede 2017 erklärte, erreichten die Bewegungen Hegykő am 27. Oktober. Leute gingen auf die Straße und trugen die Nationalflaggen (aus denen das sozialistische Emblem herausgeschnitten war). Am Abend fand im inzwischen abgebrochenen Kulturhaus eine Versammlung statt. Thema war die Lage der Nation und eine Wahlkommission für den folgenden Tag. Danach zogen die Einwohner des Ortes geordnet durch die Straßen und sangen freiheitliche Lieder von Lajos Kossuth. Die Leute zogen zum Kriegerdenkmal, wo man sie aufforderte, Ruhe zu bewahren und die Gesetze einzuhalten. Nach der Rede wurde der „Aufruf" (ung. *Szózat*), ein Gedicht des bekannten ungarischen Dichters *Mihály Vörösmarty (1800-1855)* aus der Reformationsära des 19. Jahrhunderts gesungen. Der damalige Kreisarzt *Dr. Frigyes Götz* begleitete den Zug mit seiner obligatorischen Arzttasche. Bei dem Marsch wurden einige kommunistische Embleme und Propagandaaufschriften beschädigt oder zerstört. Die Menschen zogen weiter über die Hauptstraße bis zum Posten der Staatssicherheit, die dort eine Radio-Störstation betrieb. Dort protestierten sie und einige der Demonstranten demontierten einen sich dort befindlichen roten Stern aus Beton

und ließen ihn auf der Straße zer-
schellen. Zwar richtete sich aus
dem Fenster der Lauf eines Ma-
schinengewehrs auf die Demonstranten; ein Schuß fiel jedoch
nicht und es kam auch niemand
aus dem Gebäude heraus.

Der Zug der Demonstranten ging
dann weiter zum Posten des
Grenzschutzes, der sich damals
im Gebäude der heutigen Gemeindeküche befand. Die Leute
wollten in den Posten eindringen,
doch eine Wache warnte sie, dies
nicht zu tun, da die Diensthaben-
den ansonsten Schießbefehl hätten. Unterdessen begann ein
Schüler das „Nationallied" (ung.
*Nemzeti Dal*), ein Gedicht von
*Sándor Petőfi (1823-1849)* aus
der Zeit des ungarischen Vormärz von 1848/49 zu rezitieren,

*Einladungsflyer der Gemeindeverwaltung zur Gedenkfeier für den Volksaufstand 1956*

worauf der Wachsoldat den Inspektor rief, der schließlich hinauskam und fragte, was man begehre. Die Leute antworteten, sie wollten in die Kaserne hinein. Der Inspektor rief den Befehlshaber. Dieser gab Order zum Öffnen der Türe und die Demonstranten drängten in die Kaserne, wo die Soldaten waren. Diese nahmen auf Bitten der Aufständischen den roten Stern von ihren Mützen und warfen ihn fort.

Am 28. Oktober fand nach der Morgenmesse eine Versammlung statt, bei der Mitglieder für eine nationale Kommission gewählt wurden. Zu dieser Ver-
sammlung wurden auch die beiden Befehlshabenden der Kaserne eingeladen, welche die Einladung annahmen und dabei waren. Sie wurden nach Ende der Aufstandsereignisse von Hegykő weg versetzt. Bei der Versammlung wurden

12 Punkte formuliert, wie sie noch in handschriftlicher Aufzeichnung im Gemeindearchiv zu finden sind. Diese Punkte forderten:

1. ein vollständiger Abzug der sowjetischen Truppen. Fremde Truppen sollen sich auf ungarischem Territorium nicht aufhalten.

2. Gleichheit vor dem Gesetz, Gewährleistung der Menschenrechte und Auflösung der Staatssicherheit.

3. freie Wahlen und eine auf einer Verfassung basierende Regierung.

4. eine würdige Erinnerung an die Kriegsopfer.

5. die Abschaffung der Zwangsabgaben, die Aufhebung der Friedensanleihens-Notierungen und die Rückzahlung der bisher geleisteten.

6. ein Abbau der 2. Grenzzone, des Grenzstreifens, der Minensperre und der Radio-Störstation.

7. freie Glaubensausübung und die Abschaffung des Religionsunterrichtsverbots.

8. Rückgabe entwendeter Güter und Schadens-Wiedergutmachung.

9. die Verwendung der dreifarbigen Nationalfahne und des ungarischen Wappens.

10. Abschaffung der sozialistischen Symbole und Feiertage.

11. freier Gebrauch des Reisepasses und freier individueller Warenverkehr wie vor 1945.

12. die für die Fehler Verantwortlichen und Schuldigen sollen vor ordentlichen Gerichten in Einzelverfahren zur Rechenschaft gezogen werden.

In Hegykő wie auch in Sopron ging der Aufstand offenbar ohne Blutvergießen vonstatten. Zwischen Grenzsoldaten und den die Radio-Störstationen betreibenden Staatssicherheitsleuten auf der einen und den Aufständischen auf der anderen Seite gab es keine Gewalt. Auch nach der Niederschlagung des Aufstands nach dem 4. November gab es keine schweren Vergeltungsaktionen gegenüber den Aufständischen.

<u>Exodus</u>

*von György Faludy*
*(1910-2006)*

Vielleicht fünfzig waren wir oder
mehr. Bei Hegykő kamen wir vorbei
und wegen der Alten so langsam,
als ob wir nur der Nacht

ausweichen wollten.
Es tröpfelte. Von links leichter Nebel.
Rechterhand voraus, neben der Spur
hoch aufgeworfene, nasse Ackerschollen

wie an einem frisch ausgehobenen
Massengrab. Ich hielt Zsuzsas
Hand. Vierhundert Forint brachten
wir mit uns, und zwei Zahnbürsten.

So gingen wir nach Norden. Hinter uns
ertönte von fern ein Maschinengewehr;
danach zeigte eine grüne Rakete an:
Der Weg ist frei. Der eine trällerte,

der andere seufzte, daß man seine Heimat
nicht an den Schuhsohlen mitnimmt,
ein anderer, daß einem des freien Umherzie-
hens Recht doch niemand nimmt;

wir schwiegen. Meine Knie
wie Blei und als ob nur
mit nach vorne gesenktem Haupte
ich mich bewegte.

Hab' keine Angst! Heute ist noch eisig die
Erinnerung. Mit der Zeit auf einmal süßer.
Und heißer. Dies ist der Grenzgraben.
Spring! Der Sprung ist endgültig.

Spring! Der Schmerz kommt mit dir.
Er darf niemals vergehen. Wie eine Taschen-
lampe, die hingelegt wurde,
leuchtet dort drüben Österreich.

*Übersetzung aus dem Ungarischen: O. Meiser*

Die Bewohner von Hegykő halfen den Flüchtlingen. Viele Menschen, die 1956 Ungarn verließen, kamen durch den Ort, darunter der bekannte ungarische, aus Budapest stammende Dichter *György Faludy*, der wegen seiner jüdischen Ab-stammung 1938 schon einmal hatte nach Paris und in die USA emigrieren müs-sen und 1946 nach Ungarn zurückgekehrt war. In seinem Gedicht *Exodus* er-wähnt er auch Hegykő, von wo aus er über die Grenze nach Österreich floh. Weitere Lebensstationen waren für den Dichter danach London, Florenz, Malta und Toronto, bevor er 1988 wieder nach Ungarn übersiedelte. Jene, die das Land verlassen wollten, bewegten sich in Richtung Pamhagen. In Österreich fanden die geflohenen Ungarn eine sehr gut organisierte Unterstützung, obwohl für das nach dem Staatsvertrag von 1955 neue Österreich der Ungarn-Aufstand die erste Krise darstellte. Auf der ungarischen Seite der Grenze standen Sowjet-Soldaten, während andererseits Österreich sowohl die Pflichten gegenüber seiner Neutralität als auch die Interessen des Westens und seine Humanprinzipien wahren mußte. Jene Ungarn, die über die Grenze kamen, wurden angehört, damit man sich ein Bild über die in Ungarn stattfindenden Ereignisse machen konnte. Allen wurde klargemacht, daß sie in Österreich in Sicherheit seien. Die Ungarn wurden von den österreichischen Grenzern mit Kleidung, Lebensmitteln und Medikamenten versorgt, unterstützt auch durch Hilfstransporte des Roten Kreuzes.

Während des Kádár-Regimes, das sich nach dem Aufstand 1956 etabliert hatte, waren die Dissidenten ein Thema mit bitterem Beigeschmack. Dabei gab es kaum jemanden, der nicht über seine Familie oder seinen Freundeskreis davon betroffen war. Die sich verschlechternde politische Lage und die Angst vor den Repressalien des Regimes zwangen so manchen zur Flucht. Die Politik und die von ihr gesteuerten Medien versuchten natürlich die Leute davon abzuhalten. In einem Interview, das die Zeitung Kisalföld 1957 mit einem Hegykőer Bewohner führte, heißt es:

*„Anstelle eines sorgenfreien westlichen Lebens kam er in Österreich in ein Lager, in dem Typhus ausgebrochen war. Dann, in England, arbeitete er in einer Brotfabrik und später beschlug er in einem Rennstall Pferde. Der Verdienst? – 9 Pfund in einer Woche. Ein ganz schönes Geld. Doch man soll es nicht glauben: Auf die Hand bekam er nur vier Pfund und 12 Shilling, während das übrige Geld abgezogen wurde und das Rauchen derart teuer war, daß es ein Pfund in der Woche verschlang."*

Am 16. Februar 1959 wurde in Hegykő die *Landwirtschaftliche Produktionsgenossenschaft 15. März* gegründet. Diese LPG hatte 565 Mitglieder und besaß 2903 Morgen Land. Um die Dorfbewohner zum LPG-Beitritt zu motivieren, kamen Mitarbeiter der Soproner Teppichfabrik SOTEX, wobei es nicht leicht war, die Bauern davon zu überzeugen, ihr Land der LPG zu übertragen.

Die Einrichtung von landwirtschaftlichen Produktionsgenossenschaften war ein wesentlicher Bestandteil der Kádár-Politik und wurde zwischen 1958 und

160

1961 abgeschlossen, wozu die Niederschlagung des Aufstands und die allgemeine Enttäuschung beitrugen. Mit der Gründung der LPGs verschwand die alte bäuerliche Welt und eine neue Ära begann – nicht nur für das Dorf, sondern auch für das Komitat. In einem Propagandaartikel in der Zeitung Kisalföld mit dem Titel „*Die letzten Beitrittskandidaten*" wird beschrieben, wie sich im Rathaus von Hegykő die Beitrittswilligen die Klinke in die Hand gaben und bald mehr als dreihundert Leute unterschrieben hätten.

Innerhalb einer Woche erhöhte sich die Zahl der LPGs im Komitat Győr-Sopron auf 94. Hegykő und seine LPG-Eintrittsmodalitäten erregten in der Region derartiges Aufsehen, daß die Partei beschloß, eine Delegation der Demokratischen Volksrepublik Vietnam auch nach Hegykő zu führen. Dort besuchte man die LPG und erst danach wurden die Gäste nach Sopron gebracht, um die Seidenfabrik zu besichtigen. Das Geheimnis des Erfolgs lag indes nicht nur an den Voraussetzungen, die Hegykő an sich zu bieten hatte, sondern an den Bemühungen von Partei und Staat, die alles mit entsprechenden finanziellen Mitteln unterstützten.

Die LPGs boten ein neues Feld des Kräftemessens zwischen den drei Dörfern Hegykő, Fertőhomok und Hidegség, welches nun weniger gewaltsam ausfiel als es zuvor manchmal bei Prügeleien zwischen der Dorfjugend oder bei Turnieren auf dem Fußballplatz gewesen war. Nun ging es darum, welches Dorf pro Arbeitskraft am meisten leistete. Sowohl in Radioreportagen als auch Artikeln in der Zeitung Kisalföld wetteiferte man darum, der erste zu sein. Diese Rivalität fand erst 1964 ein Ende, als die drei LPGs zusammenarbeiteten, um nun mit vereinten Kräften den Fortschritt voranzutreiben. 1967 gründeten die drei Dörfer die gemeinsame LPG des 4. April.

Was die Infrastruktur betrifft, machten der Ausbau des Stromnetzes und die Versorgung der Privathaushalte mit Energie große Fortschritte. Das Elektrische ersetzte die bis dato vorherrschenden flackernden und rußenden Petroleumlampen.

1958 wurde die Aufbahrungshalle gebaut. Zuvor hatte man die Toten jeweils zu Hause aufgebahrt, was unter volksgesundheitlichen Gesichtspunkten nicht unproblematisch gewesen war. Häufig war es auch vorgekommen, daß die Toten bis zu ihrer Bestattung bei der Familie belassen wurden, wo man sich in

*Ehem. LPG-Bürogebäude, 2019 u.a. noch Sparkasse. Foto: O. Meiser*

Haus oder Hof von ihnen verabschiedete und sie dann zum Friedhof begleitete. Der damalige Gemeindepfarrer *József Pápai* setzte sich für den Bau der Halle ein, dem dann auch der Gemeinderat zustimmte. Das Projekt wurde anschließend von der ausführenden Kommission und dem Pfarrer mittels Gemeinschaftsarbeit in die Tat umgesetzt.

Das alte Kulturhaus wurde zum Parteihaus umgebaut. Das gut sanierte Gebäude bekam ein Büro, einen mit 200 Sitzplätzen ausgestatteten Saal und einen für jedermann zugänglichen Gemeinschaftsraum zum Fernsehen.

Eine Dienstwohnung für den Tierarzt entstand 1961.

In der Petőfi-Straße, dort, wo sich jetzt ein Geschäft für Kunststoffwaren befindet und wo noch bis vor kurzem eine Filiale der Sparkasse war, wurde das Bürohaus der LPG gebaut.

162

*Das alte Feuerwehrhaus (bis 2018), jetzt Kaffeehaus. Foto: O. Meiser (2022)*

In der Schulstraße entstand das neue Gemeindehaus. In den Sechzigerjahren wurde auch ein neuer Sportplatz angelegt. Ebenfalls zu dieser Zeit plante die Gemeinde das kleine Wasserwerk. Viele Projekte entstanden in Gemeinschaftsarbeit. Dies konnten Bauten sein, die errichtet wurden, aber gemeinsam wurden auch Blumenbeete, ein großer Teil der Bürgersteige und der Park angelegt, sowie Bäume gepflanzt.

1964 konnte das Kulturheim erneuert und um eine Bibliothek, sowie eine Klubräumlichkeit erweitert werden.

Die 1889 gegründete Feuerwehr, die seitdem ununterbrochen arbeitete und zahlreiche Feuerwehrwettbewerbe gewonnen hatte, erhielt jenes neben dem Spielplatz befindliche Gebäude, das seit der Fertigstellung des modernen, großen Feuerwehrhauses nun als Café dient. Die bis dato genutzten Gebäude neben der Kirche hatten sich inzwischen als zu klein und nicht mehr geeignet erwiesen. Auch hier erfolgte der Bau aus eigener Kraft durch die Feuerwehrleute, eine Baubrigade und die Unterstützung der Einwohnerschaft. Das neue Feuerwehrhäuschen entstand damals in nur knapp drei Tagen!

1965 wurde das Gasthaus der Landbauern-Vereinigung renoviert und eine Konditorei eingerichtet. 1968 erfolgte der Bau eines Sportplatzes mit Umkleidekabinen. Zuvor war der Fußballplatz 500 Meter nördlich des Dorfes gewesen.

*Heute nur noch Museumsstück: Feuerwehrauto der polnischen Marke ZUK aus den 1960er Jahren. Foto: O. Meiser (2022).*

Wegen dieser Entfernung und u.a. auch wegen der Bodeneigenschaften eignete sich dieser Ort allerdings nur bedingt für den Sport. Aus diesem Grunde reifte die Idee für den Bau eines Sportplatzes innerhalb des Dorfes. Da das dafür ausersehene Gelände im Privatbesitz war, kaufte es die Gemeinde und es entstanden Pläne für seine Nutzung: u.a. für Fußball, Leichtathletik, Handball und Volleyball. Aufgrund der starken Neigung des Geländes mit Unterschieden von 1,5-2 m, mußten größere Erdbewegungen in Angriff genommen werden, was keine leichte Aufgabe war, da dafür benötigte Maschinen weder im Ort noch in der näheren Umgebung verfügbar waren. Nach längerem Suchen gelang es, zwei starke Planierraupen zu organisieren. Weil damals der Rasen des Sportplatzes noch nicht regelmäßig gesprengt und gemäht werden konnte, vertrocknete ein Teil davon und das Spielfeld blieb, was das Grün anbelangte, lückenhaft. Aufgrund von Finanzmittelknappheit war die Beschaffung von vielen Materialien damals ein Problem - sogar die des Holzes mit den entsprechenden Maßen für die Fußballtore! Für letztere wurde schließlich aus dem Soproner Lehrforstbetrieb Fichtenholz ausgewählt, das man auf Maß zugeschnitten bekam. Als Umkleide diente zunächst das ehemalige Levente-Heim. Später wurde ein von der Grenzwache erworbenes Lagergebäude zu einer modernen Umkleide umgebaut. Danach erweiterte die LPG das Gebäude auf eigene Kosten gemeinsam mit dem

*Beging 2021 seine 75-Jahrfeier:*
*Fußballclub von Hegykő*

sog. Klub, in dem es auch eine Imbißstube gab. An sich wurden auch die Verdohlung des Baches und eine Anlage der Sportanlagen über den Bach hinaus geplant. Dieser Plan wurde aber verworfen. Durch die Nähe zur Schule konnte der Sportplatz auch immer von dieser gut für den Sportunterricht genutzt werden.

Neben dem Fußball spielte in Hegykő auch damals schon der Handball eine Rolle. 1966 gewann die Herrenmannschaft die Kreismeisterschaft und nahm 1967 an der Komitatsmeisterschaft teil; die Damenmannschaft erreichte 1966 den zweiten Platz.

1969 wurde das Äußere des Gebäudes der Dorf-Arztpraxis renoviert. Im selben Jahr wurde in Gemeinschaftsarbeit die Grüngestaltung von Hegykő vorgenommen.

Nachdem Hegykő durch den Bau des Thermalbades (siehe dortiges Kapitel) zum Fremdenverkehrsort geworden war, erkannte man auch die Notwendigkeit

einer neuen Straßenbeleuchtung. Diese hatte in den Fünfziger- und Sechzigerjahren aufgrund ihrer Unvollständigkeit und auch der häufigen Stromausfälle
wegen immer wieder für Unmut gesorgt. Die nun nach Hegykő kommenden
Badegäste waren ein guter Anlaß, sich dieses Themas erneut anzunehmen. Bis
1978 wurden alle Straßen mit neuen Laternen versehen.

Auch auf dem Kultursektor tat sich einiges. Die Gemeindebücherei wurde ausgebaut, so daß die über 260 Leser mit Ausweis damals schon Zugriff auf 500
Bücher hatten. Der Etat der Bücherei für ihre Bestandserweiterung betrug jährlich 4000 Forint.

In anderen Bereichen des Gemeinnützigen ist vor allem die Umstrukturierung
der Hegykőer Freiwilligen Feuerwehr im Jahre 1975 zu erwähnen, bei der die
Wehren der Dörfer Hegykő, Hidegség und Fertőhomok vereinigt wurden. Ziel
war eine Orientierung an den Feuerwehreinheiten des Staates, sowie eine ver-
besserte Zusammenarbeit. Zudem war an der Hegykőer Grundschule auch ein
Feuerwehr-Fachkreis tätig, der die Schulkinder im Brandschutz unterrichtete,
denn neben der Verhütung und Bekämpfung von Bränden war eine der Aufgaben der Feuerwehr auch die Schulung der Bürger.

1979 hatte die Feuerwehr 46 ordentliche und 8 Fördermitglieder, von ersteren
22 in Hegykő.

Trotz eines beginnenden Tourismus und bürgerlicher Tendenzen lebte Hegykő
in den Siebzigerjahren immer noch von der Landwirtschaft. Nicht allein der
Gemüsebau, sondern auch die Tierhaltung bekam einen neuen Stellenwert.
1970 nahm die LPG-Baubrigade am Umbau eines Schweinestalles teil. Auch
wurde in der LPG das Dalia-Programm umgesetzt, in dessen Rahmen der Bau
von Kuhställen verwirklicht wurde. Überdies wurde ein Gartenbau-Kombinat
ins Leben gerufen und es wurden Gewächshäuser aufgestellt. Die LPG besaß
auch eine Obstbau-Abteilung, die aus staatlicher Hilfe Unterstützung bekam.
Der Weinbau wurde nach dem Vorbild von Tokaj geführt. Hegykő bekam die
Erlaubnis, auf 20 ha Reben zu bauen, die aus der Gegend um den Plattensee
kamen. Auf manchen Flächen gab es Obstbau, so etwa von Marillen, Süß- und
Sauerkirschen. An Gemüse wurden in erster Linie Wurzelsellerie, rote Zwiebeln, sowie gelbe, rote und weiße Rüben angebaut. Neben der Grünlandwirt-
schaft und dem Getreidebau kam in den Siebzigerjahren auch die Kultivierung

166

von Schnittblumen auf, unter denen insbesondere die Nelken bekannt waren. In der LPG-Blumengärtnerei wurden jährlich etwa anderthalb Millionen Nelken gezogen. Von den Einkünften aus dem allgemeinen Anbau von Nelken entfielen damals über sieben Millionen Forint auf Hegykő – für jene Zeit ein Vermögen! Die meisten der Schnittblumen aus Hegykő landeten in den Blumengeschäften von Sopron, Győr und Budapest.

In den Achtzigerjahren wurde die Wasserversorgung von Hegykő ausgebaut. Man baute ein größeres Wasserwerk, das schrittweise erweitert wurde und nicht nur für Hegykő, sondern auch für Fertőd und Fertőszentmiklós Wasser bereitstellte. Über eine 23 km lange Leitung wurde Hegykő mit Sopron verbunden, das v.a. während der Sommermonate immer wieder unter Wasserknappheit gelitten hatte.

Was Erwerbs- und Sozialstruktur, sowie Lebensstandard der Achtzigerjahre anbelangt, liefert eine Abhandlung von *Emil Horváth (1984)*, der viele der folgenden Informationen entnommen sind, interessantes.

1980 hatten dieser folgend alle der 343 Haushalte (zu 99,3 % Einfamilienhäuser mit Garten) Strom, 87 % bezogen Gas, 74 % verfügten über Wasseranschluß und Abwasserentsorgung, während 64 % ein Badezimmer mit wassergespültem WC besaßen.

Noch lebten auch in jenem Jahrzehnt die Dorfbewohner mehrheitlich von der Landwirtschaft, während die übrigen ihre Verdienstmöglichkeiten in den Industriebetrieben der im Pendelbereich liegenden Städte suchten. 1980 besaß Hegykő 49,7 % aktiv arbeitende Bevölkerung. Das Leben war auch bequemer geworden. Von den Erwerbstätigen arbeiteten 1983 im Ort 53 % als Bauern (dabei auch die „landwirtschaftlichen Arbeiter" eingerechnet), 30 % als Arbeiter, 12 % in „intellektuellen" und 5 % in sonstigen Berufen. Die LPG hatte damals 437 Mitglieder (davon 226 aktive). Nach den Altersgruppen betrachtet arbeiteten zu jener Zeit die jüngeren Leute eher als Monteure, „Traktoristen", Fahrer oder Facharbeiter, während die älteren über fünfzig in einfacheren Tätigkeiten bei Anbau und Viehhaltung beschäftigt waren. Darin zeigt sich die Wirkung der Bildung und der Rückgang der rein körperlichen Arbeit. Von den „intellektuellen" Berufen waren 1983 sieben Beschäftigte Schullehrer, fünf beim Gemeinderat tätig, drei bei der Sparkasse Takarékszövetkezet, sowie jeweils zwei als Kindergärtnerinnen und Arzt / Kinderschwester. Mit dem Thermalbad entstanden noch andere Verdienstmöglichkeiten wie etwa Kleinhandel, das Betreiben von Langos-Buden oder einer Boutique.

Der Lebensstandard war stark angestiegen. 17 % der Häuser besaßen eine Zentralheizung und neue Häuser wurde ausschließlich mit Badezimmer gebaut. In den zuvor vergangenen zehn Jahren hatte man 80 % aller Häuser umgebaut und 90 % aller Bürgersteige waren befestigt. Öffentliche Einrichtungen wurden modernisiert; zweimal wöchentlich gab es Dorfkino-Filmvorführungen. Die ebenfalls von *Horváth (1984)* veröffentlichte Aufstellung zeigt ein genaueres Bild des Lebensstandards. Demnach gab es (nach Anzahl) in den 352 Haushalten von Hegykő:

| | |
|---|---|
| Autos | 116 |
| Kleintraktoren, Gartenmaschinen | 8 |
| Motorräder | 44 |
| Farbfernseher | 23 |
| SW-Fernseher | 303 |
| Radiogeräte | 1098 |
| Tageszeitungs-Abonnenten | 360 |
| Abonnenten von Wochenblättern | 340 |
| Abonnenten von Monatsschriften | 142 |
| Wochenendhäuser | 262 |

Immer mehr Menschen verließen aber auch in den Achtzigerjahren die Dörfer der Umgebung, um sich in Sopron anzusiedeln. Dies galt für Hegykős gemüsebauende „Schwesterdörfer" Fertőhomok und Hidegség aber offenbar mehr als für Hegykő selbst.

In Hegykő, das damals 1200 Einwohner zählte, hatten 60 % der Familien zwei Kinder, und es war noch üblich, daß man in der Großfamilie bzw. mit 2-3 Generationen unter einem Dach lebte. 110 Menschen lebten damals alleine – vermutlich alte Menschen, deren Partner gestorben und Kinder fortgezogen waren.

Im Dorf gab es auch vier Roma-Familien.

## 2.16. Grenze, Eiserner Vorhang und Grenzöffnung

Das Thema der Staatsgrenze wurde bisher nur kurz angesprochen, ist aber aufgrund der Lage von Hegykő an der ungarisch-österreichischen Grenze noch ein gesondertes Kapitel wert.

Der heutige Grenzverlauf in unserer Region erscheint ja, wenn man die historischen Hintergründe nicht kennt, sehr eigentümlich, und er ist es auch! Sopron ist mit seinen umliegenden Dörfern von drei Seiten von der Grenze zu Österreich umgeben. Dies ist das Resultat einer Volksabstimmung um die staatliche Zugehörigkeit von Sopron am 14. und 16. Dezember 1921. Sie war eine der Volksabstimmungen im Gefolge des *Vertrages von St. Germain 1919*, wobei vor allem von österreichischer Seite immer wieder gerne behauptet wird, es sei damals nicht mit rechten Dingen zugegangen und man habe Stimmberechtigte mit Zahlungen bestochen oder gar Tote abstimmen lassen. Indes hat es Mauscheleien sicher auf beiden Seiten gegeben. Österreich hatte natürlich Interesse, die sozusagen natürliche Hauptstadt der Region zu behalten, während für Ungarn der Verbleib von Sopron diesseits der Grenze ein – wenn auch nur sehr kleines – Trostpflaster für die vielen anderen Territorialverluste war.

Nachdem zur Monarchiezeit das Königreich Ungarn bis zur Leitha reichte – man sprach damals auch von Trans- und Cisleithanien - und daher das heute österreichische Burgenland und somit auch den Neusiedler See komplett miteinschloß, kam es nach dem für Österreich-Ungarn verlorenen Ersten Weltkrieg am 4. Juni 1920 zum *Vertragsschluß von Trianon*. Nach diesem mußte Ungarn etwa zwei Drittel seines vorherigen Staatsgebiet abtreten: dies waren außer dem Burgenland u.a. Siebenbürgen (ung. *Erdély*, heute Rumänien), Transkarpatien (ung. *Kárpátalja*, heute zur Ukraine), das Oberland (ung. *Felvidék* heute Slowakei) und die südlichen Landesteile (ung. *Délvidek*; heute zu Serbien, Kroatien, Slowenien). Auch den seit 1867 ungarischen Hafen Fiume (Rijeka, heute zu Kroatien) hatte das Land durch den Ersten Weltkrieg verloren. Für viele Ungarn ist diese Beschneidung des alten Ungarns auf das derzeitige, von einigen „Rumpfungarn" genannte Land bis zum heutigen Tage noch ein viel traumatischerer Verlust als es etwa die Verluste der ehemaligen Ostgebiete für die Deutschen sind. Das überwiegend deutschsprachige Burgenland, dessen

*Propaganda im Vorfeld der Volksabstimmung 1921, gesehen im Heeresgeschichtlichen Museum Wien. Hegykő lag jedoch bereits außerhalb des Abstimmungsgebiets.*

Hundertjahrfeier 2021 begangen wurde, sprach man damals Österreich zu. Die Interessenslage war jedoch - auch bei der deutschsprachigen Bevölkerung - offenbar recht unterschiedlich. Am 4. Oktober 1921 kam es sogar zu der kurzlebigen Republik *Lajtabánság*, des Leitha-Banats. Am 13. Oktober, nach den sog. Venediger Protokollen, verpflichtete sich Ungarn zum Abzug bewaffneter Einheiten aus dem Gebiet, während Österreich eine Volksabstimmung in Sopron und acht für die Wasserversorgung der Stadt wichtigen Gemeinden zuließ.

Außer in Sopron mit Brennbergbánya (14. Dezember) fand die Volksabstimmung auch am 16. Dezember in den Gemeinden Sopronbánfalva (Wandorf), Ágfalva (Agendorf), Harka (Harkau), Kópháza (Kohlnhof), Nagycenk (Groß-Zinkendorf), Fertőboz (Holling), Balf (Bad Wolfs) und Fertőrákos (Kroisbach) statt. Obwohl fünf der acht Dörfer für Österreich gestimmt hatte, war die Gesamtstimmenzahl der Volksabstimmung dann doch mehrheitlich für Ungarn ausgefallen, weshalb alle beteiligten Dörfer bei Ungarn verbleiben mußten. Hegykő lag bereits außerhalb des Abstimmungsgebietes und wäre daher so oder so nie zu Österreich gekommen.

Da das Burgenland mit Sopron sein über die Jahrhunderte natürliches Zentrum verloren hatte, wurde für dieses Eisenstadt die neue Hauptstadt.

So schmerzlich dies alles – außer vielleicht für Eisenstadt selbst - auf beiden Seiten war, blieb die Grenze ja doch zunächst einmal weiter durchlässig.

Erst nach dem Zweiten Weltkrieg trennte ab 1948 die Grenze beide Staaten sehr brutal. Die ungarischen Grenzer hatten Schießbefehl, auch oder ganz besonders gegenüber den Menschen, welche den „Errungenschaften des Kommunismus" den Rücken kehren wollten.

Das Gebiet des Neusiedler Sees und Hanság wurde von vier Grenzwachstellen kontrolliert: Neben Hegykő waren dies noch Fertőrákos, Fertőújlak (Mekszikópuszta) und Tőzeggyármajor.

Leute, die im Seebereich zu tun hatten wie etwa Schilfschneider und Fischer konnten ihren Aktivitäten nur mit einer vom Bezirkshauptmann unterschriebenen Genehmigung nachgehen.

In dem von Hegykő kontrollierten Bezirk gab es vier Zugänge zum Seebereich. Neben Hegykő selbst befanden sich diese bei Sarród, Fertőhomok und Hidegség. Bei Eintritt hatte man den Ausweis abzugeben. Dem Grenzschutz mußte die genaue Anzahl der im Sperrgebiet arbeitenden Personen gemeldet werden. Leute mit Zugangsberechtigung erhielten auch behördliche Unterweisungen und mußten die Grenzer beim Aufgreifen oder Sichten Flüchtiger unterstützen.

Die Schilfschneiderbrigaden hatten eine weiße Fahne zu hissen, im Umkreis derer sie bis zu 300 m entfernt arbeiten durften.

Fischerei bei Nacht war nur mit strenger Sondergenehmigung und unter Anwesenheit von Wachpersonal erlaubt. Wasserfahrzeuge mußten an dafür vorgesehenen, kontrollierten Stellen deponiert werden.

Sport auf dem Wasser – beim einzigen direkten ungarischen Seezugang von Fertőrákos – war nur Mitgliedern des Segelvereins und mit einer Genehmigung der Behörden gestattet. Gleiches galt für die Ausübung der Jagd.

*An der Grenz-Gedenkstätte nördlich von Hegykő. Foto: O. Meiser (2020)*

Während sich von der ungarischen Seite her Zivilpersonen der Grenze nicht nähern durften, galt dies umgekehrt für die österreichische Seite in dieser Form nicht. Nach Regelung der dortigen Behörden durfte man sich auch noch direkt an Grenze aufhalten. Gefahrlos war dies jedoch offenbar nicht. Eine unschöne Begebenheit beschreibt *W. Bachkönig* in *Kárpáti / Fally (2012)*:

1953 fischten fünf Männer aus Mörbisch unweit der Grenze, aber offenbar immer noch auf österreichischem Gebiet. Trotzdem kam ein ungarisches Patrouillenboot und stellte die Fischer. Es kam zu einem Handgemenge, in dessen Verlauf einem der österreichischen Fischer von einem der ungarischen Grenzer ein Auge ausgeschlagen wurde. Fischernetze und 150 kg Fisch wurden einfach beschlagnahmt und vier der Fischer nach Sopron abgeführt, während einer fliehen konnte. Die verhafteten Fischer kamen 42 Tage unter Arrest. Netze und Fische wurden ihnen später zurückgegeben; von den Fischen jedoch nicht alle.

Desweiteren kam 1957 ein Schilfschneider aus Mörbisch versehentlich auf ungarisches Gebiet. Nachdem er versuchte, gegen seine Festnahme Widerstand zu leisten und zu fliehen, wurde er einfach erschossen.

Um den verminten Streifen von Unkraut freizuhalten, setzte man starke Unkrautvernichtungsmittel ein. Diese wurden offenbar an der Grenze zu Mörbisch gezielt bei Südwind versprüht, um Weingärten auf der österreichischen Seite zu schädigen.

Auch tragische Fluchtgeschichten – wie man sie auch von der ehemaligen innerdeutschen Grenze kennt – gab es an diesem Abschnitt des Eisernen Vorhangs viele.

1988, ein Jahr vor der Wende, versuchte ein Zahnarzt aus der DDR, der mit seiner Familie auf dem Campingplatz von Fertőd Urlaub machte, diese nach Pamhagen zu bringen. Der Grenzabschnitt dort war allerdings wohl stärker bewacht als anderswo. Zudem kam als weitere Schwierigkeit hinzu, den Einser-Kanal durchschwimmen zu müssen. Dem Mann gelang es zwar, sich unter dem Grenzzaun durchzugraben und auch über den Kanal zu kommen. Seine Frau und Kinder vermochte er jedoch nicht mehr nachzuholen. Glück im Unglück: Ein Jahr später sorgte der Verlauf der Weltgeschichte dafür, daß die Familie wieder vereint war!

Von der Hauptstraße in Hegykő, der Kossuth u., bei der Kirche auf dem Güterweg zwei Kilometer nach Norden abbiegend und sich gegen dessen Ende schräg links haltend, stößt man zu Fuß oder mit dem Fahrrad auf das Mahnmal des Eisernen Vorhangs, das an die düsterste Zeit der jüngeren Geschichte erinnert.

Der Begriff „Eiserner Vorhang" (ung. „*Vasfüggöny*" in derselben Bedeutung) stammt – obwohl die Bezeichnung zuvor schon in anderen Zusammenhängen aufgetaucht war – von dem britischen Staatsmann und Premier *Winston Churchill (1874-1965)*, der ihn zunächst am 12.Mai 1945 in einem Telegramm an den damaligen US-Präsidenten *Harry Truman (1884-1972)* und danach in einer Rede im US-amerikanischen Fulton 1946 verwendete (engl. „*Iron Curtain*").

Der Eiserne Vorhang trennte Österreich und Ungarn von 1948-1989 an der 321 km langen gemeinsamen Grenze der beiden Länder. Ab Mitte der sechziger Jahre wurden aufgrund der zunehmenden Entspannung der politischen Lage die Minen bereits geräumt und an deren Stelle ein elektronisches Warnsystem eingerichtet.

In der Geschichte des hiesigen Abschnitts des Eisernen Vorhangs sind – wie auch auf den von der Gemeinde Hegykő aufgestellten Informationstafeln zu lesen - drei Zeitabschnitte auszugliedern:

*1948 – 1956*

Die Befestigung der Grenze wurde im Mai 1948 vom Ministerrat beschlossen und noch im selben Jahr begonnen. Sowohl an den 321 Kilometern zu Österreich als auch entlang der 606 Kilometer zu Jugoslawien wurden ein- und doppelreihige Drahthindernisse errichtet. 1949/1950 begann man mit der Verminung. Dabei wurde pro Quadratmeter im Schnitt eine Mine ausgelegt. Die Minen wurden durch Stolperdrähte verbunden und ausgelöst, wenn Flüchtende in der Nacht oder aufgrund der dichten Vegetation die Drähte nicht sahen.

Nach dem Tode *Josef Stalins* 1953 wurden mit einsetzendem politischem Tauwetter die Grenzabsperrungen wieder entfernt, womit die ungarische Volksarmee bis zum 20. Oktober 1956 beschäftigt war. Auch beim Entfernen der Minen wurden viele Menschen verletzt und zwei sogar getötet, weil Minenpanzerwagen nur stellenweise erfolgreich eingesetzt werden konnten.

Mit dem *Volksaufstand am 23. Oktober 1956*, bei dem 2500 Ungarn ihr Leben ließen, sind über die inzwischen minenfreien Grenzen zweihunderttausend Menschen ins westliche Ausland geflohen, davon allein mind. 70.000 durch den Hanság, über den Einser-Kanal und die *Brücke von Andau*, die dann von den Sowjets gesprengt wurde. Auch sie ist eine wichtige Gedenkstätte, an der man mehr über dieses dramatische Kapitel der jüngeren Geschichte erfahren kann. Literarisch ist sie in das Werk des US-amerikanischen Schriftstellers *James Michener (1907-1997) „Die Brücke von Andau"* (engl. *„The bridge at Andau"*, 1957) eingegangen. Der Autor hat die damalige Zeit als Reporter selbst miterlebt.

*Ehemaliger Wachtturm. Grenz-Gedenkstätte Hegykő. Foto: O. Meiser (2021)*

Die Brücke von Andau ist von ungarischer wie österreichischer Seite zu erreichen. Von Hegykő aus läßt sich auch über Fertőd und in den Hanság eine
schöne Fahrradtour unternehmen; hin und zurück 64 km.

*1957 – 1964*

Nach dem von den Sowjets niedergeschlagenen Volksaufstand verhärteten sich
die Fronten wieder. Mit einem Beschluß vom 2.3.1957 wurde die Grenze abermals abgesperrt und zwischen April und Juni auch erneut vermint. Dabei wurden ein doppelter Stacheldrahtzaun, sowie vier- bis fünfreihige Minenfelder mit
800.000 Tretminen angelegt. Bis zur Beendigung der Arbeiten 1963 waren sogar knapp 1,3 Millionen Minen im Einsatz. Diese Minen waren aus Bakelit gefertigt und explodierten bei einer Belastung von über 40 kg. Von 1000 Grenz-
verletzern scheiterten 995 an Minen, d.h. sie mußten kehrt machen oder wurden
gar deren Opfer.

Zusätzlich wurde ein Spurenstreifen angelegt, der jede Woche geharkt und ge-
eggt werden mußte. So konnten Flüchtende besser aufgespürt und nachverfolgt
werden. Ein daneben verlaufender Patrouillenstreifen erleichterte die Kontrolle
des Spurenstreifens.

Die in Hegykő gezeigten Betonpfähle sind übrigens Originale, die aus dem Museum des Eisernen Vorhangs von Felsőcsatár (unweit Szombathely) erworben
werden konnten.

*1965 – 1989*

Ab 1965 begann man, das sowjetische Meldesystem SZ-100 einzurichten. Die
Installation war 1971 beendet. Die Kosten betrugen 350.000 Forint pro Kilometer – eine horrend hohe Summe, die nach den damaligen Währungskursen
über 23.000 DM bzw. 150.000 Schillingen entsprach.

Das System von Drähten, die auf Berührung oder Durchtrennung reagierten,
wurde bis zu 500, vereinzelt sogar 2000 Meter von der eigentlichen Grenze ins
Land hinein verlegt. Die Grenzposten hatten jeweils nur wenige Sektoren zu
betreuen, die sie mit dem Geländewagen in maximal fünf Minuten erreichen
konnten. Absperrtrupps sicherten dann die Grenze, während Suchtrupps versuchten, den Grenzverletzer ausfindig zu machen. Zur Orientierung dienten dabei auch die Spurenstreifen, die Hinweise auf die Anzahl der Flüchtenden gaben. In dem mehr als anderswo durch die Natur beherrschten Gebiet des
Neusiedler Sees wurden allerdings viele Alarme auch durch Wild, ja sogar
manchmal Spatzen ausgelöst.

Die Unfreiheit des Ostblocks und der kommunistischen Systeme ließ Menschen
bei ihrer Flucht oft viel riskieren. Schlimmstenfalls war es die Gefahr, erschossen zu werden. Andernfalls drohten 2-3 Jahre Haft und der Einzug sämtlichen
Vermögens. Den größten Teil der Flüchtenden stellten – abgesehen von der
politischen Sondersituation 1956 - Ausländer. Bei den 1985 aufgegriffenen
Flüchtlingen handelte es sich (vgl. *Kárpáti / Fally 2012*) zu 44 % um DDR-
Bürger, zu 23 % um Rumänen und zu 12 % um Tschechoslowaken. Für die
Ungarn schien indes das Leben im Rahmen des sog. „*Gulaschkommunismus*"
(ung. auch *gulyáskommunizmus*) offenbar erträglicher als für die Bürger ande-
rer Ostblock-Staaten.

Wie viele Menschen im Laufe der Jahrzehnte unbemerkt ihren Unrechtsstaaten fliehen konnten und manchmal vielleicht nur mit Badehose bekleidet auf österreichischen Gemeindeämtern um Hilfe baten, ist nur schwer auszumachen. Wurde eine erfolgreiche Flucht bemerkt, analysierte man diese genauestens, um Sicherheitslücken ausfindig zu machen und daraus zu lernen.

Dennoch muß auch der Grenzer gedacht werden, die bei Wind und Wetter 11-13 Stunden am Tag patrouillierten und von denen vielleicht der eine oder andere Gewissenskonflikte durchstehen mußte, weil er von seinem fragwürdigen Auftrag im tiefsten Innern auch nicht bis ins Letzte überzeugt war. Auch Grenzer riskierten ihr Leben, wenn Flüchtende etwa ebenfalls bewaffnet waren.

Nachdem man – ausgehend durch die Bewegungen von *Glasnost* und *Perestroika* in der Sowjetunion - allmählich die Zeichen der Zeit erkannte, wurde das Meldesystem lt. Beschluß vom 20.2.1989 aufgegeben. Im August 1989 begann man, den größten Teil der Grenzanlagen abzureißen und somit den Eisernen Vorhang aufzulösen. Etliche ungarische Wehrpflichtige waren noch damit beschäftigt, beim Abbau der Grenzanlagen zu helfen, bevor 2005 in Ungarn die allgemeine Wehrpflicht abgeschafft wurde.

Beim sog. *Paneuropäischen Picknick* am 19. August 1989 bei Sopronkőhída, das u.a. auf die Initiative des CSU-Europa-Abgeordneten *Otto v. Habsburg (1912-2011)* geplant und von diesem beworben wurde, trafen sich die Außenminister von Österreich und Ungarn, *Alois Mock (*1934)* und *Gyula Horn (1932-2013)*, wobei sie symbolisch einen der Grenze vorgelagerten Signalzaun durchtrennten. Dies hatten sie an sich schon einmal am 27. Juni getan, doch war direkt bei Sopron an jenem Tag der Grenzzaun schon so weit abgebaut, daß man für entsprechende Pressefotos gar extra einen neuen hatte aufstellen müssen. So war sicherlich auch die Notwendigkeit einer entsprechenden „Bühne" mit ausschlaggebend für die Planung des Paneuropäischen Picknicks gewesen. Nachdem man das Ereignis mit Flugblättern und dann z.T. auch über die Medien angekündigt hatte, war diesmal auch entsprechend Prominenz vorhanden. An sich war das Picknick für den 20. August geplant gewesen, doch dann verlegte man es um einen Tag vor, damit es nicht mit dem ungarischen Nationalfeiertag, dem Stephanstag, zusammenfiel.

Gleichwohl wurde für viele Menschen dieser 19. August 1989 ein Feiertag ganz anderer Größenordnung. Von zahlreich anwesenden DDR-Bürgern wurde ein verschlossenes Tor im Grenzzaun zu St. Margarethen aufgedrückt und 600-700 Menschen passierten die Grenze in Richtung Freiheit, ohne daß die für die Grenzsicherung zuständigen Beamten eingegriffen hätten, obwohl ja vollkommen unklar war, wie Moskau sich letztendlich verhalten würde. Wie sehr das Paneuropäische Picknick Geschichte schreiben und was daraus alles resultieren würde, begriffen in jenem Augenblick damals wahrscheinlich nur die allerwenigsten Anwesenden. So begann nur wenige Kilometer von Hegykő entfernt das Ende der Blocksysteme und des Eisernen Vorhangs. Die jahrhundertealte und seit 1948 abgeriegelte Preßburger Landstraße (ung. *Pozsónyi Út*) wurde wieder geöffnet! Drei Monate später fiel die Berliner Mauer. Während wir im Deutschen von der Wende sprechen, sagt man im Ungarischen *rendszerváltás*, d.h. „Systemwechsel".

An dem Ort dieses weltgeschichtlich bedeutenden Grenzdurchbruchs zwischen Sopronkőhída und St. Margarethen i. Bgl. befindet sich heute eine wichtige Gedenkstätte mit einem von dem 1935 in Rom geborenen ungarischen Künstler *Miklós Melocco* geschaffenen Denkmal „*Áttörés*" („Der Durchbruch"). Auf dem Denkmal steht geschrieben:

*„Am 19. August 1989 öffnete ein
unterdrücktes Volk das Tor seines
Gefängnisses,
um einem anderen unterjochten Volk
zur Freiheit zu verhelfen."*

*Áttörés – Durchbruch. Denkmal bei Sopronkőhída. Foto: O. Meiser (2009)*

Die langjährige deutsche Ex-Bundeskanzlerin *Angela Merkel* und andere Politiker besuchten den Ort mehrfach zu entsprechenden Jubiläen. 2019 wurde dort anläßlich der dreißigjährigen Wiederkehr der Grenzöffnung ein kleines Museum eröffnet.

Vieles, was beim Fall des Eisernen Vorhangs so hinter den Kulissen geschah, werden wir vielleicht nie erfahren, aber eine damals einmalige und zufällig günstige Konstellation in der Weltpolitik hat dafür gesorgt, daß Europa und Deutschland wiedervereinigt werden konnten. Angefangen hat jedoch alles wahrscheinlich schon ganz woanders und hoch im Norden: bei jenem *Gipfel von Reykjavík*, als sich am 11. und 12. Oktober 1986 der damalige US-Präsident *Ronald Reagan (1911-2004)* und der Generalsekretär des ZK der KpdSU *Michail Gorbatschow (*1931)* trafen. Denn dies war bereits „der Anfang vom Ende des Kalten Krieges", wie es auf einer Gedenktafel am Höfði-Haus in der isländischen Hauptstadt heißt.

## **Tröstlicher Wandel**

*Oliver Meiser*


Die Angstschreie der Fliehenden:
nun sind sie Nachtigallenschlag,

das Blut der Erschossenen
nun roter Mohn,

die Befehle der Wachhabenden
nun Adlerruf,

die Fesseln der Entrechteten:
nun Efeu,

der Stacheldraht der Zäune
Schlehdorn,

die einstigen Todesstreifen
Lebensräume.

Vom ehemaligen Wachturm
beobachten wir
- grenzenlos glücklich -
die Natur:

jene der Tiere,
der Pflanzen

und unsre eigene,
die am Ende
doch will,
daß wir alle

frei seien!


*1. Preis beim Literaturwettbewerb*
*der Stiftung Euronatur 2019*

## 2.17. Neuere Entwicklungen an der Grenze

Unsere heutige Bewegungsfreiheit in Europa im Allgemeinen und in der hiesigen Grenzregion im Besonderen kann, nachdem mancher das vergangene Kapitel mit Gänsehaut gelesen haben mag, in ihrer Bedeutung gar nicht hoch genug eingeschätzt werden. Sie ist ein hohes Gut, das es unbedingt zu erhalten gilt. Gerade in Ungarn, das 1956 im Namen der Freiheit aufbegehrte und sich dann 1989 so engagiert für das Ende des Eisernen Vorhangs eingesetzt hat, wird man das hoffentlich nicht vergessen.

Schon mehren sich allerdings in vielen Teilen Europas leider wieder Stimmen, die nach neuen Zäunen und Mauern anderswo „schreien". Es sind dies aber interessanterweise oft Leute, welche die Zeiten der Unfreiheit nicht mehr bzw. überhaupt nie mitbekommen haben; häufig auch solche Menschen, die weit von irgendwelchen Staatsgrenzen entfernt leben und nicht wissen, was es wirtschaftlich und gesellschaftlich für eine Region bedeutet, wenn eine Grenze dicht ist. Die derzeitigen und hoffentlich bald wieder beendeten Schließungen, Einschränkungen und auch Schikanen durch die Corona-Pandemie seit März 2020 haben hoffentlich allen wieder einmal vor Augen geführt, welch wertvolle soziale, politische und wirtschaftliche Errungenschaft ein grenzenloses Europa bedeutet.

Die Jahre nach 1989 waren bei vielen Menschen von Euphorie geprägt. In Erwartung auf einen baldigen EG- bzw. EU-Beitritt Ungarns hofften sie auf höhere Löhne; manche vielleicht auch auf den Euro, der – anders als etwa in den Nachbarländern Slowakei oder Slowenien – bis heute nicht gekommen ist.

Zunächst einmal jedoch trat Österreich der 1992 gegründeten EU bei. Dies geschah am 1. Januar 1995, nachdem eine Volksabstimmung vom 12. Juni 1994 positiv ausgefallen war. Da die Grenze zwischen Österreich und Ungarn nun plötzlich zu einer der EU-Außengrenzen wurde, kontrollierte Österreich wieder verstärkt, da freilich auch damals bereits schon das Problem der Armuts- und Wirtschaftsmigration bestand.

*Seit 2004 ist Ungarn EU-Mitglied, doch weshalb eigentlich stehen diese Gebäude immer noch? – Am Grenzübergang Fertőd – Pamhagen. Foto: O. Meiser (2022).*

1998 wurde – nachdem es schon vor der Wende Vorformen der Kooperation gegeben hatte - die *EUREGIO West / Nyugat PANNONIA* gegründet, durch welche die Zusammenarbeit zwischen den Komitaten Győr-Moson-Sopron mit dem Burgenland verbessert werden sollte. Ziel war die Umsetzung gemeinsamer Anliegen in den Bereichen Infrastruktur, Wirtschaft und Soziales, sowie Kultur (vgl. *Geschnatter 4/1998*).

2003 wurde mit den Vereinbarungen von Kittsee die *Europaregion Centrope* geschaffen, eine Region, die Wien, Niederösterreich und das Burgenland, sowie die zu Wien grenznahen Gebiete im tschechischen Mähren und in der westlichsten Slowakei (mit Bratislava / Preßburg und Trnava / Tyrnau) umfaßt. Dazu gehören aber auch die ungarischen Komitate Győr-Moson-Sopron und Vas. Zweck dieser Euroregion ist grenzüberschreitende Kooperation in den Bereichen Wirtschaft, Infrastruktur, Kultur und Bildung.

Am 1.Mai 2004 trat dann auch Ungarn gemeinsam mit den Nachbarn Slowakei und Slowenien, dem nahen Tschechien und sechs weiteren Ländern im Rahmen der *fünften EU-Erweiterung* (auch: *große Ost-Erweiterung* oder *Osterweiterung I*) der *Europäischen Union* bei.

Am 21. Dezember 2007 kam Ungarn dann auch zum *Schengen-Raum*. Für einige Jahre danach war die Grenze nun fast nicht mehr sichtbar. Kinder konnten etwa mit dem Rad über Feldwege zu den österreichischen Nachbargemeinden radeln, um die dort moderneren Freibäder zu nutzen.

2011 wurde der Arbeitsmarkt für die 2004 zur EU beigetretenen Staaten liberalisiert.

Die Fortführung des Centrope-Projektes (*Centrope 2013+*) wurde am 25.10.2012 im nahen Pamhagen beschlossen.

In den letzten Jahren ist es stiller um die grenzüberschreitenden Projekte geworden, obwohl die Bewegung über die Grenzen für viele Menschen in der Drei- bzw. Vierländerregion Alltag ist. Der europäische Gedanke hat ab Herbst 2015 nun wieder Rückschritte erleiden müssen. Unterschiedliche Ansichten über den Umgang mit der verstärkt aufgekommenen Migration aus Nicht-EU-Ländern, v.a. islamischen Gesellschaften, sowie unterschiedliche Bewertungen der Begriffe wie Pressefreiheit und Rechtsstaatlichkeit haben einige Streitigkeiten ausgelöst und Fronten sich auf verschiedensten Ebenen verhärten lassen. Daß jeder den diskutierten Gegenstand in der Mitte eines Tisches nur aus seiner Perspektive sieht, ist eben leider selbst an einem runden Tisch nur schwer zu ändern. Aktuell trägt nun Ungarn die Verantwortung für die EU-Außengrenze an den Grenzen zu Serbien und zur Ukraine. Während einerseits das Thema Flüchtlinge und Migranten geschickt als Angstmacher vor allem gegenüber älteren und weniger gebildeten Bürgern werden kann, muß andererseits freilich auch gesehen werden, daß die EU insgesamt über viele Jahre hinweg vor Problemen der Migration die Augen verschlossen bzw. falsche Entscheidungen getroffen hat. Dabei wurden und werden gerade die Staaten an den Außengrenzen mit ihren Problemen viel zu oft alleingelassen.

Die Corona-Krise ist indes nun ein weiterer, schwererer Prüfstein für das europäische Miteinander. Sie überlagert im Augenblick viele andere Probleme, die man im Interesse der Menschen schon längst hätte angehen müssen bzw. machen diese sogar erst jetzt richtig sichtbar.

So ist es für die meisten Menschen in Ungarn sicher ziemlich unverständlich, weshalb es auch 18 Jahre nach dem EU-Beitritt des Landes noch immer ein solch großes Lohngefälle gegenüber Österreich geben muß, wenn auch die derzeit großzügigen Beihilfen für Musterfamilien diese Realitäten etwas verschleiern mögen. Das österreichnahe Ungarn jedenfalls blutet in vielen Bereichen stark aus. Manches Restaurant – auch in Hegykő - hat und hatte bereits vor Corona Mühe, noch gute Köche oder Kellner zu finden, während ungarische

*Hier geht's vorwärts: Bau der neuen Autobahn M85 – hier bei Sopron. Sie erleichtert die Anbindung an Budapest und Wien,.... Foto: O. Meiser (13.1.2021).*

Bewerber in Österreich bei ähnlichem Mangel offene Türen einrennen. Die Pandemie hat durch staatlich angeordnete Schließungen von Hotels und Gastronomie beiderseits der Grenze sicher etlichen Betrieben den Todesstoß gegeben. Die ganze Situation verursacht einen auch für die weitere Zukunft fatalen *Brain Drain*, indem gerade gut ausgebildete und eigentlich vor Ort benötigte junge Leute das Land verlassen. Manche Kinder werden gar schon von den Eltern – aus einigen nachvollziehbaren Gründen - auf Schulen in die nächstgelegenen österreichischen Orte geschickt, hält doch das hiesige Ausbildungssystem oft noch sehr rückwärtsgewandt an veralteten Methoden wie Drill, fadem Frontalunterricht und sturem Auswendiglernen fest. Daran hat auch das coronabedingte Home-Schooling wenig geändert.

Im innerungarischen Vergleich hat allerdings Westungarn und vor allem die Grenzregion gegenüber dem Osten des Landes erheblich an Renommee gewonnen. So sind in den letzten Jahren vom Osten und Nordosten des Landes viele Menschen nach Sopron und Umgebung gezogen, um entweder von dort aus nach Österreich zu pendeln oder aber auch diesseits der Grenze etwa beim Bau der neuen Autobahn (siehe Fotos), bei einer Firma für Sicherheitsgurte oder in Dienstleistungen zu arbeiten. Diese Binnenmigranten ersetzen damit häufig hiesige Arbeitskräfte, die wiederum schon seit längerem in Österreich arbeiten. All diese Entwicklung hat, v.a. in Sopron, auch die Miet- und Immobilienpreise
184

*...aber hoffentlich denkt man auch verstärkt an klimafreundliche Alternativen, denn die Pendlerströme werden weiter Realität bleiben. Foto: O. Meiser (20.1.2022).*

in die Höhe schnellen lassen, zu sozialen Verwerfungen geführt und dabei manchmal gar groteske Blüten getrieben. Leute vermieten Garagen oder Gartenhäuschen als Schlafplätze für Wanderarbeiter. Ladenbesitzer geben ihre Geschäfte auf und bauen sie zu einer Wohnung um, weil mit der Vermietung einfach mehr verdient ist und man dazu nicht noch den ganzen Tag im Laden stehen muß. Sopron hat in den letzten zehn Jahren extremen Einwohnerzuwachs erhalten, ohne daß indes Wohnraum und Verkehrsinfrastruktur in demselben Maße mitgewachsen wären. Amtliche Angaben sind dabei sicher nur bedingt aussagekräftig, da sicher nicht alle Binnenmigranten immer auch gleich in den offiziellen Statistiken auftauchen. Viele sind ganz offensichtlich auch nur zeitlich begrenzt in der Gegend, um nach dem Verdienen eines gewissen Geldes wieder in ihre eigentliche Heimat zurückzukehren und sich mit dem Verdienst dann dort etwas aufzubauen. Gleichwohl - auch in Dörfern wie Hegykő hat sich die Sozialstruktur verändert.

Die alteingesessene Bevölkerung der Region sieht die neueren Veränderungen mit äußerst gemischten Gefühlen. Während die einen an und mit den neuen Nachbarn gut verdienen, beklagen andere Seiten aber häufig auch rücksichtsloses, unzivilisiertes Verhalten und Ellenbogenmentalität der Neuankömmlinge.

Der Nachbar Österreich hat indes die Entwicklungen auf der ungarischen Seite in all den Jahren sehr wohl mitverfolgt und Konsequenzen gezogen; Politik und Planung haben dort in den letzten Jahren ganz und gar nicht geschlafen. So hinkt etwa das Angebot an den Discountern und Fachmärkten von Sopron in Relation dem des viel kleineren Eisenstadts hinterher, und das grenznahe Österreich schöpft viel zu viel von dem wirtschaftlichen Potential und der Kaufkraft ab, die eigentlich Sopron und seiner Umgegend auf der ungarischen Seite zugute kommen könnte und müßte. Ein Jammern darüber ist allerdings nur teilweise gerechtfertigt, nachdem ab 1989 über viele Jahre allwochenendlich halb Wien massiv in das grenznahe Ungarn einfiel, um dort billig einzukaufen, zu tanken und Essen zu gehen, sowie Zahnärzte, Schönheitssalons und den Friseur aufzusuchen. Doch diese goldene Zeit für Sopron und Umgebung ist vorbei. Fatalerweise glaubte man offenbar, diese Situation würde für alle Zeiten weiterbestehen und nur schon allein das Preisgefälle würde bis in alle Ewigkeit die Kunden von selbst in die Stadt und ihr grenznahes Umland spülen. Dabei hat man, so scheint es, versäumt, Gewinne aus diesen Hochzeit-Jahren nachhaltig und sicher zu investieren, um eine Wirtschaft aufzubauen, die den Menschen andere Arbeitsplätze als schlecht bezahlte Jobs in Dienstleistungen anzubieten hat.

Für viele Wiener lohnt sich die Wochenendfahrt nach Sopron inzwischen längst nicht mehr, zumal die Benzinpreise hoch sind und nicht mehr durch erheblich billigeres Tanken in Ungarn kompensiert werden können. Geblieben sind – aufgrund der immer noch zu niedrigen Löhne in Ungarn – zwar noch einige Dienstleistungen, welche für die Besucher von weiter westlich nach wie vor günstig sind (Friseur, Zahnarzt, Maniküre u.ä.), doch der große Run auf Sopron von Seiten des Nachbarn ist vorbei. Aber auch die Ungarn haben gemerkt, daß der Einkauf jenseits der Grenze manchmal nicht teurer sein muß, während man das Gefühl hat, beim direkten Vergleich ein und desselben Produktes östlich der Grenze mehr bezahlen zu müssen, dabei aber oft nur zweite Wahl zu bekommen.

Während Corona mochten einige Geschäftsleute diesseits der Grenze frohlokken, weil die Menschen aufgrund der Einschränkungen nur aus triftigen

*Wenn's brennt auch in Hegykő wieder bestens gerüstet: die Feuerwehr. Das neue Feuerwehrhaus wurde 2018 eingeweiht. Foto: O. Meiser (2022).*

Gründen – und einkaufen zählte nicht dazu - über die Grenze nach Österreich kommen können. Dieser Zustand eines künstlich stark behinderten Grenzverkehrs wird aber hoffentlich 2022 endgültig vorbei sein.

Grundlegende Probleme werden allerdings auch nach Ende der Pandemie weiterbestehen und nach wie vor nach einer Lösung verlangen. Für eine Zukunft, die auch junge und gut ausgebildete Menschen im Land behalten möchte, bedarf es entsprechender neuer Strategien. Es mag zwar einerseits sicher sehr lobenswert sein, daß Familien mit Kindern derzeit gut vom Staat gefördert und massiv unterstützt werden. Wenn andererseits zu befürchten ist, daß von drei Kindern später zwei wieder das Land verlassen, weil sie östlich der Grenze weiterhin zu schlecht bezahlt werden, ist am Ende nicht wirklich viel gewonnen. Es darf in Zukunft einfach nicht mehr sein, daß etwa eine studierte ungarische Lehrerin ihren gesellschaftlich so wichtigen Arbeitsplatz in Sopron oder Hegykő frustriert aufkündigt, weil sie mit einem Job als Reinigungskraft in Eisenstadt oder als Angestellte bei einer Bankfiliale in Pamhagen nicht nur mehr verdient, sondern auch sonst modernere Arbeitsbedingungen hat.

*Achtung, Kinder und betagte Badegäste! Bitte endlich langsam fahren! Foto: O. Meiser (2022)*

Man mag da zwar viel an den Nationalstolz appellieren, doch allein davon läßt sich ein Leben, das über die elementaren Grundbedürfnisse hinausgeht und das sich vor allem gebildetere und andersdenkende junge Leute wünschen, nicht finanzieren.

Trotz allem sollte der Besucher seine Blicke nicht nur auf das richten, was seiner Ansicht nach versäumt wird und wurde, sondern auch und vor allem auf das, was alles geschehen ist, wenn auch vielleicht in langsamerem Tempo als jenseits der Grenze und weiter westlich. Dies ist zugegebenermaßen schwieriger für jene, die zum ersten Mal in die Region reisen, als für solche, die seit Jahren kommen oder in der Region leben und die Entwicklungen mitverfolgen können. Hegykő hat in den letzten zwanzig Jahren doch eine ganze Menge geleistet. 2003-2004 wurde die Kirche renoviert, wenig später die Schule und auch die Sporthalle. 2008 wurde der Kinderspielplatz neu gestaltet und 2010 eine neue Aufbahrungshalle am Friedhof gebaut. 2015 setzte man mit der Eröffnung des Spitzenmuseums kulturell einen neuen Akzent und 2018 konnte ein neues Feuerwehrhaus eingeweiht werden. Und ein Verkehrsblitzer, der in der ganzen Umgegend der einzige zu sein scheint, sorgt dafür, daß einige Raser vor dem Kindergarten auf die Bremse treten. Wer schneller vorwärtskommen möchte, kann die neue Autobahn M85 benutzen, die nun schon bis Sopron befahrbar ist und zumindest von und nach Győr und Budapest schon erhebliche Zeitersparnis bringt. Indes entsteht neben dem Thermalbad ein neues Hotel und alle dürfen hoffen, daß mit dem Ende der Pandemie wieder einiges besser aufwärts geht. Insgesamt ist Hegykő ein Ort mit gutem Entwicklungspotential.

## 2.18. Deutschsprachige Siedler der Region

Es liegt in der Natur der Dinge, daß es in einer Grenzregion zwischen zwei Sprachräumen wie es die hiesige ist, über viele Jahrhunderte hinweg Beziehungen zur deutschen Sprache und Kultur gegeben hat.

Einige behaupten gar (vgl. *Kroiss 2013*), daß sich selbst die allgemein als ungarisch geltende Bezeichnung *Fertő* für den Neusiedler See vom Alt- oder Mittelhochdeutschen ableitet, nämlich von *vert* (ahd. = weit, ausgedehnt) und *ouwe* (mhd. = Aue). Der Name würde demnach „*weite, ausgedehnte Aue*" bedeuten. Dies läßt sich aus einer Schenkungsurkunde *Heinrich IV.* aus dem Jahr 1074 an den Bischof von Freising schließen, in der letzterem Land „*zwischen der Leitha und dem Neusiedler See*" zugeteilt wird: „*inter lithaha et vertowe*"

„Deutsche" kamen indes bereits unter *Karl dem Großen* ins Seegebiet. Aus Bayern und Franken wanderten verstärkt Leute ein, nachdem Ungarn und Bayern ab 995 über die Eheschließung des ungarischen *Königs Stephan I. (des Heiligen, 969-1038)* mit *Prinzessin Gisela (984-1065)* aus Passau verbunden waren. Letztere war die älteste Tochter des bayrischen Herzogs *Heinrich II. (des Zänkers, 951-995)* und die Schwester von *Kaiser Heinrich II (973-1024)*.

Nach dem Mongolensturm von 1242 wurden erneut süddeutsche Siedler ins Land geholt, die anstelle von zuvor zerstörten Orten neue Siedlungen gründeten: so etwa Neusiedl, heute Bad Neusiedl am See.

Sopron (Ödenburg) war Ende des Mittelalters (vgl. *Krisch 2007*) eine überwiegend deutsche bzw. deutschsprachige Stadt.

1419 taucht erstmalig der deutsche Name von Hegykő „*zum Heiligen Stein*" auf. Entvölkerung durch verschiedene Kriege schufen immer wieder Möglichkeiten für andere neue Siedler, so z.B. nachdem 1683 die Türken auf dem Weg nach Wien viele Dörfer gebrandschatzt und ihre Bewohner in die Sklaverei geführt hatten.

Vom Gebiet des heutigen Österreich kamen ebenfalls Siedler in die zerstörten Dörfer und erhielten auf 6 Jahre Steuerfreiheit. Ihre Rechte wurden 1712 von

*West-Transdanubien – eine traditionell multikulturelle Gegend mit u.a. kroatisch- und deutschsprachigen Volksgruppen. Gesehen in Sopron. Foto: O. Meiser (2022)*

*Karl III.* bekräftigt. Anders als in Fertőboz oder Fertőrákos stellten deutschsprachige Bewohner in Hegykő jedoch nie eine größere Gruppe oder gar die Mehrheit der Bewohner.

1728 waren aber immerhin 6 deutsche Familien ansässig – neben 37 ungarischen und 17 kroatischen. Kommunikationssprache mit den verschiedenen Gutsbesitzern, denen der Ort gehörte, war offenbar dennoch deutsch. In der zweiten Hälfte des 18. Jahrhunderts tauchen (vgl. *Szigethi 2021*) 12-15 neue deutsch(sprachige) Familien auf, so daß 1799 sogar von einer gemischt ungarischen-deutschen Landstadt die Rede ist. Diese aber sollen weder als Besitzer noch in sonstiger Hinsicht eine größere Rolle gespielt haben und wieder verschwunden sein. Gleichwohl wird Hegykő 1833 (vgl. *Kovácsné / Völgyi 2001*) als „deutsches Dorf" angegeben. Ungarische Familiennamen weisen häufig auf die ursprüngliche Herkunft oder Ethnienzugehörigkeit hin, so auch *Németh*, was Deutsch bedeutet (ähnlich wie auch z.B. *Horváth* = Kroate, *Tóth* = Slowake etc.).

Ab der zweiten Hälfte des 19. Jahrhunderts (vgl. *Krisch 2007*) magyarisierte sich ein nennenswerter Teil der deutschsprachigen Bevölkerung. Dennoch lebten auch zwischen 1881 und 1910 in Hegykő zwischen 7-16 Deutsche (vgl. *Szigethi 2021*).

Nach der Tragödie von Trianon gab es innerhalb des verkleinerten „Rumpfungarn" noch immer 550.000 Deutsche. 1941 bekannten sich in Sopron 12.633 Personen zur deutschen Muttersprache; 7.698 zur deutschen Nationalität (ganz Ungarn 478.000 bzw. 303.000).

*Denkmal für die aus Sopron vertriebenen Deutschen. Foto: O. Meiser (2022)*

1946 wurde – dem Potsdamer Abkommen folgend - mit Berufung auf die Beschlüsse des Alliierten Kontrollrates die deutschsprachige Bevölkerung aus Ungarn „ausgesiedelt" – 450.000 Menschen!

In Sopron waren es (vgl. *Tóth* in *Kárpáti / Fally 2012*) allein 8000 Personen, so daß sich ganze Stadtteile entleerten. In die Häuser der vertriebenen Deutschen zogen aus der Tschechoslowakei vertriebene Ungarn oder Binnenmigranten aus Ostungarn ein; in manchen Orten auch Roma.

Überprüfungskommissionen stellten Gutachten aus. Personen, die eine negative Bewertung bekamen, wurden interniert. Nur wenige Familien, die in Verwaltung und örtlicher Wirtschaft für das Weiterfunktionieren des Lebens unabkömmlich waren oder sonstwie geschickt agieren konnten, durften bleiben. Freilich hatte das Debakel ja seine Ursachen. Die deutsche Wehrmacht hatte am 19. März 1944 Ungarn besetzt. Nach dem Ende des Krieges wurde die deutsche Minderheit sozusagen aufgrund ihrer „Kollektivschuld" mehr oder weniger in „Sippenhaft" genommen.

*Zweisprachige Ortstafel ungarisch-deutsch im Ort Fertőboz. Foto: O. Meiser (2022).*

Grüne Ortstafeln unter den weißen ungarischen Schildern weisen heute auf verbliebene oder durch Eigenentwicklung inzwischen wieder angewachsene ethnische oder sprachliche Minderheiten hin – in der hiesigen Gegend Kroaten oder Deutsche. Orte mit besonders hohem Anteil deutschsprachiger Bevölkerung, v.a. vor 1946, waren neben dem Hauptort der Region, Sopron (Ödenburg), auch Fertőboz (Holling), Fertőrákos (Kroisbach), Ágfalva (Agendorf) und Harka (Harkau).

Die derzeit in Hegykő und Umgebung lebenden, deutschen, österreichischen oder Schweizer Familien sind zumeist in jüngerer Zeit nach dem Fall des Eisernen Vorhangs Zeit eingewandert. Häufig sind es Pensionäre. Manche von ihnen sind saisonweise ansässig, andere auch ganzjährige Bewohner des Dorfes. Manche von ihnen sprechen oft jedoch auch nach Jahren noch kein Ungarisch. Da es sich eben häufiger um ältere Leute handelt, tun sich diese Zugezogenen mit dem Ungarischen sehr schwer, zumal die Sprache keine indoeuropäische, sondern eine uralische und innerhalb dieser eine finno-

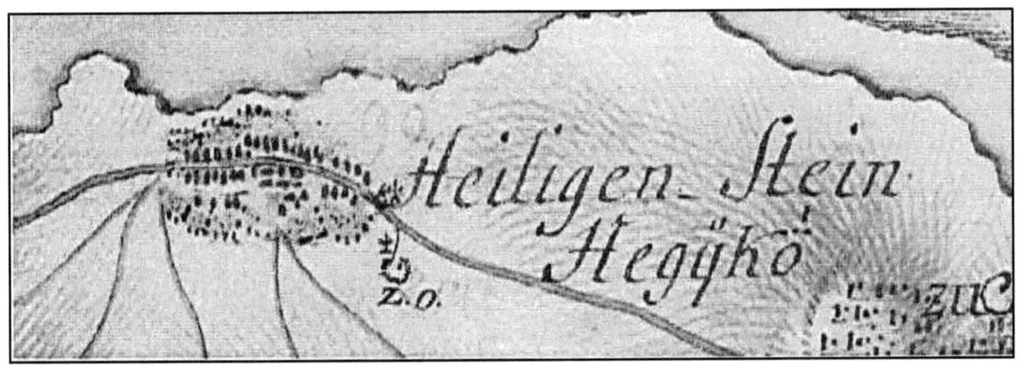

*Obwohl Hegykő nie eine größere deutschsprachige Bevölkerung hatte, hieß der Ort oft nach einer vorchristlichen Kultstätteauch Heiligenstein. Ausschnitt aus der Karte des Königreichs Ungarn von 1783-85 (Josephinischen Landesaufnahme).*

ugrische Sprache ist; weitläufiger nur mit dem Finnischen und Estnischen verwandt, so daß weder Kenntnisse von Latein, romanischen oder auch slawischen Sprachen wirklich weiterhelfen. Immerhin gibt es durch die lange K&K-Ehe im Ungarischen auch etliche deutsche Lehnwörter wie etwa *drót* (der Draht), *sróf* (die Schraube), *spicli* (der Spitzel), *suli* (umgangssprachl. für die Schule), *kupleráj* (die Kupplerei = Bordell) oder *sperrhakni* (der Dietrich, österr. Sperrhaken), doch auch daran kann man sich nicht unbedingt aufhängen.

Hier im Grenzbereich zu Österreich wird es den Fremden natürlich oft auch sehr einfach gemacht, weil viele Leute Deutsch sprechen. Umgekehrt sind Fremde, die versuchen Ungarisch zu lernen, auch manchmal frustriert, weil man ihnen auf ihren mühsamen erlernten ungarischen Satz gleich wieder auf deutsch antwortet. Dennoch sollte man nicht aufgeben, denn mit dem Lernen der ungarischen Sprache erschließt man sich einen wunderbaren kulturellen Schatz! Keine Angst vor angeblich zehn Fällen! Denn bei diesen handelt es sich eigentlich um präpositionale Endungen zur Ortsbestimmung, die sehr regelmäßig sind und der faszinierenden Vokalharmonie der Sprache folgen.

Gleichwohl ist es in einer touristischen und dazu grenznahen Region wie dem Neusiedler See allerdings nicht nachzuvollziehen, wenn mancherorts Erklärungs- und Hinweistafeln zu Sehenswürdigkeiten nur wenige Kilometer vom jeweils anderen Sprachraum entfernt nicht zweisprachig sind, denn der Urlaubsgast wird sich der Mühe des Sprachenlernens nicht unterziehen.

*Seit 2001: Partnerschaft mit dem deutschen Buchholz im Westerwald. Foto: O. Meiser (2022)*

Seit 2001 unterhält die Gemeinde Hegykő eine Partnerschaft zum deutschen Buchholz im Westerwald, im Landkreis Neuwied im Bundesland Rheinland-Pfalz. Der Ort gehört zur Verbandsgemeinde Asbach, welche (2020) 4531 Einwohner zählt. Die Luftlinienentfernung von Hegykő beträgt 764 km. Die im Jahr 2021 fällig gewesene Feier zum zwanzigjährigen Jubiläum hat wohl Corona mit seinen Reisebeschränkungen verdorben.

Deutsch- bzw. zweisprachige Kinder und Jugendliche aus Hegykő und Umgebung haben übrigens die Möglichkeit, wenn sie nicht nach Österreich pendeln wollen, Nationalitätenschulen in Sopron zu besuchen, so etwa für die Primarstufe die *Fenyőtéri Iskola* im Ortsteil Bánfalva (Wandorf) bzw. für die gymnasiale Sekundarstufe das *Dániel-Berzsényi-Gymnasium* im Stadtzentrum. Diese Schulen haben deutschsprachige Zweige bzw. verstärkten Deutschunterricht.

Wissenswert im Zusammenhang mit den Ungarndeutschen ist auch, daß in Ungarn alle Deutschen bzw. Deutschsprachigen gerne als *svábok*, „Schwaben" bezeichnet werden, auch wenn sich dabei mancher empört, weil er kein Schwabe, sondern Sachse, Hesse etc. ist.

Das hängt damit zusammen, daß in früherer Zeit die Auswanderer in Richtung Karpatenbecken von Ulm aus mit Donauschiffen, den sog. *Ulmer Schachteln*, aufbrachen und Ulm eben eine schwäbische Stadt ist. So wurde die Bezeichnung *sváb* sozusagen ein *pars pro toto* für die Deutschen. Weniger schön hingegen ist die Bezeichnung *svábbogár* für eine Kakerlake.

In und um Sopron wurden die schwäbischen bzw. deutschsprachigen Winzer auch *poncichter* genannt, was sich von den „*Bohnenzüchtern*" ableitet. Da die sparsamen Schwaben nur ungerne Raum ungenutzt ließen, pflanzten sie zwischen die Rebzeilen noch Bohnen, was die übrige Bevölkerung so nicht kannte. Diese Praxis hatte dazu den Vorteil, daß die Leguminosen den Boden mit Stickstoff anreichern konnten.

In Hegykő waren nach der letzten Volkszählung von 2011 nur 3,8 % der Bewohner von Hegykő Deutsche (bzw. Deutschsprachige?), 87,6 % Ungarn und 0,8 % Kroaten. Die übrigen Prozent machten zu ihrer sprachlichen / ethischen Zugehörigkeit keine Angaben. Was mögen sie sein? Europäer? Das wäre schön!

Oder sind darunter Menschen, die aufgrund ihres Bekenntnisses Nachteile fürchten?

## 3. Einige Erkundungen im Ort

Wer sich bei seinem Aufenthalt in Hegykő auch einmal aus dem Thermalwasserbecken bequemen will oder bei seiner Tour um den Neusiedler See anhält und vom Fahrrad steigt, kann direkt im Dorf einige interessante Entdeckungen machen. Nicht uninteressant ist beispielsweise die schöne Dorfkirche. Ein Spaziergang läßt den Besucher alte Denkmäler entdecken, während das Spitzenmuseum unerwartete textile Schätze birgt.

## 3.1. St. Michael – ein Besuch der Dorfkirche

Die neoromanische, dreischiffige Dorfkirche von Hegykő, die bis 1931 pfarrmäßig zum Nachbarort Fertőszéplak gehörte, wurde 1904 gebaut und ist dem *Heiligen Michael*, einem der Erzengel, geweiht. Eine ursprünglich mittelalterliche Kirche wurde 1639 um- oder vielleicht auch völlig neu gebaut – auf wessen Kosten ist indes unbekannt.

Nach Kirchenbüchern von 1663-1697 soll sie damals weder Turm noch Sakristei gehabt haben, mit Schindeln gedeckt gewesen sein und einen schönen, dem Schutzheiligen geweihten Altar besessen haben. Auch war der Kirchenbau nach mittelalterlichem Brauch von einem Friedhof umgeben.

Im Jahr 1700 wurde die Kirche erneuert und überstand offenbar auch die anschließenden Freiheitskämpfe der Rákóczi-Zeit von 1703-1711 recht unbeschadet. Quellen von 1714 nennen bereits zwei Altäre. Eine Sakristei wurde 1735 gebaut und 1747 die Kirche aus eigenen Mitteln der Gemeinde renoviert, nachdem sie sich bereits 1734 in beklagenswertem Zustand befunden hatte. 1759 wurde die zuvor hölzerne Empore durch eine steinerne ersetzt. Das Gebäude war von seiner Statik her offenbar nicht in der Lage, das Gewicht der Glocken zu tragen, die in einem separat stehenden Glockenturm hingen, wie man sie manchmal noch in anderen Dörfern sehen kann. Die kleineren Glocken wogen jeweils zwei, die größeren jeweils drei *mázsa* (1 mázsa: alter ungarischer Zentner, entspricht 56 kg).

Über die barocke Innenausstattung der alten Kirche gibt ein Kirchenbuch aus dem Jahr 1780 Aufschluß, nach welchem der dem Heiligen Michael geweihte und mit einem Tabernakel, sowie sechs hölzernen Kerzenhaltern versehene Hauptaltar auch Skulpturen des *Heiligen Johann Nepomuk*, des *Heiligen Antonius von Padua*, des *Heiligen Rochus* (Pest-Schutzheiliger), des *Heiligen Sebastians*, sowie zwei Engel trug. An einem kleinerer Altar zu Ehren der Unbefleckten befanden sich vergoldete Holzskulpturen des *Heiligen Aloisius von Gonzaga* (1568-1591, ein italienischer Jesuit) und des *Heiligen Stanislaus von Krakau* (1030-1079, einer der polnischen Nationalheiligen).

*Erst 1904 gebaut: Pfarrkirche St. Michael*
*Foto: O. Meiser (2021)*

Über der hölzernen und vergoldeten Kanzel thronte die Skulptur des Heiligen Michael, den Teufel in die Hölle hinabstoßend. Eine Orgel besaß die Kirche damals nicht; wohl aber eine Sakristei. Auch einen Beichtstuhl gab es dort. Unter den liturgischen Geräten werden drei kupferne Kelche (darunter ein Hostienkelch), eine Kupfermonstranz und zwei Krippen genannt. Ein kupfernes Friedenskreuz war mit einem silbernen Gekreuzigten verziert. Im Gewölbe hing ein Holzkreuz und an den Wänden zwei Bilder. Dort befand sich auch eine Figur der Heiligen Jungfrau, von der es auch zwei tragbare Skulpturen gab. Fahnen der Katechismus- und Michaels-Kongregationen werden ebenfalls erwähnt.

Der bereits o.g. Friedhof wurde in den 1780er Jahren aufgelöst, nachdem zuvor auf Anordnung von Kaiserin Maria Theresia Friedhöfe aus Gründen der Hygiene an den Rand der Siedlungen verlegt werden mußten.

Aus einem 1796 an den Grundherren Graf Ferenc Széchenyi verfaßten Bittbrief ist zu ersehen, daß zu dieser Zeit die Kirche neuerlich in sehr schlechtem Zustand war. So war etwa das Schindeldach undicht und der Glockenstuhl so marode, daß er die Glocken nicht mehr trug. Eine von ihnen hatte sogar einen solchen Schaden erlitten, daß sie 1795 neu gegossen werden mußte. Ob Unterstützung vom Grafen für die Kirche kam, ist indes unbekannt.

1824 / 25 wurden neue Kirchenbänke angeschafft und bis 1829 an den Eingang ein aus Ziegeln errichteter Turm gebaut, während die Sakristei unter Feuchtigkeit litt, wodurch die Möbel dort schimmelten und auch die Meßgewänder Schaden nahmen. Zu jener Zeit befand sich bereits schon eine Orgel mit fünf Registern auf der Empore.

1836 / 37 wurde die Kirche um das Querschiff erweitert, nachdem die Dorfbevölkerung zugenommen hatte.

Nach einem stürmischen Winter mußte 1859 u.a. das Dach ausgebessert werden, nach einem Sturm im Jahre 1861 auch der Turm. 1873 erneuerte man das Dach abermals, nachdem sein maroder Zustand bereits eine Gefahr für die Kirchenbesucher darstellte. Zwei Jahre wurde das Kircheninnere renoviert, wobei das Querschiff neue Bänke erhielt und die Wände frisch angestrichen wurden. Auch der Hauptaltar wurde neu vergoldet und restauriert. Ein Bürger von Hegykő stiftete eine 50,4 kg schwere Sünderglocke, welche der Bischof von Győr weihte und nach dem Namen des Stifters Josefsglocke taufte.

Ein letzter größerer Bericht findet sich über alte Kirche aus dem Jahr 1876, bei der u.a. von feuchter Lage in Seenähe die Rede ist und das Gebäude für die Anzahl der Gläubigen als zu klein befunden wird. Der Glockenturm hingegen wird als in gutem Zustand befindlich beschrieben und trug drei Glocken, von denen die größte 224 kg und die mittlere 112 kg wog. Die Turmuhr war außer Betrieb, da sich offenbar niemand für sie verantwortlich zeigte, während die Orgel kurz zuvor gerichtet worden war.

1888 wandten sich die Hegykőer an den Grundherren *Béla Széchenyi* mit der Bitte um einen neuen Kirchenbau. Während der Graf dieser Bitte ablehnend gegenüberstand, war der Bischof dem Wunsch gegenüber offen, wenngleich erst einmal über Jahre im Kirchengemeinderat diskutiert wurde.

*Kirche und altes Schulhaus von Nordwesten. Foto: O. Meiser (2013)*

1892 wurde der Soproner Architekt *Josef Ullein* mit der Planung und Erstellung eines Kostenvoranschlages beauftragt, doch mußten noch einmal mehr als zehn weitere Jahre vergehen, ehe man am 3. September 1903 einstimmig beschloß, daß die neue Kirche gebaut werden sollte – an der Stelle der alten, abzubrechenden Schule. Das neue Gebäude entstand nun nach Plänen und Baukostenberechnung des Soproner Architekten *János Schiller (1859-1907)*, der einen guten Ruf hatte und ab 1902 bereits die Kirche von Petőháza gebaut hatte. Er war bereit, den Bau der neuen Hegykőer Kirche für 57.000 Kronen in Angriff zu nehmen. Graf Béla Széchenyi war indes nicht gewillt, etwas zum Bau der Kirche beizutragen, da seiner Meinung nach eine Renovierung der alten Kirche ausreiche. Dies führte über Jahre hinweg zu Spannungen mit ihm. Am 17. März 1904 genehmigte der Bischof Bauplan und Kostenaufstellung, so daß am 20. März János Schiller mit den Vorbereitungen beginnen konnte. Er stellte der Gemeinde in Aussicht, den Bau innerhalb eines halben Jahres zu vollenden und würde überdies zwei neue Glocken gießen lassen, wobei das Material einer der alten verwendet werden sollte. Auch wollte er sich um die Innenausstattung wie Ausmalung, Altar, Orgel, Bänke etc. kümmern. Die Grundsteinlegung erfolgte am 2. April mit Genehmigung des Bischofs. Bereits im Herbst war man an der Inneneinrichtung und am 6. Oktober wurden in Győr die beiden neuen Glocken geweiht: die kleinere, 298 kg schwer, zu Ehren des Heiligen Stephan und die größere mit einem Gewicht von 576 kg zu Ehren der Heiligen Jungfrau Maria. Am 20. Oktober, dem Tag des Heiligen Wendelins, wurden sie aufgehängt, so daß die Kirche mit den beiden älteren aus den Jahren 1784 und 1785 stammenden Glocken nun vier besaß. Ebenfalls im Herbst konnte der Altar eingebaut, sowie die von der Firma Angster in Pécs hergestellte Orgel.

Am 13. November segnete der Pfarrer von Pereszteg *Sándor Nemess* die Kirche und erbat am 25. November den Segen für die Orgel und den Tabernakel. Am 11. Dezember segnete *Gratianus Leser*, ein Franziskanermönch aus Frauenkirchen den von Pál Bindes gestifteten Kreuzweg.

Mit der Ausmalung der Kirche wurde im Sommer 1906 begonnen.

Zur Finanzierung der neuen Hegykőer Kirche trugen im übrigen ein jüdischer Grundbesitzer, sowie in die USA nach South Bend im Bundesstaat Indiana ausgewanderte Bürger bei.

1916 mußten zwei der Kirchenglocken zu Kriegszwecken abgegeben werden. Dabei handelte es sich um die neue und große Glocke aus dem Jahr 1904, sowie eine kleine Glocke, die 1784 in der Soproner Werkstatt von Georg Köchel gegossen worden war. Pro Kilo Metall wurden der Gemeinde 4 Kronen Entschädigung gezahlt. 1917 mußte auch eine dritte Glocke dran glauben: die zweite der neueren, 290 kg schwer. Das Geld, das die Gemeinde für das Material erhielt, wurde in einem Glockenfond angelegt. Schon 1920 konnten zwei der fortgenommenen Glocken um einen Preis von 4490 Kronen ersetzt werden. Die neuen Glocken wurden in der Werkstatt von *Friedrich Seltenhofer & Söhne* gegossen. Die kleinere (256 kg) wurde der Heiligen Jungfrau, die größere (552 kg) dem Erzengel Michael geweiht.

*Die Kirche ist von Nordosten noch fast unverbaut. Foto: O. Meiser (2013)*

1927 bekam die Kirche eine neue Orgel mit zwei Manualen, 12 Haupt- und 6 Nebenregistern. Das Instrument wurde von *Sándor Fittler* aus Pesterzsébet gebaut, wobei der Orgelbauer für das Funktionieren der Orgel nur Verantwortung übernehmen wollte, wenn die Kirche ordentlich belüftet würde, da die alte Orgel aufgrund von Feuchtigkeit kaputtgegangen sei. Dieser Forderung kam man daher durch den Einbau von Belüftungsfenster nach.

Der Turm wurde aufgrund seines schlechten Bauzustandes im Jahre 1931 umgebaut und erhöht. Dabei baute man auch eine neue Turmuhr ein. Die umgebaute Kirche wurde am Michaelstag (29. September) 1932 eingeweiht.

1938 erhielt die Kirche elektrische Beleuchtung – 14 Lampen und einem Leuchter.

1941 wurde das Kirchengebäude erneuert, 1944 durch *Béla Mechle* aus Sopron der Hauptaltar renoviert.

Am 5. September 1944 mußte abermals zu Kriegszwecken eine Glocke abgenommen werden: die 1920 gegossene Marienglocke. Obgleich die Kirche keine Schäden durch den Zweiten Weltkrieg davontrug, beschädigten in dieser Zeit zwei Stürme ihr Dach, das erst 1949 repariert werden konnte.

201

1956 wurde die Kirche mit Fresken ausgemalt; 1956 / 57 mit bunten Glasfenstern versehen (s.u.).

1957 ließ man erneut eine große, zehn Zentner schwere Glocke gießen. Da die ausführende Firma den Auftrag nur übernehmen konnte, wenn die Gemeinde das Material stelle, sammelte diese 11 Zentner Bronze, Kupfer und Blei, wodurch die Glocke auch günstiger wurde. Argument für eine neue Glocke war auch damals jenes des Feuerschutzes, da man die anderen, kleineren Glocken nicht im ganzen Dorf hören konnte. Die neue 1005 kg wiegende Glocke zu Ehren der Heiligen Anna wurde von dem Budapester Glockengießer *Ráfael Szlezák (1887-1959)* am 11. Oktober gegossen und am 26. Oktober gleichzeitig mit den 14 neuen Glasfenstern eingeweiht.

Im Hinblick auf das nahende sechzigjährige Bestehen der Kirche wurden 1960 etliche Restaurierungen vorgenommen.

1967 erneuerte man die Sakristei, 1969 die Orgel und die Turmuhr.

1974 wurde der Altarraum um 60 cm erhöht und *János Kőmíves*, ein ungarischer Pfarrer aus Augsburg, der aus der hiesigen Gegend stammte, half, von der Diözese in Győr eine Mikrophon-Anlage zu organisieren.

1977 war eine große Überholung der Turmuhr fällig geworden und 1980 wurde die bislang pneumatisch funktionierende Orgel so umgebaut, daß sie elektrisch betrieben werden konnte. Ebenfalls 1980 fand eine Außenrenovierung des Kirchengebäudes statt. Auch eine Heizung war dringend notwendig geworden, nachdem es in einigen Wintern in der Kirche so kalt war, daß während der Messen der Weihwasserkessel einfror! So installierte man 1982 eine Gasheizung mit Wandradiatoren, neben denen im Winter die Sitzplätze besonders zu empfehlen sind. Die Elektrik wurde 1983 erneuert und ab 1984 auch die Glocken elektrisch betrieben. 1986 sanierte man das Dach und 1987 elektrifizierte man die Turmuhr. 1988 / 89 wurde der Boden mit dem bekannten ungarischen rötlich-braunen *Marmor aus Süttő* (deutsch: Schitte; unweit von Esztergom / Gran) ausgelegt. Auch die Wandsockel wurden damit verkleidet.

Die Kirche von Hegykő ist 27,7 m lang, 13,5 m breit und hat eine Grundfläche von 320 m². Ihr Turm ist 39 m hoch. Ihre heutige Innenausstattung datiert sich überwiegend aus den Jahren 1901 und 1908.

*Das Innere der Kirche St. Michael. Foto: O. Meiser (2021)*

Einige der Skulpturen stammen noch aus der alten Kirche. Dabei handelt es sich um einen Barockengel, eine Barockmadonna im volkstümlichen Stil und eine Himmlische Königin, sowie eine Figur des Heiligen Aloisius vom Seitenaltar der alten Kirche.

Weitere, neuere Skulpturen aus Gips stellen die Heilige Margarethe (ung. *Szt. Margit*), die Heilige Theresa von Ávila (ung. *Szt. Teréz*) und den Heiligen Antonius von Padua (ung. *Szt. Antal*) dar. Überdies gibt es eine Skulptur des auferstandenen Christus.

Vom Inventar der alten Kirche stammen noch zwei vergoldete Silberkelche. Den Boden des einen Kelches, der eine ungarische Arbeit und ein wertvolles spätgotisches Stück aus dem 15. Jahrhundert ist, ziert eine Inschrift. Dort ist mit Kleinbuchstaben „*Obanes de Nymph*" eingraviert. Nach Studien von *István*

*Paur* und *György Drinóczy* ist es ein *Joannes De Nymk*, der unter diesem Namen auch aus dem Jahr 1419 bekannt ist. Der Oberteil (*Cuppa*) des 18,5 cm hohen Kelches ist glatt

Der zweite Kelch aus vergoldetem Silber besitzt einen sechseckigen Fuß, einen verzierten Nodus und eine glatte Cuppa. Er trägt ein Zeichen der Stadt Wien aus dem 18. Jahrhundert, die Initialen seines Herstellers F und S, und hat eine Höhe von 22,5 cm.

Eine weitere wertvolle Arbeit aus dem 18. Jahrhundert ist ein aus vergoldetem Kupfer getriebener Hostienkelch (*Ciborium*). Auf seinem Fuß befinden sich Rosen und Zierbänder und auf seinem birnenförmigen Nodus Medaillons. Oberteil wie auch der Deckel sind beide mit Rosen und Bändern verziert. Seine Höhe beträgt (ohne Deckel) 23 cm.

Daneben existieren u.a. auch eine mit Ähren und Trauben verzierte, vergoldete Kupfermonstranz, sowie ein neuerer Hostienkelch aus vergoldetem Silber aus dem Jahr 1934 – eine Schenkung des Ehepaars *Brigitta* und *György Kóczán*.

Drei der Fresken des Kirchen-Innenraums wurden 1956 von dem aus dem zentralungarischen Kalocsa stammenden Pfarrer und Maler *Péter Prokop (1919-2003),* den der Pfarrer von Szákszend (bei Tata) der Gemeinde vorgeschlagen hatte, gestaltet. Der Künstler ging nach dem Ungarnaufstand 1956 nach Rom und besuchte dort die Accademia di belle arti. Prokop half u.a. bei der Restaurierung der Sixtinischen Kapelle und gestaltete 1970 auch die Stephanskapelle in dem bekannten portugiesischen Wallfahrtsort Fátima. Die Fresken der Kirche von Hegykő waren sein letztes Werk in Ungarn. Aus Kostengründen wurden weniger Fresken gemalt als ursprünglich geplant und die Decke des Kirchenschiffes erhielt lediglich Ornamente.

Die Fresken von Hegykő zeigen im Chor den Erzengel Michael, der den Teufel besiegt. Dazu die Aufschrift „*Ki olyan mint az Isten*" – „Wer ist so wie Gott". Auf der linken Seite ist die Fleischwerdung mit dem Englischen Gruß, Christi Geburt und dem Letzten Abendmahl zu sehen, auf der rechten Seite die Kreuzigung, der Sündenfall, die Vertreibung aus dem Paradies und die Auferstehung.

*Luftaufnahme mit Kirche und altem Dorf. Foto: O. Meiser (2016)*

Über dem linken Seitenaltar findet sich eine die Schlange zertretende Muttergottes als Himmlische Königin und Schutzmantelmadonna von Hegykő; über dem rechten Seitenaltar eine Herz-Jesu-Darstellung.

Auch die Kreuzwegstationen sind Werke von Péter Prokop. Sie wurden 1976 von Kalocsa gekauft, nachdem man sich zunächst mit Kopien beholfen hatte.

Der Hauptaltar wurde 1904 in der Soproner Werkstatt *Mechle* gefertigt. Seine zentrale Figur ist der Heilige Michael. Daneben sind auch die heiligen ungarischen Könige Stephan I. (*Szt. István*) und Ladislaus I. (*Szt. László*) zu sehen.

Der Tischaltar stammt aus dem Jahr 2004 und ersetzt seinen Vorgänger aus dem Jahr 1974.

Die beiden Seitenaltäre wurden 1908 von dem Soproner Schreinermeister *Gusztáv Abperl* geschaffen und über Spenden aus der Gemeinde finanziert. Sie kosteten damals 2000 Kronen. Des rechten Seitenaltars Hauptfigur ist die Muttergottes als Jungfrau von Lourdes; dazu ihre Eltern: die Heilige Anna und der Heilige Joachim. Am linken sind das Herz Jesu, sowie die Heiligen Josef und Emmeran zu sehen.

Die Kanzel (1904) ist aus Leithakalk von Fertőrákos gefertigt.

Der Bronzedeckel des marmornen Taufbeckens zeigt die Taube des Heiligen Geistes.

Die bleiverglasten Fenster wurden 1956 / 57 von der aus Budapest stammenden Malerin *Lili Sztehlo Árkayné (1897-1959)* geschaffen, die u.a. auch Kirchenfenster in Győr und Pécs gestaltete. Für die Umsetzung der Pläne sorgte *József Pápai*. In den beiden Fenstern der Apsis sind der Heilige Wendel (ung. *Szt. Vendel*) und der Heilige Sebastian (*Szt. Sebestyén*) dargestellt. Die Fenster des Schiffs zeigen überwiegend ungarische Heilige und Seliggesprochene.

Auf der linken Seite sind - von vorne nach hinten - abgebildet: die Selige Gisela (*Boldog Gizella*; Tochter Kaiser Heinrich des II.), der Heilige Stephan (*Szt. István*; König von Ungarn und Gemahl Giselas), der Heilige Ladislaus (*Szt. László I.*; König von Ungarn), die Heilige Elisabeth (*Szt. Erzsébet*; bekannt auch als „Elisabeth von Thüringen"; Tochter Königs András II. von Ungarn und der Gertrud von Andechs-Meran), sowie die beiden Ordensgründer, der Heilige Franz (*Szt. Ferenc*) und die Heilige Klara (*Szt. Klára*) von Assisi. Letztere, weil es in der Gemeinde damals auch Angehörige des Franziskanerordens gab.

Auf der rechten Seite sind zu sehen: die Heilige Margarethe (*Szt. Margit*; Tochter von König Béla IV.), der Heilige Emmerich (*Szt. Imre*; Sohn des Heiligen König Stephan), die Heilige Kunigunde (*Szt. Kinga*, Tochter von König Béla IV.) und der Selige Moritz (*Boldog Mór*) von Csák (Dominikanerpater aus der Adelsfamilie Csáky).

Die 36 – leider sehr unbequemen! - Kirchenbänke aus dem Jahr 1904 sind aus Weichholz gefertigt.

Die Orgel besitzt zwei Manuale und 12 Register. Sie wurde 1927 ein- und 1980 umgebaut.

Das Taufbecken ist aus Marmor und besitzt Bronzeverzierungen.

Der Weihwasserkessel ist aus rotem Kunststein und wurde 1934 von einem Ehepaar des Ortes gespendet.

Derzeit besitzt die Kirche von Hegykő folgende drei Glocken:

1. die *Annenglocke*: Gewicht 1005 kg, Durchmesser 125 cm, 1958 vom Budapester Glockengießer *Ráfael Szlezák* gegossen.

2. die *Michaelsglocke*: Gewicht 522 kg, Durchmesser 102 cm, gegossen 1920.

3. die *Sünder- oder Josefsglocke*: Gewicht ca. 50 kg, Durchmesser 45 cm, gegossen 1875 durch die Glockengießerei *Friedrich Seltenhofer* in Sopron.

Im Außenbereich der Kirche ist die Skulptur des Hl. Antonius bemerkenswert, sowie an der Mauer des östlichen Kirchenschiffs ein Brunnenschacht, der bei den Restaurierungsarbeiten 2004 entdeckt wurde und wohl zu einem mittelalterlichen Friedhof gehörte.

Das Pfarrhaus wurde 1932 erbaut. Derzeitiger Pfarrer ist nun der aus Sárvár stammende und von Győr gekommene *József Németh (*1958)*, nachdem *Dr. Ferenc Reisner*, ab 2002 sein Vorgänger,  2018 umgekehrt nach Győr ging.

Zur Pfarrei Hegykő gehören auch die Gemeinden *St. Anna von Fertőhomok*, sowie *St. Andreas / Szt. András von Hidegség*. Letztere Kirche ist übrigens wegen ihrer um 1250 entstandenen Fresken sehenswert.

Es gibt einen Kirchenchor, der gemeinsam mit dem Schulchor die vom alten Géza-Bolla-Chor her bekannte Singtradition von Hegykő fortsetzt. Das 2004 entstandene Gemeindezentrum befindet sich in der Kossuth u. 27.

Nach der letzten Volkszählung von 2011 bekannten sich 76,7 % der Bevölkerung von Hegykő zum römisch-katholischen Glauben. 1,3 % waren reformiert, 1 % evangelisch und 3,4 % gehörten sonstigen Glaubensgemeinschaften an. 17,1 % machten, was ihren Glauben betraf, allerdings keine Angaben.

## 3.2. Bildsäulen, Denkmäler und Wegekreuze: ein Spaziergang

Typisch für die Dörfer der Region und ihre Gemarkungen sind Bildsäulen und Flurkreuze, von denen es übrigens auch im Park gegenüber des Schlosses von Nagycenk eine schöne Sammlung gibt.Bemerkenswert ist, daß die religiösen Denkmäler – anders als in anderen Ländern des ehemaligen Ostblocks – auch den Kommunismus überlebten.

Hegykő befindet sich unweit der Nationalstraße Nr.85 (Sopron – Győr). Das Dorf selbst liegt an der Landstraße Nr.16, der alten Seeuferstraße. Die Straßen spielten naturgemäß stets eine wichtige Rolle im Leben der Dorfbewohner. So nimmt es kein Wunder, daß die hier lebenden Menschen entlang dieser Verkehrswege Denkmäler und Bildsäulen errichteten - eine Tradition, die auf alte

Volksbräuche zurückgeht. Die Menschen wandten sich an die himmlischen Mächte, um für etwas zu bitten, zu danken oder den Toten Ehre zu erweisen. Entlang von Straßen und Wegen konnten dies sowohl die Einheimischen als auch die Durchreisenden tun. Reisen war ja in früherer Zeit auch oft nicht ungefährlich und dabei konnten die Menschen manchmal nur auf den Schutz Gottes hoffen. Viele Reisende sprachen daher, wo immer sich die Möglichkeit bot, ein Gebet.

Die Errichtung von Denkmälern war in der Vergangenheit sehr kostspielig, sowohl dann, wenn die Dorfgemeinschaft eine solche beschloß, aber noch viel mehr, wenn sie von einzelnen Familien in Auftrag gegeben wurde. Notwendige Voraussetzung dafür war schon ein gewisser finanzieller Hintergrund.

Von den Denkmälern, die es in Hegykő entlang der Straßen gibt, errichtete zwei das Dorf; neun die übrigen hingegen wurden aus unterschiedlichen Beweggründen heraus von Familien aufgestellt. Das Material der Monumente besteht aus gut bearbeitbarem Kalkstein. Ihre Bildhauer sind zum großen Teil unbekannt und nur von einigen Denkmälern weiß man, daß sie die Werke von Soproner Meistern, alten deutschstämmigen Familien wie den *Hild, Mechle* und *Mochte* sind. Viele der Denkmäler sind zusätzlich von Umfriedungen aus Schmiedeeisen umgeben. Immer noch werden sie von Leuten gepflegt.

*Die 13 verschiedenen Bildsäulen, Wegekreuze und Denkmäler lassen sich mit einem schönen Spaziergang durch und um das Dorf verbinden.*

*Wir beginnen an der Hauptstraße (Kossuth u.) bei der Pizzeria, wo sich ein Steinkreuz befindet.*

1. Steinkreuz (1919)

Dieses vom Soproner Steinmetz Hild gefertigte Steinkreuz ist vier Meter hoch. Zwei Säulen und ein Bogen auf dem Sockel umrahmen eine Vertiefung, in der eine betende Marienstatue steht. Eine Witwe ließ das Kreuz zum Gedenken an ihre 1914 im Ersten Weltkrieg gefallenen Söhne Kálmán und Lajos errichten. Ersterer mußte mit 20, letzterer mit 22 Jahren für den Wahnsinn der Herrschenden sein junges Leben lassen. Daher steht auf dem Sockel rechts neben dem Kreuz der Heilige Kolomann (ung. *Kálmán*) in Pilgertracht und links davon der

*Steinkreuz von 1919*
Foto: O. Meiser (2021)

*Steinkreuz von 1889*
Foto: O. Meiser (2021)

eine Krone tragende Heilige Ludwig (nach Ludwig IX., König von Frankreich). Oben am Kreuz ist die Inschrift INRI (*Iesus Nazarenus Rex Iudaeorum* = Jesus von Nazareth, König der Juden), auf dem Sockel *„Zu Gottes Lob und Verehrung der Jungfrau Maria"* zu lesen.

*Weiter entlang der Kossuth-Straße in Richtung Kirche gehend, vor dem Haus Nr. 52, treffen wir auf ein weiteres*

## 2. Steinkreuz (1889)

Im Tympanon des verzierten Bildstock-Sockels steht eine Muttergottes, den Rosenkranz betend. Das Kreuz, wie auch der daran hängende Christus, ist sehr groß. Der Bildstock ist von einem niederen schmiedeeisernen Zaun umgeben. Ein Bewohner ließ dieses Kreuz errichten, um damit Kindersegen für seine unfruchtbare Tochter zu erbitten. Am Ostersonntag stellt dieses von *Hild* geschaffene Kreuz bei der traditionellen Suche nach Jesus die zweite Station dar.

Das Kreuz wurde am Pfingstmontag 1889 durch den Pfarrer von Süttör (heute zu Fertőd) geweiht.

*Michaelssäule. Foto: O. Meiser (2017)*





## 3. Michaelssäule (1697)

Die Michaelssäule ist die älteste Bildsäule von Hegykő. Nach einer Restaurierung wurde sie im Jahr 2000 vom Friedhof hierher versetzt. Ihr quadratischer Fuß stammt aus dem Jahr 1697. Die alte, unbekannte Figur wurde offenbar 1742 gegen die jetzige, welche den Schutzheiligen des Dorfes, den Erzengel Michael darstellt, ausgetauscht. In der rechten Hand hält der Heilige ein Schwert, mit der linken einen Schild mit dem lat. Kürzel IHS (*Iesus Hominum Salvator* = Jesus, Retter der Menschen). Zu seinen Füßen liegt der besiegte Satan.

*Wir überqueren die Hauptstraße. Rechts neben dem Kirchenschiff, auf einer kleinen Grünfläche, ist zu finden die*

## 4. Antonius-Säule (1926)

Diese Bildsäule stand früher bei der ehemaligen Gärtnerei unweit vom Thermalbad und wurde 1984 an den heutigen Standort versetzt. Der Sockel dieses Denkmals ist vergleichsweise hoch und mehrfach verziert, u.a. mit Eichenblättern. Darauf steht die Figur des *Heiligen Antonius von Padua* (bzw. von Lissabon, da 1188 dort geboren; ung. *Szt. Antal*). Auf dem linken Arm trägt er das Jesuskind und ein geschlossenes Buch, in der rechten Hand eine Lilie, Zeichen der Reinheit. Auf dem Sockel stand früher ein Vers, der nicht mehr lesbar ist, aber noch in der Erinnerung alter Bewohner fortlebt:

*Antoniussäule. Foto: O. Meiser (2021)*

*„Wunder sind es,*
*die ihr sehen werdet,*
*o kommet*
*zum Heiligen Antonius!*
*Er beseitigt Geschwüre,*
*Bedrückung und den Teufel,*
*treibt Sünden aus*
*und bringt Heilung.*
*Auf das Gebet zum*
*Heiligen Antonius hin*
*weicht das Meer,*
*brechen Ketten.*
*Verlorenes Vermögen und*
*verlorene Dinge gewinnen*
*Jung und Alt zurück. "*

Es ist ja allenthalben bekannt, daß der Heilige Antonius hilft, wenn man etwas verloren hat. Dabei muß es sich im übrigen nicht nur um materielle Dinge handeln. Und so war es auch hier:

Ein unglückliches Ehepaar ließ die Bildsäule in Gedenken an ihre beiden im Ersten Weltkrieg vermißten Söhne errichten. Sie hatten dies gelobt, falls ihre Söhne wiederkämen.

Die Gebete der verzweifelten Eltern wurden tatsächlich erhört: Nach fünfjähriger Kriegsgefangenschaft kehrten die „verlorenen" Söhne heim und der Heilige Antonius hatte seine Aufgabe zur größten Zufriedenheit der bangenden Eltern erfüllt. Daher sind in Erinnerung an den Krieg auf dem Denkmal auch eine Soldatenmütze, Bajonett und Patronentasche, sowie Eichenlaub und Lorbeerblätter abgebildet.

*Hinter der Kirche ist noch das in Schönbrunnergelb gestrichene, heute leerstehende Gebäude der alten Dorfschule zu sehen.*

*Die Hauptstraße zurück auf die andere Seite querend, steht vis-a-vis der Dorf-kirche an dem kleinen Platz an der Einmündung der Petőfi-Straße in die Haupt-straße (Kossuth u.) die*

*Pestsäule. Foto: O. Meiser (2017)*

## 5. Pestsäule (1711)

In den Jahren 1708-1714 wütete in wei-ten Teilen Europas die sog. *Große Pest* und forderte dabei insgesamt eine Million Todesopfer. 1711 suchte sie auch die Ein-wohnerschaft von Hegykő heim. Täglich brachte die Kutsche neue Tote auf den Gottesacker. Als die Pest vorüber war, beschlossen die Überlebenden in Dank-barkeit die Errichtung einer Säule, wie man sie auch bekannter und größer vom Graben in Wien, vom Dreifaltigkeitsplatz in Buda oder dem Hauptplatz von Sopron kennt. Auch die Inschrift erzählt von der leidvollen Epidemie, die sicher grausa-mer und ungleich verheerender wütete, als es bisher Corona tat:

*„Dieses Bild der seligen Jungfrau haben wir gegen die Pest errichtet; dafür daß Gott der Herr sie von uns genommen, sei sein Name in Ewigkeit gepriesen"*

Die Schrifttafel befindet sich auf dem pfeilerartigen Sockel. Auf diesem ist die Heilige Rosalie (ung. *Szt. Rozália*), in der Grotte liegend und ein Kreuz haltend, zu sehen. Neben ihr der Pest-Schutzheilige Rochus (ung. *Szt. Rókus*) in Pilger-tracht und der von Pfeilen durchbohrte Heilige Sebastian (ung. *Szt. Sebestyén*); letzterer in schöner kontrapostierter S-Form mit geschwungenen Gliedern. Die Säule selbst wird von Wein umrankt.

Oben auf der Säule thront die Hauptfigur, die Heilige Maria. Das Haupt niedersenkend, stillt sie ihr Kind. Harmonisch ist ihr Arm, der das Kind umschließt. Das Ganze faßt ein vom Kopf ausgehendes, herabfallendes Tuch ein.

Der Treppensockel wurde im Rahmen einer Renovierung 1948 geschaffen. Eine erneute Restaurierung fand dann wieder im Jahr 2000 aus Gemeindemitteln, sowie Spenden von alteingesessenen und ausländischen Bürgern statt.

*Wir verlassen die Kossuth-Straße und biegen beim Lebensmittelgeschäft in die zweitwichtigste Straße von Hegykő, die nach dem großen Dichter Sándor Petőfi benannte Straße ein, um auf eine weitere Bildsäule zu stoßen:*

6. Die Säule der Heiligen Familie (1915)

Dieser Bildstock steht in der Petőfi u. vor dem Haus Nr. 27 und stellt Maria, Josef und das Jesuskind dar. Er ist den Toten des Dorfes geweiht; wird mit Weihwasser besprengt und Zweigen des Buchsbaums geschmückt.

Festtag ist der 18. März. Die Inschrift des von einer schmiedeeisernen Umfriedung umgebenen Denkmales lautet:

*„Heilige Familie, stehe mir bei in meinem letzten Kampf...".*

*Heilige Familie. Foto: O. Meiser (2017)*

Das Denkmal ließ eine Witwe aus dem Erbe ihres ersten Ehemannes errichten.

*Weiter die Petőfi-Straße entlangspazierend erreichen wir:*

*Mariensäule. Foto: O. Meiser (2022)*

## 7. Die Mariensäule (1909)

Die Mariensäule ist im Vorgarten des Hauses Nr. 81 zu finden. Die Skulptur der *Hl. Jungfrau von Lourdes* (bekannter Pilgerort in Frankreich) mißt einen Meter; die schlanke korinthische Säule, auf der sie steht, eineinhalb Meter an Höhe. Das Säulenkapitell ist mit Rillen verziert. Das Ganze ruht auf einem ca. einen Meter hohen Steinquader.

Die den Rosenkranz betende Marienfigur blickt zum Dorf hinab, um dieses vor Gefahr zu schützen. Das Denkmal wurde am Dreieinigkeitssonntag (6. Juni) 1909 geweiht; der damalige Besitzer des Grundstücks ließ es errichten.

Vor dieser Bildsäule wurde altem Brauch folgend die Maienlitanei abgehalten.

Die Inschrift lautet:

*„Ich bin die unbefleckte Empfängnis. Zu Ehren der unbefleckten Jungfrau Maria und für die Gläubigen errichtet im Auftrag von János Zambó und seiner Frau Jusztina Németh 1909.“*

*Wenn wir auf der Petőfi-Straße das Dorf verlassen, treffen wir kurz nach Ortsende am linken Straßenrand auf:*

## 8. Die Georgssäule (1939)

Auf einem hohen Fundament steht - in ritterlich-kraftvoller Pose und mit Mantel dargestellt - der Heilige Georg (*Szt. György*), der Drachentöter. An der Seite trägt er das Schwert, das er mit zwei Händen hält, und unter seinen Füßen liegt der getötete Drache. Sein Tag ist der 24. April.

Der Heilige Georg war ein Soldat im Heer des römischen Kaisers Diocletian (236? – 312), der wegen des geschickten Führens seines Schwertes eine hohe Position einnahm. Als der Kaiser Christen verfolgen und hinrichten ließ (was er mit großem Eifer tat), wandte sich Georg gegen ihn. Trotz allerlei Foltern schwor er dem christlichen Glauben nicht ab und erlitt daher im Jahre 303 den Märtyrertod.

Die Inschrift auf dem Denkmal bedeutet:

*„Heiliger Ritter Georg,*

*bitte für uns.*

*Georgssäule. Foto: O. Meiser (2010)*

*Zum Gedenken an György Kóczán und seine Ehefrau Brigitta Kóczán errichtet von József und Dénes Kóczán 1939"*

Der Kopf des Heiligen Georgs wurde 1945 von russischen Soldaten zerschossen, wonach der Heilige lange Zeit kopflos herumstand.

*Wir spazieren die Petőfi-Straße wieder retour Richtung Dorfmitte, biegen dann jedoch nach rechts in die Szent-Mihály-Straße ab, passieren eine Autowerkstatt (linkerhand) und erreichen kurz darauf, wo wir wieder auf die Kossuth-Hauptstraße stoßen, einen kleinen Park, den Hősi Kert (Heldengarten), mit dem*

*Gefallenen-Mahnmal. Foto: O.Meiser (2021)*

## 9. Gefallenen-Mahnmal / Denkmal für die unfreiwilligen Helden (1934)

Das im Auftrag der Gemeinde von dem Budapester Künstler *Viktor Vass (1873-1955)* entworfene und vom Soproner Steinmetzmeister *Béla Mechle* ausgeführte Denkmal zu Ehren der Gefallenen des Ersten Weltkriegs ist aus feinem Kalksandstein gearbeitet und von einem schmiedeeisernen Zaun umgeben.

Auf dem 2,3 m hohen Sockel ist in heldenhafter Pose ein mit Mantel und Mütze bekleideter, zwei Meter großer Soldat dargestellt; Bajonett und Wappenschild haltend.

Die Namen der 59 Gefallenen sind auf zwei schwarzen, aus schwedischem Granit gefertigten Marmortafeln auf dem Sockel zu lesen. Der Zusatz *test.* mit der Wiederholung - „ – beim Namen darunter bedeutet, daß die beiden Gefallenen Brüder waren (ung. *testvérek* = Geschwister). Der Zusatz *tzd.* bedeutet Unteroffizier (ung. *tizedes*), *őrvez.* Gefreiter (ung. *őrvezető*) und *szkv.* Zugsführer (ung. *szakaszvezető*). Die Inschrift mit echt vergoldeten Buchstaben lautet:

*„unseren im Weltkrieg 1914-1918 gefallenen Helden. Zur Erinnerung an den Ruhm".*

Auf der Rückseite: *„1931".*

Bereits im Jahr 1920 bestanden Pläne, den Gefallenen ein Denkmal zu setzen. Aus dieser Initiative heraus entstand ein Gemeindeprojekt, das bis Ende 1930 über 2000 Pengő (alte ung. Währung von 1927-1946) sammeln konnte. Der Gemeinderat, der das Denkmal ebenfalls für notwendig hielt, gab 300 Pengő.

*Heiliger Stein von Heiligenstein. Foto: O. Meiser (2009)*

Insgesamt kostete das Denkmal 2360 Pengő. Es wurde am 31. Mai 1931, am Tage der Helden, in feierlichem Rahmen aufgestellt. Die Einweihungsrede hielt damals der Parlamentsabgeordnete *Dr. József Östör (1875-1949)*, der auch als erster einen Kranz niederlegte. Das Mahnmal für die 27 Gefallenen des Zweiten Weltkriegs befindet sich hingegen auf dem Friedhof und wurde im Mai 1988 errichtet.

*Ebenfalls im Heldengarten befindet sich, von fern einer Schildkröte ähnelnd:*

10. Der Heilige Stein  („*Szent Kő*", 2008)

Der deutsche Name von Hegykő ist Heiligenstein. Einer alten Legende nach sollen die ersten Christen beim Bau ihrer Kirche einen alten, heiligen Stein eingemauert haben, damit sich dessen Kraft auch auf die Kirche übertrage. Sicher war es aber auch eine geschickte Taktik der christlichen Missionare, um durch eine Verbindung der alten mit der neuen Religion die Menschen besser für sich zu gewinnen. Denn missionieren kann man schließlich auf zwei Arten: durch Feuer und Schwert, wie es in der Geschichte leider sehr oft und fanatisch geschehen ist, oder durch Menschenkenntnis und Einfühlungsvermögen.

Dieses Denkmal, das der mit vielen Preisen (u.a. dem Munkácsy-Kunstpreis) ausgezeichnete Künstler *Gábor Mihály (*1942)* geschaffen hat, stellt die beiden Religionen dar. Der Stein symbolisiert die vorchristliche Religion und der darüber gebreitete Krönungsmantel des Heiligen Königs Stephan das Christentum. Vielerorts wurde der Mantel des Christentums allerdings nicht so behutsam über die alten Glaubensvorstellungen gebreitet.

Der originale, aus einem Meßgewand umfunktionierte Krönungsmantel aus byzantinischer Seide existiert übrigens noch: Er ist im Nationalmuseum in Budapest zu bestaunen.


*Gleich neben dem „Heiligen Stein" liegt:*


## 11. Das Denkmal für die Heilige Dreifaltigkeit (1881)

Die Gruppe der Heiligen Dreifaltigkeit mit Gottvater, Sohn und Heiligem Geist steht auf einem interessanten, doppelten Sockel. Das Denkmal ließen ein ehemaliger Bürgermeister und dessen Gattin errichten. Die Eheleute konnten keine Kinder bekommen, weshalb sie die Bildsäule aufstellen ließen, um für Kindersegen zu bitten. Ihr Wunsch erfüllte sich dann in Gestalt eines Waisenkindes, das als Säugling zu ihnen kam.

Das Denkmal wurde am Dreifaltigkeitssonntag durch den Pfarrer von Fertőszéplak geweiht.

*Von dem kleinen Park spazieren wir weiter an der Hauptstraße entlang in Richtung zum östlichen Ortsausgang. Auf der linken Straßenseite steht dort, wo auch der Feldweg zum Anglerteich (früher auch bekannt als die „alte Schrollener Straße", die nach Sarród führte) abzweigt:*

*Hl. Dreifaltigkeit*
Foto: O. Meiser (2022)

*Pietà*
Foto: O. Meiser (2021)

## 12. die Pietà mit der Jungfrau der Sieben Schmerzen (1707)

Diese Säule gehört zu den ältesten Denkmälern im Dorf und mißt vier Meter an Höhe. Auf dem hohen, quadratischen Pfeiler ist die Jungfrau Maria als *Mater Dolorosa* mit dem toten Christus auf dem Schoß zu sehen. Gläubige denken dabei an die sieben Schmerzen der Muttergottes.

Wer die Säule errichtete, ist indes unbekannt.

Auf dem Sockel die Inschrift INRI (Bed. s.o.). Rund um den Sockel sind die Symbole des Leidens und der Kreuzigung Christi wie etwa die Dornenkrone abgebildet. Die Art der Sockelgestaltung kam offenbar um 1660 im Tal der Wulka auf, von wo sie sich ausbreitete. Eine ähnliche Bildsäule aus dem Jahr 1706 befindet sich in Balf.

Am Morgen des Ostersonntags ist die Pietà der dritte Ort, der bei der traditionellen Suche nach Christus besucht wurde. Diese Suche ist ein alter Brauch.

Nach der Heiligen Schrift wurde das Grab Jesu bekanntermaßen leer gefunden und daher suchte man nach ihm.

An der Bildsäule mit der Pietà kniete man auch nieder, um Vergebung der Sünden, Abwendung von Unheil und eine gute Ernte zu erbitten. Von der Kirche ausgehend, zogen die Leute zum Steinkreuz in der Kossuth-Straße 52 (s.o.), danach hierher und zuletzt zum großen Kreuz auf dem Friedhof. Letzterer liegt unweit von hier auf der anderen Straßenseite. Das jetzige, große Friedhofskreuz stammt indes aus dem Jahr 1988 und ersetzt ein älteres.

*Wir verlassen das Dorf und spazieren auf dem kombinierten Rad-Fußweg entlang der Straße in Richtung Fertőszéplak. Wenig später auf der rechten Seite der Straße, dort, wo der sog. Eselsweg („Szamár Út") einmündet, steht:*

*Steinkreuz (1901). Foto: O. Meiser (2007)*

## 13. ein Steinkreuz (1901)

Das Kreuz ließ ein Ehepaar errichten, das keine Kinder bekommen konnte. Es heißt auch, aufgrund des Beinamens der Familie, *Garab-Bildstock*. An der Stelle befand sich bereits zuvor ein Holzkreuz.

Zum Tag des Flurumgangs am 25. April, dem Markustag, segnete früher von dieser Stelle aus der Pfarrer bei einer Bittprozession die Flur. Zu diesem Datum wünschte man sich das Getreide so hoch, daß sich ein Hase darin verstecken konnte.

Das Kreuz wurde zum Heiligkreuztag (3. Mai) 1901 geweiht. Seine Inschrift lautet:

*„Christus siegt. Christus herrscht. Christus lenkt. Unter diesem Zeichen wirst du siegen."*

*Wir laufen nun auf dem Rad-Fußweg weiter etwas bergauf bis auf den höchsten Punkt der zwischen Hegykő und Fertőszéplak liegenden Kuppe. In dem linkerhand liegenden, kleinen Wäldchen befindet sich, bereits zur Markung Fertőszéplak gehörend:*

14. das Denkmal für die Gräfin Cziráky

Das Denkmal mit der Säule trägt folgende Inschrift:

*„Der durchlauchten Frau des Fürsten Miklós Esterházy, geborene Gräfin Margit Cziráky, unserer gnädigen Fürstin zum ewigen Andenken als bleibendes Zeichen ließ es in dankbarer Pietät das Esterházy'sche fürstlich-herrschaftliche Offizierskorps errichten*

*den 18. August 1911*

*den 18. August 1910*

*Gesegnet die ruhmvolle Erinnerung an unsere gottselige Herrin unter uns und unseren Nachkommen, solange der Pflug das Feld pflügt und solange die goldene Ähre wogt in dieser weiten Landschaft, die sie von diesem Ort aus so gerne betrachtete."*

Die *Gräfin Margit Cziráky* und Gemahlin von *Miklós Esterházy (1869-1920)* wurde am 11. August 1874 in der Rábaköz-Gemeinde Dénesfa geboren.

Ihr Vater war *Antal Ferenc Cziráky (1850-1930)*, ihre Mutter *Alice Esterházy (1850-1882)*. Trotz dessen schlechter wirtschaftlicher Lage schloß die Gräfin 1898 die Ehe mit dem Fürsten Miklós Esterházy. Dennoch war die Ehe sehr glücklich. Die Gräfin gebar sechs Kinder. Nach der Geburt des sechsten Kindes

*liegt versteckt Cziráky-Denkmal.*
*Foto: O. Meiser (2021)*

verstarb die Gräfin am 18. August 1910 mit nur 36 Jahren an einer Blutvergiftung. Entgegen der Familientradition wurde sie nicht in der Eisenstädter Familiengruft beigesetzt, sondern an einer Stelle, von wo aus man den Neusiedler See und den Hanság sehen kann.

Gräfin Cziráky war sehr wohltätig. So stellte sie dem Arzt, der ihr bei der Geburt ihrer Kinder half, ein Grundstück zur Verfügung, auf dem ein Krankenhaus errichtet werden konnte. Für das Schloß von Zsambék (dt. Schambeck, im Komitat Pest zw. Budapest und Tata) stiftete sie eine Orgel.

Durch die Bemühungen des Ehepaars erlebte das Schloß Fertőd eine zweite Glanzepoche. Noch heute kursieren Legenden nicht nur über die Schönheit der Gräfin, sondern vor allem über ihre Liebe zum Leben, ihre Güte und Liebenswürdigkeit. Bci der Erziehung ihrer Kinder, vor allem was den Glauben anbelangte, konnte sie Eltern wie Lehrern als Vorbild dienen. Es ging ihr stets darum, die Kinder zu gut katholischen, selbstlosen und nützlichen ungarischen Menschen zu erziehen.

Noch heute, über hundert Jahre nach ihrem Tod, denken Menschen an die Gräfin und alljährlich läuten am Margit-Namenstag in der Kirche von Süttör in Fertőd die Glocken, ihr zum Gedenken.

Das 1913 begründete Krankenhaus von Csorna wurde nach ihr benannt, sowie auch der vor einiger Zeit im Schloßpark von Fertőd eingerichtete Rosengarten.

*Vor dem Wäldchen befindet sich am Rad-Fußweg ein kleiner Rastplatz mit Bänken und Informationstafeln. Von dort bietet sich der anmutigste Blick auf Hegykő, am schönsten an klaren Frühlingstagen, wenn im Dorf alles frisch ergrünt und im Hintergrund der noch tiefverschneite Schneeberg zuckerweiß und majestätisch vor dem blauen Himmel thront.*

222

## 3.3. Echt Spitze! – Das Hegykőer Spitzenhaus

2015 wurde in Hegykő das Spitzenhaus eröffnet. Das Museum ist in einem hundert Jahre alten Bauernhaus neben der Dorfkirche untergebracht. Das Haus war einst im Besitz des Dorfrichters. Das Spitzenhaus zeigt eine Ausstellung der bekannten Spitzen-Textilarbeiten aus dem bei Kapuvár liegenden Ort *Hövej*, die von Frau *Erzsébet Anda* (*Szigethi Istvánné*, *1929) – sie stammte aus Hövej - zusammengetragen wurde und bereits schon seit 2003 präsentiert werden konnte.

Frau Szigethis größte Würdigung, die sie erhielt, war der Titel „Meisterin der Volkskunst". Bereits im Alter von zehn Jahren begann sie - vor allem an den langen Winterabenden und unter Anleitung ihrer Mutter - die ersten Handarbeiten. Zu viert fertigten sie auch einmal eine Tischdecke für Josef Stalin. Mit 25 Jahren verließ Frau Szigethi Hövej, doch das Handarbeiten gab sie deswegen nicht auf. Sie sagte einmal:

*„Die Freude am und die Liebe zum Handarbeiten haben mich über mein ganzes Leben hin stets begleitet"*

weitere Auszeichnungen und Titel, die Frau Szigethi erhielt, waren:

- 2007 Kis Jankó Bori-Preis des Bildungs- und Kulturministeriums
- 2008 besonderer erster Preis der Landestextilkonferenz Békescsaba
- 2008 Sonderpreis der Landestextilkonferenz Békescsaba
- 2008 Titel „Volkskünstlerin"
- 2010 dritter Preis beim Kis-Jankó-Wettbewerb des Bildungs- und Kulturministeriums
- 2011 Sonderpreis als Volkskünstlerin, Budapest

Indes, die Tradition der Handarbeiten von Hövej wurzelt im 19. Jahrhundert. Damals war das spitzenverzierte Leinen-Kopftuch ein wichtiger Bestandteil der Volkstrachten in der nahen Landschaft Rábaköz, der Gegend entlang des Flusses Raab.

*Das Spitzenhaus-Museum. Foto: O. Meiser (2021)*

Besonderes Augenmerk verdienten dabei die Handarbeiten aus Hövej. Die Tradition soll *Borbala Horváth*, ein Mädchen aus dem Ort, eingeführt haben. Während die einen sagen, daß dies im Zusammenhang mit ihrem Ammendienst in Barbacs (bei Csorna) geschah, soll sie anderen zufolge die Kunst von ihrem Dienst als Gänsemagd in *Somorja* (heute slowak. *Šamorin*, bei Bratislava) mit nach Hause gebracht haben. Für den Ostertanz, so erzählt man, habe sie drei Schürzen entworfen und gemeinsam mit ihren Freundinnen bestickt. Diese drei Schürzen werden gerne als Ursprung der Handarbeiten von Hövej angesehen.

Der Formenschatz bei den Handarbeiten besteht aus beblätterten Zweigen und aus Rosetten, die manchmal frei erdachte Blumenstraußmotive darstellen.

Die Techniken *kötés* und *pókolás*, deren außergewöhnlicher Formenreichtum die Handarbeiten von Hövej so einzigartig machen, kamen zu Beginn des 20. Jahrhunderts auf.

Die Mädchen lernten bereits in der Kindheit das Nähen. Sie durften erst einmal Entwürfe zeichnen, und wer sich dann als geschickt erwies, bekam von der Mutter einfachere Arbeiten anvertraut. Danach erlernten sie die schwierigeren Techniken. Wer sich auch darin bewährte, versuchte sich schließlich an der Technik des *pókolás*, der Königsdisziplin. Ursprünglich verwendetes Material war Leinen; später kamen auch Stoffe aus Baumwolle (z.B. Organtin) dazu.

Die Arbeit beginnt normalerweise mit dem Zeichnen des Entwurfs, wobei es unter den alten Frauen auch solche gab, die ganz ohne Entwurf arbeiteten. Die einen zeichnen ihre Muster auf den Stoff, während andere ihn auf Papier malen und die Motive dann durchpausen. Das zum Bearbeiten vorgezeichnete Material wird in einen Rahmen gespannt. Dann kann das eigentliche Besticken beginnen. Wichtig bei den Heftstichen ist, daß das Muster gegenüber dem umgebenden Grundmaterial erhaben ist. So ist es lange Zeit haltbar. Begonnen wird mit dem Umsticken der Löcher.

Zu den früheren Motiven der Stickereien von Hövej zählen u.a. Blumen wie Studentenblume, Katzenpfötchen, Vergißmeinnicht, Margeriten, Blaustern, Maiglöckchen und Nelken; außerdem Getreideähren, Glocken, Eichenblätter, Eicheln und Kürbiskerne

Die Feinarbeit wird mit einer dünneren Nadel und einem feineren Zwirn ausgeführt.

Vor allem beim Besticken der Volkstrachten ergaben sich früher gute Verdienstmöglichkeiten.

Neben den Arbeiten auf Bestellung begannen die Leute aus Hövej mit Beginn der Dreißigerjahre auch ihre Handarbeiten in der weiteren Umgebung zu verkaufen. Manche unternehmungstüchtige Frauen kauften bestickte Decken auf und vertrieben sie in Budapest und anderen größeren Städten. Im Dorf wurden auch Mädchen und Frauen aufgenommen, die als Tagelöhnerinnen Auftragsarbeiten annahmen. Das gemeinsam ausgeführte Handarbeiten wurde „Nähen" genannt.

Von 1920 bis 1930 kaufte die Soproner Ortsgruppe des Nationalen Ungarischen Frauenvereins die Handarbeiten auf. Ab 1955 schlossen sich 120 Frauen dem Budapester Exportverein für Heimatgewerbe an. Für kurze Zeit arbeitete auch eine Solidaritas genannte Vereinigung.

Die Handarbeiten von Hövej nahmen an regionalgewerblichen Ausstellungen stets erfolgreich teil und erhielten auf der Brüsseler Weltausstellungen von 1958 und 1962 zahlreiche Auszeichnungen, bei letzterer auch eine Goldmedaille. *Mária Horváth (1913-1996)* und *Margit Pócza (1909-1991)* übten dabei als Meisterinnen der Volkskunst durch ihre entwerfenden Tätigkeiten vielleicht den größten Einfluß auf die Ausgestaltung der Stickereien aus.

Der Besuch des Spitzenmuseums eröffnet auch die Möglichkeit, ein altes Hegykőer Bauernhaus von innen zu sehen.

*Echte Kunst: die Hövejer Spitzen.*
*Foto: O. Meiser (2015)*

# 4. Leben früher und heute - aus Alltag und Festtag

In unserer heutigen Zeit mit ihrem ausgeprägten Individualismus können wir uns manchmal nur noch schwer vorstellen, wie die Menschen der bäuerlichen Gesellschaften – nicht nur hier in Ungarn - früher gewohnt und geschlafen haben. Die Privatsphäre jedes Einzelnen war, vor allem wenn es sich um ärmere Leute oder Dienstpersonal handelte, sehr begrenzt. Zur warmen Jahreszeit konnte sich zwar der größte Teil des Lebens draußen abspielen; im Winter jedoch saß man aufeinander und mußte gemeinsam klarkommen. Dabei waren die Leute durch überwiegend körperliche Arbeit meistens sehr erschöpft, selbst wenn es jahreszeitenbedingt auch Ruhephasen oder Jahreszeiten mit weniger Arbeit gab. Man ging mit Einbruch der Nacht zu Bett und stand spätestens mit oder meistens sogar noch vor dem Hellwerden auf.

Charakteristische Siedlungsformen der Gegend sind – wie in vielen Teilen der ungarischen Tiefebenen und bis ins österreichische Burgenland hinein - Straßendörfer, zu denen auch Hegykő gehört, sowie Angerdörfer. Bei den Straßendörfern stehen die Gebäude dicht an der Hauptstraße, an derer entlang sie sich wie Perlen aufreihen. Bei den Angerdörfern gruppieren sich die Häuserzeilen ähnlich, nur sind sie von der Hauptstraße ein Stück weit weggerückt, so daß lange Streifen (Anger) verschiedener Form bleiben, auf denen sich früher ein großer Teil des dörflichen Lebens abspielte und auch Vieh geweidet wurde.

Hegykő ist ursprünglich entlang der Straße Fertőhomok – Fertőd gewachsen und hat sich in der jüngeren Zeit auch entlang der Verbindungsstraße zur Hauptstraße Nr.85 (Petőfi u.) ausgedehnt. Es ist somit ein Straßendorf, das aber früher im Bereich der Kirche auch einen kleineren Anger besaß.

Typische Hausform der Gegend war früher der sog. *Streckhof*, der normalerweise giebelständig im rechten Winkel zur Hauptstraße oder zum Anger steht. Dazu gehören schmale, langgestreckte Grundstücksparzellen. Auf der einen Seite befindet sich eine kleinere Eingangstüre, die in den Hof führt, und daneben eine größere Einfahrt. Da die Tiefebenen des Karpatenbeckens gegenüber Geschichte und Wanderungsbewegungen immer sehr „exponiert" waren, war es wichtig, Haus und Grund gegenüber der Straße absperren und sichern zu können.

*Streckhof im Bauernhausmuseum Fertőszéplak. Foto: O. Meiser (2021)*

Die Häuser waren weiß gekalkt, was einerseits hygienische Vorteile hatte, aber auch starker Überhitzung in den heißen pannonischen Sommern entgegenwirkte. Direkt am Boden wurde ein Sockel mit schwarzer Farbe belassen, um ein Anschmutzen – z.B. bei starken Niederschlägen - zu verhindern.

Bei den Häusern war die eine Seite direkt auf die Grundstückgrenze gebaut und durfte daher zur Seite des Nachbarn hin nur kleine Fenster haben – eine baupolizeiliche Vorschrift, die sich z.T. bis heute erhalten hat. Die zum Hof weisende, andere Seite besaß normalerweise einen überdachten Gang aus gemauerten Bögen, den sog. *tornác*. Davon leitet sich auch der Name des bekannten Hegykőer Dorfgasthofes *Tornácos Ház* ab. Der *tornác* war ein beliebter Ort, um vor Sonne und Regen geschützt draußen zu sitzen. Desweiteren wurden dort Fischerei- und Landwirtschaftsgeräte aufbewahrt oder Mais und Paprika getrocknet. Bei einfacheren Häusern ersetzten auch Holzbalken die gemauerten Bögen.

Die Gehöfte waren eingeschossig. Viele Häuser wurden erst in den letzten Jahren ausgebaut und dabei manchmal aufgestockt. Bis Ende des 19. Jahrhunderts waren die meisten Häuser aus luftgetrockneten Lehmziegeln gebaut und mit Reetdächern gedeckt. Letztere Baueigenschaft, die sich noch bis in die erste Hälfte des 20. Jahrhunderts hielt, hatte, wie man sich vorstellen kann, häufige Brände zur Folge. So brannte 1899 ein großer Teil von Hegykő ab und noch

1930 wurde der Nachbarort Fertőhomok durch einen Brand, den zündelnde Kinder ausgelöst hatten, so gut wie komplett zerstört. Daher findet man nicht ohne Grund in manchen Giebelwänden der alten ungarischen Bauernhäuser noch eine kleine Nische mit der Darstellung eines feuerlöschenden Florian, jenes Heiligen, der vor Feuer schützen soll. Auch im Deutschen kennen wir ja den Spruch: „Heiliger St. Florian, verschon' mein Haus, zünd' andre an!"

*St. Florian in einem Hausgiebel*
*Foto: O. Meiser (2011)*

Heutzutage betreffen Brände zwar meistens das Schilf, doch 2017 wurden bei einem Brand im Seebadgebiet von Fertőrákos auch viele der Pfahlbauten am Hafen zerstört. Anfang April 2020 brannten 7 km² Schilf jenseits der Grenze bei Illmitz.

Manche der traditionellen ungarischen Bauernhäuser besitzen auch, von einer Glasplatte (in früherer Zeit auch sog. „Marienglas", eine Scheibe aus klarem Gips) geschützt, Skulpturen oder Bildnisse der Heiligen Jungfrau.

Aufgrund von Erzählungen alter Menschen, die noch in Erinnerung geblieben sind, erhält man eine Vorstellung davon, wie das Leben früher war. Schilderungen davon sind dem ungarischsprachigen Heimatbuch von *Völgyi / Kovácsné (2001)* entnommen.
Die Witwe von János Farkas erzählte damals:

*„Unsere Häuser waren zeltähnlich, ihre Dächer reetgedeckt, die Giebel auch aus Brettern und der Dachüberstand wurde von zwei Holzbalken gestützt.*

*Jeder in Hegykő wohnte in einem solchen Haus. Diese Häuser waren niedrig und drinnen war es immer dunkel, weil die Fenster klein waren. Man baute die Häuser aus Lehm, was früher in weiten Teilen des Karpatenbeckens Tradition war. Das Haus wurde auf seiner wichtigen, linken Seite beim Bau länger ausgezogen, und man konnte beim Arkadengang hineingehen. Für den Bau nahm man Lehmziegel, die vorher mit Stroh vermischt wurden. Von dort gelangte*

*alte Bauernhäuser im Ortskern von Hegykő. Foto: O. Meiser (2021)*

man auch in die Stube. Nebenan war der Eingang zum Stall. Daran anschließend befand sich der Geräteschuppen für Werkzeuge wie Hacke und Spaten.

*Jeder Hof in Hegykő hatte Einrichtungen für die Schweinehaltung; wohlhaben-
dere Häuser auch einen größeren Schweinestall. Im oberen Teil des Schweine-
kobens schliefen die Hühner. Eine Leiter, die in Hegykő „Lajtergyá" genannt
wurde, führte dorthin.*

*Im hinteren Teil des Hofes befand sich der Pflanzgarten. Um die Hühner und
Küken fernzuhalten, war er mit Schilf umzäunt. "*

Die beschriebene Form der traditionellen Bauernhäuser war allerdings bereits
schon in den 1930er Jahren im Verschwinden begriffen. Ende der 1960er Jahre
wurden viele Häuser renoviert und einige der alten Häuser lediglich zu musea-
len Zwecken erhalten.

*Hinein in die „gute Stube"! Bauernhausmuseum Fertőszéplak. Foto: O.Meiser (2021)*

In die Bauernhäuser gelangte man danach vom Hof aus. Die Eingangstüre führte in einen Vorraum oder manchmal direkt in eine Küche. In Richtung zur Straße betrat man die Stube. Größere Gehöfte besaßen oft noch eine zweite Stube; in kleineren befand sich an deren Statt die Schlafkammer. Die erste Stube zur Straße hin nannte man auch *szép szoba*, „das schöne Zimmer". Im Deutschen würde man sagen: die „gute Stube". Scherzhaft hieß es früher, manche würden die gute Stube nur nach ihrem Tode sehen, da dort auch die Toten aufgebahrt wurden.

In den Bauernhäusern befand sich der Tisch nicht in der Mitte des Zimmers, sondern in der Ecke, und war von einer Bank umgeben. Die Kinder, so wird berichtet, schliefen, solange sie noch kleiner waren, häufig auf einer Art ausziehbarem, schubladenartigem Bett, denn nicht immer gab es genügend Platz

231

in den Räumlichkeiten. Tagsüber waren diese „Schubladen" unter den normalen Betten; abends wurden sie in die Mitte der Stube herausgezogen. Auf einer solchen hölzernen Schublade schliefen jeweils zwei Kinder.

Der Boden der Bauernstuben war aus gestampftem Lehm; dann, ab der Jahrhundertwende, auch aus Ziegelsteinen, was ihn aber im Winter sehr kalt machte. Die Zimmerdecke bestand aus Balken, die von Rauch, Staub und Dampf geschwärzt waren.

In den Balken schlugen die Leute Nägel, um daran Gegenstände wie z.B. Stiefel aufzuhängen. So konnten es sich nicht etwa Mäuse in ihnen gemütlich machen. Die Balken dienten auch als Ablagemöglichkeit, so z.B. für Seife, welche die Leute damals selber herstellten.

An der Wänden hingen Heiligenbilder und über dem Bett ein Kreuz.

Die Mädchen bekamen, wie es in vielen bäuerlichen Gesellschaften auch anderswo üblich war, eine Truhe für ihre Aussteuer, *sublat* oder *sublót* genannt (von „Schublade" abgeleitet!). In deren vier Fächern befanden sich die Festtagskleider. Über die Aussteuertruhe wurden weiße Leintücher gebreitet und Heiligenfiguren darauf gestellt.

Von der Wohnstube gelangte man in die Küche. Bevor man sog. Sparherde (= eiserne Öfen mit verschiedenen Öffnungen) verwendete, waren die Feuerstellen offen und vor einer Wand angelegt. Bei der Feuerstelle befand sich auch oft der Backofen, in welchem man das Brot buk.

Ab den 1930er Jahren hielten Küchenschränke und Regale Einzug in die Küchen. Das Küchenregal diente der Aufbewahrung von Gefäßen und Tellern. Die Kochtöpfe waren aus Gußeisen. In den einen wurde nur Strudel zubereitet, während in den anderen Töpfen z.B. Brühe oder Suppe gekocht wurde. Auf der Wasserablage stand in zwei glasierten Krügen das Wasser. Neben der Apfelhurde befand sich ein Mörser, in dem Mohn zerstoßen wurde. Oft gab es auch noch einen Mörser aus Eisen, in dem man das Salz, wenn es zu grob war, zerkleinern konnte. Töpfe und Teller hängte man an die Wand.

Für die Aufbewahrung des von der Mühle gebrachten, frisch gemahlenen Mehls gab es eine Mehlkiste. Ein Kessel hingegen diente bei der Schweineschlachtung zum Auskochen des Fettes und beim Waschen zum Erhitzen des Wassers.

In der Speisekammer befand sich ein kleines Faß (Pökelfaß) von den Maßen 50 x 30 cm, in das nach der Schweineschlachtung das eingesalzene Fleisch hineinkam.

In der Kammer stand auch das Krautfaß. Im Winter aß man dreimal täglich davon. Zuerst schnitt man das Kraut mit dem Krauthobel in kleine Stücke; dann gab man Kümmel, Pfeffer, Lorbeerblätter und Quitten mit hinein. Das Ganze wurde in einem Trog zusammengemischt und kam danach ins Faß. Das Faß mußte stets gut gefüllt sein. Dies wurde mit einem Stopfholz bewerkstelligt. Danach wurde das Faß mit einer Holzplatte abgedeckt und darauf noch ein ordentlicher, großer Feldstein gelegt.

Am Haupt-Holzbalken hing – sicher vor Ratten und Mäusen - auch der Brotbehälter, in welchem das frisch gebackene Brot aufbewahrt wurde. Darunter standen weitere aus Schilf oder Bast geflochtene Körbe, die man beim Brotbacken in der Küche benötigte.

An den eigentlichen Wohntrakt reihten sich auf den langen Grundstücken nach hinten hin, meistens der Größe nach abnehmend, Wirtschaftsgebäude wie Werkstatt, Speicher, Scheune und Stallungen. Was schlecht roch, so etwa der Schweinestall oder die Toilette, befand sich sinnvollerweise ganz am Ende der Gebäudezeile.

Der Stall war nicht nur Schlafstatt der Tiere: Auch die älteren Burschen und die Knechte schliefen dort. So konnte das Vieh besser vor Diebstahl geschützt werden, denn im Viehbestand lag damals das Vermögen der Familien. Erkrankte etwa die beste oder gar einzige Kuh, war das oft schlimmer als wenn die Frau starb. Heiraten konnte man ja schließlich wieder neu: „Weib sterb, Taler erb'!" Hingegen aber: „Kuhverrecken – großer Schrecken!" galt sicher auch hier…

*Reetgedeckte Scheune. Bauernhausmuseum Fertőszéplak. Foto: O. Meiser (2021)*

In der Scheune wurde normalerweise Getreide aufbewahrt; nach dem Aufkommen von Dreschmaschinen lagerte man aber auch zunehmend Futtermittel wie etwa Luzerne oder Esparsette. Die Scheunen hatten Holz- oder Steinfundamente und Wände aus Brettern oder Schilfrohr.

Kleine Gewölbekeller besaßen in Hegykő nur solche Häuser, die sich in den etwas erhöht liegenden Dorfteilen befanden, da anderswo der hohe Grundwasserstand die Anlage eines solchen nicht zuläßt.

Die Fenster der Häuser waren klein, was den Vorteil hatte, daß es während des Sommers in der Stube schön kühl war und im Winter hübsch warm blieb.

Die hier beschriebenen alten ungarischen Bauernhäuser sind leider immer mehr im Aussterben begriffen. Schon während der sozialistischen Ära wichen viele den Einheits-Landhäusern, deren Bauplan nur wenig den traditionellen Formen folgte. Deren ebenfalls eingeschossige Bauweise hat aber zumindest die Ortsbilder weitestgehend gewahrt. Hegykő zeigt vor allem, wenn man sich von

234

Fertőszéplak kommend dem Ort nähert, eine sehr schönes Bild, wie es da heimelig und weitestgehend ohne moderne bauliche Fremdkörper in der Landschaft liegt – eine Ansicht, die hoffentlich erhalten wird wie auch die wenigen alten Häuser, die es noch gibt. Letztere sind allerdings, wo nicht ausdrücklich unter Denkmalschutz gestellt, immer noch in Gefahr: Kleine Fenster und somit Dunkelheit im Winter, aber auch das durch den hohen Grundwasserstand häufig von Feuchtigkeit durchdrungene Mauerwerk machen sie für Sanierungen teuer und deshalb bei Erben wie bei Käufern nicht sehr beliebt. Oft ist anstelle von Trockenlegung und aufwendiger Restaurierung der Abbruch und anschließende Neubau eines modernen Einfamilienhäuschens günstiger. Hinzu kommen isolier- und energietechnische Fragen. Finden sich daher nicht interessierte Nachkommen oder finanzkräftige, echte Liebhaber dieser traditionellen Bauernhaus-Immobilien – etwa solche aus dem Ausland, die noch der Puszta-Romantik nachträumen - sind die Häuser nach dem Ableben ihrer alten Bewohner zumeist ebenfalls dem Tode geweiht.

Mit dem Ansteigen von Bau-, Grundstücks- und Immobilienpreisen erfreuen sich nun auch Häuser in Leicht- und Fertigbauweise zunehmender Beliebtheit und es bleibt für deren Besitzer zu hoffen, daß der Klimawandel der Region keine Tornados beschert.

Schöne Beispiele für einige der noch verbliebenen alten Bauernhäuser sind etwa das Spitzenhaus (Museum) oder die Gebäude Nr.18 und 20 in der Kossuth-Straße. Einen kompletten Einblick in das frühere Leben geben einige als Freilichtmuseum hergerichtete Gehöfte im östlichen Nachbarort Fertőszéplak, sowie die Heimatstube im westlich angrenzenden Fertőhomok oder das Dorfhaus von Sarród.

Insgesamt war das Leben der Bauern und Fischer sehr hart. Die Leute fristeten – abgesehen von einigen kirchlichen wie persönlichen Feiertagen wie Hochzeit, Taufe etc. – ein Dasein zwischen Arbeitsfron und Kirchgang. Lange Zeit lebte Hegykő von der Fischerei – ein nasses und beschwerliches Geschäft, wie das folgende Kapitel nun zeigen wird.

## 4.1. Aus der Fischerei

*„Es gibt kein Volk, das mit der Kunst des Fischens so verbunden ist wie das der Ungarn"*

*Ottó Herman (1835-1914), ungarischer Naturforscher*

Die Worte Hermans, dieses alten Doyens der ungarischen Fischerei, bewahren sicher viel Wahres, zählt das Fischen auch nach seiner Ansicht zu den „urungarischen" Tätigkeiten, was insofern logisch erscheint, weil sie – neben der Jagd und Viehzucht – auch bequem von einem wandernden Volk, wie es die Ungarn auf ihrem langen Wege aus ihrer asiatischen Urheimat ins Karpatenbecken waren, betrieben werden konnte. Vielleicht erkoren ja die alten Ungarn u.a. auch aufgrund der großen Flüsse wie Donau, Theiß und Drau, sowie den Binnengewässern Platten- und Neusiedler See das Karpatenbecken zu ihrer dauerhaften Heimat.

Die Fischerei war (vgl. *Kárpáti 2012*) zu Anfang wohl noch frei und die Fische ein Gemeingut, doch ab dem 13./14. Jahrhundert gelangten die Fischgewässer in die Hände der Adeligen und Großgrundbesitzer. Die erste urkundlich belegte Verleihung eines Fischereirechtes am Neusiedler See durch den *König Sigismund (Zsigmond) von Luxemburg (1368-1437)* stammt aus dem Jahr 1397. In Hegykő bekam das Fischereirecht wohl zunächst in den Besitz der Adelsfamilie *Kanizsai*, die ab dem 14. Jahrhundert zu den größten Landbesitzern zählten.

Während der Grundherrschaft unter Tamás Nádasdy wurde 1543 bekanntgemacht, daß niemand ohne Erlaubnis auf dem See fischen dürfe. Für das Jahr 1557 ist ein herrschaftlicher Fischteich erwähnt, während es aus dem Jahr 1560 Hinweise darauf gibt, daß die Fische aus den hiesigen Fischteichen zusammen mit jenen von Fertőhomok in Wien Abnehmer fanden.

In Sopron wohnten die Fischer gar in ihrer eigenen Straße, der Fischerstraße (*Halász u.*), einer Parallelstraße zur Schlippergasse (*Balfi út*). Die Soproner Fischer durften allerdings nicht auf dem offenen See, sondern nur am Ufer fischen.

Im 17. Jahrhundert war Hegykő als Landstadt offenbar Zentrum der Fischerei am Neusiedler See. Für jedes Netz mußten Abgaben bezahlt werden, die zu zwei Terminen – an Georgii (24. April) und Johanni (24. Juni) - fällig waren. Leute, die hingegen nur angelten, bezahlten weniger.

In einem Kirchenbuch aus dem Jahre 1631 ist vermerkt, daß in Hegykő viele Fischer wohnten und jeden Mittwoch viel Fisch zum Markt trugen, wobei jeder zehnte Fisch der Kirche zukam.

Aus der Nádasdy-Zeit von Hegykő sind für die Gemarkung des Dorfes 14 Stellen bekannt, an denen gefischt wurde. Dabei standen der Herrschaft zwei Drittel des Fanges zu. Zu einer Halbpacht gehörten damals 40-44 Quadratklafter Fischereigewässer. 1718 ließ die Herrschaft einen eigenen Fischteich anlegen und kaufte bei Bedarf zusätzlichen Fisch von den Hegykőer Einwohnern auf. Die Verpachtung von Fischgewässern war eine einträgliche Erwerbsquelle und gegen illegales Fischen wurde streng vorgegangen, wie Berichte aus dem Jahr 1712 belegen.

Die Fangmengen aus dem See waren immer wieder ganz ordentlich, wie eine Rechnung des Meiers von Simaság belegt, nach der 1775 Graf Festetics von Hegykőer Fischern 609 Pfund (ca. 340 kg) rohen Fisch kaufte – für die Küche und häuslichen Bedarf.

Schon früher wurden offenbar bevorzugt jene Fischarten gefangen, die man auch heute noch schätzt: Hecht, Zander, Karpfen, Wels, Schleie und Karausche, wobei die beiden letztgenannten inzwischen selten sind.

1783 wollte ein Bauer aus Sarród die Hegykőer Fischgewässer pachten, was den Hegykőern mißfiel, weshalb sie sich mit einer Klage an den damaligen Grundherrn Ferenc Széchenyi wandten und ihn baten, er solle doch lieber ihnen ein Angebot machen, was dann auch geschah – sogar zu einem günstigen Preis.

Je nach dessen Wasserstand lag Hegykő mehr oder weniger dicht am Ufer des Neusiedler Sees. Daher ist es völlig klar, daß bei dem Fischreichtum des Gewässers die Fischerei auch hier noch lange Zeit eine wesentliche Rolle spielte. So war Hegykő nicht nur bis ins 18. Jahrhundert hinein ein reines Fischerdorf, sondern für die ungarische Fischerei des Neusiedler Sees, wie *Kárpáti (2012)* bemerkt, sogar das Hauptzentrum.

Fische vom Neusiedler See wurden natürlich auf dem Markt von Sopron verkauft; je nach Entwicklungsstand des Verkehrswesens aber auch auf den Märkten von Pápa, Szombathely, Wiener Neustadt und Wien. Letzteres belieferten u.a. auch deutsche Fischer aus Sopronbánfalva (Wandorf).

Im Jahre 1815 überließ Graf István Széchenyi die Fischerei auf Hegykőer Markung einigen örtlichen Fischern, wofür sie über die Pacht hinaus auch bei Bedarf der Herrschaft drei Doppelzentner Fisch abzugeben hatten.

Auch am Ende des 19. Jahrhunderts waren, wie der eingangs erwähnte Ottó Herman nach einem Besuch der Gegend 1887 berichtet, die Bewohner von Hegykő offenbar noch sehr stolz auf ihre altungarische Fischertradition. Dementsprechend reagierten sie weniger erfreut, als sie einmal darauf hingewiesen wurden, daß die Wörter, die sie für die Fischart Laube (*löbő*) oder ihren Kahn (*söföl*, von *Schiffl* abgeleitet) benutzten, dem Deutschen entlehnt sind, während man anderswo in Ungarn die Laube *küsz(hal)* und den Kahn *farosbárka* heißt. Auch sonst hatten die Hegykőer Fischer ihr ganz eigenes Vokabular, wie auch bei *Szigethi et alii (2021)* nachzulesen.

Indes fand Herman beim Studium der in Hegykő und Sarród verwendeten Fischereigeräte Ähnlichkeiten zu solchen, wie man sie aus Asien (z.B. aus Japan) kennt. Das wiederum ist ein Anhaltspunkt dafür, daß die Ungarn vielleicht alte Traditionen aus ihrer asiatischen Heimat ins Karpatenbecken mitgebracht und bis vor kurzem weitergepflegt haben.

Aufschluß über die Fischerei von Hegykő gibt auch ein Brief, den der aus Kőszeg stammende, ungarische Ornithologe namens *István Chernel (1865-1922)* am 6. August 1889 aus Sopron an seine Frau schrieb:

*„Mein heißgeliebter Engel!*

*…Am Samstagabend bin ich nach Hegykő gefahren und den Abend habe ich in Fertőszentmiklós verbracht, wo wir den Namenstag feierten; am Tage darauf morgens um fünf Uhr sind wir mit dem Kahn auf den Neusiedler See hinausgefahren und am Vormittag kam ich mit dem Fischer György zusammen. Der See war wunderbar, so ruhig wie ein Spiegel und voll von Wasservögeln, vor allem aber nach Fischen jagenden Vögeln und Möwen. Respektvoll – wirklich nur respektvoll – nahm ich das großartige Bild auf. Ich habe viel mit den Fischern*

*gesprochen und bin dankbar, daß ich das Fischereigesetz in ihrem Interesse geschrieben habe. Sie sind redliche, rechtschaffene Menschen und ich liebe sie wirklich. Hier war ich Zeuge einer Begebenheit, die mich wahrlich beeindruckt hat. Denn in der Hegykőer Fischertruppe war ein 74-jähriger alter Mann namens Ferenc Kóczán. Er war ganz grauhaarig, doch arbeitstauglich wie die anderen und regelrecht krank, wenn er nicht fischen konnte; seine Seele glühte vor Leidenschaft zu seinem Handwerk. Als ich jetzt am Seeufer stand, waren dort die Fischer zugange und reinigten das Netz im Wind, doch war ein Fremder unter ihnen und der Alte fehlte. Auf einmal sehe ich nur, wie er zwischen den Schilfbüscheln aus dem See langsam in einem Kahn stakend hervorkommt und dann die gefangenen Fische und sein Boot herbringt. Ich fragte György, was das denn sei, daß der Alte allein für sich herumzieht. Da erfuhr ich folgendes: Heute morgen – so sagte er – steht der Alte da, schaut uns traurig an und aus seinen Augen kamen Tränen, während er verkündete: Ich bin taub geworden, ich kann nicht mehr fischen. Während ich sah, wie er das letzte Mal auf dem See gewesen war, packte er seine Gerätschaften zusammen und schaute noch einmal auf sein Reich zurück. Dann ging der alte Fischer gesenkten Hauptes zu der großen Viehweide. Seine Gestalt wurde immer kleiner und irgendwo neben dem See verschwand der Fischer, Abschied nehmend von seiner äußerst geliebten Arbeit, die er sein Leben lang verrichtet hatte. [...]"*

Der alte István Szigethi sr. berichtete (vgl. *Kóczán 2008*) über die Fischerei folgendes:

*„Nach den Dreißigerjahren lief die Branche am besten und im Dorf gab es eine Fischerkameradschaft mit 12 Mitgliedern. Freilich bedeutete dies für uns nicht den Lebensunterhalt; es war nur eine Art von Nebenverdienst. Im Frühling ging es sehr gut und die Fänge waren üppig, da wir die Fische einkreisten. Nachdem wir mehr fingen, brachten wir die Fische auf den Markt nach Sopron oder verkauften sie gleich im Dorf. Wenn wir auch darüber hinaus noch mehr fingen, setzten wir die Fische in einen Teich neben dem Dorf und verkauften sie später. Wir fischten nicht nur mit dem Netz, sondern auch mit der Reuse. Diese legten wir täglich aus und holten sie ein."*

Schon die Kinder lernten früher spielerisch an der Seite ihrer Väter die verschiedenen Fischarten, sowie auch die Gerätschaften und Fangmethoden kennen. So fanden sie beinahe zwanglos in das Fischerhandwerk hinein.

Die meisten gingen schon ab einem Alter von 12-14 Jahren selbständig zum Fischen auf den See hinaus, um zu angeln, mit dem Kescher zu fischen oder Fischreusen auszulegen. Danach, wenn sie weiter heranwuchsen, schlossen sie sich irgendeiner Fischergruppe oder „Fischerkameradschaft" an.
Es gab auch Fischer, die eigentlich Landwirtschaft betrieben, aber davon nicht leben konnten und daher versuchten, mit der Fischerei ihr Einkommen aufzubessern. Dies waren die Kleinfischer, die in ihrer Zeit frei organisiert und nicht an die Verpflichtungen einer Gruppe gebunden waren.

Außer den erwähnten Personengruppen, fanden sich überdies jene, die sehr gut von der Landwirtschaft leben konnten und die Fischerei nur als Zeitvertreib betrachteten. Diese Leute waren dementsprechend nur gelegentlich, hauptsächlich in der Laichzeit, auf dem See zu sehen.

Die Häuser der Fischer konnte man früher schon von weitem an den im Hof befindlichen, typischen Gerätschaften erkennen: Keschern, Reusen, Fischerbooten oder den sich unter den Arkaden befindlichen Netzen. In den Höfen der Fischer gab es zuweilen auch Vieh: Hühner, einen Schweinestall und gelegentlich auch einen Kuhstall; letztgenannten jedoch nur bei solchen Fischern, die auch Ackerland bebauten.

Die Wohnungseinrichtung der Fischerkaten unterschied sich nicht von jener der Bauern; nur insofern, daß in der Küche, der Wohnstube oder der Kammer halb zubereitete Fische zu sehen waren und auch kleinere Werkzeuge die Verbindung zum Handwerk ahnen ließen. Ebensowenig zeigte die Bekleidung der Fischer wesentliche Besonderheiten. Es wird aber berichtet, daß die Fischer zwar wochentags in schmutzigerer Kleidung umhergingen, sich zu den Feiertagen hingegen jedoch besser kleideten als die Bauern. Die Fischer trugen lieber modische als bäuerliche Kleidung. Unter der Woche gingen sie in Gummistiefeln, an denen sie, die Schilfschneider und alle, die auf dem See arbeiteten, zu erkennen waren.

Auch die Mahlzeiten der Fischer waren sehr einfach. Zum Mittagessen aß man abwechselnd Suppe, gekochtes Gemüse oder Teigwaren; dasselbe wie die Bauern. Man machte hauptsächlich Bohnen- und Kohlsuppe. Fleisch wurde indes nur selten gegessen. Zum Frühstück gab es Milch, Kaffee, Kartoffeln oder

Speck; zum Abendessen verbrauchte man die vom Mittagessen übriggebliebenen Lebensmittel. Wenn man auf den See hinausfuhr, wurde daheim nicht zu Mittag gegessen und es gab nur Frühstück und Abendbrot. Dann nahm man sich das Mittagessen mit - das, was sich gerade im Haus fand: Brot mit Schmalz oder Marmelade, Speck, Wurst, Grieben bzw. Grammeln und Eier. Fisch schätzte jeder, weshalb verschiedene Fischgerichte natürlich oft auf dem Speiseplan der Fischer standen. Das Fleisch wurde bei ihnen durch Fisch ersetzt.

Interessant war auch der mit der Fischerei in Verbindung stehende Volksglaube. So mochten es beispielsweise die Alten überhaupt nicht, wenn man den zum Fischen aufbrechenden Leuten bei dieser Gelegenheit unterwegs Glück wünschte oder wenn eine Katze ihren Weg kreuzte. Man weiß sogar zu erzählen, daß jene, die auf dem Weg zur Arbeit den Pfarrer trafen, gleich wieder umkehrten. Auch spuckte man etwa hinter seinen Netzsack, damit man mehr Fische fing, oder man bespuckte den ersten Fisch, wobei man sagte: „Dein Vater und deine Mutter sollen herkommen!". Wenn man aber einen großen Fisch fing, hieß es gerne: „Das ist der Leitfisch: heute werden wir noch viele andere Fische fangen!". Auf dem Wasser wurde normalerweise nicht geflucht, denn wenn dort irgend jemand unanständige Dinge sagte oder den Namen des Herrn mißbrauchte, gab es, so der Glaube, keinen guten Fang.

Die Kleinfischer gingen nach Möglichkeit täglich zur Arbeit, weil eine Redensart besagte: „Der schlafende Fuchs fängt keinen Hasen, und der faule Fischer keinen Fisch!".

Bei schlechtem Fang oder im Falle von dringenden landwirtschaftlichen Arbeiten blieb der Fischer bis zu vier Tage zu Hause und ging erst danach wieder fischen. Wenn sie irgendwie konnten, schickten die Fischer lieber ihre Frauen oder Kinder hinaus aufs Feld, damit sie in Ruhe fischen konnten. In den meisten Fällen bearbeitete die Frau das Feld und fütterte die Tiere, damit der Mann nicht vom Fischereigeschäft abgelenkt wurde.

Der Kleinfischer konnte sich seine Zeit frei einteilen: Er ging dann aufs Wasser, wenn er wollte und war verhältnismäßig unabhängig. Die Kleinfischer waren im Allgemeinen verschlossene Menschen und sie hatten nicht jenen Gemeinschaftssinn wie die Mitglieder der Fischerkameradschaften. Ängstlich hüteten sie - einer vor dem anderen - ihre Geheimnisse. Weshalb und wo sie wie viele

Fische fingen verrieten sie nicht, denn sie befürchteten, daß andere ihnen beim nächsten Mal zuvorkämen.

Die in der Gruppe arbeitenden Fischer lebten sehr organisiert. Die einzelnen Mitglieder der Fischergruppen verbrachten einen großen Teil ihres Lebens in Fischerhütten, die in den See gebaut waren. In diesen kleinen Unterkünften lebten jeweils fünf Männer. In der Hütte hatte jeder seinen eigenen Platz. Im Allgemeinen bereitete man sich Fischbrühe, Fischsuppe und Fisch am Spieß zu, wobei das Braten und Kochen das einfachste war.

Die Fischbrühe wurde zubereitet, indem man in einen Topf in Fett geröstete, kleingeschnittene Zwiebeln gab, dann Paprika hineinstreute und Wasser hinzusetzte. Während die Zwiebeln brieten, wurde der Fisch geschuppt, ausgenommen, geköpft und kam danach in den Topf. Zur gleichen Zeit gab man ein bißchen Essig oder manchmal noch einen kleinen Becher Wein mit hinein. So kochte alles ungefähr zehn Minuten lang und schon war die feine Fischbrühe fertig. Nach Meinung der Fischer machte man aus kleineren Fischen und verschiedenen Fischarten, sowie von der Karausche die beste Fischbrühe und Fischsuppe. Die Fischsuppe glich dabei der Fischbrühe, nur daß man sie mit noch mehr Wasser aufkochte und mit dem Fisch zusammen auch Kartoffeln hinzugab.

Das Braten von Fisch am Spieß, dem Steckerlfisch, war dabei noch einfacher. Die geschuppte Seite des Fisches wurde von Hand eingeschnitten und eingesalzen. Manchmal wurde der Fisch auch mit Speck gespickt, d.h. in die Einschnitte wurden kleine Speckstücke hineingedrückt. Dann wurde der Fisch auf den Spieß, d.h. auf 30-40 cm lange Weidenruten aufgesetzt, deren Enden man neben dem Feuer so in den Sand steckte, daß sich das andere Ende mit dem Fisch über dem Feuer befand. So briet der Fisch und wurde dabei gedreht. Oft spießte man ihn auch nicht auf, sondern hielt ihn einfach, um das Feuer herumsitzend, mit den Händen. Wenn der Fisch rötliche Farbe angenommen hatte, war er gut gebraten und man konnte ihn vom Spieß nehmen. Der Karpfen wurde für diese Art von Zubereitung am meisten geschätzt. Auch als Backfisch nahm man den Karpfen; den Hecht hingegen nur selten.

Die Zubereitung von Fischbuletten war ein wenig umständlicher. Der gesäuberte Fisch wurde in kochendes Wasser gegeben, damit sich das Fleisch schön von den Gräten ablösen ließ. Die kleinen Gräten blieben zwar darin, aber man drehte das Ganze ja auch durch den Fleischwolf. Nach dem Mahlen mischte man unter das Fleisch eingeweichtes Brötchen, kleingeschnittenen Knoblauch, Ei und Pfeffer, formte das ganze einer Pogatsche ähnlich, panierte es mit Semmelbröseln und gab es so in bratendes Fett. Wenn die Buletten genügend braungebraten waren, nahm man sie aus dem Fett heraus und dann waren sie fertig. Diese Speise wurde aus Karpfen oder Hecht hergestellt.

Wenn das Essen fertig war, nahmen die Fischer den dreibeinigen Topf vom Feuer, setzten sich drumherum, löffelten aus dem Dreifuß die Fischsuppe oder Fischbrühe aus und aßen den gebratenen Fisch aus der Hand.

Wie schon angesprochen, arbeiteten die meisten Fischer in der Gruppe, wobei vor allem deren Organisation bemerkenswert war. Der Fischereiwirt organisierte die Gruppe. Er prägte den Mitgliedern privat wie öffentlich gleichermaßen seinen Stempel auf.

Um 1817 gab es in Hegykő zwei Fischergruppen, die während des ganzen Jahres frei Fische mit dem Netz oder der Reuse fangen durften. Manche Gebiete wurden während des Winters von den zwei Gruppen abwechselnd jeweils eine Woche lang befischt. Von den an die Grundherrschaft abzuliefernden Fischen sollte die Hälfte „guter Tafelfisch" sein.

Da die Gruppenfischer normalerweise nicht auf dem Feld arbeiteten, nahm die Fischerei ihre gesamte Zeit in Anspruch. Im Gegensatz zu den Kleinfischern waren sie nicht voll selbständige Leute, weil sie ja an die Kameradschaft gebunden waren. Wenn der Anführer oder die Mehrheit der Mitglieder bestimmte, daß man fischen ging, mußten alle Mitglieder der Gruppe mitgehen, und nur im seltensten Fall schloß sich ein Fischer aus; war aber dann verpflichtet, für einen Stellvertreter zu sorgen. „Der Fischer hat auf dem See und das Netz im Wasser seinen Platz!", hieß es bei den in der Gruppe arbeitenden Fischern, und so arbeiteten diese mit Ausnahme der Sonntage an jedem Tag von morgens bis abends. Die in Gruppen organisierten Fischer hielten auch sonst sehr zusammen. Einen großen Teil ihres Lebens verbrachten sie gemeinsam, selbst die Sonntage. Auch abends kamen sie zu irgendeinem Gruppenmitglied ins Haus oder gingen zusammen etwas trinken in der *kocsma*, der Dorfkneipe. Dort hatten sie oft ihre eigenen Stammtische, über denen das Modell eines Fischerkahns oder ein Fisch hing.

Die in den See gebauten Hütten waren für die Gruppenfischer wie ein zweites Zuhause. Wenn sie auf dem See schlechtes Wetter erwischten, konnten sie dort auch länger ausharren. Zu essen – natürlich in Form von Fisch! – gab es dort genug; nur Brot und Wein mußten die Fischer mitbringen. Unter sozialen Gesichtspunkten war dies für die Männer auch eine Möglichkeit, einmal ganz unter sich zu sein und vielleicht über die Sorgen mit ihren Frauen zu reden.

Auf der ungarischen Seite des Neusiedler Sees besaßen die Hegykőer Fischergruppen die besten Hütten. Von den anderen abweichend, standen sie nicht am Ufer, sondern auf Pfählen im See. Eine Hütte wurde zuerst 1927 auf der Gemarkung Fertőszéplak gebaut. Dort stand sie bis 1935. Danach wurde sie auf Hegykőer Gebiet an den zentralen Kanal versetzt, denn dort war offenbar der Fangertrag besser. An dieser Stelle stand die Hütte bis sie 1946 abbrannte. Nach Aussage der Fischer hatte sie ein Schilfschneider aus Fertőhomok angezündet, wobei sie vollständig zerstört wurde.

Die vier Meter breite und fünf Meter lange Hütte war auf neun Pfähle gebaut. Ihre Höhe betrug ungefähr 230 cm. Sie besaß kein Fenster, sondern nur einen Eingang der Maße 180 x 60 cm, und wenn man drinnen heizte, dann kam, weil es sonst keinen Abzug gab, der Rauch auch dort hinaus. Das Dach der Hütte war mit Schilf gedeckt.

Die Reihenfolge beim Bau dieser insgesamt dreieckig aussehenden Hütten war die folgende:

Für das Fundament der Hütte wurden aus Akazienholz neun Pfähle von zwei Meter Länge in den Grund geschlagen oder gegraben, so daß sich deren herausragende Enden alle auf derselben Höhe befanden. Dann wurden die sich gegenüberstehenden Pfähle mit drei aus Akazienholz rechteckig geschnittenen Balken verbunden.

Auf diese hinauf wurde jeweils lange Balken gesetzt, die für das spätere Befestigen der Dachbalken an fünf Stellen ausgeschnitten waren.

Die Zwischenräume zwischen den waagrechten Balken des Bodens der Hütte wurden mit Brettern überdeckt, die den Boden bildeten. Dies war später die Schlafstelle der Hütte.

Danach erfolgte das Aufsetzen der Dachkonstruktion. Die schon zuvor rechteckig geschnittenen Dachbalken wurden in der Mitte eingesägt, damit sie beim Aufstellen am Firstbalken befestigt werden konnten. Oben wurden die Balken so ausgeschnitten, daß immer jeweils zwei beim Zusammenfügen genau aneinanderpaßten. Fünf Paar Balken im Abstand von 70-80 cm bildeten das Gerüst des Daches. Auch diese wurden an ihrem einen Ende in den Grund eingehauen oder eingegraben und sorgten im Falle von Stürmen für zusätzliche Stabilität der Konstruktion. Auf die so errichteten Dachbalken wurden auf beiden Seiten des Daches jeweils vier Latten im Abstand von 20-30 cm aufgenagelt. Anschließend deckte man das Dach sorgfältig mit Schilf. Das Reet wurde mit Draht oder Weidenruten an die Dachlatten gebunden.

Das Reet reichte bis zum Firstbalken, bedeckte diesen noch und wurde an dieser Stelle zu beiden Seiten mit jeweils einem Brett angenagelt, damit es gut befestigt war. Auf dem First der Hütte wurde das Schilf verflochten und angenagelt; vorne und hinten wurde zur Zierde ein kleiner Schopf stehengelassen.
Abschließend wurden die Giebelseiten der Hütte noch mit Brettern versehen. An der Hinterseite, sowie an der Vorderseite im Spitz oberhalb des Eingangs brachte man die Bretter waagrecht an; bis zur Höhe des Eingangs-Türsturzes lotrecht. Danach setzte man eine bereits vorher angefertigte Türe mit Schloß und Klinke ein. Vor die Türe wurde noch - zwecks des bequemeren Einstiegs - ein kleiner, ein Meter langer und 80-90 cm breiter Steg montiert, der auf der einen Seite auf zwei Pfählen ruhte und auf der anderen am ersten Bodenbalken der Hütte befestigt war. Daran befestigte man eine Leiter, auf der die Fischer in die Hütte hinaufstiegen.
Unter einer solchen Hütte konnte der Wind hindurchblasen und fünf Leute vermochten bequem in ihr zu leben. Nach dem Bau der Hütte richtete man sie so ein, daß sie auch etwas heimelig war; im hinteren Teil mit einem Schlafplatz für vier Fischer. Ungefähr in die Mitte der Hütte setzte man eine 40 cm hohe Schiffsplanke. Der hintere Teil konnte dann entsprechend der Höhe der Planke mit Stroh aufgefüllt werden, so daß man eine bequeme Schlafstätte hatte. Den vorderen Teil der Hütte jedoch teilte man mit zwei 30 x 30 cm starken Balken zu drei gleichen Teilen auf. So befand sich auf der einen Seite die mit Stroh bedeckte Schlafstätte des Gruppenführers, auf der anderen hingegen - mit kleineren Brettern abgetrennt - der Lagerplatz, wo die Fischer ihre Kleidung, Ranzen, Geschirr, Nahrungsmittel, Behälter mit Trinkwasser und die zum Feuermachen notwendigen Utensilien aufbewahrten.

Im mittleren Teil der Hütte, dem Eingang gegenüber, befand sich die Feuerstelle. Die Feuerstelle bestand aus einer 60 x 70 cm großen Kiste, deren Boden man entfernte und mit einem Draht als Funkenfänger darüber aufhängte. So blieben von der Kiste nur die Seitenwände übrig, die man danach auf den Boden der Hütte nagelte und mit Sand auffüllte, damit das Feuer diesen nicht verbrannte. Darauf plazierte man den Dreifuß - ein Eisengestell von 40 cm Durchmesser, auf welchen der Topf zum Kochen gestellt wurde. Am mittleren Hauptbalken hing die Sturmlampe. Desweiteren wurden Heiligenbilder aufgehängt, damit die Hütte der Fischer noch häuslicher schien. An den Balken hingen Seile und andere, kleinere Gerätschaften.

In einem Buch von *János Bárdosi* mit dem Titel „*Die ungarische Fischerei des Neusiedler Sees*" („*A magyar Fertő halászata*") erinnert man sich an das damalige Leben zurück. Aus Berichten heißt es von *Ferenc Zsugonits*:

*„Nach Mitternacht fischten wir zwei bis drei Stunden. Danach banden wir das Boot an einen Pfahl und legten uns schlafen. Im Mai jedoch, zur Karpfenlaichzeit, ruhten wir die ganze Nacht nicht und schliefen nur tagsüber ein bißchen. Die Hütte ist des müden Fischers Ruhestätte, doch bequem ist sie nicht, weil wir unser Leben dem See anvertraut haben. Sie war aber ein ganz besonders gesunder Ort. Hier hatten wir einen guten Appetit und hier konnten wir gut schlafen. Wenn es regnete, lagen wir oft bis zu drei Tage lang in der Hütte. Wirklich fein konnte man nur hier schlafen. Wir waren ohnehin immer müde, denn vor zwei Uhr nachts legten wir uns nie hin. In einer Nacht unternahmen wir auch eine zwanzig Kilometer lange Bootsfahrt...*

*Wir waren vom Rudern erschöpft und es war gut, in die Hütte hineinzugehen und auszuruhen. Früher gab es auf der Gemarkung Hegykő drei Fischerhütten, denn in den ersten Jahrzehnten des 20. Jahrhunderts zählte der Ort auch drei Fischergruppen. Eine Hütte war die erwähnte, eine weitere stand an der Grenze zu Fertőhomok und eine noch beim Hasenwiesen-Hügel („Nyulrétek Dombjá"). Das war die meines Vaters. Von der Hütte waren es nur fünfzig Schritte bis zum Rand des Sees. Hier war das Leben schöner als in unserer, weil diese am Ufer stand. Im Falle von Sturm konnten wir oft drei Tage lang nicht zurück aufs Trockene gelangen. Dann heulte in der Hütte der Sturm und von unten spritzte das Wasser durch die Bodenplanken hindurch. Unsere Nahrungsvorräte gingen ebenfalls aus, aber hinausfahren konnten wir wegen des*

*großen Sturms auch nicht. Diese Hütte war in vieler Hinsicht gefährlicher, aber wir bauten sie auch aufs Wasser, weil das unter fischereitechnischen Gesichtspunkten günstiger war...*
*So konnten wir immer in der Nähe der Fische sein, gut ihre Bewegungen sehen, und beobachten, wohin sie schwammen. Unser Fang war immer größer als jener von den Fischern, die ihre Hütten am Ufer hatten. Wir kreisten die Fische schon auf unseren Bootsfahrten ein und trieben sie in diese Richtung ins flache Wasser. Daher tauschten wir unsere Hütte nicht mit denen der anderen."*

Die Formen der alten, traditionellen Fischerei sind schon bis zur Mitte des 20. Jahrhunderts ausgestorben.

Heutzutage gibt es nur noch wenige hauptberuflich arbeitende Fischer am Neusiedler See. Auf der ungarischen Seite des Sees waren es 2006 noch acht, 2009 noch sieben. Auch für 2012 gibt *Kárpáti* noch 6-8 und für den ja viel größeren österreichischen Teil 10-12 an. Im Jahr 2015 soll es dann am ungarischen Ufer nur noch einen Fischer gegeben haben. So ist die Fischerei – nun in Form des Freizeit-Angelns, das meistens an dafür vorgesehenen Angelteichen (wie es auch in Hegykő einen gibt) praktiziert wird – heutzutage eher zum Hobby geworden. Für dieses ist ein staatlicher Angelschein notwendig, sowie eine örtliche Angelerlaubnis, die man über die Nationalparkverwaltung oder die Angelsportgeschäfte (*Horgászbolt*, z.B. in Fertőd) bekommt.

Allerdings ist auch das Freizeit-Angeln inzwischen im Rückgang begriffen. Während noch vor zwanzig Jahren an Wochenenden viele Hegykőer Männer zum Angeln an den Kanal unweit des Grenzzaun-Denkmals oder hinaus zum Fischteich gingen, verbringen auch hier nun jüngere Generationen heutzutage lieber den Samstag im Shopping-Center oder vor den Multimedia-Geräten – eine bedauernswerte Entwicklung, die den Menschen noch weiter der Natur entfremdet.

<u>In der Fischerei verwendete man folgende Gerätschaften:</u>

Die *Daubel* (ung. *emelőháló*):

Die quadratische Daubel, auch *Hub-* oder *Hebenetz* genannt, wird heute in der Region Neusiedler See nur noch selten verwendet. Zuweilen kann man an der Schleuse vom Einser-Kanal noch Leute sehen, die damit arbeiten. Häufiger ist sie hingegen noch entlang der Donau anzutreffen (siehe Foto).

Dieses Netz war das Gerät der Kleinfischer, mit dem sie vom Ufer aus entlang der Kanäle und Gräben fischten. Der Fischer ließ von dort aus das Netz ins Wasser, so daß es bis auf den Grund eintauchte. Dort hielt man es 6-8 Minuten, dann zog man es hinauf und holte damit – wenn man geschickt war – den gefangenen Fisch heraus.

Der Erfolg dieser Fangmethode hing davon ab, daß der vorbeischwimmende Fisch gerade zufällig über das Netz gelangte. An jeweils einer Stelle tauchte man mehrmals (vier- bis fünfmal) sein Netz ein, besonders dann, wenn man dort bereits schon einmal etwas gefangen hatte. Im Allgemeinen kannten die Fischer die Stellen, welche für diese Art von Fischerei geeignet waren. Das quadratische Fangnetz benutzte der Fischer hauptsächlich in der Laichzeit, wenn die Fische, die zum Laichen das seichte Wasser aufsuchen, schwergewichtig die Kanäle und Gräben aufwärts wandern. Während heute diese Art des Fischens im Verschwinden begriffen ist, stehen uns dazu hingegen einige historische Quellen zur Verfügung, in denen die Art des Fischernetzes als „Spinnennennetz" (ung. „*Pók háló*") bezeichnet wird.

Der ungarische Volks- und Naturkundler *Károly Lukács (1882-1954)* führt ein lateinisches Urbarium von 1492 an, in dem es, die Gemeinde Hegykő betreffend, heißt:

*„Item quicunque cum Retibus piscaverint quod vocatum Pók háló super Lacum ex eo solvet Flor. 4.- Duas Libras Pisum et Pisces 50."*

*Daubelnetz an der Donau bei Haslau. Foto: O. Meiser (2018)*

*„So bezahlt jeder, der auf dem See mit einem „Spinnennetz" genannten Netz fischt, dafür 4 Gulden, zwei Pfund Paprika und 50 Pfund Fisch".*

Allerdings gibt die interessante Urkunde bezüglich Aussehen und Verwendung dieses Gerätes keine weiteren Anhaltspunkte, außer jenen, daß man die Netze auf dem See und vom offenen Boot aus einsetzte. Es ist nicht hundertprozentig sicher, aber zumindest wahrscheinlich, daß hier von einfachen, viereckigen Fangnetzen die Rede ist.

Die *Netzreuse* (ung. *hálóvarsa*):

Mit der Netzreuse hingegen konnte man zur Laichzeit und bei Südwind viele Fische fangen. Der Nachteil ist, daß der Karpfen nicht sehr tief in sie hineinschwimmt. Wenn das Wasser klar ist und der Mond scheint, so hieß es, dann sieht der Karpfen die Netzreuse und will einfach nicht hinein; lieber krepiert er davor. Nur im aufgewühlten Wasser oder in der Dunkelheit läßt sich der Karpfen mit der Netzreuse fangen. Für Hecht und Karausche wiederum ist die Netzreuse sehr gut geeignet.

Netzreusen wurden mithilfe von Teer vor einem vorzeitigen Zerreißen geschützt, was ihre Haltbarkeit erhöhte. Dafür wurde Teer in einem Gefäß erhitzt und die Reuse hineingetaucht. Unter fischereitechnischen Gesichtspunkten ist dies allerdings nicht vorteilhaft, weil aufgrund des unangenehmen Geruchs und

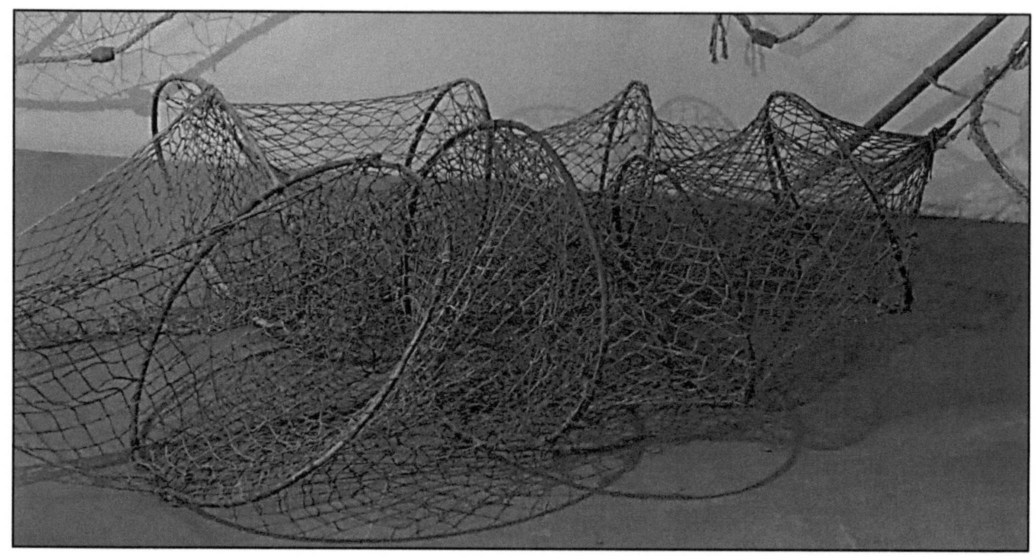

*Netzreusen. Bauernhausmuseum Fertőszéplak. Foto: O. Meiser (2021)*

der schwarzen Farbe des Teers der Fisch die Netzreuse manchmal auch meidet. Trotzdem verwendete man dieses Verfahren im Interesse der Haltbarkeit dann doch immer wieder.

Das Herstellen der Netzreusen war eine wahre Kunst. Die Werkzeuge für die Herstellung der Netzreuse waren Stricknadel (ung. *kötőtű*) und Strickholz (ung. *kötőfa*).
Die Stricknadel stellte man aus Holunder-, Kirsch-, Weichsel- oder Weidenholz her und sie wurde mit Glas glattpoliert, damit sie leicht rutschte. Die Nadel war 20-25 cm lang und 2 cm dick.
Das Strickholz wurde aus Akazienholz gefertigt und ebenfalls poliert. Es war 15-20 cm lang, Die Dicke variierte, je nach gewünschter Maschengröße, d.h. bei der Netzreuse lag sie bei 1,5-2 cm. Für die Herstellung wurden ganz bestimmte Garne verwendet (aus 1 kg davon konnte man fünf einflügelige Reusen herstellen).

Das Stricken bzw. Flechten der Netze  ging folgendermaßen vor sich: Je nachdem, ob man eine kleine, mittlere oder große Reuse herstellte, war die Anzahl der Maschen zu Beginn entscheidend. Die Größe der Maschenöffnung betrug 3-4 cm, die Maschenweite (auch: Licht, Länge zwischen zwei Knoten) 1,5-2 cm. Die Maschen der Netzreusen konnten einen durchschnittlichen, 15 cm großen Fisch halten, bei den schlankeren Hechten auch Exemplare von 20-25 cm Länge, bei Karauschen solche größer als 12 cm.

Bei der ungarischen Fischerei des Neusiedler Sees wurden die Netzreusen immer rund geflochten. Eine kleine Netzreuse wurde mit 20 Maschen begonnen. Um zu der

*Korbreuse. Foto: O. Meiser (2021)*

erweiterten Form zu finden, mußte man beim Knüpfen zusätzliche Maschen einfügen. Je nach Länge der Reuse wurden mehrere Metallringe eingesetzt. Wo man dann am anderen Ende die Größe wieder reduzieren mußte, ließ man entsprechend Maschen nach. Bei der Reduktion der Größe arbeitete man umgekehrt, indem man nicht durch eine, sondern durch zwei Maschen die Nadel zog und somit eine Masche fallenließ. Wie beim Außennetz der Reuse arbeitete man auch bei den zwei trichterförmigen Innennetzen.

Die *Korbreuse* (ung. *vesszőtapogató*):

Die Korbreuse war bei fast jedem Fischer zu sehen. Sie wurde hauptsächlich zur Laichzeit verwendet. Dieses Gerät glich jedoch eher einer Art Käfig als einer Reuse. Sie wurde aus ausgewählten Weidenruten und Liguster hergestellt.

In mehreren Quellen, so etwa *„Die Österreichisch-Ungarische Monarchie in Wort und Bild"* heißt es 1896, daß die Dörfer Hegykő, Fertőszéplak und Sarród bei der Herstellung dieses Reusentyps die geschicktesten waren.

Andere Gerätschaften:

Neben den erwähnten Reusen gab es noch komplizierte Systeme aus Röhricht-Flechtwerk, die fast labyrinthartig ins Wasser gestellt wurden und im Ungarischen *kürtő* genannt wurden. Fische konnten entweder hineingetrieben werden oder kamen von selber hinein. Die Fische mochten ja schon auch nicht ganz dumm gewesen sein, doch gegen die raffinierten Reusen der schlauen Hegykőer hatten sie halt einfach keine Chance!

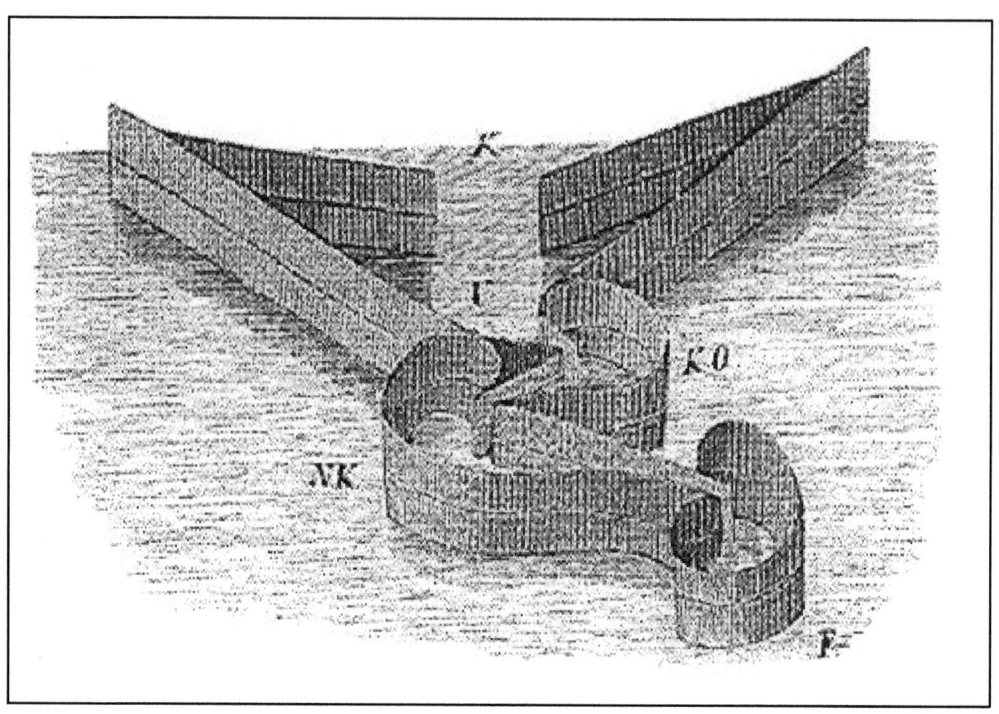

*Kürtő-Reuse. Nach einer Abbildung von Ottó Hermann (1889)*

Gerade diese Art von Reuse ist es, die nach *O.Herman* einem japanischen Reusentypus ähnelt, der dort *Yeri* genannt wird.

Zu den genannten Gerätschaften verwendete man außerdem verschiedene Arten von Keschern (ung. *mérítő*), sowie Dreizacke bzw. Fischgabeln zum Aufspießen der Fische (ung. *nyél* genannt). In Netzsäcken, Holzbehältern oder Umfriedungen aus Rohrgeflecht, die man ins Wasser steckte, wurden bereits gefangene Fische aufbewahrt.

Aus mehreren Quellen weiß man übrigens, daß die Dörfer des südlichen Neusiedler Sees auch „trocken" gefischt haben. Dies war möglich, wenn ein starker Nordwind Wasser und Fische auf das Südufer trieb und plötzlich abrupt drehte. Wurde das Wasser dann ebenso schnell und kräftig wieder vom Ufer weggeblasen, blieben dabei auf dem Schlamm Fische zurück, die man z.T. von Hand fangen konnte.

*Holzbehälter zum Aufbewahren von gefangenen Fischen. Foto: O. Meiser (2021)*

Insgesamt gesehen war die ganze Fischerei ein sehr aufwendiges Geschäft, bei dem die meisten schwer arbeiten mußten und / oder wenig verdienten. Nicht umsonst sagt ein ungarisches Sprichwort:

*„Halász, vadász, madarász üres tariszyában kotorász!"*
„Fischer, Jäger und Vogelfänger wühlen im leeren Brotsack!"

## 4.2. Die Schilfernte

Nach dem Donaudelta in Rumänien besitzt der Neusiedler See die größten zusammenhängenden Schilfgebiete in Europa. Die Fläche beträgt rund 18.000 ha.

So ist es freilich nicht erstaunlich, daß die Nutzung der Schilfbestände schon seit eh und je einen wichtigen Erwerbszweig darstellte.

Der Schilfgürtel ist an einer Stelle auf der ungarischen Seite gar 11 km breit.

Die Schilfernte zählte früher zu den schweren, herausfordernden Arbeiten, bei denen die Schilfschneider tagtäglich die Launen der Winterwitterung ertragen mußten. Für die hier lebenden Bauern war das winterliche Schilfschneiden eine weitere Art des Broterwerbs. Auch die adeligen Großgrundbesitzerfamilien besaßen große Schilfgebiete, die sie bewirtschaften ließen. Im 19. Jahrhundert war, wie *Z. Pirger* in *Kárpáti / Fally (2012)* anmerkt, die Familie Esterházy

*Kähne für die Schilfernte bei Hegykő. Foto: O. Meiser (2001)*

diesbezüglich führend. 1812 mußten – wie bei *Szigethi (2021)* zu lesen - die Hegykőer für das Schneiden von grünem Schilf eine bestimmte Geldsumme an den Grundherrn abführen; aus der Schilfernte hingegen mußten 4000 Garben abgeführt werden. Dabei hatten 80 % der Vollbauern, aber nur 20 % der Zinsbauern Zugang zu Schilf.

1933 wurden 470.000 Bündel Schilf exportiert. Der größte Teil des Exports ging ins Deutsche Reich; Abnehmer waren aber auch Österreich, die Schweiz, die Tschechoslowakei, Italien, Frankreich, Dänemark und Schweden. Innerhalb von zehn Jahren verdoppelten sich Exportvolumen wie auch der Preis für das Schilf.

1935 gründete sich ein Verband, der die Gemüse- wie auch die Schilfproduzenten der Seeanrainer-Gemeinden vereinte.

Ab 1946 arbeitete der staatliche Betrieb für Fischerei- und Schilfwirtschaft, der im Laufe der Zeit unter der Aufsicht verschiedenster Behörden bzw. Ministerien stand. In den 50er Jahren waren dort noch 450-500 Leute tätig; zur Haupterntezeit kamen sogar noch einmal 350-400 Arbeitskräfte dazu. Die Saisonarbeiter rekrutierten sich überwiegend aus den Seeanrainer-Gemeinden, so auch von Hegykő. Die Schilfschneider konnten im Schatten des Eisernen Vorhangs und noch bis Mitte der Achtzigerjahre nur streng kontrolliert und mit Sondergenehmigung arbeiten.

1983 arbeiteten bei der Schilfverarbeitung von Fertőszentmiklós noch fest 10-15 Leute; im Winter kamen weitere saisonale Kräfte dazu (vgl. *Horváth 1984*).

*Flechten einer traditionellen Schilfmatte. Bauernhausmuseum Fertőszéplak. Foto: O. Meiser (2021)*

Traditionell wurde das geerntete Schilf zum Dachdecken und als Stukkaturrohr verwendet, sowie zu Matten, Geflechten und Bauplatten verarbeitet. Mancherorts diente es auch als Einstreu für das Vieh und gehäckselt als Tierfutter-Beimengung. Daneben konnten aus seiner Zellulose Fasern hergestellt werden.

Über lange Zeit hinweg war die Schilfernte von Hand die einzige Art der Ernte. Sie wurde ab dem Spätherbst vom Wasser aus mit Sicheln, im Winter hingegen auch vom Eis aus mit dem Stoßeisen erledigt; seltener hingegen wurde auf dem trockenen Land gearbeitet. Das abgeerntete Schilf wurde zu Bündeln gebunden, dann mittels Kahn oder Schlitten vom Ort der Ernte abtransportiert und am Seeufer zu Garben aufgestellt. Die Schilfschneider arbeiteten während der Ernte täglich 8-10 Stunden und machten manchmal, wenn es sehr kalt war, Feuer, um ihre klammgewordenen Hände und Füße aufzuwärmen.

Früher mußte, weil nur jeweils das einjährige Schilf für die Verarbeitung taugte, im zeitigen Frühjahr auch Schilf abgebrannt werden, was die Vogelwelt erheblich beeinträchtigte.

<u>Für die Schilfernte benötigte man folgende Werkzeuge:</u>

Schilfsense oder Stoßeisen (ung. *kocér*):

Diese Sense für den Schilfschnitt, die sog. „einhändige" Sense, war eine Sense mit einem kurzen Schneideblatt. Mit dem Werkzeug wurde das Schilf von Hand geschnitten. Die Länge des Schneideblattes betrug 40-50 cm und man wählte sie danach aus, was das Werkzeug an Beanspruchung aushalten mußte. Mit der einen Hand schnitt der Schilfschneider das Schilf, während er mit der anderen Hand soviel Schilf zusammenhielt, bis er den Bund nicht mehr auf einmal umfassen konnte.

Schubsense (ung. *tolókasza*):

Bei der Schubsense handelte es sich um ein Schilfschneidewerkzeug, das dazu geeignet war, auf dem zugefrorenen See die Arbeit schneller und effektiver auszuführen. Die Schubsense wurde mit ihrem Rahmen manuell beidhändig über das Eis rutschend vorwärtsgeschoben und so das Schilf geerntet.
Die Länge des Rahmen lag zwischen 180 und 250 cm, die des Schneideblattes betrug ca. 60-100 cm bei einer Breite von 20 cm.

Bindedraht-Spule (ung. *kötöződrót-orsó*):

Mit einem weichen Eisendraht, der an einer Holzrute befestigt war, band man die Schilfgarben zusammen, was durch das Formen von Schlingen und mittels geschickter Bewegungen geschah.

Langschäftige Gummistiefel (ung. *hosszúszárú gumicsizma*)

Die Gummistiefel reichten bis zur Hüfte hinauf. So wurde beim Waten durch das Wasser die Kleidung des Schilfschneiders geschützt. Die Schilfschneider benötigten sie vor allem, wenn der See nicht richtig zugefroren war, denn dann standen sie häufig bis zu den Knien im Wasser. Die Gummistiefel schützten insofern, daß ein Teil von der Kleidung der Schilfschneider trocken blieb. Doch gegen die später auftretenden, rheumatischen Beschwerden halfen sie nicht.

Eiskrampen (ung. *jégpatkó*):

Dieses Zubehör wurde vom Schmied gefertigt und hatte den Zweck, daß sich die Schilfschneider und Fischer sicher auf dem Eis bewegen konnten. Die Krampen wurden mit einem Lederriemen an der Sohle der Gummi- oder Schnürstiefel befestigt.

*Gyöngyi Miklós* hielt 1977 die Erzählungen von *Gyula Vinkovics* fest, in denen auch einige der o.g. Geräte genannt werden:

*„Die Schilferntesaison beginnt Ende November nach dem Reif, wenn die Blätter von den Bäumen fallen. Diese Arbeit dauert komplett bis Anfang Mai, ehe das neue, grüne Schilf kommt. Im Winter, wenn es gut gefroren hatte und das Eis keinen Schnee trug, gingen wir schon um fünf Uhr morgens zum Arbeiten. Weil wir zu Fuß gingen, war es schon hell, bis wir die 7-10 km entfernt liegenden Röhrichte erreichten. Wir nahmen die Werkzeuge in die Hand oder zusammengebunden auf die Schultern und begannen zu arbeiten. Wir arbeiteten in der schlechtesten Kleidung und trugen langschäftige Gummistiefel, aber dennoch wurden wir patschnaß, denn nicht überall war das Wasser gefroren. Alle Arbeit erfolgte von Hand – vom Ziehen der Kähne bis zum Schilfernten. Die Schilfernte erledigten wir mit dem Stoßeisen und der Schubsense. Das Stoßeisen war ein aus einer Sense gefertigtes Gerät; seiner Form nach wie eine Sense, nur kleiner, da wir mit ihr einhändig arbeiteten. Die Schubsense bestand aus einem hölzernen Rahmen, der vorne ein verstärktes, ebenmäßiges und aus einer Sense gefertigtes Messer hatte. Daran befand sich eine Vorrichtung mit zwei Griffen. Die Schubsense führten wir stets so, daß wir mit einem Schub jeweils ein Bündel schnitten. Dieses geschnittene Schilf fiel auf das Gestell und wurde dort zum Bündel gebunden. Früher fertigten wir die Seile dazu aus Schilf; später banden wir dann mit Draht. Das Schilf und die Werkzeuge beförderten wir mit Kähnen. Danach erfolgte die Klassifizierung je nach Länge. Wir unterschieden sechs bis sieben Güteklassen. Je länger das Schilf war, desto besser. Aus diesem fertigte man Stukkaturrohr und Matten.“*

Nicht nur Bauern ernteten das Schilf für ihre eigenen Belange, sondern ab dem ausgehenden 19. Jahrhundert auch Betriebe. Bis zum Ersten Weltkrieg gab es

*Schilfgarben am nördlichen Rand von Hegykő. Foto: O. Meiser (2000)*

bei Fertőszentmiklós einen Betrieb, der jährlich bis zu 800.000 Garben Schilf verarbeitete!

Ab 1954 kamen Erntemaschinen mit Rädern und schwimmende Maschinen auf. 1957 wurde das Schilfgebiet in seiner noch heute sichtbaren Form parzelliert und so aufgeteilt, daß alle zweihundert Meter ein Kanal, über den das Schilf abtransportiert werden kann, erreichbar ist und somit kein Weg mehr als hundert Meter beträgt. Während 1959/60 noch zwei Millionen Bündel Schilf von Hand geerntet wurden, waren es 1971 nur noch 344.000. Wenige Jahre später war die schwere und physisch anstrengende Ernte von Hand praktisch bedeutungslos.

Der ab 1954/55 eingesetzte *GL-35-Raupentraktor* erwies sich wegen seiner Unhandlichkeit und Schäden, die er am See anrichtete, als für das Geschäft ungeeignet. 1956 wurde in einem weiteren Versuch eine auf dem Eis und dem Trokkenen einsetzbare und für die Schilfernte umgebaute Hanferntemaschine eingesetzt, die allerdings den Anforderungen auch nicht genügte, v.a. weil sie das Schilf brach. Traktoren des Typs *K25*, die mit einer Seitensense ausgestattet waren, funktionierten besser und wurden bis 1961 verwendet. Danach kamen (bis 1979) Traktoren des Modells *RS-09* zum Einsatz; ab 1974/75 vor allem die

258

Schilferntemaschinen des Typs *Seiga Tortoise 090.* Diese Maschinen haben 4-6 Ballonreifen, die 120 x 120 cm messen. Die Schneid- und Bündelvorrichtung arbeitet hydraulisch; hinter der Fahrerkabine ist Raum für das Stapeln der Bündel. Für den Betrieb des Fahrzeugs sind fünf Personen erforderlich: neben dem Fahrer zwei Personen zur Kontrolle des

*Schilferntemaschine Seiga Tortoise 090.*
*Foto: O. Meiser (1998)*

Schneidens und zwei Personen für das Stapeln. Je nach Art und Größe der Bündel können auf der Ablagefläche 4-600 von diesen Platz finden. Unter günstigen Umständen ernten diese Maschinen täglich bis zu 10.000 Bündel Schilf.

Eine 1966 entwickelte, schwimmende Erntemaschine, die bei entsprechend hohem Wasserstand verwendet werden kann, besitzt zwei Schwimmkörper, in deren einem sich der Motor befindet. An beiden Enden besitzt sie Sensen. Die Maschine bewegt sich, von einem gespannten Stahlseil geführt, vor und zurück. Dabei wird das geschnittene Schilf von den Arbeitern aufgenommen und in einen mitgeführten Kahn geladen.

Auf der ungarischen Seeseite wurde 2006 noch eine Million Bündel Schilf geschnitten. Auch heute noch wird, wenn auch freilich in geringerem Umfang als früher, Schilf geerntet, was eine in Fertőszentmiklós ansässige Firma erledigt, die damit Dächer im In- und Ausland deckt und fünf Mitarbeiter hat.

Viele Hausbauer schätzen das natürliche, umweltfreundliche Material und seine guten Isolationswerte. Allerdings ist der Wirtschaftszweig wie viele heutzutage durch Konkurrenz aus China unter Druck geraten. Durch den Klimawandel tritt zudem das Problem auf, daß die schweren Erntemaschinen immer seltener von einer Eisdecke aus operieren können, sondern bei den milden Wintern ins Wasser fahren müssen und dabei Schäden anrichten. Überhaupt besteht bei der Ernte die Gefahr, daß die Rhizome des Schilfs beschädigt werden. So werden in den letzten zwanzig Jahren auch aus Gründen des Naturschutzes nur noch zehn bis maximal vierzig Prozent der früheren Mengen an Schilf geerntet.

Das Schilf kann einjährig, zweijährig oder mit drei- und mehrjährigem Abstand geerntet werden. Das einjährige Schilf hat die beste Qualität. Zweijähriges Schilf ist bereits nicht mehr uneingeschränkt verwendbar, während älteres Schilf z.T. gar keinen Nutzwert hat.

Die Ernte am ungarischen Südufer wird manchmal dadurch erschwert, daß starker Nordwind das Wasser nach Süden bläst, dieses dann gefriert, aber sich unter dem Eis wieder zurückzieht, ohne daß die Eisdecke danach stark genug wäre.


## 4.3. Weiteres aus Landwirtschaft und bäuerlichem Leben

Nachdem im 18. Jahrhundert die Landwirtschaft die Fischerei immer stärker zurückdrängte, wurde sie dann im 19. Jahrhundert die Hauptbeschäftigung der Dorfbewohner.

Damals mußten alle Arbeiten von Hand ausgeführt werden, und die Einwohner von Hegykő waren immer für ihren Fleiß bekannt. So weit möglich, holten sie durch Entwässerung und Rodung das landwirtschaftlich bestmögliche aus ihrer Flur heraus.

Jedes Flurstück hat eine andere Bodenbeschaffenheit, und die Gemarkung zeigt von den lehmigen Gründen der Waldgebiete bis hin zu den Sodaebenen des Seeufers ein weites Spektrum an Böden. Die Menschen wußten stets sehr gut durch Kenntnis und aus Erfahrung, welcher Boden welche Bearbeitung erforderte und wann man wo säen mußte. Oft genug jedoch machten die Launen der Witterung dann wieder alle Anstrengung zunichte.
Bei den Äckern und Wiesen, die man dem Sumpf des Sees abgerungen hatte (ung. *irtásföldek* bzw. *irtásrétek*), betete man um Trockenheit, wohingegen man im anderen, hügeligen Teil der Felder Regen herbeisehnte. Heutzutage ist allgemein zunehmende Trockenheit ein Problem und der Mensch verläßt sich fatalerweise auf die Möglichkeit, unbegrenzt und jederzeit Lebensmittel von überall aus der Welt zu bekommen.

Bei den abwechslungsreichen Böden von Hegykő zeigte sich bald, daß neben dem Getreidebau vom Beginn des 18. Jahrhundert an auch Gemüsebau betrieben werden konnte. Bis zum heutigen Tag wird in den Gärten von Hegykő allerlei Gemüse angebaut - ein späteres Kapitel (5.5.1.) wird noch speziell darauf eingehen.

Das Pflügen wurde früher mithilfe von Pferden oder Ochsen verrichtet. Dies geschah dreimal im Jahr: im Frühling, im Sommer und im Herbst. Im Frühling und Sommer vor der Aussaat, im Sommer zum Unterpflügen der Stoppeln. Je nach Jahreszeit und Anbauprodukt waren also verschiedene Arten des Pflügens wie Umpflügen, Unterpflügen und Tiefpflügen vonnöten.

*Aus einem alten Bauernkalender*

Für das Eggen, v.a. von Feldern für Mais, Gurken und Paprika, setzte man eiserne Zinkeneggen ein. Daneben gab es auch verschiedene Typen von Holzeggen.

In Hegykő war bei den oft nassen Böden ein besonders gutes Aufpflügen notwendig, wonach die Ackerschollen abtrocknen konnten. Auch die Ernte wurde von Hand erledigt.

Der größte Teil der Felder war in früheren Zeiten in der Hand von ein oder zwei Grundherren. Bei den Grundherren unterschied man zwischen solchen, die über 40 Morgen Felder verfügten (ung. *egész telkesek*) und solche, die 20 Morgen besaßen (ung. *fél telkesek*).

Auch die Besitztümer der Kleinbauern waren nicht einheitlich: Die einen besaßen 4-6 Morgen Land (sog. „ganze Kleinbauern", ung. *egész zsellérek*), die anderen 3 Morgen (sog. „halbe Kleinbauern", ung. *félzsellérek*) .

Die armen Leute jedoch besaßen überhaupt nichts. Sie arbeiteten für die Grundbesitzer. Dies bedeutete, daß auch das Einfahren der Ernte und das Dreschen ihre Arbeit war. Die Kleinbauern hielten normalerweise zusammen und bebauten, sich gegenseitig helfend, ihre Felder.

Die Ernte begann normalerweise Ende Juni / Anfang Juli. Früher ging der Grundherr am Nachmittag des 29. Juni (Peter und Paul) mit hinaus aufs Weizenfeld, schlug ein Kreuz, schnitt einige Garben und legte sie übereinander. So begann nach altem Brauch symbolisch die Ernte. Damit sie glücklich verlief, mußte der Grundherr die ersten Sensenschnitte selbst ausführen.

Der erste Erntetag war feierlich, wenn die Leute, „Jesus hilf!“ betend, ihre Hüte und Mützen schwenkend, aufs Feld zogen. Es gab Leute, die am Rand der Getreidefelder niederknieten, ein Kreuz schlugen und beteten.

Die Ernte war eine schwere Arbeit. Beim ersten Morgengrauen, schon um drei Uhr, waren die Leute draußen auf den Feldern oder zu Hause bei ihrem Dreschplatz.

Solange das Getreide noch vom Tau feucht war, wurden Bündel gemacht. Eine Person mußte 10-12 Haufen zubereiten.

Bis nachmittags fünf oder sechs Uhr wurde Getreide geschnitten. Danach wurden die gebundenen Puppen aufgestellt. Oft arbeitete man auch bis zehn oder elf Uhr am Abend und fand daher mit dem gleichzeitig frühen Aufstehen kaum Schlaf.

Die Ernte wurde in Gruppenarbeit erledigt. Eine Gruppe bestand aus drei Schnittern und drei Garbenbindern.

Ein Schnitter hielt das Getreide fest, zwei schnitten, während von den Garbenbindern zwei die Garbe zusammenfaßten und einer das Binden vorbereitete.

Bei der Ernte aß man auf dem Feld aus einer gemeinsamen Schüssel und saß im Kreise um sie herum auf dem Boden. Beim Essen wurde nie gesprochen.

Früher halfen schon Kinder ab acht Jahren bei den landwirtschaftlichen Arbeiten mit und hackten, jäteten Unkraut oder gingen den Erwachsenen anderweitig bei der Arbeit zur Hand. Man arbeitete bei der Herrschaft: um Tageslohn und manche oft auch fast nur um Gotteslohn. Die wohlhabenderen Dorfbewohner mühten sich auch auf ihren eigenen Feldern, wobei sie, wenn sie die Arbeit nicht bewältigen konnten, oft auch selber Tagelöhner einstellten.

Der Tageslohn für die von Sonnenaufgang bis Sonnenuntergang dauernde Arbeit betrug Mitte des 19. Jahrhunderts für einen Achtjährigen 25 Kreuzer; für einen Neunjährigen bereits 50 Kreuzer (vor 1858 galt 1 Forint = 60 Kreuzer; danach 100).


## 4.3.1. Lebensmittel – ihr Transport und ihre Aufbewahrung

Lebensmittel waren früher, da man noch nicht alles aus der ganzen Welt jederzeit verfügbar hatte, oft knapp und dementsprechend mußte man sie sorgsam und sicher aufbewahren und transportieren. Das galt vor allem, wenn die Ernte ohnehin nicht gut ausgefallen war.
Transport und die Aufbewahrung von Lebensmitteln waren eng mit der landwirtschaftlichen Arbeit verbunden. Weil ein großer Teil der Felder vom Dorf weit entfernt lag, nahmen die Leute ihr Essen mit auf den Weg. Dabei war das Kochen die Aufgabe der älteren Familienmitglieder oder des Dienstpersonals.

Wichtigstes Gefäß für den Transport von Lebensmitteln war der sog. „Doppeltopf" (ung. *kettős-fazék*; auch: *ikerfazék* = „Zwillingstopf"). Dieser war ein glasierter oder unglasierter Tontopf, der ungefähr ein oder zwei Liter fassen konnte. Er wurde gerne benutzt, weil ein gemeinsamer Henkel die beiden Töpfe zusammenhielt, was das Tragen erleichterte. Man trug in einem solchen „Henkelmann" hauptsächlich Suppe (z.B. Pflaumensuppe, Bohnen- oder Kartoffelsuppe mit Sauerrahm) und gekochtes Gemüse. Ein gut passender, tellerartiger Deckel diente zum Verschließen der Gefäße.

Oft verwendete man auch einen „kleinen Topf" (ung. *kisfazék*), der aus Ton oder Metall war und tat die Suppe und das Gemüse in diesen hinein. Der kleine Topf kam zusammen mit dem in ein Tuch eingeschlagenen Brot in den Essenskorb, der aus abgeschälten Weidenruten geflochten und daher weiß war. Dieser Korb, den man sonst zu nichts anderem verwendete, konnte zwei Formen haben: Entweder war er ein „Armkorb" (ung. *karkosár*; dann konnte er auch von zwei Personen getragen werden) oder er war derart gestaltet, daß er auf dem

Kopf getragen werden konnte (ung. *fejkosár*). Wenn er mehrere Griffe besaß, dann stellte man auch noch einen kleinen Kochtopf mit in den Korb. Manchmal band man den Korb in ein Bündel ein und tat in ihn auch noch eine sehr große Schüssel. Aus dieser Schüssel aßen dann alle gemeinsam.

Manche Landarbeiter trugen ihre Zwischenmahlzeiten auch in einem Ranzen aus Leinen mit sich.

Einige der alten Speisen vom Land wurden (*vgl. Kovácsné Szemes und Völgyi 2001*) folgendermaßen zubereitet:

*Kukoricakása* (Maisbrei):
Maismehl wurde in Milch aufgekocht, etwas Salz hinzugegeben und mit gekochtem Fett und Zwiebeln serviert.

*Prósza:*
Das Maismehl wurde in gezuckerter Milch erhitzt, Fett dazu gegeben und dann in einer Pfanne gebacken.

*Málé:*
Maismehl und Roggenmehl wurden mit Zucker und mit Fett verrührt und in einem Kohlblatt im Ofen gebacken.

*Dödölle:*
Kartoffeln wurden geschält, in Würfel geschnitten und dann gekocht. Nach dem Kochen wurde erhitztes Mehl dazugegeben; dann briet man Zwiebeln dazu.

*Kukoricagombóc* (Maisknödel):
Maismehl wurde mit Wasser verrührt und daraus wurden Knödel hergestellt. Man gab sie in kochendes Wasser und nahm sie dann, wenn sie an der Oberfläche schwammen, heraus. Mit Salz oder Paprika würzte man.

*Puliszka:*
Hierzu walzte man Brotteig aus und bestreute ihn, nachdem er gebacken war, mit Zwiebeln.

Eine große Herausforderung war das Kochen vor allem für ältere, alleinstehende Frauen, die dies neben der ganzen Land- und Gartenarbeit zu erledigen hatten. Eine alte Bewohnerin erzählte einmal:

*„Damals gab es noch nicht so viel zu essen wie heute. Kartoffelsuppe, Bohnensuppe, Linsensuppe oder Brennsuppe. Fleisch hatte ich selten. [...] Zum Kochen kaufte ich kaum etwas, denn alles wurde angebaut.“*

### 4.3.2. Wasser

In der drückenden Hitze des pannonischen Sommers war Wasser oft das wichtigste von allem. Dabei war das Trinken von Wasser lange Zeit aus hygienischen Gründen nicht ohne Risiko, Besser war man daher, wenn man ihn zur Verfügung hatte, mit Wein bedient.

Jedes Grundstück besaß früher seinen Brunnen - Schachtbrunnen mit einer kleinen Überdachung, aus denen mittels einer Kurbel oder eines Schwungrades das Wasser gefördert werden konnte.

Ziehbrunnen, wie sie für viele Tieflandgebiete in Ungarn typisch sind, gab es normalerweise eher außerhalb der Ortschaften, da innerhalb der Dörfer die Höfe für diesen Brunnentypus zu wenig Platz boten. Diese Ziehbrunnen dienten vornehmlich zum Tränken des Viehs. Sie sind es auch, die für viele Ungarn-Besucher zum Klischee gehören. Die phantasievolle ungarische Umschreibung für den Ziehbrunnen, *gémes kút* („Reiherbrunnen“), paßt wunderbar zum Wappenvogel der Region, dem Silberreiher! Ziehbrunnen sind u.a. noch bei Fertőszéplak, Fertőújlak oder Ebergőc erhalten.

Hauptsächlich auf den Herrengütern, wo die Leute viel gemeinsam arbeiteten, nahm man in einem etwa 20-25 l fassenden Tragebehälter Wasser mit auf den Weg. Der *vatalér* oder *vatolaj* genannte Behälter war von runder Form und aus Holz, ähnlich jenem, wie man es auch für Fässer verwendete. Metallene Reifen hielten ihn zusammen.Die Seite, mit der man den Behälter auf dem Rücken trug, war dem Rücken angepaßt und daher fast flach; die abgewandte Seite hingegen gewölbt. Die Behälter waren mit Tragegurten versehen und hatten

*Kossuth u. (2017)*

*Szt. Mihály u.(2022)*

*Verschiedene Brunnentypen in Hegykő. Fotos: O. Meiser*

oben nur eine Öffnung; aus dieser trank man auch: 30-40 Leute, einer nach dem anderen. Um zu trinken, mußte man, wie manche von ihren Großeltern noch wissen, den Behälter von der Schulter herab in die Hand nehmen. Heute sind solcherlei Gegenstände nur noch in Heimatmuseen zu sehen.

Die Tagelöhner oder die Familienmitglieder nahmen Wasser auch in einem *butykos* oder *bugyoga* genannten Krug mit. Letzterer war aus Ton und konnte groß oder klein sein. Er besaß einen schmalen Hals und war in seinem Unterteil ausgebuchtet.

Über dem breiten, abgewinkelten Henkel war die Öffnung, aus der man trinken konnte. Eine Kugel, die sich im Inneren des Kruges befand, sorgte dafür, daß nur so viel Wasser aus der Öffnung kam, wie man trinken wollte. Im leeren Krug rappelte diese Kugel bei Bewegung. Natürlich gab es auch einfachere Tonkrüge, die nur einen schlichten Ausguß besaßen.Zum Wassertransport gebrauchte man auch die Korbflasche (ung. *fonott korsóüveg*), eine Flasche, die mit feinen Weidenruten umflochten war. Die großen Korbflaschen bewahrte man zu Hause zum Zwecke des Ausschanks auf; aus den kleineren trank man.

*Für viele Besucher Sinnbild der Puszta-Romantik: Ziehbrunnen bei Fertőszéplak*
*Foto: O. Meiser (2014)*

Zum Ausgießen und Aufbewahren von Wasser benutzte man auch noch Eimer, solche aus Blech oder emailliert mit Blumenmustern. Wichtig waren solche früher auch bei der Versorgung des Viehs, so z.B. der „Schweineeimer" (ung. *moslék*) mit den Essensresten, die dem Vieh - bevorzugt den Schweinen - gefüttert wurden.Auch den Gemüsegarten goß man direkt aus dem Eimer. Heute hingegen haben moderne Utensilien Einzug in die Gärten gehalten.


## 4.3.3. Über den Marktgang

Der Gang auf den Markt (ung. *piác*, von it. *piazza*) und der Verkauf von Waren war hauptsächlich eine Angelegenheit der Frauen. Marktgang (ung. *piácozás*) und Marktverkauf waren wichtig, denn mit dem Geld, das man auf dem Markt erwirtschaftete, konnte man entweder all jene Waren kaufen, die man nicht selbst herstellen konnte, oder durch Ansparen weiteres Land erwerben.

Vor dem Zweiten Weltkrieg gingen die Gemüsebauern der Dörfer Hegykő, Fertőhomok und Hidegség auch auf die Märkte im Burgenland (z.B. nach Mattersburg und Eisenstadt). Der aus dem nahen Draßburg stammende Kunsthistoriker *Endre Csatkai (1896-1970)* erinnerte sich noch an die Hegykőer Gemüsehändlerinnen, die häufig an den Häusern in Mattersburg und Umgebung ihre Ware verkauften. Später kamen sie zu den Märkten von Győr, Sárvár, Kőszeg und Szombathely, sowie nach Celldömölk und Zalaegerszeg, aber am häufigsten natürlich zu den beiden nächstgelegenen: nach Sopron und Kapuvár. Konnte auf den erwähnten Märkten die Ware nicht verkauft werden, fuhr man sogar bis Budapest. Außer dem Gemüse wurde in den Monaten Februar und März auch Saatgut der verschiedenen Gemüse verkauft. Im Schnitt nahm eine Frau 50 kg Tomaten (in einem doppelten Korb), 20-25 kg Paprika, einen Sack Salatgurken (ca. 35 kg), einen Korb kleine Gurken, 40 Bündel gelbe Rüben, 20 Bündel Wurzelsellerie und 2-3 Tablett Knoblauch mit. Allgemein wurde dabei jedoch immer nur so viel vom Feld geholt, wie man wirklich verkaufen wollte, und es sollte ja auch nichts verderben. Die geerntete Ware wurde am Ende des Feldes aufgehäuft, mit einem Gespann abgeholt oder in Kisten nach Hause getragen.

Der Marktgang wurde schon jeweils am Vortage vorbereitet. Bis Ende September wurde das Gemüse vor dem Zusammenpacken gewaschen. Wurzelgemüse wurde dabei in feuchtes Stroh eingebunden. So war die Ware sauber und sah gut aus. Oft war man mit den Vorbereitungen bis in die Nacht hinein beschäftigt und mußte gleichzeitig auch wieder sehr früh aufstehen.

Auf dem Weg zum Markt war – neben Säcken, die jeweils 50-70 kg wogen - das Bündel (ung. *batyú*) eine wichtige Form des Transports für kleinere Mengen an Ware. Für die Bündel wurde aus Leinen hergestelltes Stoffmaterial benutzt, das in Hegykő *duncosruha* und in Fertőhomok *abrosz* (d.h. eigentlich: „Tischtuch") genannt wurde. Die Tücher hatten eine Größe von etwa 130 x 130 cm und konnten 30-40 kg Ware fassen.

Die Ware wurde auf das ausgebreitete Tuch gelegt und die gegenüberliegenden Enden des Tuches zu einem Knoten zusammengebunden. Normalerweise kamen nur Waren einer Art in das Bündel. Die härteren Waren, wie z.B. Tomaten und anderes Gemüse wurden in einem henkellosen Korb auf dem Kopf getragen.

Wenn beim Aufladen der Bündel niemand helfen konnte, knieten die Frauen draußen neben dem Feldrain auf den Boden und wuchteten sie auf den Rücken.

Es kam vor, daß große, schwere Bündel auch zusätzlich noch mit Zwirn zugenäht wurden. Die Waren brachte man so zu den Märkten der nahen und fernen Städte. Wenn die Warenbündel so schwer waren, daß die Wegstrecke zum Markt damit nicht zu Fuß bewältigt werden konnte, schlossen sich mehrere Marktfrauen zusammen und beauftragten einen Fuhrmann. Mit dem Schubkarren brachten sie ihre Waren dann von zu Hause aus zum Pferdewagen. Die gut geschnürten Bündel wurden dicht nebeneinander in das Fuhrwerk gelegt. Die Marktfrauen begleiteten den vollen Wagen zu Fuß. Sie brachen bereits um zwei Uhr nachts auf, um rechtzeitig bei Marktbeginn dort zu sein. So konnten sie außerdem noch am selben Tage von den genannten Orten zurückkehren. Wenn die Frauen weiter entfernte Märkte, etwa von Kőszeg oder Wiener Neustadt aufsuchten, beanspruchte der Marktgang schon zwei Tage. Auf dem Weg zurück fuhren anstelle der Ware die Frauen selbst auf dem Wagen mit. Der Marktgang war - früher noch viel mehr als heute - eine anstrengende, aber sicher keine langweilige Art des Broterwerbs. Wenn die Frauen in der näheren Umgebung Handel trieben, trugen sie ein kleineres Bündel auf dem Rücken. In guten Zeiten fuhr man ein- bis zweimal in der Woche zum Markt, zumindest aber einmal im Monat. Manche Frauen gingen sogar dreimal die Woche nach Sopron zum Verkaufen. Von der Zwiebelernte wurde die erste Hälfte bis Weihnachten und die zweite Hälfte bis Ende Februar verkauft.

Kluge Marktfrauen liefen erst einmal selber auf dem Markt umher, taxierten die Waren der anderen, beobachteten, von welchen Produkten es wieviel gab und bestimmten danach ihre Preise. Hatten sie von einem Gemüse anscheinend zu viel mitgebracht, packten sie nur die Hälfte davon aus, da die Kunden, wenn sie große Mengen sahen, den Preis zu drücken versuchten. Auch erinnert man sich an Hegykőer Frauen, die ihr Gemüse zwischen das Obst legten, um das Augenmerk der Käufer darauf zu lenken. Oft hieß es früher, daß den Frauen - wenn sie vom Markt nach Hause kamen – das Geld in den Taschen klingelte wie den Kühen die Glocken am Hals. Dies wußten allerdings auch kriminelle Elemente zu nutzen, und überhaupt geschah rund um die Märkte oft einiges, wie der folgende Artikel vom *22.4.1914* aus der *Ödenburger Zeitung* zeigt. Bei dem Fall hatte der Markt in Hegykő selbst stattgefunden:

„Mysteriöser Mord in Hegykő. In der Gemeinde Hegykő (Heiligenstein, Bezirk Sopron) ist eine alte Frau namens Elisabet Augmeier in ihrer Wohnung erwürgt aufgefunden worden. Trotzdem das Verbrechen bereits früh morgens bekannt wurde und die Erhebungen mit großer Energie fortgesetzt wurden, konnte dennoch bisher kein positives Ergebnis erreicht werden. Die Behörde ahnt kaum, wer der Mörder sein könnte, denn die alte Frau wohnte mutterseelen allein und verkehrte mit niemandem. Es sind mehrere Zeugen einvernommen worden, ohne einen sicheren Stützpunkt zu erhalten. Unter dem Verdacht des Mordes wurden zwar zwei Dorfinsassen verhaftet, aber dennoch tastet man im Dunkel herum. Es ist sehr wahrscheinlich, schreibt der Berichterstatter, daß ein Fremder Täter sein könnte, denn am vorangehenden Tag war in Hegykő Markt, bei welcher Gelegenheit viele Fremden im Orte verkehrten. Die Obduktion bestätigte die Annahme, daß die Frau verbrecherischen Händen zum Opfer fiel.“

Gingen die Frauen zum Markt, nutzten sie den Aufenthalt in den Städten auch gleichzeitig für ihren eigenen Einkauf oder andere Erledigungen. Die Einwohner von Hegykő verkauften 50-60 % ihres Gemüses direkt selbst. Auf den Märkten – vor allem den kleineren des Rábaköz und entlang der Großen Schüttinsel - wurde nicht nur Ware verkauft, sondern auch getauscht – vor allem Futtermittel. Fuhren die Leute mit dem Wagen zum Markt, versuchte man voreinander das Ziel der Fahrt zu verheimlichen, denn es drückte nämlich auch die Preise, wenn zu viele Bauern denselben Markt ansteuerten.
Ab 1876 fuhr man dann schon mit dem Zug zum Markt. Manchmal mieteten bis zu 30 Händler gemeinsam einen Eisenbahnwaggon. Heute erfolgt der Transport überdies mit dem Bus oder dem eigenen Auto. An die Stelle des Leinenbündels sind Materialien aus Kunststoffen getreten, aber das Bündel und die Art, es zu schnüren, findet man da und dort immer noch.


Märkte fanden früher in Győr dienstags und samstags, in Csorna mittwochs, in Kapuvár donnerstags, sowie in Sopron montags und freitags statt.
Was die Märkte heute betrifft, so findet seit ein paar Jahren in Hegykő nun auch samstags auf Ödön-Széchenyi-Platz ein kleiner Wochenmarkt statt, auf dem lokale Händler Obst, Gemüse, Honig oder auch Kunsthandwerk anbieten. Will man jedoch einen größeren Markt sehen, muß man sich nach Sopron (täglich) oder Kapuvár (donnerstags und samstags) bequemen.

### 4.3.4. Über die Viehzucht

Ungarn besitzt viele alte und interessante Nutztierrassen. Am bekanntesten ist
– mit seinen langen und furchteinflößenden Hörnern - das *Grau-* oder *Steppen-
rind* (ung. *szürke marha,* wiss. *Bos primigenius taurus,* Rasseschlüssel *53
UST*), das ein Schlachtgewicht von 550-700 kg erreicht. Es ist das Nationalrind
Ungarns dessen Fleisch früher oft auf den Märkten in Wien und danach auf den
Tellern der feinen Gesellschaft landete. Eine Ansicht von Wien um 1572, ein
Kupferstich aus der Farbtafelsammlung *Civitates orbis terrarum* von *Georg
Braun, Simon Novellanus* und *Franz Hogenberg* zeigt auf dem *Forum boarium,*
dem Viehmarkt, eindeutig ungarische Graurinder! Auch heute wird das Fleisch
in guten Restaurants wieder serviert.

Das Graurind galt als „triebhart", d.h. es konnte mit relativ wenig Gewichtsver-
lust lange Strecken zu den Märkten getrieben werden (vgl.u.a. *Geschnatter
3/1994*).

An der Hauptstraße 85 lag (vgl. *Szigethi 2021*) im Mittelalter offenbar dort, wo
sich heute das Wasserwerk befindet, ein Sammelpunkt für Rinderherden, vermutlich mit Herberge und anderen Einrichtungen für Händler, welche mit den
Tieren zu den Märkten unterwegs waren.

Wie der aus Bremen stammende deutsche Reiseschriftsteller *Johann Georg
Kohl (1808-1878)* berichtet, lebten die Steppenrinder offenbar auch in halbwil-
dem Zustand. Im Hanság traf er auf Herden mit weit über 400 Tieren. Wo Hirten zugegen waren, wurden diese *gulyás* genannt und so auch die beliebte ungarische Rindfleischsuppe, die sich diese Hirten manchmal in einem speziell
dazu dienenden Kessel (ung. *bogrács*) über dem Feuer zubereiteten. An dieser
Stelle sei im übrigen erwähnt, daß jenes im deutschen Sprachraum als „Gu-
lasch" bezeichnete Gericht in Ungarn *pörkölt* heißt und nicht mit der echten
ungarischen Gulaschsuppe (ung. *gulyásleves*) identisch ist

Auch das Schloß Esterházy hatte seinen eigenen Rinderhirten, der mit dem
Vieh am südlichen Ende des Neusiedler Sees und in der Mekszikópuszta unterwegs war. Davon wird noch 1926 berichtet.

*Viehmarkt mit ungarischen Graurindern am Stadtrand von Wien. Aus einer Ansicht von Georg Braun (1572).*

Früher waren die Ochsen des Steppenrindes auch als Arbeitstiere auf Gutshöfen eingesetzt. Nach dem Zweiten Weltkrieg gab es, wie es auch bei den anderen traditionellen Nutztierrassen oft der Fall war, nur noch wenige reinrassige Tiere. In den 60er Jahren war das Graurind in West-Transdanubien kaum noch zu sehen, nachdem das Abtransportieren von Schilf, das es noch in den 50er Jahren erledigt hatte, nun von Maschinen verrichtet wurde.

Die Art spielt inzwischen wieder verstärkt eine Rolle, auch natürlich im Zusammenhang mit der Erhaltung von Hutweiden und Salzgrassteppen rund um den Neusiedler See. Die Rinder sorgen somit für das Fortbestehen wertvoller Landschaften, während umgekehrt der Naturschutz das Weiterexistieren der alten Rassen unterstützt.

Der Nationalpark tauscht dabei auch Zuchtstiere mit anderen ungarischen Steppen-Nationalparks, so etwa dem von Kiskunság in der Großen Tiefebene, aus. Häufig sind Steppenrinder zwischen Sarród und Fertőújlak zu sehen, wo sie in großen Herden grasen.

272

*Graurinder bei Fertőszéplak und Zackelschafe in Hegykő*
*Fotos: O. Meiser 2016 (l.) und 2021 (r.)*

Auch *Wasserbüffel* (ung. *bivaly*, wiss. *Bubalus arnee*) wurden früher häufiger gehalten. Es heißt, sie wären mit den Türken gekommen, die sie für den Reisanbau (!) in Ungarn eingesetzt hätten (vgl. *Geschnatter 3/1994*). Die Grundherrschaften setzten sie später auch für den Transport von schweren Lasten ein und darüber hinaus dienten sie der Fleischproduktion.

Im Naturschutz tragen sie heutzutage dazu bei, Flächen sehr gründlich abzuweiden und von invasiven Pflanzen freizuhalten. Ab 1992 wurden sie wieder eingeführt.

Dann ist da auch das *Zackelschaf* (ung. *magyar racka juh*, wiss. *Ovis aries strepsiceros Hungaricus*) mit seinem langen, gekräuselten Fell. Es soll schon mit der Landnahme im 9. Jh. ins Karpatenbecken gekommen sein und wurde vor allem wegen seiner Häute und der Wolle gehalten, wenngleich auch sein Fleisch sehr schmackhaft ist. Böcke können bis zu 75 kg an Gewicht erreichen.

Das wegen seiner dicken Speckschicht geschätzte *Woll-* oder *Mangalitza-Schwein*, früher auch *Schafschwein* genannt (ung. *mangalica disznó*), besitzt tatsächlich wollige Löckchen, war aber wegen der sinkenden Nachfrage nach fettem Fleisch in den Siebzigerjahren fast ausgestorben. Es entstand um 1830 aus einer Kreuzung von serbischen Sumadija-Schweinen mit ungarischen Rassen (z.B. Bakony-Schwein). In Ungarn galt das Mangalitza traditionell als „Salami-Schwein" und wurde in der Gegend um Szeged für die Wintersalami gehalten.

Traditionelle ungarische Hütehunde wie *Puli, Komondor, Kuvasz* oder *Pumi* etc. runden das Bild ab.

Die weißgelben ungarischen *Barockesel* mit ihren blauen Augen hingegen waren keine Arbeitstiere, sondern Spielgefährten für Kinder oder Damen des Adels. Sie wurden daher häufig an Schlössern gehalten.

Einige der alten Haustierrassen können Besucher bei manchen Dorfbewohnern noch finden oder aber in dem Schau-Bauernhof von Lászlómajor, halbwegs zwischen dem nahen Sarród und Fertőújlak kennenlernen.

2012 gab es lt. *Kárpáti* im ungarischen Teil des Nationalparks 1200 Graurinder und 800 Zackelschafe. Dazu kamen 240 Wasserbüffel.

Bei dieser reichen Vielfalt an alten Nutztieren, verwundert es wenig, daß neben dem Ackerbau in Hegykő früher auch die Viehzucht blühte. Die Tierhaltung wurde durch das Vorhandensein von Weiden und Heu ermöglicht. Mit letzterem deckte man den winterlichen Futterbedarf der Rinder. Für das Schneiden von Heu ging man – je nachdem, wo die Wiesen lagen und die Bauern Rechte besaßen - bis zu 18 km vom Dorf entfernt zu Fuß!

Im Sommer trieb man vom frühen Morgen an das Vieh auf die nicht weit vom Dorf entfernt liegenden Weiden. Sowohl die Gutsherren wie auch die Sassen bzw. Pächter hatten jeweils ihre eigene Weide mit ihren eigenen Hirten. Für erstere war es die Gegend der als *Telkes Gazdák Legelője* bezeichneten Flur, für letztere wohl die Flur *Zsellérek Dülő*. Beide Namen sind auf Plänen noch zu finden. Die zu den Weiden führenden Kanäle sorgten für das Trinkwasser der Tiere. Dort gab es auch einen kleinen Teich, auf denen die Enten und Gänse schwimmen konnten. Dazu gesellten sich die Arten an Wildenten und Wildgänsen, die vom Neusiedler See kamen. Im Sommer badeten dort auch die Kinder gemeinsam mit dem Vieh.

Die Schweinehaltung besaß – und das ist nicht nur Operettenklischee – ebenfalls einen größeren Stellenwert, wenngleich man damals auch in Ermangelung moderner Kühlvorrichtungen noch nicht so viele Schweine wie heute schlachten konnte. Die Großbauern schlachteten jährlich vier bis fünf, die Kleinbauern nur eines. Spezielle, *böllér* genannte Leute, halfen beim sachgemäßen Töten und Zerlegen des Schweins.

Geschlachtet wurde um Weihnachten und Neujahr. Dabei war das Schlachten von 200-250 kg schweren Schweinen keine Seltenheit. Zu Beginn des 20. Jahrhundert galt ein 120 kg schweres Schwein hingegen schon als Sensation. Schlachtung im Dorf gab es indes noch lange. Noch vor zwanzig Jahren konnte man in Hegykő manchmal in aller Herrgottsfrühe irgendeine Sau, der es gerade an den Kragen ging, zum Steinerbarmen quieken hören.

Zufriedene Schweine machen in Ungarn „röff-röff"!...

Sehr achtgeben mußte man auf die Wildschweine. Wenn der Mais reif war, kamen sie allabendlich vom Seegebiet hinaus auf die Maisfelder und konnten dort während einer Nacht erheblichen Schaden anrichten. Daher wurden sie gejagt.

Geflügel wurde ebenfalls gehalten und besaß damals noch eine größere Bedeutung als heute. Dem Geflügel gehörte der ganze Hof. Dort lief das Federvieh frei umher und ging auch hinaus auf die Straße und in den Garten. Heutzutage sind die Hühner zwar in einem separaten Bereich eingeschlossen, aber noch immer heißt es, sich vor dem Fuchs in acht zu nehmen, wie vor ein paar Jahren in Hegykő eine Familie erfahren mußte, der ein solcher fast alle ihre Hühner auffraß!

Die Haltung von Hornvieh und Pferden ist indes aus dem Dorf praktisch verschwunden. Durch die nach dem Zweiten Weltkrieg erfolgten Verstaatlichungen wurde es unmöglich, den Futterbedarf der Tiere privat zu befriedigen.

Schweine und Kälber werden derzeit in einem größeren Betrieb außerhalb des Dorfes, halbwegs zwischen dem Ort und der Eisenbahnlinie, sowie auf einem Meierhof nördlich des Ortes gehalten.


### 4.3.5. Brot und Brotbacken


Die alten Menschen pflegen – wie auch anderswo auf dem Land noch - bis heute eine große Liebe und Verehrung für das Brot.

Während heutzutage vielerorts in Europa Berge von nicht verkauftem Brot weggeworfen werden, ging man früher respektvoller mit diesem Grundnahrungsmittel um. Mehl und Getreide wurden oft in besonders schön gestalteten und in der hiesigen Region hergestellten Holztruhen aufbewahrt, was ebenfalls diese Wertschätzung zeigt.

Konnte man übriggebliebenes Brot doch einmal nicht mehr für den Menschen verwenden, verfütterte man es wenigstens an die Tiere. Altes und trockenes Brot wurde eingeweicht oder im Backofen neu aufgebacken.

Das Brot wurde immer zu Hause gebacken, was eine der anstrengenden Arbeiten war. Am Tag vor dem Backen weichte man den Sauerteig ein. In den Backtrog gab man Mehl. Dieser Backtrog (ung. *teknő*, umgedreht einer Schildkröte = *teknősbéka* ähnlich!), den man oft bei den Roma kaufte, wurde ausschließlich zum Backen verwendet. Von einer Ecke her rührte man warmes Wasser in den Sauerteig. Der Trog wurde mit einem weißen Leintuch abgedeckt und blieb so eine Nacht stehen. Früh am Morgen knetete man das Brot. Währenddessen machte man im Backofen Feuer. Das Anheizen des Backofens war eine ganz besondere Wissenschaft.

Mit dem Ofengeschirr wurde der Backofen gereinigt, d.h. die Asche wurde entfernt. Danach gab man das Brot auf eine Backschaufel und schob es dann in den Backofen. Darin buk man es zwei Stunden lang.

Auf diese Art und Weise wurde in jedem Haushalt Brot gebacken.
Seit einigen Jahren sind (Brot-)Backöfen in den Gärten einiger Einfamilienhäuser wieder in Mode gekommen.

Gerade deutschsprachige Fremde in Hegykő oder allgemein in Ungarn mögen die Vielfalt der Brotsorten oder Backwaren von daheim vermissen, doch ist die relative Armut diesbezüglich sicher zu einem guten Teil der kommunistischen Ära geschuldet, denn das alte Vielvölker- und K&K-Ungarn hatte - obwohl K&K ja nicht „Kaffee und Kuchen" bedeutet! - diesbezüglich früher ebenfalls viel zu bieten. Zudem ist zu berücksichtigen, daß in vielen Familien auf dem Land – zumindest in den älteren Generationen - immer noch sehr viel und gut selber gebacken wird. Da deshalb weniger Nachfrage nach fertiger Backware besteht, ist diese in einem breiteren Angebot daher eher in den größeren Städten zu finden.

*Dorfbäckerei Hegykő – gut, daß es hier noch Läden gibt! Foto: O. Meiser (2021)*

Dennoch trifft man in den grenznahen Bäckereien auf der österreichischen Seite inzwischen öfter Ungarn, sei es als Verkäuferinnen, die dort eine besser bezahlte Stelle angenommen haben, oder aber auch als Kunden, die inzwischen Geschmack an anderen Brotsorten gefunden haben.

### 4.3.6. Textilherstellung, Bekleidung und Tracht

In früherer Zeit stellten die Leute auch den größten Teil ihrer Bekleidung selbst her. Diese bestand im Allgemeinen aus gewebtem Leinen, das manchmal durch auf dem Markt erworbene Baumwolle ergänzt wurde, so etwa bei Hosen und Hemden für die Sonntagsbekleidung. Schuhe wurden aus Leder genäht oder aus Holz gefertigt. Kopfbedeckungen verschiedener Art stellten die Frauen aus Schafleder her. Erst mit Aufkommen der industriellen Fertigung, die eine eigene Herstellung nicht mehr lohnenswert erscheinen ließ, blieben Webstuhl und Spinnrad verwaist in der Ecke stehen.

*Flachsbreche, Bauernhausmuseum Fertőszéplak*
*Foto: O. Meiser (2021)*

Flachs bzw. Hanf wurde früher auch in Hegykő angebaut. Alte Flurnamen wie etwa *Kender-Szer* („Hanfländer"), nach welchem auch eine neuere Wohnstraße benannt ist, zeugen noch davon.

Bei der Flachsernte wurden die blühenden Pflanzen und jene mit den reifen Samen gesondert geerntet. Der Flachs wurde zu Garben zusammengebunden. Nachdem er getrocknet war, brachten ihn die Frauen zum Schwimmteich (sog. Kaltwasserröste), damit er aufweichen konnte. Bei der Röste werden durch den Einfluß von Mikroorganismen die Bastfasern gelöst. Man warf dabei Pflöcke oder Erde auf den Flachs, damit er nicht aus dem Wasser auftauchte. Der Hanf wurde drei Wochen lang eingeweicht; danach der Schlamm und Schmutz abgewaschen. Anschließend konnte er erneut getrocknet werden.

Mit dem Schwingrad wurde die Faser von noch vorhandenen Halmteilen gereinigt und mit der Hechel ausgekämmt; anschließend wurde gesponnen. Das so gewonnene Leinen war nicht weiß, sondern hatte eine rötliche Farbe, so daß man es erst bleichen mußte. Dazu breitete man es im Garten auf dem Rasen aus und besprengte es beim Trocknen immer wieder. So konnte es in der Sonne schön weiß werden.

Auch das Waschen war, wie überall vor dem Einzug moderner Haushaltsgeräte, keine einfache Sache. Gewaschen wurden ausschließlich Textilien aus Leinenstoffen. Man begab sich entweder zu den Ufern der nächstgelegenen Seen und Fließgewässer oder wusch zu Hause. Bei letzterem wurde in einem Kessel Wasser erhitzt und, wenn es heiß war, die Leinenwäsche hineingegeben. Mit einem Holzlöffel wurde umgerührt. Wichtig war dabei, daß die Seifenlauge die richtige Konsistenz hatte. Die Wäsche wurde eine Nacht in die Lauge gelegt. Am nächsten Tag wurde vom dreibeinigen Waschstuhl aus die Wäsche umgerührt und dann mit dem Waschholz solange geschlagen, bis sie ganz weiß geworden war.

Normalerweise wurde jedoch nicht jede Woche gewaschen, sondern statt dessen alle zwei Monate „große Wäsche" gemacht, wobei bei dieser Gelegenheit die ganze in diesem Zeitraum angefallene Wäsche auf einmal gewaschen wurde. Das anschließende Trocknen geschah im Hof oder auf dem Dachboden.

Nach dem Trocknen mußten etliche Wäschestücke gemangelt oder geplättet werden. Gebügelt (mit dem Kohlen-Bügeleisen) wurden hingegen nur wenige Teile. Mangelhölzer waren 40-50 cm lang, auf einer Seite flach und dabei 15-20 cm breit. Oft waren sie reich verziert. Die Wäsche konnte auch mit Holzrollen und einem darüber bewegten Beschwernis gemangelt werden.

Die fertige Alltagswäsche kam anschließend nicht in einen Schrank, sondern man hängte sie auf Stangen, von denen es zwei bis drei im Zimmer gab. Kleiderschränke fanden erst um 1900 allgemeinere Verbreitung. Um die aufbewahrte Kleidung vor Motten zu schützen, halfen Tabakblätter oder getrocknete Pfefferminzblätter.

Was die Art der Kleidung anbetraf, so gingen bis zum Alter von drei Jahren zunächst beide Geschlechter in Hemdröcken, was sicherlich auch praktisch-hygienische Gründe hatte, denn mit nichts darunter konnten die kleinen Kinder es draußen auch „einfach mal laufenlassen". Mit dem Hemdrock gingen die Kinder auch in die Schule. Das Kleidungsstück hatte vom Hals hinab eine spannenlange Öffnung, die mit Knöpfen versehen war. Nur an Feiertagen bekamen die Kinder ein normales Hemd und die Buben eine Hose.

Die Kleidung wurde *zubbony* („Arbeitskittel") genannt. Strümpfe wurden nur im Winter getragen; sie hießen *kapcá*. Vom zeitigen Frühjahr an gingen die Kinder, sobald die Witterung es zuließ, barfuß, was nicht nur gesund war, sondern auch Schuhe einsparte und in den kinderreichen Familien den Geldbeutel der Eltern schonte.

Bei großer Hitze trugen die Jungen nur eine Hose und die Mädchen ein Hemdchen aus Drillich.

Die Tracht der Frauen war – wie vielerorts – verzierter als die der Männer. Zu allen Gelegenheiten wurde ein Hemd getragen; nachts ein Nachthemd. Die Frauenhemden reichten bis zum Knie herab, die Ärmel waren eng geschnitten. Mädchen trugen im Sommer Hemden mit Puffärmeln und im Herbst darüber verzierte Leibchen oder an Feiertagen Mieder. In letztere war oft ein Rattangeflecht eingearbeitet, damit sie gut standen und auf der Taille aufsaßen.

Zum langen Hemd gehörte normalerweise immer ein Rock. Ohne diesen zeigten sich die Frauen und Mädchen nur zu Hause oder fallweise bei der Feldarbeit. Bei den Röcken wurde zwischen den Über- und Unterröcken unterschieden.

Der gestärkte Überrock (oft aus Chiffon) reichte bis knapp über die Knöchel und war entsprechend weiter als die Unterröcke. Er konnte einfach weiß oder in verschiedensten anderen Farben sein, was auch vom Alter der Frau abhing. Schwarz oder violett trugen junge Mädchen nur bei Trauer. Jenseits der Vierzig waren dezentere Farben üblich. An seinem Saum hatte der Rock Spitzen, die entweder gezackt oder mit kleinen Mustern bestickt waren. Oft wurde der Rock auch zur Zierde mit Falten versehen.

Unterröcke, die noch bis in die 1950er Jahre in Gebrauch waren, reichten bis unter die Knie. Auch deren Saum war – mit Ausnahme der untersten - oft mit Spitzen verziert und in vielen Falten übereinander genäht. Sowie die Mädchen heranwuchsen, konnte eine Falte nach der anderen ausgelassen werden, wodurch sich Kleidung einsparen ließ. Die Unterröcke waren ausnahmslos weiß, bis auf Festtags-Unterröcke, die es in *Wiener Rot* (auch *Türkischrot* genannt) gab. Schlanke Frauen trugen 6-8 Unterröcke und über dem zweiten einen aus Stoff gefertigten und mit Sägemehl gefüllten Stützring um die Hüften, ung. *kolbasz* (= Wurst!) genannt, um die Röcke besser in Form zu halten. Kräftiger gebaute Frauen hatten 4-6 Unterröcke. Bei anstrengenden Arbeiten wurden – der Jahreszeit entsprechend – oft weniger und ältere Unterröcke getragen.

Im Winter zogen die Frauen über den zweiten Unterrock noch einen wärmeren, wattierten Überrock, wobei sie dann entsprechend weniger Unterröcke trugen.

Mädchen bis zum Alter von 8-10 Jahren trugen eine Art Einteiler, der v.a. an Ärmeln und am Saum verziert war und über den noch eine Schürze gebunden wurde.

Auch sonst war die Schürze früher derart wichtig, daß man Frauen sofort darauf aufmerksam machte, falls sie einmal ohne diese das Haus verließen. Schürzen reichten von Hüfte zu Hüfte und bis hinab zum Knie. Sie waren oft reich verziert (u.a. auch mit Bändern oder Perlen) und dienten daher repräsentativen Zwecken, doch schützten sie auch die übrige Kleidung vor Schmutz und Abnutzung. Dabei gab es Arbeits- und Festtagsschürzen. Letztere hoben sich farblich von der übrigen Kleidung ab. Auch hier galt wieder, daß junge Mädchen farbenfrohere Schürzen trugen als ältere Frauen.

Alltagsschürzen waren meistens unverziert und aus verschiedenen Leinenstoffen; manchmal in Blaudruck. Schürzen für die Feldarbeit waren länger als jene, die man in der Küche benutzte.

Zur Frauenausstattung gehörte auch das Seidentülifäntchen, eine Art Haube. Hauben trugen aber nur verheiratete Frauen, wie wir es auch im Deutschen aus Redensarten wie „unter der Haube sein" kennen. Die Haube war bei jüngeren Frauen rot oder rotgemustert und bei älteren Frauen grau oder schwarz. Auch bei der Haube gab es schönere Festtagsausführungen. Die Haube diente dazu, die Haartracht in Form zu halten.

Über die Haube wurde dann ein Kopftuch gebunden. Im Winter waren dies wollene Kopftücher, im Sommer solche aus Kaschmir oder Seide. Dabei versuchten die Frauen, möglichst Tücher in verschiedenen Farben zu haben, um an jedem Sonntag mit einem anderen erscheinen zu können. Festtagsausführungen waren dabei meistens noch mit Fransen verziert. Junge Mädchen trugen Kopftücher nur in Trauer oder auch mal wenn der Steppenwind sehr kalt blies.

Schultertücher der Maße 120 x 120 cm, wie sie etwa auch heute im südlichen Spanien noch an Festtagen populär sind, waren meistens aus Wolle, aber auch – was häufig für die Alltags-Ausführung galt - aus Blaudruck-Stoffen. Sie wurden aber um den Neusiedler See nur bei großer Kälte getragen. Dabei waren sie auch mit bunten Mustern bestickt und mit Fransen versehen.

An Schuhwerk trugen die Frauen vom Allerheiligentag bis zum Ende der Fastenzeit Stiefel - die jungen Mädchen in Rot oder Gelb, die alten Frauen in Schwarz. Festtagsausführungen waren entsprechend verziert. Während der übrigen Jahreszeiten hatten sie sandalenartige Schuhe; die älteren Frauen eine Art Stiefeletten. Nur in sehr armen Gegenden ging man in den Schuhen barfuß. Auch manche Arbeiten wie etwa das Dreschen erfolgten barfuß. Normalerweise wurden jedoch stets Strümpfe angezogen, die entweder selber gestrickt oder auf dem Markt gekauft wurden. In der hiesigen Gegend war es oft üblich, daß man unter die weißen, selbstgestrickten Strümpfe rosafarbene, auf dem Markt gekaufte zog. Mädchen besaßen einfache weiße, gemusterte Strümpfe.

Handschuhe waren früher bei den Frauen nicht üblich. Statt dessen verwendete man einen wollenen Muff, der verschiedene Farben haben konnte.

Zur Tracht gehörte auch ab Mitte des 19. Jahrhunderts das Taschentuch, dessen einfache Alltagsausführung oft in Blaudruck war.

Bräute gingen komplett in Weiß, während die Brautjungfern in Rot oder Bordeaux gekleidet waren, weiße bzw. rote Schürzen hatten und einen Kranz mit rosafarbenen Bändern trugen.

Das Tragen des Eherings kam erst durch bürgerlichen Einfluß aufs Land. Je nach Wohlstand der Träger gab es schmalere oder breitere Ausführungen. Ab den 1930er Jahren bekam man auch auf den Märkten preisgünstige Ringe aus Eisen oder Silber mit einfachen Steinen.

An jedem ersten Sonntag des Monats, sowie an Ostern und den Marienfeiertagen gingen die Frauen in Weiß. Während der Fastenzeit oder im Advent waren violett (= Farbe der Reue) oder schwarz üblich.

Für die Männer war das wichtigste Kleidungsstück das Hemd, das man auch bei der Arbeit trug und das aus Leinen gefertigt war. In der bäuerlichen Gesellschaft waren weiße Hemden üblich. Für Sonn- und Feiertage wählte man eine schönere Variante aus Baumwoll-Leinen. Die Hemden besaßen an der Vorderseite Knöpfe, aber keinen Kragen. Mit Aufkommen der industriellen Fertigung gab es dann an den Schultern verstärkte Hemden, denn dort gingen sie bei der Arbeit häufig kaputt. Danach kamen Hemden mit Kragen auf. Letzterer war jedoch so eng, daß das Zuknöpfen zuweilen eine schwierige Angelegenheit war. Mit dem Ersten Weltkrieg wurden Militärhemden beliebt. Diese konnten allerdings nicht ganz geöffnet werden und waren dabei auch nicht so lang wie die heutigen; auch hatten sie keinen Schlitz an den Seiten.

Bis zum Ende des 19. Jahrhunderts gab es auch Hemden, die an Manschetten und Kragen mit roten und blauen Mustern verziert waren, wie man sie in manchen Trachtengeschäften inzwischen wieder bekommt. Diese Hemden zogen verheiratete Leute nur zu hohen Fest- und Feiertagen an. Lag ein Mann im Sterben, wünschte er sich häufig, mit seinen Festtagshemd begraben zu werden.

An Hosen trugen die Männer weite Bauernhosen, die bis knapp unter die Knie reichten. Die Werktagshose war einfach; die Festtagsausführung mit weißen, kreisförmigen Mustern bestickt. Diese Art von Hose, die auch gerne zum Pflügen getragen wurde, verschwand schon an der Wende zum 20. Jahrhundert und war offenbar zuletzt noch bis 1945 vereinzelt im Hanság zu sehen.

Hosen der Art wie man sie heute kennt, kamen mit der industriellen Fertigung auf. Junge und jung verheiratete Leute gingen in hellen Farben, ältere in schwarz. Mit dem beginnenden 20. Jahrhundert verschwanden die hellen Farben. Während die älteren Hosen nur eine einzige Tasche besaßen, hatten die neueren dann schon drei. Nach dem Ersten Weltkrieg kamen verschiedenfarbige Hosen und auch solche mit Mustern auf, welche die jungen Burschen sommers barfuß oder zu Halbschuhen trugen. Für Kinder gab es ab den 1920ern kurze Hosen, die zunächst bis unter die Knie und nach 1945 auch über die Knie reichten. Die meisten Kinder gingen auch im Winter mit kurzen Hosen und zogen dazu entsprechend lange und warme Strümpfe an.

Zur Hose gehörte ein Mantel, den es als Ober- oder Untermantel gab. Bis ca. 1910 trug man in der Gegend des Neusiedler Sees aus Tuch gefertigte Mäntel, die an Kragen, Ärmeln und Taschen Schnurapplikationen hatten. Auch für Kinder gab es solche Mäntel, allerdings ohne Verzierungen. Mäntel des moderneren, städtischen Typus kamen erst nach dem Ersten Weltkrieg auf. Bei großer Kälte wurden ärmellose Schafspelze getragen, die man auch im Sommer, wenn man draußen schlief, als Zudecke benutzen konnte.

Bis in die 1950er Jahre trug – vor allem die ältere Generation – unter dem Mantel noch eine Weste, die danach vom Pullover abgelöst wurde. Die Weste

*Alte Hirtentracht. Ausstellung in Lászlómajor.*
*Foto: O. Meiser (2021)*

reichte nicht ganz bis zur Hüfte. Oft war sie rundherum verziert. Auch konnte sie kupferne Knöpfe, Zierbänder, Zierlaschen oder Perlen haben. Die Westen waren aus Samt oder Seide. Je nach Alter waren verschiedene Farben charakteristisch. Kinder, sofern sie eine Weste besaßen, trugen sie in schwarz; junge Burschen in verschiedensten Farben. Verheiratete Männer unter 45 hatten zumeist blaue oder grüne Westen, während ältere Männer wiederum in schwarz gingen.

Was das Schuhwerk der Männer anbelangt, heißt es, daß diese – außer im Sommer – schon als Kinder Stiefel anhatten und mit ihren Stiefeln begraben wurden. Für manche Arten von Stiefeln benötigten die Schuster spezielle Leisten. Auch bei den Stiefeln waren jene für den Alltag weniger verziert; hatten flachere Absätze und Spitzen. In die Stiefel hinein wurden Fußlappen getragen. Diese maßen 60 x 30 cm, waren aus Flanell oder Leinen und wurden normalerweise aus abgetragenen Kleidungsstücken gefertigt. Diese Fußlappen hielten sich vereinzelt bis in die 1950er Jahre, obgleich etwa Kinder schon ab Ende des 19. Jahrhunderts Strümpfe trugen. Im Zusammenhang mit den modernen Hosen kamen dann die Halbschuhe auf und mit ihnen auch Socken. Beim Pflügen trugen die Männer Bundschuhe

Für die Arbeit im Sommer wurden oft von allen Geschlechtern sog. *Christuspuschen* (ung. *krisztuspapucs*) getragen, deren Sohlen aus gebrauchten Autoreifen gemacht waren, wie man sie heute noch etwa in armen Gegenden der Anden sehen kann, wo dieses Modell scherzhaft „Good-Year-Schuhe" heißt. Mit Bändern wurden sie an den Fuß geschnürt.

Früher trugen die Männer im Freien sommers wie winters stets eine Kopfbedeckung - außer in der Kirche, an bestimmten Feiertagen oder vor dem Grundherren. Alte Männer behielten oft sogar im Haus eine Kappe auf. Im Sommer trug man einen Strohhut und im Winter eine Mütze aus Schafsleder. 1850-1860 waren Hüte im Sommer schon üblich geworden, während man im Winter flache, schwarze und breitkrempige Hüte trug, oft mit einem breiten Band, in das zur Zierde Federn oder Blumen gesteckt wurden. Die Hüte der Burschen – an Feiertagen in Grün - hatten schmalere Krempen. Kinder besaßen um 1900 meistens Ledermützen, mit denen sie, damit sie nicht froren, auch in die Schule gingen. Im Sommer jedoch hatten sie zumeist keine Kopfbedeckung.

Schals wurden normalerweise nur in städtischem Umfeld zum Mantel getragen. Auf dem Lande hingegen diente das Tuch als Schalersatz und wurde etwa den Kindern um den Hals oder bei großer Kälte auch so vor das Gesicht gebunden, daß man nur noch die Augen sehen konnte.

Jene Halstücher, die auf Handbreite umgebunden wurden und für Frauen verziert waren, kamen später auf.

Handschuhe trugen nur die Männer, wenn sie im Winter mit Kutschen oder Fuhrwerken unterwegs waren. Die Handschuhe waren aus Schafsleder gefertigte Fäustlinge.

Bei der Hochzeit trug der Bräutigam farbige Stiefel, sowie über dem Hemd ein *lajbi* - einen verzierten Mantel mit Metallknöpfen - oder einen Dolman, eine Art Uniformjacke, wie man sie auch von den Husarenuniformen kennt.

Trauerkleidung war allgemein schwarz. In ihnen ging man drei Wochen lang nach dem Tode enger Verwandter, drei Monate lang nach dem Tode eines Großelternteils und ein Jahr lang, wenn ein Elternteil gestorben war. Männer verwendeten ab den 1950er Jahren eine Trauerbinde.

Starben alte Männer oder Frauen, so wurden sie im Allgemeinen in ihrer besten Kleidung bestattet. Starb ein junges Mädchen, so gingen ihre Freundinnen in weißen Brautkleidern mit einem Kranz auf dem Kopf zum Begräbnis. Starb ein junger Bursche, so gaben ihm seine Kameraden in entsprechender Kleidung das letzte Geleit. War ein Säugling verstorben, so trug ihn der Taufpate bzw. die Taufpatin in seinem kleinen Sarg auf dem Arm. Der Taufpate ging dabei im Alltagsgewand, die Taufpatin in rotem oder bordeauxfarbenem Kleid.

Auch über die Haartracht ist einiges zu berichten. Bemerkenswert ist, daß Männer wie Frauen in der Gegend um den Neusiedler See bis um 1848 das Haar im

Allgemeinen lang trugen. Sommers wurde es zu je beiden Seiten geflochten und im Winter offen gelassen. Jüngere Männer kümmerten sich sorgfältiger um ihre Frisur als die älteren Herren, doch legte man im ländlichen Raum des 19. Jahrhunderts allgemein auf die Pflege des Haars nur wenig Wert. Die Frauen kämmten ihr Haar am Morgen. Gingen sie aufs Feld, flochten sie es oder drehten es ein. Zuweilen blieb das einmal geflochtene Haar gar einen ganzen Monat so! Auch die Kinder trugen langes Haar. Erst durch den Einfluß der Soldaten während der bürgerlichen Revolutionskämpfe von 1848 kamen kurze Haarschnitte in Mode, sogenannte „Topfschnitte" (ung. *fazékban nyírt haj*), denn man pflegte bei dieser Art von Haarschnitt den Leuten einfach ein Gefäß überzustülpen und schnitt die danach noch überstehenden Haare ab. Kinder vor dem Schulalter wurden mit Aufkommen von Haarschneidemaschinen häufig kahlgeschoren.

Bis in die 50er und 60er Jahre hinein ließen Frauen ihr Haar oft überhaupt nicht schneiden und es hieß, daß jedes Mädchen einst sein Kinderhaar als alte Frau mit ins Grab nehme. Das Haar wurde nach hinten oder zu beiden Seiten geflochten. Im 19. Jahrhundert wurde es zu einem Strang nach hinten gekämmt, aufgedreht und zu einem Knoten zusammengesteckt, eine Mode, die sich in den 1860ern änderte und dann während des Ersten Weltkrieges noch einmal aufkam. Die jungen Mädchen befestigten die Knoten oder Haarschnecken auch mit Steckkämmen, die man auf den Märkten kaufen und durch heißen Dampf an die Kopfform anpassen konnte. Am Samstagabend halfen sich die Mädchen gegenseitig das Haar richten und sprachen dabei über ihre Pläne für den Sonntag.

Kleine Mädchen trugen oft Rattenschwänze (ung. *cicefarka*), die an ihren Enden mit bunten Bändern zusammengebunden waren. Für die Erstkommunion kämmten die Mädchen das Haar bis zur Hüfte aus und banden es unter dem Kopf mit einem weißen Band oder einem weißen Kranz zusammen. Nach dem Krieg verschwanden bei den Mädchen die Zöpfe und moderne Frisuren hielten Einzug.

Was die Barttracht bei den Männern anbelangte, war bis in die 1890er Jahre der Schnurrbart normalerweise ein Zeichen verheirateter Männer. Zunächst war der lange Schnurrbart in Mode; danach – ebenfalls durch Einfluß des Militärs – der kurze. In den 1860er Jahren waren spitz ausgezogene Bärte beliebt. Vollbärte hingegen trugen die Bauern nicht. Die Männer rasierten sich nur ein bis zweimal in der Woche und natürlich auch an Feiertagen.

Heutzutage scheinen Fußballspieler und Filmstars als Vorbilder für das Aussehen einiger zu dienen – nicht immer zu deren Vorteil.


## 4.4. Erziehung und Bildung


Über Jahrhunderte wurden in der ländlichen Gesellschaft die Kinder von ihrer Geburt an von der Familie erzogen, wobei jedes Mitglied der Familie auf ihre Erziehung Einfluß hatte. Auch die älteren Kinder schalten ihre jüngeren Geschwister oder schlugen sie sogar. Die Kinder wurden hinsichtlich ihrer Bedürfnisse schon früh an ihre Großeltern verwiesen, da die Eltern durch ihre Arbeit sehr eingespannt waren. Sowie die Kinder größer wurden, blieben sie auch häufig sich selbst überlassen. Dennoch fanden sie in Not stets ein Familienmitglied oder Leute vom Gesinde als Ansprechpartner. Man beachte dabei im Ungarischen die offensichtliche Wortverwandtschaft von *család* (= Familie) und *cseléd* (= Knecht, Magd)

Charakteristisch war die Strenge, die sich auch in häufiger Prügel äußerte.
So erzählte - wie im Heimatbuch von *Kovácsné / Völgyi (2001)* nachzulesen - Tante Nani einst:

*„Ja, mein lieber Vater verprügelte mich oft, und oft wußte ich auch nicht, weshalb. Wenn ich beim Morgengebet fehlte oder vielleicht nicht mitsprach und er das merkte, bekam ich sofort eine Ohrfeige. Oder wenn ich am Abend beim Glockenschlag nicht zu Hause war - und selbst wenn ich noch beim Widerhall des letzten kam! - wartete er bereits mit dem Besen beim Eingang. Nach der Prügel mußte ich auf Knien ein Angelusgebet aufsagen“.*

Die Kinder wurden in strengem Glauben erzogen. Kaum konnten sie sprechen, wurden sie bereits das Beten gelehrt. Obligatorisch waren das Hören der Messe, sowie die Teilnahme an der Litanei. Morgens, mittags und abends betete die Familie gemeinsam; in der Fastenzeit vor dem Kreuz kniend.

Gewiß trauert diesen Zeiten, in denen die Menschen selbst in ihrer arbeitsfreien Zeit noch stets gegängelt wurden, heute niemand mehr ernsthaft nach.

Die Kinder kamen, nachdem der regelmäßige Schulbesuch Einzug gehalten hatte, mit sechs Jahren in die Schule. Dorthin gingen sie am Vormittag und am Nachmittag.

Auch wenn die Kinder durch Mithilfe in Haushalt und Landwirtschaft, Schule und Kirche stark eingebunden waren, blieb dennoch auch Zeit zum Spielen. Beliebt war etwa ein Schlagballspiel, bei dem von einem Kind ein Lumpenball mit einem Stock geschlagen wurde, während die anderen Kinder versuchten, diesen aufzufangen. Wer das schaffte, durfte denn Ball dann als nächster abschlagen.

Ein anderes Ballspiel war eine Art Völkerball-Variante. Dabei stellten sich vier Spieler, die Ecken eines Quadrates bildend, auf und bildeten eine „Burg". Innerhalb dieser liefen die anderen Mitspieler umher, während die vier ersten Spieler versuchten, diese mit dem Ball abzuwerfen. Wer getroffen wurde, mußte sich hinsetzen.

Sobald die Mädchen die Schule abgeschlossen hatten, galten sie als erwachsen. Kleine Mädchen wurden auch offiziell zu jungen Mädchen, indem sie entsprechend gekleidet und von ihrer Taufpatin begleitet zur Kirchweih gingen.

Damit veränderte sich ihr Leben und sie wurden ernster und maßvoller. Waren Mädchen nämlich zu offenherzig, hieß es im Dorf sehr schnell, daß sie nicht ordentlich und keine „rechten" seien. Ohne Ausnahme lernten sie nun alle Arbeiten, die sie als zukünftige Haus- oder Bauersfrauen beherrschen mußten, um bald selbst eine eigene, große Familie versorgen zu können.

Eine alte Bewohnerin erzählte in den 1960er Jahren:

*ordentliche Mädchen waren sehr gefragt. Wandbehang im Spitzenhaus Hegykő.*
*Foto: O. Meiser (2015)*

*„Meine Mutter sagte mir immer: Du bist jetzt ein großes Mädchen und mußt alle Hausarbeit lernen, denn wenn du heiratest, wird niemand die Arbeit für dich erledigen. Und dann will ich nicht hören, daß es dich die Mutter nicht gelehrt hat. Meine Mutter ging aufs Feld, und ich wusch und kochte auch. Das Brotbacken erledigte ich erst mit ihr gemeinsam, aber später vertraute sie es mir ebenfalls an. Es kam vor, daß - wenn ich den Brotteig knete - meine Tränen mit hineinflossen. Danach machte ich alles, denn im Dorf schimpfte man auf jene Mädchen, die zu nichts taugten; auch die Mutter erwartete dies. Daher mußte man auch bei den Feldarbeiten helfen."*

So waren die jungen Mädchen früh und mehr noch als die jungen Männer in Arbeiten und Pflichten eingebunden. Oft hatten sie einzig und allein am Sonntagnachmittag etwas freie Zeit. Dann spazierten sie bis zum Ende der Hauptstraße und zur Grenze des benachbarten Dorfes.

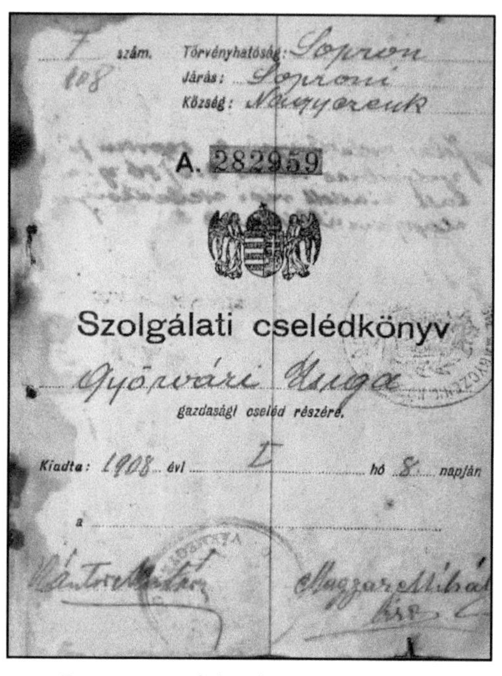


*Dienstmägdebuch aus Nagycenk*

Die erwachsenen Mädchen blieben jedoch nicht immer in der Familie. Sie gingen häufig als Mägde, Dienstmädchen oder Tagelöhnerinnen in Stellung. Ein Dienstmägdebuch gab den Einstellenden – wenn die Bewerberin schon woanders gearbeitet hatte - Informationen über die Arbeitsweise und Art des Menschen; hatte also die Funktion eines Zeugnisses. Besonders dort, wo es mehrere Geschwister gab, mußten die jungen Mädchen ihre Familien verlassen und sich woanders verdingen. Mit dem Verdienst bezahlte man die Aussteuer bzw. „Staffierung", die als deutsches Lehnwort *stafírung* auch in die ungarische Sprache Eingang gefunden hat. Sie wurde in einer Truhe aufbewahrt, welche die Mädchen, wenn sie dann heirateten, in den Haushalt des Mannes mitbrachten.

Nach dem Krieg wurden die jungen Mädchen selbständiger und auch das kommunistische System stärkte ihre Rolle. In den 1960er Jahren gingen junge Mädchen ab 15 schon auf Bälle, ins Kulturhaus oder auch ins Kino. Auf Bildung und eine Berufsausbildung wurde nun – auch von Seite der Gesellschaft – ebenfalls mehr Wert gelegt. Die kam nun verstärkt für alle.

> *„Ja, das Schreiben und das Lesen*
> *ist nie mein Sach' gewesen,*
> *denn schon von Kindesbeinen*
> *befaßt' ich mich mit Schweinen..."*

Diese allenthalben bekannten Verse aus dem Zigeunerbaron von *Johann Strauss jr. (1825-1899)*, dessen von *Ignaz Schnitzer (1839-1921)* stammendes Libretto im übrigen auf der Novelle Sáffi des ungarischen Erzählers *Mór Jókai (1825-1904)* basiert, galten zu der Zeit, da jene Operette entstand (1885) für die meisten Dörfer - nicht nur in Ungarn. Seitdem hat sich freilich eine Menge getan.

Hegykő verfügt heute über einen Kindergarten und über eine Grundschule.

Den Kindergarten (ung. *óvoda, óvi*) besuchen Kinder in Ungarn normalerweise drei Jahre lang, wovon das letzte Jahr vor dem Eintritt in die Schule verpflichtend ist.

Die Primarstufe bzw. Grund- oder Volksschule (ung. *általános iskola*) dauert normalerweise acht Jahre, bevor die Schüler auf weiterführende Schulen wechseln. Gute Schüler können allerdings auch schon nach der vierten oder sechsten Klasse auf das Gymnasium (ung. *gimnázium*) gehen. Die Hegykőer Kinder besuchen nach der Grundschule normalerweise Fachmittelschulen (ung. *szakközépiskola*) oder Gymnasien in Sopron. Für das Abitur / Matura (ung. *érettségi*) sind normalerweise 12 Schuljahre notwendig. Musikalisch interessierte Kinder können die *Joseph-Haydn-Musikschule* (ung. *zeneiskola*) in Fertőd oder die *József-Horváth-Musikschule* in Sopron besuchen. Die nächstgelegenen Universitäten (ung. *egyetem*) sind die *Universität von Sopron* (2017: ca. 3000 Studenten, 10 Fakultäten, bekannt v.a. Holz- und Forstwissenschaft), sowie die *István-Széchenyi-Universität von Győr* (2019: ca. 12.000 Studenten, 9 Fakultäten) bzw. auch die Unis von Wien.

Einen Kindergarten gab es schon seit den Vierzigerjahren in Hegykő. Dieser „Sommer-Kindergarten", der während der Großen Ferien im Schulgebäude stattfand, sollte Eltern in der Zeit der landwirtschaftlichen Hauptarbeiten entlasten und wurde von Juni bis 20. August von Schülerinnen geführt. Ab 1948 richtete man eine Art Tagesheim für kleine Kinder ein. Notwendige Ausstattung zum Kochen etc. wurde von den Eltern der Kinder mitgebracht.

Der Lotosblumen-Kindergarten (*Tündérrózsa Óvoda*) wurde ab 1959 in einem Gebäude eingerichtet, das damals der Dekan *József Horváth* dafür zur Verfügung gestellt hat. Dieser trug auch dafür Sorge, daß die Kinder bis zu seinem Tode täglich eine Hauptmahlzeit erhielten.

In den Siebzigerjahren besuchten 50-87 Kinder den Kindergarten. Wegen Platzmangels mußten in den Jahren von 1975-1977 sogar Anfragen abgewiesen werden.

*Tündérrózsa-Kindergarten von Hegykő. Foto: O. Meiser (2022)*

2021 kümmerten sich in Hegykő neben der Kindergartenleiterin 10 Kindergärtnerinnen, unterstützt von einer pädagogischen Assistentin, 4 Betreuerinnen, 6 Arbeitskräften in der Küche und einer Sekretärin um die Kinder. Einige Kindergärtnerinnen verfügen über Zusatzausbildungen, z.B. als Logopädin oder auch für das Unterrichten in deutscher Sprache. Drei Kindergartengruppen gibt es in Hegykő und daneben eine Gruppe in der Außenstelle von Fertőhomok. Derzeit wird der Kindergarten gerade erweitert.

Eine Schule gab es in Hegykő offenbar schon an der Wende vom 16. zum 17. Jahrhundert. Sie lag wohl an der südlichen Häuserzeile und verschwand jedoch aus unbekannten Gründen wieder. An ihrer Stelle wurde Mitte des 17. Jahrhunderts eine neue gebaut, die dann 1660 gemeinsam mit der Kirche katholisch wurde. 1677 heißt es, daß sich die Schule beim herrschaftlichen Weinkeller befand, etwa gegenüber der heutigen Kirche. 1697 ist von einem erneuten Schulbau die Rede. 1733 befand sie sich an der nördlichen Häuserzeile. 1748 muß bereits der Lehrer eine entsprechende Wohnung gehabt haben. 1766 ist im Bezug auf das Schulhaus von einem Gebäude aus luftgetrockneten Lehmziegeln die Rede, das einen Raum, eine Küche und eine Kammer umfaßte, sowie nebenan eine Schilfhütte als Stall. Ob Unterrichtsraum und Lehrerwohnung voneinander getrennt waren, geht indes nicht hervor. Die Kinder lernten zu dieser Zeit aus einer ABC-Fibel das Lesen und Schreiben.

1777 führte *Kaiserin / Königin Maria Theresia* in der Monarchie eine *Unterrichtsordnung* (*Ratio Educationis*) ein, nach welcher Kinder, die noch nicht das zur Verrichtung landwirtschaftlicher Arbeiten geeignete Alter hatten, sommers wie winters zum Schul- bzw. Unterrichtsbesuch verpflichtet waren. Dies sollte zwei Stunden vormittags und zwei Stunden nachmittags geschehen, was jedoch nur schleppend funktionierte, weil die Kinder wegen Verrichtung landwirtschaftlicher Arbeiten nur im Winter in die Schule gingen. Dennoch ist die Rede sogar von drei Stunden am Vormittag von sieben bis zehn Uhr und noch einmal am Nachmittag von ein Uhr bis vier. An Mittwoch- und Samstagnachmittagen gab es Religionsunterricht. An Dienstagen und Donnerstagen jedoch fand kein Unterricht statt.

Einige Jahre später mußte die Schule von Hegykő umgebaut werden. 1830 erfahren wir, daß der Grundherr *Graf István Széchenyi* Baumaterial zum halben Preis bereitstellte, obwohl er das Projekt nicht befürwortete. Zu jener Zeit umfaßte der Schulunterricht bereits eine Wochenstundenzahl von 20, was Lesen, Schreiben, Rechnen und Religionsunterricht beinhaltete.

Auch 1847 / 48 wandten sich die Hegykőer erneut an den Grundherren, da sich das Dach der Schule in marodem Zustand befand. Ob er die Reparatur unterstützte oder dies auf eigene Kosten der Gemeinde geschah, ist allerdings nicht weiter bekannt. Indes blieb das Problem der Schüler, die wegen der Landarbeit sommers nicht zur Schule gingen, weiter ein Thema. Zahlen aus diesen beiden Jahren zeigen, daß im Winter zwar 45 Mädchen und 60 Jungen, im Sommer jedoch nur 10 Mädchen und 12 Jungen die Schule besuchten. Die Wochenstundenzahl lag nun bereits bei 28 Stunden und zu den Lehrgegenständen war auch Geschichte hinzugekommen.

Ab 1855 gab es in Ungarn zwei Arten von Grundschule: die zwei- bis dreijährigen, ländlichen Dorfschulen, in denen ein einziger Lehrer oft hundert Kinder unterrichtete, und daneben die städtischen, vierjährigen Grundschulen. Zu den erstgenannten zählte die Schule von Hegykő

Nach Beschreibungen von 1859 besaß das Schulgebäude einen Unterrichtsraum und für den Lehrer zwei Zimmer, eine Küche, eine Speisekammer, einen
Schuppen und einen Stall.

Eine größere Schule wurde dann – hauptsächlich aus Gemeindemitteln - im
Jahre 1864 erbaut. Das Schulgebäude war zunächst ein reetgedecktes, langge-
strecktes Haus, ähnlich wie die umstehenden, übrigen Bauernhäuser. Die
Schule als Institution funktionierte bis zur Verstaatlichung 1948 als römisch-
katholische Einrichtung.

1868 wurde nach der Schulreform unter dem Kultusminister und Schriftsteller
*József Eötvös (1813-1871)* die Bildungspflicht zur Schulpflicht ausgeweitet
und betraf alle Kinder von sechs bis zwölf Jahren. Der Unterricht sollte wenigstens während acht Monaten stattfinden und die Wochenstundenzahl wurde auf
20-25 festgelegt, Religionsunterricht inbegriffen. Pflichtfächer bzw. –themen
waren: Lesen, Schreiben, Rechnen, Umgang mit Geld, Maßen und Gewichten,
sowie Geschichte und Geographie von Ungarn, Naturkunde, Landwirtschaft,
Kenntnis der bürgerlichen Rechte und Pflichten. Dazu kamen Gesang, Leibes-
übungen und Religion, sowie Sprach- und Verständnisübungen. Bei Schulver-
säumnis wurden nun die zuständigen Eltern verwarnt oder erhielten Geldstrafen.  In Hegykő gab es einen einzigen Unterrichtsraum, in dem sechs Klassen
gemeinsam unterrichtet wurden.

Nicht immer waren die Leute mit den Lehrern zufrieden: Gegen einen von ihnen erhob die Gemeinde 1875 gar Beschwerde beim Bischof. Seinetwegen, so
klagte man, sei die Schule von Hegykő die schlechteste. Die Kinder würden
nicht lernen. Im Sommer gäbe es überhaupt keinen Unterricht, während der
Lehrer im Winter es sich ebenfalls einfach machte und die älteren Kinder die
jüngeren unterrichten ließ. Auch vernachlässige er den Religionsunterricht und
behaupte – womit er freilich seiner Zeit sehr voraus war – es gäbe weder ein
Paradies noch eine Hölle und letztere diene lediglich dazu, den Menschen
Angst einzuflößen. Desweiteren blieb auch der Lebenswandel des Lehrers nicht
unkritisiert: er trinke, so hieß es, täglich 8-9 *icce* Wein (1 ung. *icce* ca. 6 dl) und
sei daher selten nüchtern. Sogar an Weihnachten sei der Lehrkörper betrunken
gewesen und habe deswegen die Orgel nicht spielen können. Wegen seiner
Trinkerei sei ein großer Teil seines Landes verpfändet.

Ein Teil der Dorfbewohner ließ aufgrund dieser Situation seine Kinder bereits von einem jüdischen Lehrer unterrichten, zumal es damals in Hegykő eine jüdische Gemeinde mit 14 Mitgliedern gab. Der Bischof sandte einen Kontrolleur und tatsächlich fand man den Lehrer häufig betrunken: sowohl in der Kneipe als auch zu Hause - und sogar in der Schule! Oft war er, wie es heißt, so sternhagelblau, daß er von Familienangehörigen aus dem Dorfbeisl nach Hause gebracht werden mußte. Besagter Lehrer wurden dann schließlich seines Amtes enthoben.

Die freiwerdende Stelle nahm ein Lehrer aus Fertőszéplak ein, der jedoch nur ein Jahr blieb, wonach ein aus Pusztacsalád stammender Lehrer namens *Géza Rózsás* das Amt übernahm. Dieser Lehrer, der auch deutsch sprach und drei Jahre lang Kommandant der freiwilligen Feuerwehr von Hegykő war, besaß eine fünfjährige Volksschulbildung und hatte danach die dreijährige Hauptrealschule, sowie einen einjährigen Fortbildungskurs für Lehrer besucht. Zuvor hatte er bereits in vier anderen Dörfern der Umgebung, sowie in Sopron unterrichtet. Rózsás war überdies 16 Jahre lang auch Gemeindenotar und somit in verschiedenster Hinsicht eine wichtige Person seiner Zeit. Er unterrichtete von 1876 bis 1920 als Lehrer, ehe er von *Géza Bolla* (siehe eigenes Kapitel 5.1.) abgelöst wurde.

Oft versahen die Lehrer früher auch Aufgaben bei der Kirche. So mußten sie sich etwa um das Waschen der Meßgewänder, das Läuten der Glocken und die Herstellung der Hostien kümmern. Zudem nahmen die Lehrer häufig – wie es auch bei Rózsás gewesen war - notarielle Aufgaben wahr. Lehrer- und Notarsamt wurden erst 1871 voneinander getrennt. Zu dieser Zeit waren noch fünfzig Prozent der Dorfbevölkerung Analphabeten.

Man erinnerte sich übrigens auch noch an einen Lehrer namens Sándor, der den Beinamen „*rögtönzött*" (etwa zu übersetzen mit „einer, den man schnell hergerufen hat") trug und der auch die Lohnarbeiterkinder von Gyeralja, drei Kilometer vom Dorf entfernt, aber zu Hegykő gehörend, unterrichtete.

Die Ausstattung der Schule umfaßte um 1873 eine Wandtafel, einen Rechenschieber, naturkundliche Abbildungen, sowie Karten von Europa und Ungarn.

Ab 1886 wurden zusätzlich Hilfslehrer angestellt, von denen bis 1904 neun im Dienste standen.

Bereits schon 1878 wurde das Schulgebäude erweitert und besaß danach dann zwei Klassenräume, ein Lehrerzimmer und einen Flur. Diese Erweiterung wurde aus Steuereinnahmen, sowie Spenden u.a. von Fürst Antal Esterházy, Graf Béla Széchenyi und des Bischofs finanziert. Ab 1899 gab es sogar eine Toilette!

Bis in die Jahre nach 1900 unterrichteten Lehrer, die kein Diplom besaßen. Sie erhielten ihre Bezahlung von der Grundherrschaft sowohl in Geld als auch in Naturalien. Sowohl für das Unterrichten als auch für notarielle und kirchliche Dienste gab es Vergütung; für letztere aus dem Geld der Kirche. Für ihren Lebensunterhalt wurde den Lehrern überdies ein halber Morgen gutes Land zur Verfügung gestellt. Géza Rózsás arbeitete viel an der Bekämpfung des Analphabetentums. Er führte außerdem im Dorf eine Verbraucherkooperative ein und organisierte eine Art Volkstheater, das mit kleineren und größeren Unterbrechungen noch bis in die 50er Jahre existierte.

Weil die Schule allmählich zu klein wurde, brach man das alte, reetgedeckte Gebäude ab und errichtete an der Stelle der 1903 abgebrochenen alten Kirche eine eingeschossige Schule mit drei Klassenräumen. Dies geschah unter dem Soproner Architekten *János Schiller*, der auch damals die neue Kirche bauen ließ. Für den Schulbau veranschlagte er 28.000 Kronen, die bis 1907 in Raten abbezahlt wurden. 1904 wurde für die Schule auch erstmalig ein Direktor benannt. Dies war der damalige Pfarrer. Ab diesem Jahr bis zum Ende des Zweiten Weltkrieges wurde die Schule mit drei Lehrkräften geführt.

Disziplin wie auch die Schulpflicht wurden anfangs jedoch nur oberflächlich eingehalten. Bei Nichteinhaltung bekamen weder Eltern noch Kinder irgendwelche Strafen. Unabhängig davon betrachteten jedoch die Lehrer das Unterrichten als Herzensangelegenheit. Darüber hinaus waren sie durch ihren Amtseid verpflichtet, standen unter Beobachtung und litten unter Stellenmangel. Die älteren Leute berichteten früher aber auch von solchen Lehrern, die lieber mit den Kindern hinunter auf die Wiese spielen gingen. Häufig kam es auch vor, daß ein, zwei Kinder gerufen wurden, um bei der Frau Lehrerin in der Küche zu helfen.

*das Gebäude der ehemaligen, 1904 erbauten Dorfschule hinter der Kirche.*
*Foto: O. Meiser (2021)*

Schulkinder nahmen an den außerschulischen Veranstaltungen nur selten teil. Sie waren sehr in die Feldarbeit eingebunden und verrichteten aufgrund dessen oft selbst ihre Schularbeiten nur unzureichend. Nur ganz wenige Schüler wurden nach der Volksschule noch auf weiterführenden Schulen geschickt.

Mit dem beginnenden 20. Jahrhundert begann die Zeit der kostenfreien Grundschule, d.h. die Leute mußten weder Anmeldegebühren noch Schulgeld zahlen. Der damalige Pfarrer kümmerte sich auch speziell um bedürftige Kinder. Der Unterricht dauerte nun von acht bis elf Uhr am Vormittag und von ein bis drei Uhr am Nachmittag. Sonn- und Feiertag, sowie ein weiterer Tag in der Woche waren unterrichtsfrei. Vor und nach dem Unterricht wurde gemeinsam gebetet; auf Wunsch des Pfarrers auch für die Kranken und die Toten.

Ein großes Problem war damals offenbar der Alkoholkonsum der Schüler, so daß bereits Anweisungen von den Schulämtern kamen, die Schüler über die schädlichen Wirkungen des Alkohols aufzuklären. Körperliche Züchtigungen der Kinder waren eigentlich auch schon damals nicht erlaubt, kamen aber wohl häufig vor, und manche Kinder rechneten offenbar schon im Voraus damit. So schützten einige ihren Allerwertesten vorsichtshalber mit zusätzlicher Kleidung, damit gesetzten Falles die Züchtigungsmaßnahmen nicht so weh taten. Doch wenn der Lehrer dahinterkam, gab es dafür die doppelte Abreibung! Bei Verletzungen der Kinder konnten die Lehrer allerdings mit einer Geldstrafe belegt werden. Eher war es jedoch so, daß die Kinder vom Vater noch eine zusätzliche Tracht Prügel bekamen, wenn sie daheim erzählten, daß sie vom Lehrer geschlagen worden waren, denn zunächst einmal wurde angenommen, daß der Lehrer ja gewiß seinen triftigen Grund gehabt haben mag.

Offiziell erlaubt als Strafmaßnahmen waren hingegen: Mahnungen oder Schelte unter vier Augen oder öffentlich, den Schüler in der Ecke stehen oder nachsitzen lassen, Abmahnung durch das Lehrerkollegium oder die Schulbehörde, sowie mündliche bzw. schriftliche Unterrichtung der Eltern über das Fehlbetragen des Schülers. Eine detaillierte Schul-Hausordnung (siehe im Anhang!) arbeitete 1909 der bereits o.g. langjährige Dorfschullehrer *Géza Rózsás* aus, der auch besonderen Wert auf gutes Benehmen und Umgangsformen legte.

Der Unterricht begann jeden Tag mit einem Gebet, dessen Wortlaut etwa der folgende war:

> *„Im Namen Gottes beginne ich;*
> *ER soll mit seiner Güte helfen.*
> *Wenn er hilft, ist auch nichts schwer,*
> *wenn nicht, schwindet unsere Kraft.*
> *Drum ist es die beste Voraussetzung,*
> *im Namen Gottes zu beginnen,*
> *Amen".*

Danach folgte das Singen des Kirchenliedes 1001. Wer es nicht konnte, riskierte eine Strafe.

Ein großes Ereignis waren die Prüfungen, die unter der Anwesenheit u.a. des Schulrates stattfanden. Zu Ehren des Schulrates sagten die Schüler auch ein Gedicht auf und begrüßten ihn folgendermaßen:

*„Hochverehrter Bischof, verehrter Kreis-Schulrat und hochwertes Publikum!*

*Ich grüße sie, die sie heute zu uns gekommen sind, damit sie Zeugen unseres Fleißes und unseres Fortschrittes seien. Drum vorwärts, Lerngenossen! Laßt uns zeigen, daß die auf uns verwendete Lehrzeit nicht vergeblich war! Wenn wir den Erwartungen nicht genüge getan haben, dann erkennen sie wenigstens die gute Absicht an!"*

Die Kinder gingen damals mit einem langen Rock und einem Kopftuch zur Schule. Um die Hüfte war ein großes Tuch gebunden. Die Füße steckten in Holzschuhen mit Riemen. Im Winter wurden geschlossene Schuhe getragen, die man einmal in der Woche reinigte und die, wenn sie besonders glänzen sollten, mit Spucke poliert wurden.

In der Schultasche befanden sich eine Schiefertafel und ein Schiefergriffel, sowie für die Pause ein Stück Brot, anderes Gebäck oder auch eine Rübe *(kerekrépa)*.

Auf die Frage hin, was sie einmal werden wollten, antworteten die Buben: „Bauer werde ich. Mein Vater war das auch". Die Mädchen dazu: „Anfangs arbeite ich auf dem Feld. Danach heirate ich sowieso". Das war normalerweise ja auch der typische Werdegang der Dorfleute, denn nur wenige lernten später ein Handwerk oder besuchten gar weiterführende Schulen. Dies wußten die Kinder schon zu ihrer Schulzeit. Weshalb sollten sie sich vor dieser sehr begrenzten Perspektive noch groß anstrengen? Aber auch die Eltern erwarteten umgekehrt, was die Schule betraf, nicht allzu viel von den Kindern. Ab Georgii (24. April) blieben dann sowieso viele Kinder der Schule fern, da sie in der Landwirtschaft mitzuhelfen oder auf jüngere Geschwister aufzupassen hatten.

Während des Ersten Weltkriegs fiel wegen Personalmangels in den arbeitsintensivsten Zeiten in der Landwirtschaft die Schule aus.

Ohne Ausnahme wohnten die Lehrer – was auch heute noch gerne gesehen ist - im Ort, so daß sie aktiv an allem Geschehen des Dorfes teilnehmen konnten.

Die Hegykőer Bewohner liebten es, sich zu vergnügen und zu musizieren. 1920 wurde *Géza Bolla* Schuldirektor und gründete 1925 den Hegykőer Chor, der 40 Jahre lang aktiv war.

Hingegen mußte der Schulrat 1922 kritisieren, daß – aufgrund der Entfernung zwischen Toilettenhäuschen und Schulgebäude – die Kinder ihr Geschäft zwischen Schulgebäude und Graben verrichten würden, was gemeinsam mit der Gülle aus den Ställen ein erhebliches Gesundheitsrisiko mit sich brächte. Mit der Horthy-Ära kam eine erweiterte Schulpflicht, die damals sechs Jahre Grundschule und drei Jahre weiterführende Schule bedeutete. Unterricht sollte nun während zehn Monaten stattfinden, wobei Schulen, deren Schüler mehrheitlich aus der Landwirtschaft kamen, wenigstens acht Monate unterrichtet werden sollten. Das Regelschuljahr dauerte nun von Anfang September bis Mitte Juni. Von den Schulpflichtigen wurde nun wieder eine Einschreibegebühr erhoben, aus deren Fundus man Schulmaterial anschaffte, ärmere Schüler unterstützte und Internate unterhielt.

1927 arbeiteten in der Hegykőer Schule drei Lehrer. Jeder der drei Klassenräume hatte jeweils ein Katheder mit Lehrerpult und Stuhl. Neben einem Kamin befand sich ein Kohlenkasten. Die weitere Ausstattung bestand insgesamt aus 60 Bänken, zwei Schränken und drei Garderoben. Besonderer Wert wurde auf die religiöse Erziehung gelegt, die der von Fertőszéplak kommende Kaplan übernahm. An der Wand der Klassenzimmer hingen ein Kreuz, aber auch Staatswappen und der Text der Nationalhymne. Ein wichtiges Lehr-Hilfsmittel waren die verschiedenen Wandtafeln, von denen es 15 zum Thema Geschichte, 26 zum Thema Naturkunde und 27 zu anderen Themen wie etwa Lesen und Schreiben gab. Ein Harmonium, sowie ein Rechenschieber (sog. Abakus) ergänzte das Arsenal.

1937 waren Renovierungen nötig, weil tragende Balken morsch geworden waren. Im selben Jahr wurde auch das Elektrische in der Schule eingeführt. 1938 befand der Amtsarzt die Toilette in mangelhaftem Zustand. Ein Pinkulatorium stand nicht zur Verfügung und das Wasser vom Brunnen des Schulhofs war nicht trinkbar. 1940 baute man daher neue Toiletten. Indes wurden Lehrer- und Schülerbibliothek zu einer gemeinsamen Gemeindebibliothek zusammengelegt. Über Zeitschriften wie etwa das *Transdanubische Lehrerblatt* ( *Dunántúli*

*Tanítók Lapja*) oder das *Volksschul-Lehrerblatt* (*Néptanítók Lapja*) konnten sich Lehrer und über das *St. Antonius-Jugenblatt* (*Szent Antal Ifjúsági Lap*) Schüler weiterbilden.

1941 galten nun nurmehr 3 % der über sechsjährigen Einwohner von Hegykő als Analphabeten.

Im Schuljahr 1943/44 zählte die Schule immerhin 215 Schüler in sieben Klassenstufen.

1945 wurde die achtjährige Grundschule eingeführt, die auch jetzt noch immer der Grundschulstufe entspricht. In Hegykő konnten in dem heute leerstehenden, ockergelben Gebäude hinter der Kirche die Kinder bis einschließlich zur sechsten Klasse unterrichtet werden, wobei der Unterricht in drei Klassenräumen für jeweils zwei Jahrgänge stattfand. 1948 wurde als Folge der allgemeinen Religionsfeindlichkeit des Kommunismus unter *Gyula Ortutay (1910-1978)*, dem Minister für Glaubens- und Bildungsangelegenheiten das Schulwesen verstaatlicht. Dies geschah auch in Hegykő. So endete der seit dem 17. Jahrhundert bestehende konfessionelle Einfluß der römisch-katholischen Kirche auf die Bildungsangelegenheiten des Dorfes. Zwar hatte es auf der einen Seite Widerstand von den Kirchen und religiösen Eltern gegeben, doch war andererseits auch immer mehr Kritik über die schlechte Qualität der kirchlichen Schulen und den Zustand ihrer Gebäude laut geworden. Die Kirche versuchte zwar auch nach der Verstaatlichung der Schulen noch Einfluß zu nehmen, doch schon 1949 mußte um den Religionsunterricht als freiwilliges Wahlfach in der ersten Klasse gekämpft werden. Die verschiedenen katholischen Vereinigungen wurden auf Anweisung der Ungarischen Arbeiterpartei MDP aufgelöst. Statt dessen wurden die Kinder von früh an durch die jungen Pioniere (ung. *úttörök*; wörtl. übersetzt eigentlich die „Wegbereiter" oder „Bahnbrecher") auf das kommunistische Leben und Weltbild vorbereitet. Dies geschah für die Jungen schon ab Herbst 1948; die Mädchen folgten ein Jahr später. Zu jener Zeit gab es in Hegykő 230 schulpflichtige Kinder. Der Chorleiter und Schuldirektor Géza Bolla hinterließ 1949 detaillierte Aufzeichnungen zum Thema der Verstaatlichung, sowie eine farbige Abbildung des Schulgebäudes, das noch immer hinter der Kirche und heute leerstehend zu sehen ist. Der Eingang dieser Schule befand sich in der Mitte des Gebäudes und führte in einen Flur, von dem aus links und rechts jeweils ein Klassenzimmer lag. Am Ende des Korridors führte eine Treppe ins Obergeschoß, wo es neben einem weiteren Klassenzimmer auch zwei Lehrerzimmer gab. Jeweils oben und unten befand sich eine Lehrer-Dienstwohnung, bestehend aus drei kleinen Zimmern, einer Küche und einer Speisekammer. Auf beiden Etagen lag auch ein WC. Eine Hintertüre führte zu Nebengebäuden - neben einer Scheune eine Kammer und ein (Schweine-)Stall. In den Jahren nach dem Krieg gab es zunächst drei Lehrer. Für zwei Lehrer wurden die o.g. Dienstwohnungen im Obergeschoß und jeweils ein Dienstzimmer zur Verfügung gestellt. Der dritte Lehrer wurde in einer angemieteten Wohnung untergebracht. Zu dieser Zeit saßen die Schüler schon dichtgedrängt auf den Schulbänken und für einige Jahre wurde auch eine Schule für Arbeiter eingerichtet. Die unteren drei Klassen verlagerte man in das ehemalige Levente-Heim. 1950 wurde dieses zum Kulturhaus umgebaut. Dort fand auch das Kino seinen Platz, in welchem es allwöchentlich Filmvorführungen für die Dorfbewohner gab. Ab 1949 / 50 wurde die Schule schrittweise erweitert.

In den Fünfzigerjahren folgte das Schulwesen bereits vollständig der kommunistischen Ideologie. Man mag daran heute vieles kritisieren, doch das Positive war sicher, daß Bildung nun für breite Schichten zur Verfügung gestellt wurde und Eltern wie Kinder erkannten, daß es sich lohnt, zu lernen. Überdies wurden auch kulturelle Angebote wie Volkstanz, Chor und Theater organisiert. Spezielle Zirkel für Mädchen wurden ebenfalls eingerichtet.1954 gab es acht Klassen in sieben Klassenräumen; die erste und zweite wechselten sich vormittags und nachmittags ab.

Wegen der weiter stark angestiegenen Schülerzahl – inzwischen 297 – wurde 1961/62 nach den Plänen der Komitatsverwaltung und nach einigem Hin und Her wegen des Grundstückes eine neue Schule gebaut – wegen knapper Finanzmittel in der günstigsten Variante mit vier Klassenräumen. So waren die Schulprobleme erst einmal für eine Zeitlang gelöst. Im alten Schulgebäude fand nach kleineren Umbauten die Unterstufe ihren Platz, während die oberen Klassen samt dem Direktor in das neue Gebäude zogen. 1964 wurde das Kulturhaus modernisiert und ein Jugendklub ins Leben gerufen. Neben dem Kulturhaus gab es auch verschiedene Interessenskreise, so z.B. den Frauenklub, in dem man die Volkskunst kennenlernen, sowie Vorträge über Kindererziehung hören konnte.

1968 erhielt die Gemeinde bei einem von der Zeitung *Kisalföld* ausgelobten Heimatwettbewerb einen ersten Preis, der mit einem Preisgeld von 110.000 Forint einherging. Aus dieser Summe und mit Unterstützung der Einwohner wurde an die Schule ein polytechnischer Lehrraum angebaut. Im selben Jahr richtete man auch einen Lehrgarten für Landwirtschaft und Gartenbau ein. Indes war auch eine Renovierung des 1904 entstandenen, alten Schulgebäudes fällig geworden, wofür u.a. auf Initiative der Bewohner eine Million Forint zusammenkam. Weil sich aber herausstellte, daß das Gebäude den Sicherheitsstandards nicht mehr genügte und man die für den Schulbau zweckgebundenen Mittel weder verlieren noch zurückzahlen wollte, beschloß man, das frühere Levente-Heim umzubauen. Da nur ein Umbau beantragt war, durfte ein kompletter Neubau nicht stattfinden. Das Problem wurde gelöst, indem man die Grundmauern bis auf die Höhe der Fensterbänke beließ. So konnte der Neubau, der das Projekt eigentlich war, noch als Umbau durchgehen und es entstand ein Gebäude mit vier Klassenzimmern, sowie Direktor- und Lehrerzimmer. Viele Aktionen fanden in Gemeinschaftsarbeit statt. Die Bauarbeiten dauerten von 1969 bis 1970. 1969 wurde in der Schule auch ein Tagesheim eingerichtet; zunächst eine Gruppe mit 30-35 Kindern.

Die Turnhalle wurde im Rahmen eines Wettbewerbes 1969 verwirklicht (2006/2007 von der Gemeindeverwaltung renoviert; seit 2009 auch ihre Tribüne erweitert).

1972 kaufte die Gemeinde das ehemalige Gebäude der Grenzwache und richtete dort eine moderne Küche ein. Sie hatte die Kapazität, dreihundert Schüler versorgen zu können. Daneben wurde auch ein Speisesaal gebaut, so daß die Kinder von nun an nicht mehr in den Klassenräumen essen mußten. Mitte der Siebzigerjahre gab es schon 80 Tagesheim-Kinder.

1972 wurde auch die Schule von Hidegség an die von Hegykő angegliedert, so daß von jenem Jahr an die oberen Klassen von Hidegség und Fertőhomok ebenfalls nach Hegykő gingen, was aufgrund von Personalmangel zu Schwierigkeiten führte. Daher stockte man 1975 das Kollegium um zwei Lehrkräfte auf. 1978 wurde die Nutzung des alten Schulgebäudes hinter der Kirche aufgegeben. Die Hegykőer Schule wurde mit dem Schuljahr 1978/79 Kreisschule. Sie hatte zu jenem Zeitpunkt 219 Schüler. 15 Erzieher unterrichteten die acht Klassen und bzw. acht Jahrgangsstufen.

Nachdem in den Sechzigerjahren Lehrkräfte noch durch Eigenheim-Bauförderung angeworben wurden, war dies in den Siebzigerjahren nicht mehr der Fall und die Fluktuation in den Lehrerkollegien daher groß. Viele betrachteten den Lehrberuf bloß als Übergangsbeschäftigung und lange Zeit gab es kaum einen Lehrer, der nicht auch noch einer anderen Arbeit nachgegangen wäre.

In den Siebzigerjahren leiteten die Lehrer auch Fachzirkel, hielten Vorträge oder halfen bei der Arbeit in Jugendclubs.

Das sogenannte ehem. gräfliche Schloß wurde 1973 zu einem Tagesheim, in dem alte Menschen in kultiviertem Umfeld ihre Freizeit verbringen können. Heute befinden sich in diesem Gebäude die Küche der Grundschule, sowie auch die Gemeindeküche. Dort fand überdies auch eine Zahnarztpraxis, sowie eine Nähwerkstatt Platz.

1980 betrug die Einwohnerzahl von Hegykő 1312. Von den über Siebenjährigen, die eine Schule besucht hatten, besaßen zu jener Zeit 95 einen Mittelschulabschluß, 192 eine Facharbeiterabschluß und 29 einen höheren Bildungsabschluß. 40 hatten eine Mittelschule besucht und keinen Abschluß gemacht; ein Bewohner eine höhere Schule ohne Abschluß besucht.

Das jetzige Schulgebäude wurde in den Jahren 2004-2008 renoviert und mit neuen Fenstern, neuem Erste-Hilfe-Zimmer und modernem Heizsystem ausgestattet. Es kam auch zum Einbau von neuen, barrierefreien WCs. Der Schulhof bekam ein neues Gesicht und wurde mit Bänken, sowie einem Pavillon versehen. Die Schule verfügt über eine moderne Bibliothek und einen Informatikraum, der ständig weiter mit neuen Geräten und neuem Mobiliar nachgerüstet wird. Derzeit wird die Hegykőer Schule vom Bildungszentrum Sopron aus unterhalten. Durch die neuentstandenen Wohnviertel ist die Schülerzahl nun wieder angewachsen. Sie liegt bei 190, womit die Schule zu 85 % ausgelastet ist.

Die Schule steht allen Schülern entlang des Neusiedler Sees offen. Aktuell besuchen Kinder aus Balf, Fertőboz, Fertőd, Fertőszéplak, Sarród und anderen Dörfern die Hegykőer Schule. Insgesamt gibt es derzeit acht Jahrgangsstufen,

*Grundschule von Hegykő. Foto: O. Meiser (2021)*

acht Klassen, drei Tagesheimgruppen und ein Lehrerzimmer. Die Klassenstärke liegt im Durchschnitt bei 24 Schülern. Die Schüler kommen aus sehr unterschiedlichem sozialem, wirtschaftlichem und kulturellem Umfeld, auf das die 16 an der Schule unterrichtenden Lehrer sowohl im Unterricht als auch außerhalb der Schulstunden einzugehen bemüht sind. Umgekehrt versucht man begabte Schüler zu fördern. Seit 2001 dürfen sie nach dem Ende der vierten Klasse einen Grund- oder einen Förderzweig wählen. Für Mathe-Cracks werden Wettbewerbe angeboten. Die Kinder können auch bei einer Schülerzeitung mitmachen, in einer Lehrwerkstatt basteln, in einem Schulgarten gärtnern oder in einer Lehrküche kochen lernen. Die Schule wurde mit dem Siegel „Ökoschule" ausgezeichnet und erhielt diesen Titel schon zum zweiten Mal. So beteiligen sich die Schüler an der Sammlung von Altpapier (im Frühling und im Herbst). Im November gibt es einen Gesundheitstag, an welchem Themen wie körperliche und seelische Gesundheit, sowie gesunde Ernährung im Vordergrund stehen. Eingeladene Gäste helfen, das Wissen der Kinder zu erweitern.

Die Schüler beteiligen sich auch an Ereignissen wie dem Martinsumzug, Nikolaus- und Adventsfeiern, am Weihnachtsmarkt und den Weihnachtsfeiern, Faschings- und Wohltätigkeitsbällen, dem Kindertag (mit Ausflügen), dem

UNESCO-Welterbetag u.v.m. In den für die Kinder fast dreimonatigen Sommerferien werden, damit es den Kindern nicht zu langweilig wird, Ferienlager und –kurse veranstaltet.

Außer dem stundenplanmäßig vorgeschriebenen Sport gibt es Nachmittagsangebote mit Handball und Fußball, sowie Spiel und Bewegung an der frischen Luft für die Tagesheimkinder. Weitere Möglichkeiten sind Karate, Aikido, sowie Gymnastik und Tanz. Für die Erst- und Zweitkläßler bietet die Schule Schwimmunterricht im Thermalbad an.

Es gibt eine Schülermitverwaltung, die unter der Anleitung eines Pädagogen und der aktiven Beteiligung der Schüler außerschulische Programme gestaltet. Der SMV-Vorsitzende unterstützt auch die Arbeit des Lehrers.

Im Schulbetrieb arbeiten neben den Lehrkräften noch eine Schulsekretärin, ein Hausmeister und drei Raumpflegerinnen.

Als ehemalige Schüler der Hegykőer Schule wurden folgende Persönlichkeiten überregional bekannt:

- *Dr. János Zambó (*1916 Hegykő, +2000 Miskolc)*: Bergbauingenieur, Hochschullehrer und Mitglied der Ungarischen Akademie der Wissenschaften

- *Pál Zambó (*1919 Hegykő, +1978 Miskolc)*: Hütteningenieur.

- *Dr. Gyula Kulcsár (*1951 Nagykanizsa)*: Krebsforscher und Kossuth-Medaillenträger.

- am bekanntesten jedoch: der Schauspieler *Károly Eperjes (*1954)*, dem noch ein eigenes Kapitel gilt (siehe 5.2.).


Zum Abschluß des Schul-Themas noch ein Dialog, der sich früher, wenn ein Kind mit dem Zeugnis nach Hause kam, häufig abspielte. Das Kind sagte stolz:

> *„Mama, ich habe nur Fünfen* im Zeugnis!"*

Worauf hin die Mutter recht gleichgültig antwortete:

*„Macht nichts, mein Sohn. Wenn du Forint hättest, wäre das besser!"*

(*Anm.: in Ungarn ist fünf die beste Zeugnisnote!)

Heute haben auch auf dem Land – und dort vielleicht besonders - die meisten Eltern schon lange begriffen, daß allein eine gute Ausbildung ihren Kindern die Zukunft sichert.


## 4.5. Volksbräuche

Viele alte Bräuche sind in der im Folgenden beschriebenen Form bereits ganz oder weitestgehend ausgestorben. Bei den kirchlichen Bräuchen hat die Unterdrückung der Religion durch den Kommunismus ihre Spuren hinterlassen. In den letzten dreißig Jahren ist es hingegen die Globalisierung und die starke Durchmischung der Bevölkerung, welche die Traditionen hat aufweichen und verschwinden lassen.

So wollen viele junge Leute heutzutage auch selber bestimmen, ob und wie sie beispielsweise eine Hochzeit oder Weihnachten feiern. Rückkehrende 1956er-Flüchtlinge, neue Bürger aus anderen Teilen Ungarns und aus dem Ausland haben wiederum ihre eigenen Lebensstile und Traditionen mitgebracht und pflegen sie innerhalb ihrer Familien. Einige mögen den Verlust der Tradition vielleicht bedauern und betrauern, doch liegt in der Freiheit, sein Leben selbst gestalten zu können auch eine Chance für die Menschen und ihre Zukunft.

Trotzdem ist es interessant, sich an alte Bräuche zu erinnern oder auch im heutigen Leben Teile davon wiederzufinden. Manche Traditionen wie etwa das Pilgern nach Mariazell leben auch durch moderne Trends zu Bewegung, Sport, neuer Sinnhaftigkeit und Spiritualität sogar wieder auf.


## 4.5.1. Rund ums Kirchenjahr

Am *Tag der Heiligen Familie*, dem 18. März, zogen früher die Leute vor die Bildsäule der Heiligen Familie, die man 1915 in der Petőfi-Straße vor dem

Haus Nr. 27 errichtet hat. Die Bildsäule wurde mit Weihwasser besprengt und mit Buchsbaumzweigen bestreut.

Zu Ostern wurden besondere Hefezöpfe bzw. -golatschen gebacken, welche die Kinder am Abend des Karsamstags in die Kirche brachten, wo sie vom Pfarrer gesegnet wurden. Nach dem Rezept von *Frau Gyuláné Kertész* („Tante Bözsi“), die über 18 Jahre in der Tagesheimküche gearbeitet hatte, bereitete man die Golatschen (vgl. *Hegykői Hírek, 2008 / I*) folgendermaßen zu:

<u>Oster-Hefezopf</u>

*Benötigte Zutaten:*

1 kg Mehl, 160 g Zucker, eine Prise Salz, 4 Eigelb, 160 g Butter, 50 g Hefe, ½ l Milch.

*Verarbeitung:*

1. Das Ei, den Zucker, die Butter und das Salz, sowie die in lauwarmer Milch aufgegangene Hefe ins Mehl geben und kneten.

2. Den Teig ca. 30 Minuten gehen lassen, danach in Rollen formen und wie einen Mädchen-Haarzopf flechten.

3. Anschließend in eine Backform tun und die Oberfläche des Zopfes mit Eigelb bestreichen.

4. Zucker darauf streuen und im vorgeheizten Backofen backen.“

*Kész* – fertig!

Den Hefezopf gab es dann am Ostersonntag zum Frühstück.

Ebenfalls am *Ostersonntag* begann im Dorf die Suche nach Jesus. Von der Kirche zog man zum Steinkreuz, das sich vor dem Haus Nr. 52 in der Kossuth-Straße befindet, dann weiter zur Pieta und schließlich zum Friedhof.

Zum *Tag des Evangelisten Markus* (25. April) fand noch bis nach dem Zweiten Weltkrieg eine Bittprozession zum Steinkreuz an der Straße Richtung Fertőszéplak statt, wo der Pfarrer die Fluren segnete.

Zu *Pfingsten* gab es einen Brauch, der von den Mädchen des Dorfes gepflegt wurde. Vier Gruppen, bestehend aus jeweils zwanzig Mädchen, beteiligten sich an ihm. Zumeist schlossen sich Kinder aus denselben Ortsteilen oder denselben Schulklassen zusammen. Die Mädchen – nach ihrem Alter bis zur fünften und sechsten Schulklasse - wählten aus ihren Reihen eine Königin. Diese trug gemusterte oder bunte Kleidung, einen unter den Armen festgebundenen Schleier, sowie auf dem Kopf einem Kranz aus Tulpen, Pfingstrosen oder anderen Blumen. In der Hand hielt sie eine weitere Blume. Der Schleier war ziemlich dicht gewebt, so daß man nicht sehr gut hindurchschauen konnte. Deshalb wurden die Königinnen auf beiden Seiten von Begleiterinnen geführt. Die Paare hinter ihnen waren die Korbträger, die mit Blumen geschmückte Körbe trugen. Die anderen Mitglieder der Gruppe hatten hellerfarbige Kleidung an.

Die Vorbereitungen zu diesem Brauch begannen schon zwei bis drei Wochen vor Pfingsten. Dann wurde auch die Königin gewählt. Es durften nur solche Mädchen Königin werden, die weder zu Lachanfällen neigten, noch kitzelig waren. Die eigentliche Aktion begann dann um 2-3 Uhr, nach der Litanei. Die Mädchen kamen zu jedem Haus. Ihre Gesangseinlagen gaben sie nur dort, wo sie ahnten, daß sie ein ordentliches Geld bekommen würden. Dem Gesang folgte dann ein ungarischer Tanz. Während des Tanzes durfte die Königin selbst nicht lachen und auch nicht mittanzen. Das Lied, zu dem man tanzte, war folgendes:

*„Der Herr brachte uns den roten Pfingsttag,*
*wir auch bringen unsere Frau Königin.*
*Unsere Frau Königin wurde*
*von keiner Mutter geboren,*
*sondern ist der Tau aus den Rosen.*
*Gewiß ist sie keine Braut,*
*nur eine Art Pfingstrose.*
*Ancitus, Pancitus, bunt von Tulpen,*

Die Hausbewohner und die Jungen versuchten nun allerdings, die Königin zum Lachen zu bringen. Wenn diese jedoch ihre Ernsthaftigkeit nicht wahren konnte und lachte, dann bekam sie einen Tadel. Im wiederholten Falle nahm man der Königin den Schleier ab und gab ihn einem anderen Mädchen. Dieses mußte dann die Rolle übernehmen.

Nachdem die Pfingstmädchen zu einem traditionellen Lied gesungen und dazu auch getanzt hatten, gab man ihnen etwas: In alten Zeiten waren es Eier, in jüngerer Zeit auch Geld.

Die erhaltenen Sachen sammelten die Mädchen mit den Körben ein. Wenn der Umzug beendet war, wurde das Geld aufgeteilt. Die Eier jedoch aßen sie gemeinsam auf.

Der hier beschriebene Pfingstbrauch starb allerdings schon in den 1960er Jahren aus.

Am Abend vor dem *Nikolaustag* verkleideten sich die jungen Leute bis zum Alter von 14-18 Jahren als Nikolaus und kamen zu den Häusern. Man darf sich bei der Verkleidung allerdings nicht den aus der Bibel oder gar den heute aus der Werbung bekannten Nikolaus vorstellen, sondern die Darsteller trugen alte Lumpen und umgewendete Pelzstücke, ähnlich wie etwa aus manchen Gegenden in Süddeutschland (v.a. Franken) die Pelzmichel oder Pelzmärte bekannt sind. Über den Kopf hatte man Strümpfe gezogen, die bemalt waren. Die Gesichter waren mit Ruß geschwärzt oder man trug selbstgebastelte Masken. Die Burschen gingen mit Ruten oder Knuten, die sie sich selbst besorgt oder gefertigt hatten. Bonbons und Schokolade nahmen die jungen Leute nur dann an, wenn sie gebeten wurden, diese an Kinder weiterzugeben. Besondere Aufregung herrschte bei Häusern, in denen Mädchen wohnten, denn diese bekamen – vielleicht ja oft auch verdientermaßen - die Rute!

Rasselten auf der Straße die Ketten, bedeutete es, daß der Nikolaus im Anmarsch war, und wer noch an ihn glaubte, fürchtete sich. Kleine Kinder versteckten sich ängstlich unter dem Bett oder wurden von der Mutter in selbiges gesteckt. Erst gegen Mitternacht kam das Dorf zur Ruhe.

Bräuche zum Tag der *Heiligen Lucia* (13. Dezember) kennt man heutzutage am ehesten aus Skandinavien. Die Heilige war eine Märtyrerin aus der Zeit des spätrömischen Kaisers Diokletian, die dem sizilianischen Syrakus entstammte und von 283 bis 304 n. Chr. lebte.

Hier in Hegykő erzählte man sich über den Lucia-Tag, daß es bei den Familien, zu denen die „Lucianer" kämen, viele Legehennen geben würde. Die Kinder fertigten Strohbündel, die sie mit sich trugen. Wo sie anklopfen wollten, dort legten sie die Bündel auf den Boden, knieten nieder und sagten ein Sprüchlein auf, bei dem sie den Leuten viele Legehennen, Gutes vom Schwein, „Wurst, so lang wie das ganze Dorf" und den Segen Gottes wünschten. Die Hausfrau nahm, bevor ihr etwa das Glück davonflog, das Strohbündel entgegen und brachte es sogleich den Hühnern.

Die Burschen feierten Lucia auch gerne in fröhlicherer Form, indem sie am Abend vor Santa Lucia vor Häusern, in denen Mädchen wohnten, Stroh oder Spreu auf die Erde warfen. Zum Klang einer Geige wurden Serenaden vorgetragen. Wenn das Mädchen drinnen dreimal ein Streichholz entfachte, gab es dadurch zu erkennen, daß es wach war. Die Burschen zogen in Gruppen zu den Mädchen an die Fenster und wurden dann vom Hausherrn hereingelassen. Die Mädchen hießen die Burschen auf einer Bank Platz nehmen. Danach unterhielt man sich. Jener Bursche, der ganz besonders um das besuchte Mädchen warb, blieb länger und man sagte ihm, an welchem Tage er noch einmal zu seiner

Angebeteten kommen dürfe. Die Eltern des Burschen gingen dann zur Brautwerbung mit, wobei auch bereits über die Mitgift verhandelt wurde. Der Bräutigam kaufte keinen Ring, bekam jedoch von der Braut ein Tuch als Zeichen der Verbindung. Der Verlobung folgte die baldige Hochzeit – siehe eigenes Kapitel!

Vor *Weihnachten* gingen die Kinder abends zum *betlehemezés* zu den Häusern. Aus Pappe oder Holz machte man kleine Krippen oder Häuschen, die an den Seiten mit Heiligenbildern geschmückt waren und in denen eine Kerze brannte. Die Kinder trugen umgewendete Pelzröcke. Bevor sie irgendwo hineingingen, fragten sie zuerst um Erlaubnis. Wo man sie einließ, begannen sie, ein Weihnachtslied zu singen. Wenn das beendet war, bekamen sie von der Hausfrau ein Geld.

Zum *Fest der unschuldigen Kinder* am 28. Dezember, an dem des Kindermordes von Betlehem gedacht wird, gingen die Burschen und Jungen los und geißelten die jungen Mädchen mit Peitschen aus geflochtenen grünen Zweigen. Dies war auch eine Art Glücksbringen für das Neue Jahr. Man glaubte daß der grüne Zweig den Frauen Fruchtbarkeit beschere, Kindern gutes Wachstum gebe und die Krankheiten fernhalte.

# Karácsonyi Koncert

**2002. december 21-én** (szombaton) **18 órakor**
a Hegykői Szent Mihály Római Katolikus Templomban

## Soproni Juventus Koncertfúvószenekar

hangversenye

Közreműködik:
**Vida György** (harsona)

Vezényel:
**Friedrich András**

| | |
|---|---|
| Ludwig van Beethoven: | Két induló |
| Balázs Árpád: | Előjáték |
| Nyikolaj Rimszkij-Korszakov: | B-Dúr Harsonaverseny, I. tétel |
| Takács Jenő: | Régi magyar táncok – szvit |
| Frederic Chopin: | Románc |
| Kees Vlak: | Israel Shalom – rapszódia |
| Sigmund Goldhammer: | Spirit of Gospel |
| Bárdos Lajos: | Ó gyönyörűszép… |
| Halmos László – Kósa Gábor: | Magyar Karácsony |

A JUVENTUS Koncertfúvószenekar 1962-ben alakult Sopronban. Több hazai és külföldi szereplés után (Moszkva, Csehszlovákia, Svédország, Németország, Hollandia, Dánia, Svájc, Olászország, Bécs) 1991-ben megkapta a Magyar Köztársaság Kiváló Együttese címet. Az együttes állandó résztvevője a Soproni Ünnepi Hetek rendezvényeinek.

Az Önkormányzat a hangversenyt követően forralt borral és kaláccsal kíván kellemes ünnepeket és boldog újévet valamennyi hegykői polgárnak.

A részvétel ingyenes.

www.hegyko.hu

*Seit vielen Jahren beliebt: Weihnachtskonzert in der Michaelskirche. Werbeflyer der Gemeinde.*

ten sie zuerst um Erlaubnis. Wo man sie einließ, begannen sie, ein Weihnachtslied zu singen. Wenn das beendet war, bekamen sie von der Hausfrau ein Geld.

## 4.5.2. Das Pilgern nach Mariazell

Hegykő liegt an der *Mária Út*, einem Pilgerweg nach *Mariazell*, das ein Wallfahrtsort in der oberen Steiermark an der Grenze zu Niederösterreich ist. Hegykő gehörte sogar auch einmal von 1700-1719 den dortigen Benediktinern. In der Basilika von Mariazell wird ein Gnadenbild aus dem 13. Jahrhundert, eine kleine hölzerne Marienstatue verehrt. Sie ist für die Österreicher die *Magna Mater Austriae* und für die Ungarn die *Magna Domina Hungarorum*. Pilger kamen indes schon im 12. Jahrhundert nach Mariazell. Manche Bauernhäuser trugen früher in ihren Giebeln – auch in Hegykő – Marienbilder der Zeller Jungfrau.

Einer Legende nach stand im 14. Jh. der *König Lajos I. (1326-1382)* - genannt auch *Ludwig der Ungar* oder *Ludwig von Anjou* - mit nur 20 000 Soldaten einem türkischen Heer von 200.000 Soldaten gegenüber. Die Heilige Jungfrau, die er an einem Altar anbetete, soll ihm sodann im Traum erschienen sein und Unterstützung gewährt haben, wonach der König gelobte, im Falle eines Sieges nach Mariazell zu pilgern und ihr dort eine Basilika erbauen zu lassen. Als er erwachte, soll er ein Marienbild neben sich gefunden und das als ein himmlisches Zeichen gesehen haben. So zog er in den Kampf, in dem er tatsächlich einen bedeutenden Sieg erringen konnte. Danach erfüllte er sein Gelübde und führte sein Heer nach Mariazell, wo er die Kirche erbauen ließ und das Marienbild stiftete.

Über das genaue Jahr der Schlacht sind sich die Historiker indes nicht einig, wobei jedoch wohl mehrheitlich das Jahr 1364 genannt wird. Das von *Andrea Vanni (1330-1413)* aus Siena geschaffene Bild befindet sich in der Schatzkammer der Basilika von Mariazell an einem Seitenaltar in der Form eines Türkenzeltes. Seit dieser Zeit hat das Pilgern nach Mariazell Tradition.

Auch in der Literatur liest man über die ungarischen Pilger nach Mariazell. So schildert der bekannte österreichische Schriftsteller *Peter Rosegger (1843-1918)* in seinem Zyklus *Waldheimat* in der Erzählung *Als ich Bettelbub gewesen*, wie er damals als Waldbauernjunge die ungarischen Pilger auf dem Weg nach Mariazell durch sein Dorf kommen sah. Da es sich bei ihnen wohl häufig auch um recht wohlhabende Leute handelte, richteten sich die Kinder oft noch

*Hinweise für Pilger.*
*Foto: O. Meiser (2021)*

lumpiger her als sie ohnehin schon waren, um von den Ungarn eine Münze zu erbeten.

Seit etlichen Jahren erfahren alte Pilgerwege, wie man ja auch vom jedermann bekannten Jakobsweg nach Santiago weiß, wieder eine Renaissance.

2006 wurde der Marienwegs-Verein gegründet, um die alte Tradition wiederzubeleben. 2009 begann man mit der Ausschilderung des Weges. Solche Schilder für die Fußpilger sind z.B. an der Mariensäule am Ortsausgang Richtung Fertőszéplak zu sehen.

Der Marienweg beginnt im rumänischen *Şumuleu* (dt. *Schomlenberg*, ung. *Csíksomlyó*) in Siebenbürgen und hat bis Mariazell eine Länge von 1400 km. Er kann in etwa 60 Tagen bewältigt werden. Von Hegykő sind es hingegen nur noch etwa schlappe 160 km nach Mariazell, wofür man 4 Tage unterwegs ist.

Pilgerfahrten werden im August unternommen, wobei aus dem Komitat Győr-Moson-Sopron auch viele Leute pilgern, die kroatischen Gemeinden angehören, denen sich aber auch andere anschließen. In Gruppen wandern sie gemeinsam, um ein Wochenende in Mariazell zu verbringen und gemeinsam dort zu beten.

Auf der Seite *www.hegykoplebania.hu* sind unter dem Button „*Zarándoklatok*" viele Fotos der Hegykőer Pilgergruppen aus alter und neuer Zeit zu sehen.

Pilger, die etwa den weiten Weg von Hegykő ins spanisch-galicische Santiago wandern wollen, können übrigens ab Frauenkirchen im Seewinkel einen Jakobsweg gehen, der bei Halbturn den von Budapest bzw. Tihany am Plattensee kommenden Weg von Lébény aufnimmt und dann in den von Bratislava / Preßburg kommenden Weg mündet.

Folgende Informationen waren für an der Wallfahrt nach Mariazell teilnehmende Pilger 2008 im Gemeindeblatt zu lesen (aus: *Hegykői Hírek, Marika Kelemenné 2008*):

*„Drei Dinge soll der Pilger vermeiden:*

- *er darf keine Kapuze oder keinen Schleier tragen, der ihr Gesicht vor den anderen verbirgt.*
- *er darf keine Trinkflasche mitnehmen, in welcher nur sein eigenes Trinkwasser Platz findet.*
- *er darf keinen Pilgerstab auf der Schulter tragen, der keinen Haken besitzt*

*Jeder Pilger sollte unbedingt auf den Weg mitnehmen:*

- *Glut in einem Behälter, an der sich seine Weggefährten wärmen können*
- *eine Laterne, die das Herz erleuchtet, so daß die Weggefährten in ihm lesen können*
- *einen Beutel Gold, der ihn auf dem Wege nicht drückt, sondern den er mit seinen Weggefährten teilt.*
- *eine versiegelte Urne, in welche er das Bemühen legt, sie vor dem auszustreuen, der vor seiner Türschwelle auf ihn wartet.*

*Gehe tapfer los – die Kraft wird mit dir sein!"*

*Marienfigur an einer Hausfassade in der Hauptstraße von Hegykő. Foto: O. Meiser (2022)*

### 4.5.3. Hochzeit

Ungarische Hochzeiten waren stets und auch außerhalb des Landes für ihre Üppigkeit und ihren ausschweifenden Charakter bekannt. Wenn – wie einige behaupten – Hunnen und Magyaren verwandt waren, hat diese Opulenz bereits ihren Ursprung in der Hochzeit von König Attila / Etzel und Kriemhild. Sie soll damals 15 Tage lang gedauert haben! Aber auch in späterer und bis zur heutigen Zeit wurde und wird bei Hochzeitsfeierlichkeiten ordentlich aufgetragen, wenngleich junge Paare inzwischen auch auf Althergebrachtes verzichten und statt dessen etwa ein Cabrio mieten oder lieber Geld für eine Reise anlegen.

Früher trug – so beschrieben es *Kovácsné und Völgyi (2001)* ausführlich - das ganze Dorf etwas zur Hochzeit bei und brachte Backwaren mit. Für das Hochzeits-Mittagessen brachten nur die geladenen Gäste etwas mit, so etwa Mehl, Zucker, Eier oder Hühner. Die Hausfrau vermerkte, wer was beigesteuert hatte und revanchierte sich bei der nächsten Gelegenheit.

Das Backen begann schon vor der Hochzeit. Früher wurden keine Torten, sondern Golatschen (ung. *kalács*), runde Hefekuchen gebacken. Heutzutage rechnet man für 150 Gäste 60 Torten. Früher wurde auch kurz vor der Hochzeit ein Schwein geschlachtet. Je nach Hochzeitstermin fand das Fest im Winter im Haus bzw. im Sommer im Hof des Hauses statt. Von der Dorfkneipe wurden, falls nicht ausreichend vorhanden, Tische, Bänke und Stühle, sowie Eßbesteck ausgeliehen. Früher war der traditionelle Tag für Hochzeiten der Mittwoch; heutzutage ist es normalerweise Samstag oder Sonntag, was früher nicht in Frage kam, da man sonntags ja in die Messe gehen mußte und auch Feierlichkeiten am Samstag in die Nacht hinein den Kirchgang gefährdet hätten.

Bei der bürgerlichen Hochzeit waren zwei Zeugen zugegen. Eine Stunde vor der Hochzeit ging der Bräutigam mit Zeugen, Brautjungfer, Brautführer und den übrigen Gästen zur Braut. Dort wurden sie aber dem Brauch gemäß nicht von der Braut erwartet, sondern von der Köchin, die sie fragte, was sie dort suchten und ob sie sich wohl im Hause geirrt hätten. Der Bräutigam antwortete hierauf, daß er seine Braut suche. Danach erschien die Braut in Weiß.

In noch früheren Zeiten war die Farbe der Kleidung offenbar nicht festgelegt und man konnte in jeder Farbe heiraten. Man trug auch schwarze Schuhe und Strümpfe, das Haar zu einem Knoten frisiert und auf dem Kopf einen Kranz. Der Bräutigam ging in schwarzer Kleidung und schwarzen Stiefeln. Nachdem man den Bräutigam eingelassen hatte, folgte die Braut-Verabschiedung. Dazu hielt der Brautführer dann eine lange Rede:

*„Ich bitte um Ruhe!*

*Bevor wir das werte Heim verlassen,*
*ist es angemessen, daß wir auf eine große Reise gehen.*
*Vor Gott und den Menschen rechnen wir ehrlich ab*
*und unsere liebe Braut würde auch auf diese Weise sprechen,*
*wenn ihres Herzens Gefühle zu Worten kämen.*
*Daher verkünde ich, was ihr Verstand denkt,*
*was sie sagen würde, wie ich in ihrem traurigen Gesicht sehe.*
*Freude überkommt uns an diesem heiligen Morgen,*
*und mit Freude grüße ich unschuldigen Herzens.*
*Doch nun erfaßt mein Herz Furcht,*
*denn ich mache mich auf ins Eheleben.*
*Lang ist mein Weg, den ich beschreite,*
*weshalb ich mich an Dich, mein gütiger Gott, wende.*
*Von Dir erflehe ich eifrigen Herzens Gnade,*
*denn durch Dich kann ich Segen und Frieden gewinnen.*
*Heute ändert sich mein Lebensweg bis zu meinem Tode*
*hin zu ewiger Freude oder ewiger Trauer.*
*Deshalb, o gütiger Gott, verlasse mich nicht, sei mit mir!*
*Verzeihe meine gegen Dich gerichteten Fehltritte!*
*Meine lieben Eltern, Geschwister, Verwandten und Bekannten,*
*die ihr hier bei mir seid:*
*Begleitet mich in Gottes Haus, in des Allmächtigen heiliges Reich!*
*Bittet den himmlischen Herrn, für mich betend,*
*daß er unserer Ehe seinen großzügigen Segen spende!*

Die Brautführerin war die Taufpatin des Bräutigams. In der Hand hielt sie eine
Flasche Wein, die der Pfarrer bekam und die sie im Laufe der Hochzeit zum
Pfarrhaus brachte. Danach führte das Patenkind des Bräutigams die Braut. Die
erste Brautjungfer kam mit dem Bräutigam und war die Patentochter der Braut.
Die übrigen Brautjungfern waren Freundinnen der Braut. Nach altem Brauch
wurde während der Hochzeit auch geschossen, denn die Braut wurde ja dann
„geraubt" und es mußte symbolisch um sie „gekämpft" werden. Nach der Ze-
remonie in der Kirche ging es zurück zum Haus der Braut. Dort erwartete bereits ein gedeckter Tisch die Gäste – früher mit Golatschen und Wein, heutzutage eher mit Kuchen und Torten. Das junge Paar setzte sich in die Mitte. Gegen
Abend verabschiedete der Brautführer die Braut etwa mit den folgenden Ver-
sen:

*Verzeihe mir, gute Mutter, meine Flügel!*
*Dein Segen begleite mich auf meinem Wege!*
*Ich verabschiede mich von euch, teure, liebe Geschwister;*
*aus euren lieben Reihen heraus ruft mich das Leben.*
*Wie bisher in der Liebe der Geschwister,*
*so wird es auch nun sein; vertrauen wir Gott.*
*Nahe Verwandte, liebe, gute Gäste,*
*meine Kameradinnen, bekannte Burschen,*
*danke für eure Herzlichkeit mir gegenüber.*
*Seid glücklich, solange ihr auf der Erde lebt!*
*Ein letztes Mal erklingt an dich, verehrter,*
*gnädiger Trauzeuge, noch einmal mein Wort.*
*Der Herr im Himmel soll Geleit geben.*
*Mein Abschied ist zuende; nun sollen wir*
*im Namen der Heiligen Dreifaltigkeit gehen.*
*Auf daß Gott uns auf unseren schwierigen Wegen führe!"*

Indessen verabschiedete sich die Braut und es flossen Tränen des Glücks und des Schmerzes.

Nach der Verabschiedung erhob sich die Gesellschaft noch einmal, als ob sie zur Hochzeit ginge, mit dem Unterschied, daß nun der Bräutigam die Braut führte. Der Tag neigte sich schon dem Ende zu, wenn die Gesellschaft zum Hause des Bräutigams aufbrach; allein die Köchinnen blieben zurück. Nun stießen auch die Musikanten hinzu und man ging bis zum Ende des Dorfes. Dabei wurde folgendes Lied gesungen:

*„Auf der Wies', auf der Wies',*
*auf der Heil'gensteiner Wies',*
*habe ich mein Geld aus der Tasche verlorn,*
*nach dem Geld meinen Ring;*
*mein Täubchen, so bedaure ich,*
*ist nicht meine alte Liebe.*
*Abend, Abend, hei,*
*Abend will es werden,*

*dieses Mädchen, ei,*

*möcht' nach Hause gehen,*

*nach Hause würde sie gehen,*

*doch hat sie keinen Begleiter nach Hause,*

*mein Täubchen, ich begleite sie,*

*werde ihr Liebhaber sein... "*


An jeder Straßenecke blieben die Leute stehen und tanzten - nur nicht das junge Paar, das den Tanzenden zusah. Dann ging man weiter, und auf einmal rief eine der Brautjungfern:

*„Diese Straße ist bis zu den Knien schmutzig,*

*hier wohnen die schönen Mädchen,*

*die uns anschauen, während wir sie begehren!*

*Wer draußen auf der Straße steht, halte sich am Torpfosten!*

*Zerbrochen ist der Maßkrug, meine Mutter, Gott sei mit dir!*

*Wer auf die Straße kommt,*

*soll in ihre Hand einen Rosmarinzweig legen!*

*Wer uns auslacht, der soll die Mäuse fressen!*

*rund ist der rote Apfel; schön ist unsere Braut!"*


Wenn man sich dem Haus des Bräutigams näherten, rief man:

*„Hier, hier, hier hinein, hier wohl biegen wir hinein,*

*fliegt die weiße Taub' aufs Haus,*

*kommt 'ne neue Braut ins Haus!*

*Öffne du* [ Name des Bräutigams ] *dein Tor nur mir,*

*nun bringt man dein Täubchen dir!"*

Daraufhin gelangte man an des Bräutigams Haus, fand die Türe jedoch geschlossen. Vor der Türe lag ein Besen. Wenn die Frau darüberstieg, so hieß es, würde sie keine gute Hausfrau sein; hob sie den Besen hingegen auf, zeugte das von Fleiß.

Die Eltern des Bräutigams warteten auf die Braut. Die Braut fragte:

„Nehmt ihr nach Söhnen wohl auch Töchter an?"

Wenn sie dies bejahten, nahm sie gemeinsam mit den Gästen im Zimmer Platz. Allmählich begann das Abendessen. Auf einmal rief eine der Brautjungfern:

*„Rund ist der rote Apfel, man möge die Suppe auftragen!"*

Die Frauen in der Küche beeilten sich dann und tischten auf. Der erste Gang bestand aus einer Suppe mit Schneckennudeln. Das neue Paar mußte aus einem Teller essen, was jedoch nicht klappte, weil das Eßbesteck verschwunden war und erst nach langem Suchen gefunden werden konnte.

Nach der Suppe folgte der Reis-Paprikasch, danach gebratenes Huhn und Fleisch. Anschließend gab es noch Kuchen und Torten.

In noch früherer Zeit, als man solche Speisen nicht hatte, aß man Fleischsuppe, Kraut mit Tomaten und Schweinefleisch, Fleisch mit Kartoffeln und anstelle von Kuchen Golatschen.

Nach Ende des Abendessens kündigte ein Bursche aus dem Dorf den „Dreiertanz" an. Mit einem Scheitholz schlug man auf den Türsturz und trug die folgenden Verse vor:

*„Ich wünsche einen guten Abend!*
*Mein Herr, mein Herr, mein Trauzeuge der Herr,*
*mein verehrenswürdiger Trauzeuge, der Herr,*
*ein, zwei Worte hätte ich zu sagen,*
*wenn du es hörtest, mein Gnädiger,*
*erst einmal nichts anderes als: Lobet Jesus Christus!*

*Ist der Herr des Hauses da? – Ja.*
*Der Trauzeuge vom Herrn des Hauses? – Ja.*
*Des Trauzeugen Bräutigam? – Ja.*
*Die Braut des Bräutigams? – Ja.*
*Sind die Hörer unserer Worte da? – Ja.*

*Ich segne und erhebe den heiligen Namen des Herrn,*
*denn er hat uns diesen heiligen Tag gegeben,*
*dessen größten Teil wir schon hinter uns haben.*
*Ich wünsche mir vom lieben Gott, daß wir*
*die folgende Nacht mit Kraft und Gesundheit verbringen*
*und der Bräutigam mit uns und unserem Herrn beschützt werde.*

*Unserem Bräutigam ist ein großes Glück widerfahren,*
*denn er wurde mit seiner Liebespartnerin bis zum Tode verbunden,*
*doch wenn unseren Bräutigam das andere große Schicksal berührt,*
*kann er schon die Wiege von den Spinnweben befreien.*
*Unserem Burschen hat man Sorge bereitet,*
*denn es ist der Brauch, daß der Bräutigam die Schuld trägt,*
*kein anderer.*

*Mit einer fetten Henne, mit einem kleinen Faß Wein,*
*mit drei Paar Tänzen und einem Backofen voll Golatschen,*
*mit 33 Forint und einem roten Sechser,*
*das ist das Unsrige, was wir wünschen.*
*Das hat uns weder kleinen noch großen Schmerz bereitet.*

*Hören sie, meine Herren!*
*Ich bin durch die weite Welt gefahren,*
*habe vom Berge des Herkules aus Freude gesehen,*
*doch habe ich von dort nicht so viel Frohsinn erspäht*
*wie im Hause meines Trauzeugen, meines Herrn.*
*Hier haben meine paar Worte ihr Ende;*
*lobet Jesus Christus!"*

Damit begann der Tanz, der winters wie sommers auf dem Hof stattfand. Die Braut fing den Dreiertanz mit dem auffordernden  Burschen an. Drei lange *Csárdás* folgten. Die Leute des Hauses bewirteten den zum Tanz herausfordernden Burschen.

Danach ging das vergnügte Feiern erst richtig los. Die jüngeren Leute tanzten, während die älteren Wein tranken und sangen. Zu Mitternacht folgte die der eigentliche Brauttanz. Zuerst kleidete sich die Braut um und band sich ein Tuch um den Kopf. Der Brautführer sprach folgende Verse:

> *„Guten Abend!*
>
> *Große Neuigkeit verkünde ich,*
> *der Mädchen Zahl hat um eines abgenommen,*
> *der Bräute Zahl um eine zugenommen,*
> *so steht hier vor uns die werte Braut,*
> *auf daß man mit ihr tanzen soll.*
> *Jedem Gast gebührt ein Tanz.*
> *Vom Geschenk soll sie Schuhe und Kleidung kaufen.*
> *Jeder tanze mit ihr einmal kurz!*
> *Doch geben wir acht, daß wir nicht auf ihre Schuhspitzen treten,*
> *denn ihre Schuhe ließ man teuer fertigen.*
> *In meiner Hand wird ein Teller sein,*
> *den Tanz beginne ich, die anderen haben noch Zeit.*
>
> *Auf daß sie sich bis dahin nicht langweilen,*
> *kommen sie um einen Zehner, Zwanziger, Hunderter!*
> *Spiel', [...], leg' los für das neue Hochzeitspaar!"*

Dann nahm der Brautführer den Teller in die Hand, schlug mit einem Löffel darauf und rief dabei aus:

> *„Die Braut ist zu verkaufen!"*

Wenn die Musik erklang, folgte der nächste Spruch:

> *„Der Braut wird ihr Tuch gebunden;*
> *mit Kummer füllt sich ihr ganzes Leben!"*

Jeder tanzte mit der Braut und legte danach Geld auf den Teller. Der Bräutigam tanzte zuletzt.

rief dann der Brautführer. Danach begann neues Vergnügen.

Wenngleich es heutzutage auch immer mehr Hochzeiten gibt, die einfacher abgehalten werden, so findet man gleichwohl auch bei vielen Hochzeitsfeierlichkeiten noch die alten Traditionen oder zumindest Teile davon.


## 4.5.4. Tod und Begräbnis


Die Totenwache begann normalerweise nach dem Abendgeläut. Die Angehörigen saßen auf Stühlen einzeln um das Bett des Verstorbenen. Es wurde nicht gesungen und jeder weinte nach seinem Schmerz. Wo man bis zum Morgen die Totenwache hielt, wurden auch Pausen eingelegt und dabei Geschichten über den Toten berichtet und von dessen guten Eigenschaften erzählt. So etwa hörte man von der Ehefrau eines Verstorbenen: *„Der Arme war dem Wein schon zugetan und ging oft in die Kneipe, aber dennoch war er gut zu uns…"* etc.

Früher glaubte man vielerorts – so auch in Hegykő – daß gemeinsam mit dem Sterbenden auch das Böse zugegen sei und man am Bett den Teufel als Gespenst sehe. Daher gab man dem Sterbenden eine geweihte Kerze in die Hand und jemand half ihm, mit dieser dreimal seinen Kopf zu umkreisen, während die anderen Angehörigen beteten. Auch am Fußende des Bettes zog man mit der brennenden Kerze drei Kreise, um danach dreimal das Bett einzuräuchern. Daneben wurden andere Kerzen bereitgehalten, die, nachdem die Person gestorben war, gelöscht wurden, so wie auch der Tod die Lebensflamme löscht.

Vom Weihwasser sagte man, es würde böse Geister und den Teufel vertreiben, weshalb man die Toten häufig damit besprengte. Um das Böse fernzuhalten, mußte man auch den Spiegel bedecken, wofür es speziell handgearbeitete und nur zu diesem Zwecke verwendete Spiegeltücher gab. Sie wurden einmal im Jahr gewaschen.

Nach dem Tod wurde der Verstorbene gewaschen, was normalerweise die Frauen erledigten. Man legte dem Toten ein Kreuz, die Bibel, manchmal auch

*Auf dem Friedhof von Hegykő. Foto: O. Meiser (2022)*

ein Gesang- oder Gebetbuch auf die Brust, um den Teufel fernzuhalten. Es war auch üblich, dem Toten die Bibel in die Hand zu geben.

War jemand gestorben, ruhte die Feldarbeit und die Kinder gingen bis zum Begräbnis nicht in die Schule. Auch die Glocken der Kirche verkündeten den Tod. Arbeiteten Leute fern vom Dorf, so daß sie die Glocken nicht hören konnten, wurden Kinder ausgesandt, um alle wissen zu lassen, daß jemand gestorben war.

### 4.5.5. Nationale Gedenktage und andere Feierlichkeiten, Kultur

Wie in ganz Ungarn, genießen auch in Hegykő die Nationalfeiertage einen hohen Stellenwert. Derer gibt es drei und alle drei sind arbeitsfrei.

Am *15. März* gedenkt man der Märzrevolten von 1848, als sich die Ungarn gegen die Vorherrschaft der Habsburger erhoben. Leute treffen sich an Denkmälern, vor denen Reden gehalten oder Verse rezitiert werden, so etwa Gedichte des bekannten Nationaldichters *Sándor Petőfi (1823-1849)*, der sehr jung für sein Ungarn sterben mußte. Nach ihm ist auch die zweite Hauptstraße von Hegykő benannt. Schüler ziehen sich zu solchen Anlässen schön an und tragen Fahnen oder Embleme in den Nationalfarben rot, weiß und grün. In Hegykő treffen sich die Leute im *Hősi Kert* („Heldengarten"), dem kleinen Park am Kriegerdenkmal.

Der 20. August ist *Feiertag der Staatsgründung (Államalapítás ünnepe)*, auch *Stephanstag (Szent István Napja)* genannt. Es ist der Tag des ersten ungarischen Königs *Stephan / István I. (969-1038)*, der im Jahre 1000 in Ungarn das Christentum einführte und deshalb im Jahr 1083 heiliggesprochen wurde.

Der Stephanstag ist indes nicht mit dem aus Österreich oder Süddeutschland bekannten Stephanitag, welcher der zweite Weihnachtstag ist, zu verwechseln.

Zum Stephanstag werden in Ungarn überall gerne Feuerwerke veranstaltet, von denen jenes über der Donau in Budapest besonders viele Besucher aus dem ganzen In- und Ausland anzieht.

Der *23. Oktober* erinnert an den *Volksaufstand von 1956*, als Ungarn leider erfolglos versuchte, das Joch der Sowjetherrschaft abzuschütteln, wobei viele Ungarn zu Tode kamen, hingerichtet oder inhaftiert wurden bzw. ins westliche Ausland fliehen mußten.

An den Nationalfeiertagen sind die meisten Häuser mit der ungarischen Flagge geschmückt. Viele Häuser besitzen fest montierte Halterungen zum Anbringen der rot-weiß-grünen Flagge, was sich angesichts von drei Nationalfeiertagen schon lohnt.

Zum Mai wird im Ödön-Széchenyi-Park (neben der Pizzeria) von den Feuerwehrleuten ein *Maibaum* aufgestellt (*Májusfa allítás* oder *Majális*) – ein Brauch, den man ja in weiten Teilen Mitteleuropas kennt. Das Ereignis wird mit reichlich Blaufränkisch-Rotwein begossen. Dazu werden salzige Gebäckstangen gegessen.

Im Juni findet seit einigen Jahren ein *Schnaps- und Bierfestival (Kézműves Sörök és Pálinkák Fesztiválja)* statt, bei dem verschiedene Sorten Bier (v.a. neuer Kleinbrauereien) und Pálinka (ungarischer Brand) verkostet werden können.

Im Juli wird seit 2004 das zehntägige *Tízforrás-* oder *Zehn-Quellen-Festival* abgehalten. Dabei stehen vor allem musikalische Aufführungen im Mittelpunkt, die von Klassik über Volksmusik und Kinderlieder bis hin zu Jazz für jeden Geschmack etwas bieten. Daneben gibt es oft Filmvorführungen. Die Veranstaltungen werden auf einer Freilichtbühne neben der Sporthalle oder an

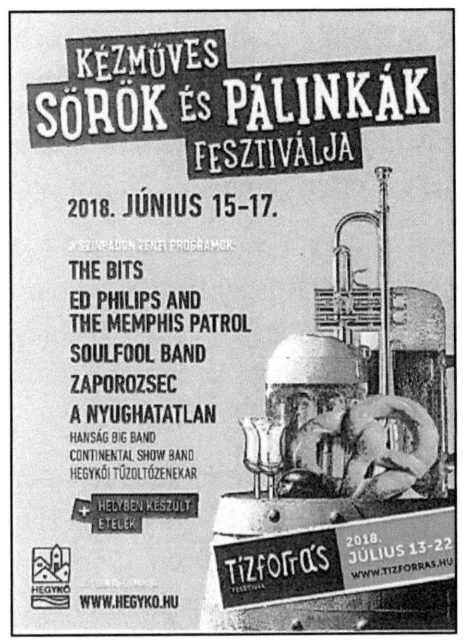

<table>
<tr><td>*Bier- und Schnapsfestival*</td><td>*Straße der Weine*</td></tr>
</table>

*Werbeflyer der Gemeinde Hegykő zu ihren Festen:*

anderen Örtlichkeiten wie etwa im sog. *Onkel-Janosch-Haus* (*János Bácsi Háza*) präsentiert. Auch in Kirchen der Nachbarorte (z.B. Hidegség) finden Konzerte statt. Zum Abschluß des Festivals gibt es ein großes Feuerwerk.

Anfang August werden die *Heiligensteiner Erquicklichkeiten* (*Hegykői Vígasságok* ) mit Gulaschkochen, Musik, Kutschfahrten etc. abgehalten.

Bei der *Straße der Weine* (*Borok Utcája*), ebenfalls im August, werden Weine der Region vorgestellt. Das Fest findet auf dem großen Parkplatz beim Bad statt und wird von musikalischen Veranstaltungen und anderem Programm begleitet.

Anfang Oktober – nachdem der Tag des Hl. Michael am 29. September - gibt es die traditionelle *Kirbe oder Kirchweih* (ung. *Bucsú*) mit Schaustellern und dem Verkauf von Kleidung und Gebrauchswaren für die Dorfbevölkerung. Unter den Händlern sind auch viele Roma, von denen v.a. die Frauen manchmal in den für manche Rom-Gemeinschaften typischen bunten Röcken kommen.

Früher hieß es übrigens in der Gegend, daß in den acht Tagen vor und nach Michaeli gemeinhin gutes Wetter herrscht. Da Wetterregeln viel Wahres in sich tragen, vielleicht ein guter Tip für Urlauber!

Zu *St. Martin* (11. November, der im angrenzenden Burgenland auch ein Feiertag ist) findet im Ödön-Széchenyi-Park ein Verkosten des neuen Weines der Region statt. Viele Restaurants diesseits wie jenseits der Grenze bieten auch traditionell Ganslessen (ung. *liba*) an.

In der Adventszeit wird nun seit einigen Jahren im Dorf ein Adventskalender organisiert, bei dem 24 Familien jeweils für jeden Tag ein Fenster ihres Hauses gestalten. Am vierten Adventssonntag findet seit etlichen Jahren in der Kirche stets ein weihnachtliches Konzert statt, an dessen Anschluß die Einwohner von Hegykő zu Glühwein und Gebäck auf den Platz vor der Kirche eingeladen werden.

Erst seit einigen Jahren wird in der Silvesternacht auch geknallt und es werden Feuerwerke veranstaltet, was so eigentlich keine Tradition hat, aber durch internationalen Einfluß und die Nähe zu Österreich gekommen ist. Feuerwerke waren früher eher zum Stephanstag am 20. August üblich.

Am Nachmittag des Neujahrstages gibt es, ebenfalls in der Kirche, ein Neujahrskonzert. Bürgermeister und Schulrektorin grüßen die Leute zum Neuen Jahr und die Gemeinde spendiert den Bürgern ein Glas Sekt.

Auch das Sternsingen zum Dreikönigstag / Erscheinungsfest war viele Jahre Brauch.

Seit etlichen Jahren stellt das beliebte Restaurant Tornácos freundlicherweise Räumlichkeiten für Kunstausstellungen und Lesungen zur Verfügung. Im Ort leben einige Kunstschaffende, so z.B. der Maler, Dichter und ehemalige Bürgermeister *János Völgyi (*1950; auf Facebook)*, der Arzt und Dichter *Dr. István Gergely (*1965; www.gergelyistvanversei.hu, ungarisch)* und der aus

Deutschland stammende Bildhauer *Rudolf Meiser (*1938)*. Von den beiden ersteren Literaten stammen einige der auf Tafeln an verschiedenen Stellen im Ort öffentlich ausgehängten Gedichte (zumeist in ungarischer Sprache); von letzterem ist alljährlich in der Adventszeit im Innenhof des Restaurants Tornácos eine geschnitzte Krippe zu sehen.


## 5. Bekannte(s) aus Hegykő

Hegykő hat immer wieder auch überregional von sich reden gemacht, sei es durch seine Menschen - oder aber durch Produkte, hinter denen natürlich ebenfalls Menschen stehen. Den Namen Hegykő erwähnt man zumeist in Verbindung mit professionellem Chorgesang, mit Film und Theater, sowie vorzüglichen ungarischen Edelbränden.


### 5.1. Géza-Bolla und sein Chor

Ältere Leute hört man noch heute viel über diesen 1925 ins Leben gerufenen Hegykőer Chor erzählen. Sein Gründer, *Géza Bolla*, wurde 1897 in Csapod geboren. Dessen Mutter war *Jusztina Drabits*, Tochter eines armen Waldaufsehers, die aus dem zu Hegykő gehörenden Weiler Cseralja stammte. Géza Bollas Vater war ein mittelloser Dorflehrer. Er kam 1905 als Rektor und Lehrer an die Volksschule von Vitnyéd, die auch Géza besuchte. Die Eltern hatten insgesamt vier Kinder, von denen drei eine pädagogische Laufbahn einschlugen. Nach Abschluß der Volksschule setzte Géza Bolla seine Ausbildung an der staatlichen Mittelschule von Győr fort. Danach schrieb er sich in der staatlichen pädagogischen Schule von Pápa ein. Nach Ende seiner Ausbildung fungierte er als Hilfslehrer in Vitnyéd und wechselte danach an die Volksschule von Mosonszentmiklós. 1920 wurde er dann in Hegykő Lehrer, Rektor und Kantor; löste somit *Géza Rózsás* ab, der zuvor 44 Jahre im Lehrerdienst gestanden war. Neben Bolla hatten sich neun weitere Personen auf die Stelle beworben.

Bolla richtete zunächst einen kleinen Frauenchor ein, der aus 20 Personen bestand. In der Kirche wurden ausschließlich kirchliche Werke aufgeführt. Jeder hörte mit Bewunderung die schön erklingenden, reinen Stimmen der Frauen. Bei dieser Gelegenheit lernten auch die umliegenden Dörfer deren Talent kennen.

1925 organisierte Géza Bolla für den 1. Landesgesangswettbewerb in Sopron einen gemischten Chor, bestehend aus 30 Burschen und Mädchen. Ziel war es, auch den Leuten vom Land Gelegenheit für einen mehrstimmigen Gesang zu geben. Bolla versammelte seine Schüler und Bekannte mit guter Stimme in einem Chor. Mit seinem Auswahlverfahren erreichte er, daß in dem Chor nur wirklich schöne Stimmen erklangen. Der gemischte Chor bestand aus Dorfbewohnern, die zumeist zwar keine Noten lesen konnten und alle Werke nach dem Gehör lernten, aber dafür mit sehr viel Herz und Seele bei der Sache waren.

Dies konnte nur durch aufopferungsvolle Arbeit und ausdauernde Disziplin erreicht werden. Géza Bolla berichtet in seiner Autobiographie von diesen Chorproben. Als sie sich damals im Mai und Juni für den Landeswettbewerb vorbereiteten, kamen sie damit genau in die Zeit der Heuernte. Aufgrund dieses Umstandes konnten die Chorproben nur zwischen 10 und 12 Uhr abends stattfinden. Wenn die Männer spät am Abend von der Wiese kamen, gingen sie also nach ihrem sehr langen Arbeitstag nicht nach Hause, sondern mit der Sense auf der Schulter direkt in die Schule, wo die Proben abgehalten wurden. Tag für Tag taten sie dies, ohne Rücksicht auf Hunger oder Müdigkeit. Bei einem ihrer Wettbewerbe gab sich der Chor seinem Gesang derart hin, daß man dazu vermerkte: „Eine solche Disziplin kann man sonst nur bei den Don-Kosaken sehen". Neben der Disziplin war auch der Mitglieder gegenseitige Achtung und Anständigkeit sehr wichtig: Als „Gesangesbrüder" liebten und schätzten die Chormitglieder einander sehr. Géza Bolla bildete sich indes in Eigeninitiative weiter und schrieb sich an der Schule für Musiker ein. 1927 erwarb er das Gesangslehrer-Diplom. Hegykő verließ er jedoch nicht, so daß die musikalischen Erfolge anhielten.

Bei ihren Fahrten trugen die Chormitglieder die sog. „Wanderfahne" („*Vándorzászló*") mit sich, Symbol für die ungarische Dorfkultur. Der Ruhm stieg ihnen jedoch auch dabei nicht zu Kopf. Gut mußten auch stets die passenden Werke ausgewählt werden. In den 20er und 30er Jahren des 20. Jahrhunderts wurden als Werke bei Chören normalerweise am häufigsten ungarisierende, süßliche Kunstlieder aufgeführt, deren Verfasser heute kaum mehr bekannt sind. Géza Bolla hingegen trat mit klassischen Stücken und Volkslied-Interpretationen auf. Mit unermüdlicher Arbeit führte er seine Mitglieder in die Werke ein. Jeder bekam den Text in die Hand und mußte ihn ein paar Stunden danach schon beherrschen; andernfalls war der Maestro sehr ungehalten. Es tanzte aber auch niemand aus der Reihe, denn schließlich galt es als große Ehre, wenn man Chormitglied werden durfte. Oft brüstete man sich vor anderen damit, wenn man Kinder hatte, die im Chor sangen. Manchmal versprachen Eltern auch Geld, falls man ihr Kind in den Chor aufnähme, doch freilich fanden solche Anliegen keine Beachtung. Ausnahmslos Personen mit gutem Gehör und exzellenter Stimme durften in den Chor eintreten.

Nicht nur in anderen Gemeinden, sondern natürlich auch vor Ort wurden Konzerte gegeben. Mehr und mehr Leute gingen zu den Veranstaltungen, nicht nur, um die mitsingenden Verwandten zu sehen, sondern auch, weil sie selber dabei mitsingen konnten.

Weitere wichtige Meilensteine in der Geschichte des Chors:

1926 hatte der Chor beim Tag des Gesangs in Nagycenk einen großen Auftritt, bei dem auch Graf Bálint Széchenyi anwesend war.

1927 wurde ein Regionalwettbewerb in Csepreg und Beled abgehalten. Im selben Jahr schrieb sich Géza Bolla an der Musikakademie ein, wo er sein Mittelschul-Diplom für Gesang erhielt.

1928 ersang sich der Chor beim Kreiswettbewerb des ungarischen Gesangsvereins in Kapuvár den ersten Preis. Bei dem damals aufkommenden Trend zum Singen war der Géza-Bolla-Chor eine Art Galionsfigur, denn zur damaligen Zeit gab es im Komitat keinen ähnlich bekannten Chor. Daher leistete er große Propagandaarbeit, denn er folgte verschiedenen Einladungen. Die Sänger bewiesen, daß auch die einfachen Leute vom Land schön singen können, wenn sie eine entsprechende Anleitung bekommen.

1930 nahm der ungarische Landessängerverband OMDSz (*Országos Magyar Dalos Szövetség*) den gemischten Chor von Hegykő als Mitglied auf. In Csorna erhielten die Hegyköer Sänger einen zweiten Preis. Der Chor stand allerdings finanziell gesehen sehr schlecht da, denn es gab niemanden, der ihn unterstützte. Häufig mußte vieles aus Eigenmitteln finanziert werden. Die Mitglieder konnten jedoch mit der Aufführung von Theaterstücken und den Einnahmen davon zu Wettbewerben fahren. Häufig kam es auch vor, daß die Mitglieder auf eigene Kosten reisten, oft mit der Kutsche. Die Laufbahn des Chores hatte damit auch Tiefpunkte.

1932 gewann der Chor beim Soproner Kreiswettbewerb des Landessängerverbandes einen zweiten Preis.

1934 erhielt er einen ersten Preis in Sopron.

1935 feierte der Chor sein zehnjähriges Bestehen. Aus diesem Anlaß wurden in Hegykő Liedertage abgehalten.

1936 nahm der Chor am 24. Landesliederwettbewerb in Szombathely teil und erzielte dort in der Silbermedaillen-Kategorie einen ersten Preis.

1937 erhielt Géza Bolla für seine erfolgreiche Arbeit eine Gedenktafel vom Ungarischen Landesliederverband.

1938 bekam der Chor beim 25. Landesliederwettbewerb in Székesfehérvár (Stuhlweißenburg) den ersten Preis in der Silbermedaillen-Kategorie. Das Ödenburger Nachrichtenblatt (*Soproni Hírlap*) machte den Chor weiter bekannt, so daß er sich in Sopron schon wie zu Hause fühlte und die Zuhörer seine Auftritte stets mit Freude erwarteten.

1940 nahmen die Hegyköer Sänger am 26. Landesliederwettbewerb in Győr teil. Dabei erhielten sie diesmal die Goldmedaille und den Titel „bester Bauernchor des Landes". Am *25. Juni 1940* schrieb das *Ödenburger Nachrichtenblatt: „Die Hegyköer haben das erreicht, was großstädtische Chöre nicht verwirklichen konnten und sind in die Königsklasse aufgestiegen. Wenigen*

*gebührt die Ehre, bis hierher gekom-*
*men zu sein. Sie haben den ersten Preis*
*bekommen, den  Silberpokal und die*
*Bronzemedaille; außerdem die König-*
*Matthias-Statue der Stadt Győr, wie*
*auch den Wanderpokal"...*

Von Győr aus fuhren die Sänger gleich
in das nahe Pannonhalma (Martins-
berg).

Im Dezember wurde der Chor auch zu
einem für die Horthy-Regierung im
großen Saal der Musikakademie organisierten Konzert nach Budapest eingeladen, was einmal mehr sein Können

*Eine der zahlreichen Medaillen.*
*Foto: O. Meiser (2022)*

beweist! Bei dieser Gelegenheit traten die vier besten Sängerkreise auf. Noch
im selben Jahr wurde Géza Bolla zum Vizevorsitzenden der Soproner Kreis-
versammlung der ungarischen Sängervereinigung ernannt. Seine persönlichen
Freunde waren übrigens der weltbekannte ungarische Komponist und Musik-
pädagoge *Zoltán Kodály (1882-1967)*, sowie *Lajos Bárdos (1899-1986)*, ebenfalls Komponist. Mit beiden stand Géza Bolla in regelmäßigem Briefwechsel.
So lernte er die heute in aller Welt bekannte musikpädagogische Methodik
Kodálys kennen und konnte sie auch gleich anwenden.

Beim Programm seiner Wettbewerbe interpretierte der Chor Werke von *Lodo-*
*vico Viadana, Fridariai, Wolfgang Amadeus Mozart, Franz Liszt, Zoltán*
*Kodály, Lajos Bárdos, Lajos Veres, Zoltán Vásárhelyi, János Kárpáti, Nándor*
*Farkas* und *Artur Harmat*.

Am 4. April 1943 konnte der Chor im Rahmen des Sängertages von Sopron an
einer Radioaufnahme teilnehmen. Durch den Krieg bedingt, wurde die Arbeit
des Chores für kurze Zeit unterbrochen, doch schon 1947 trat der Chor beim
Plattensee-Gesangstreffen in Siófok wieder auf und brachte natürlich den ersten
Preis mit nach Hause. Noch im selben Jahr knüpfte er über den Arbeiter- und
Bauernverband freundschaftliche Beziehung zum gemischten Chor des Reise-
unternehmens IBUSZ in Budapest.

1954 der Schock: Géza Bolla erlitt einen Schlaganfall und konnte nicht mehr gehen. Dies führte leider zu seinem Rückzug und der vollständigen Auflösung des Chores.

1958 kam die junge Lehrerin *Zsuzsa Komlós* an die Schule von Hegykő, was zu einer Wiederbelebung des berühmten Chores führte. Ein Gesangstreffen wurde in Győr organisiert, danach in Fertőd, wobei letzteres von Bedeutung war - nicht nur, weil es von Erfolg gekrönt, sondern auch weil Zoltán Kodály, Géza Bollas persönlicher Freund und Berater, anwesend war.

1962 zog die Lehrerin allerdings fort nach Pécs.

1963 starb Géza Bolla in Hegykő.

Im Herbst 1965 feierte der Chor sein vierzigjähriges Bestehen und nahm den Namen seines Gründers an. Die Leitung des Chores setzte *Károly Gerencsér*, ein junger, aber begabter Lehrer fort. Der Chor erweiterte sich durch neue Mitglieder und zählte 60 Personen. Oft sangen Großeltern mit ihren Enkeln gemeinsam.

1965-68 verlief die Arbeit ruhig. Erfolgreiche Auftritte machten den Chor weiter bekannt. Der letzte Auftritt fand im Februar 1968 im Studio 22 des Magyar Rádió in Budapest statt. Der Chorleiter zog nach Győr. Bei einem geschlossenen Bankett verabschiedeten sich die Hegykőer schweren Herzens von ihrem Oberhaupt. Übergangsweise übernahm noch *Antal Jancsovics*, der damalige Direktor der Soproner Musikschule, die Leitung.

Später fand sich leider niemand mehr, der die weitere Führung in die Hände genommen hätte, doch die Hegykőer singen immer noch und die schöne Tradition lebt im Kirchen- und Schulchor weiter.

Seit 1997 trägt der Schul-Kinderchor den Namen Géza-Bolla-Chor und kann ebenfalls auf bedeutende Erfolge verweisen.

Wie sagte doch Géza Bolla einmal 1944 so schön:

*„Ich glaube, daß der gemischte Chor von Hegykő ein glänzender Beweis dafür ist, daß sich in den ungarischen Dörfern viele Schätze verbergen. Man muß sie nur durch ausdauernde Arbeit zutage fördern".*

## 5.2. Károly Eperjes – von Hegykő auf Bühne und Kinoleinwand

Viele Ungarn oder Menschen ungarischer Abstammung – etliche dabei
auch mit jüdischen Wurzeln - haben
sich im In- und Ausland bei Film und
Schauspiel einen Namen gemacht, so
etwa auch in Hollywood Inhaber von
Produktionsgesellschaften, Regis-
seure und Schauspieler.

Irgendwann, so erzählt man sich,
wenn es denn wahr ist, habe im Ca-
sting- und Personalbüro von Hollywood sogar ein Schild gehangen, auf
dem da stand: „Es reicht jetzt nicht
mehr, nur Ungar zu sein!". Oft genug
hat es aber gereicht…

Auch Hegykő ist die Heimat eines be-
kannteren ungarischen Schauspielers.

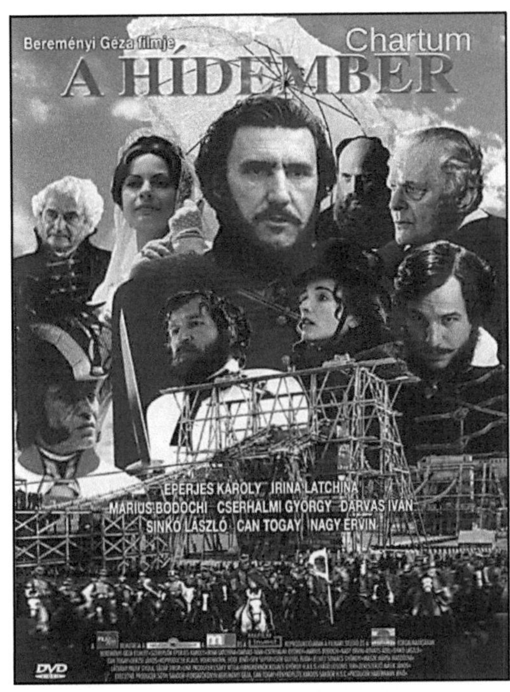

*Film „Im Schatten der Brücke"*

Der Theater- und Filmschauspieler Károly Eperjes wurde am 17. Februar 1954
in Hegykő geboren.

Ursprünglich sollte Károly Eperjes dem Wunsch seiner Eltern entsprechend
Priester werden. Doch er zog eine Schauspielausbildung an der Budapester
Universität für Theater- und Filmkunst (*Színház- és Filmművészeti Egyetem*)
vor. Vor seiner Karriere als Schauspieler war Eperjes auch Mechaniker und
Handballspieler. Nach seinem Abschluß 1980 war er u.a. Schüler des Schauspielers und Regisseurs *Tamás Major (1910-1986)*. Eperjes begann sein Schauspiel am Gergely-Csiky-Theater von Kaposvár und spielte dann an unterschiedlichen Theatern, darunter 1981 / 82 auch am Nationaltheater. Parallel dazu faßte
er beim Film Fuß. So debütierte er in dem 1982 erschienenen Krimi-Drama
*Ohne Spur* von Péter Fábry. Anschließend war er noch in Filmen wie Oberst
Redl, Hanussen und Guten Abend, Herr Wallenberg zu sehen. Für seine Hauptrolle in dem 1989 erschienenen Drama *Eldorádó* wurde er im gleichen Jahr als
bester Hauptdarsteller für einen Europäischen Filmpreis nominiert. In dem

Film *Im Schatten der Brücke* (2002) spielt Eperjes in der Hauptrolle den Grafen István Széchenyi, einen der berühmtesten Ungarn des 19. Jahrhunderts.

Eperjes erhielt eine Vielzahl von Würdigungen, so 1986 den *Mari-Jászai-Preis*, eine ungarische Auszeichnung für Schauspielkunst, sowie 1999 den *Kossuth-Preis*, die höchste ungarische Auszeichnung im Bereich Kunst und Kultur. 2011 wurde Eperjes Ehrenbürger von Budapest. 2017 erhielt er das ungarische Verdienstkreuz. 2020 wurde sein Lebenswerk von der ungarischen Filmakademie ausgezeichnet. Ebenfalls 2020 erfolgte die Urkunde des Széchenyi-Erbes.

Károly Eperjes ist verheiratet, hat einen Sohn und eine Tochter.

<u>Filmographie</u>

- 1982: Ohne Spur (*Nyom nélkül*)
- 1983: Leichte Körperverletzung (*Könnyű testi sértés*)
- 1984: Der große Mirandus (*Uramisten*)
- 1985: Oberst Redl (*Redl ezredes*)
- 1986: Countdown (*Visszaszámlálás*)
- 1987: Keuchhusten (*Szamárköhögés*)
- 1988: Hanussen (*Proféta*)
- 1988: Mission nach Evian *(Küldetés Evianba)*
- 1989: Eldorádó
- 1989: Laurin
- 1989: Schulschwänzer *(Iskolakerülők)*
- 1990: Guten Abend, Herr Wallenberg *(God afton, Herr Wallenberg)*
- 1990: Ungarisches Requiem *(Magyar rekviem)*
- 1990: *Isten hátrafelé megy* („Gott geht rückwärts")
- 1999: 6:3 – Tuttis Traum (*6:3, avagy játszd újra Tutti*)
- 1999: Kinoträume (*Egy tél az Isten háta mögött*)
- 2002: Im Schatten der Brücke *(A Hídember)*
- 2012: Hinter der Tür (*Az ajtó*)
- 2020: Abschlussbericht *(Zárójelentés)*
- 2021: *Magyar Passió* („Ungarische Passion")

(Quelle: *Wikipedia*)

## 5.3. Geboren in Hegykő – verwandt mit Europa

Die beiden Adeligen *Alexandra* und *Beatrix Széchenyi* wurden als Gräfinnen in Hegykő geboren und sind Urenkelinnen des auch außerhalb des Landes sehr bekannten Reformers und Erneuerers von Ungarn *Graf István Széchenyi (1791-1860)*, des „größten Ungarn". Der namensgebende Stammsitz der Adelsfamilie war der Ort *Szécsény* im Komitat Nógrád, in Nordungarn.

Alexandra kam am 1. Oktober 1926 als *Alexandra Crescentia Angela Elisabeth Gräfin Széchenyi de Sárvár-Felsővidék* zur Welt.

Beatrix wurde am 30. Januar 1930 als *Beatrix Maria Valeria Therese Emerica Gräfin Széchenyi de Sárvár-Felsővidék* geboren.

Vater der beiden Gräfinnen war *Graf Valentin (Bálint) Széchenyi,* der 1893 in Konstantinopel (Istanbul) geboren wurde. Er besuchte die Kadetten-Hauptrealschule von Sopron und maturierte danach in Budapest. Sein Studium des Rechts brach er wegen dem Ausbruch des Ersten Weltkriegs ab. 1914 rückte er als Freiwilliger ins 10. K&K-Husarenregiment ein, wo er dreieinhalb Monate an der russischen Front diente. 1915 geriet er in Kriegsgefangenschaft, aus der er erst 1922 im Rahmen eines Gefangenenaustauschs wieder heimkehrte, um sich danach in Hegykő anzusiedeln, dessen Besitz er 1925 erbte. In Hegykő war er Mitglied des Gemeinderats und auf Komitatsebene in der juristischen Kommission tätig. Bálint zog in das Schloß ein, das zuvor an eine Zuckerfabrik verpachtet worden war, deren Pachtvertrag dann 1929 auslief. 1947 verließ er das Land und ging zunächst nach Istanbul; siedelte von dort nach Paris über, wo er 1954 verstarb.

Die Mutter war die russische *Herzogin Maria Galitzine (auch: Galiczyn, *1895 Marijno)* welche Balint während seiner Kriegsgefangenschaft kennengelernt hatte. Sie starb 1976 in Willebadessen.

Von den vier Kindern dieses Paares war Alexandra das zweitälteste und Beatrix das jüngste Kind. Deren beide Schwester waren:

*das „Schloß" von Hegykő. Foto: O. Meiser (2022)*

*Marianna Veronika Paula Huberta (*1923 Budapest, +1999 München)*, die Erstgeborene, und

*Eva Maria Ilona Gabrielle (*1928 Sopron, +1997)*, das zweitjüngste Kind.

Die in Hegykő geborene Alexandra besuchte das Herz-Jesu-Gymnasium in Budapest und danach das Ursulinen-Gymnasium von Sopron, wo sie maturierte. 1947 floh sie in die Niederlande und heiratete in Gulpen 1958 *Diethard Freiherr von Wrede-Melschede (*1930 Willebadessen / NRW)*, womit sie deutsche Staatsbürgerin wurde. Alexandra war vielfach sozial engagiert und betreute mit den Maltesern, deren Ordensmitglied sie später wurde, ungarische Flüchtlinge nach dem Volksaufstand 1956. Zur Wendezeit half sie ausreisewilligen DDR-Bürgern und sie war auch in Budapest, als der damalige deutsche Außenminister *Hans-Dietrich Genscher (1927-2016)* vom Balkon der deutschen Botschaft verkündete, daß jenen Bürgern, die aus der DDR ausreisen wollten, die

# Die Familie von Alexandra und Beatrix Széchenyi

## und ihre Abstammung von
## Graf István Széchenyi,
## dem „größten Ungarn"

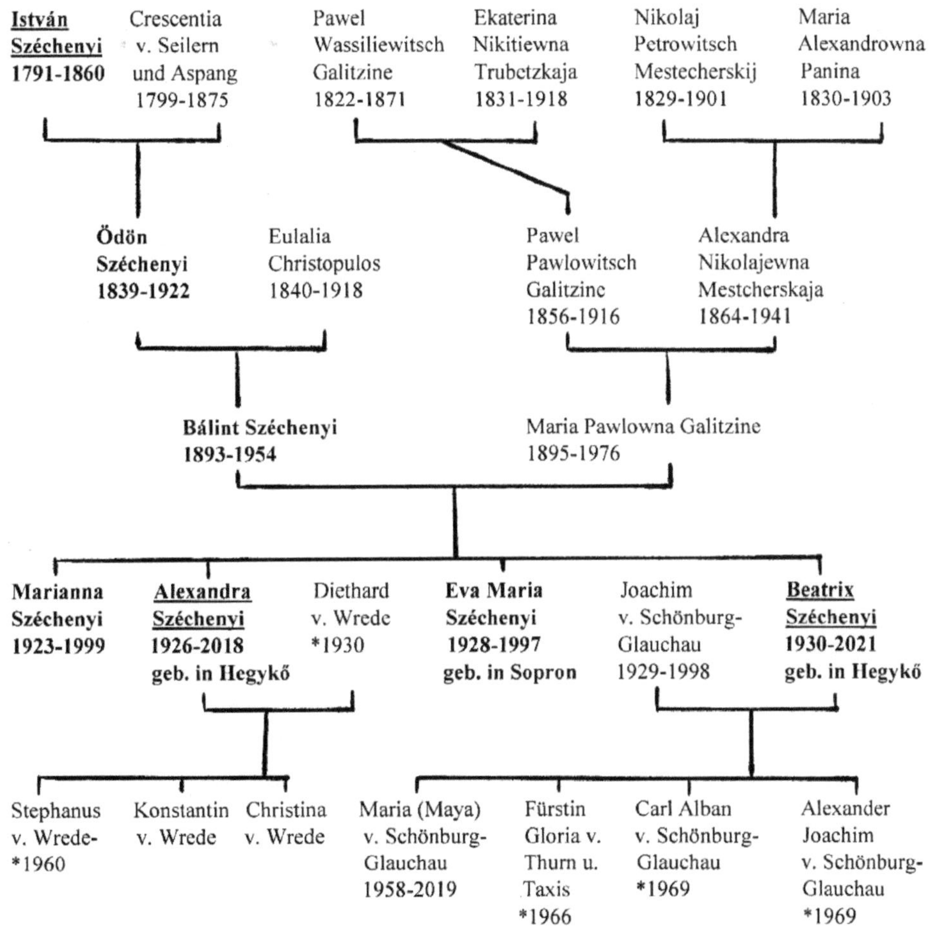



*Zusammenstellung: O. Meiser*

Ausreise gestattet sei. In ihrer neuen Heimat Willebadessen brachte sich die Adelige bei der Kirchengemeinde ein und genoß bei den Bürgern hohes Ansehen. Neben ungarisch und deutsch sprach die Baronin auch russisch (durch ihre Mutter), sowie englisch, französisch und niederländisch (vgl. *Scholz / Baumbach 2018*).

Der Verbindung Alexandra Szécheny – Diethard von Wrede entstammen folgende Nachkommen:

*Stephanus, Freiherr von Wrede (*1960 Paderborn).*

*Konstantin Freiherr v. Wrede.*

*Christina Freifrau v. Wrede-Raback.*

Alexandras Schwester Beatrix floh 1956 nach Deutschland und heiratete am 21. Oktober 1957 in Waldersloh *Joachim von Schönburg-Glauchau (1929-1998)*. Dieser war Journalist, und das Paar verbrachte dann auch fünf Jahre in Afrika, um dort Rundfunksender aufzubauen, ehe es 1970 nach Deutschland zurückkehrte. Daher wurden zwei der Kinder (s.u.) in Afrika geboren bzw. wuchsen dort auf. Joachim machte sich auch einen Namen als Naturschützer und Jagdschriftsteller. Er verfaßte bekanntere Bücher wie „*Der Jagdgast*" oder „*Der deutsche Jäger*". Von 1990-1994 war er Bundestagsabgeordneter für die CDU.

Die Ehe zwischen Beatrix und Joachim wurde jedoch 1986 geschieden.

Der Verbindung entstammen vier Kinder:

1. *Gräfin Maya Felicitas Alexandra Albertina Assunta Fernanda Beatrix (*1958 Berlin-Steglitz, +2010)*, die acht Jahre mit dem Juristen, Unternehmer und Kunstsammler *Dr. Friedrich Christian „Mick" Flick* verheiratet war.

2. *Mariae Gloria (*1960 Stuttgart-Degerloch), geb. Gräfin, Fürstin von Thurn und Taxis* - die sicherlich bekannteste der hier genannten Adeligen und Prominenten. Sie heiratete 1980 den *Prinzen (ab 1982 Fürst) Johannes von Thurn*

*und Taxis (1926-1990)* und sorgte früher in der Öffentlichkeit u.a. durch ihr intensives Party-Leben und ihr außergewöhnliches Outfit, in jüngerer Zeit aber auch durch ihre nicht von allen gleichermaßen geteilten gesellschaftspolitischen Ansichten für Aufsehen. 2004 war sie CSU-Wahlfrau für die Wahl des Bundespräsidenten.

3. *Graf Carl Alban Maria László Gebhard Rudolf Johannes Georg Hubertus Kisito (*1966 Lomé / Togo)*, deutscher Immobilienmarkt-Investitionsberater, verheiratet ab 1995 mit *Juliet Beechy-Fowler*.

4. *Graf Alexander Joachim von Schönburg (*1969 Mogadischu / Somalia), Graf und Herr zu Glauchau und Waldenburg*. Er ist als Journalist und Schriftsteller unter dem Namen *Alexander von Schönburg* bekannt und mit *Irina, Prinzessin von Hessen-Kassel-Rumpenheim (*1971)* verheiratet. Nicht unkritisiert blieb sein Buch „*Die Kunst des stilvollen Verarmens – wie man ohne Geld reich wird*" (Rowohlt-Verlag).

Alexandra v. Wrede-Széchenyi starb 2018 in Willebadessen.

Beatrix von Schönburg-Glauchau-Széchenyi verstarb am 30. September 2021 in Regensburg, nachdem sie zuvor zu Hause einen Sturz erlitten hatte und danach in ein Pflegeheim gebracht werden mußte. Ein Requiem wurde am 6. November 2021 in der Kreuzkirche von München durch den Bischof von Szombathely *János Székely (*1964)* zelebriert. Musik kam von der Fürstlichen Hofkapelle Thurn und Taxis, sowie der Opernsängerin *Christine Gräfin Esterházy (*1959)*. Beatrix wurde auf dem Nordfriedhof von München begraben. Zur Trauerfeier reiste auch der deutsch-österreichische Oscar-Regisseur *Florian Henckel von Donnersmarck (*1973)* an.

Meine Anfrage nach Fotos, die ich mit Erlaubnis der Familie gerne in diesem Buch veröffentlicht hätte, wurde indes leider nicht beantwortet…

## 5.4. Ein Tropfen Pálinka – Tradition und Genuß am Ortsrand

Ein typisch ungarisches Getränk und daher auf der Liste der berühmten *Hungarica* ist der *Pálinka,* ein Schnaps, der aus verschiedenem Obst hergestellt werden kann. Seit 2013 stellt *Egy Csepp Pálinka,* ein Kleinbetrieb am nördlichen Ortsrand hinter der Kirche Edelbrände höchster Qualität her, die mit einer ganzen Reihe von Preisen ausgezeichnet wurden. Der Betrieb befindet sich in einem 1913 erbauten, ehemaligen Maschinenhaus, das restauriert wurde und 2014 auch als Gebäude eine Auszeichnung bekam. Hier verbindet sich alte Familientradition mit modernster Technik. Die Brände des Unternehmens sind inzwischen nicht nur in den Gaststätten der Region, sondern auch in namhaften Budapester Restaurants und Bars zu finden.
Der Inhalt des folgenden Kapitels ist überwiegend der Homepage des Betriebes (siehe Quellenverzeichnis) entnommen.

Ein guter Pálinka hängt zu 80 % von der Qualität des verarbeiteten Obstes ab. Wichtig ist bei der Herstellung, daß nur vom Baum gepflücktes, vollständig gereiftes Obst verwendet wird. Unreifes Obst wie auch Fallobst darf nicht verwendet werden, und es ist auch keine Unhöflichkeit, einen nach Schimmel riechenden Pálinka zurückzuweisen.

Nach der Ernte läßt man das Obst vor der Weiterverarbeitung eine kurze Zeit nachreifen. Bei der Verarbeitung ist die Sauberkeit von grundlegender Bedeutung. Dies bezieht sich sowohl auf die Örtlichkeiten, als auch die Produktionsanlagen und natürlich auf das Obst an sich.

Nach der Auswahl des Obstes wird dieses gut gewaschen. So kann vermieden werden, daß schädliche Bodenbakterien in die Maische gelangen. Das Obst wird passiert und entsteint; Äpfel werden zerkleinert. Je gründlicher die Aufarbeitung ist, desto effektiver reifen die Fruchtzucker. Sehr wichtig ist das Entsteinen. Andernfalls kann die Maische einen gefährlichen Anteil an Blausäure enthalten, was giftig ist und bei der Verarbeitung ins Destillat gelangt. Bei der Verarbeitung von Obst mit hohem Pektinanteil helfen abbauende Enzyme.

Größte Helfer der Schnapsbrenner sind die Hefepilze, welche die an sich bedeutende Arbeit verrichten. Daher ist es wichtig, daß sich nicht nur der Mensch, sondern auch die Hefepilze wohlfühlen, damit sie in sauerstoffarmem Milieu ihre Funktion erfüllen können. Innerhalb von 10-14 Tagen wandelt sich so die

*Feines am Ortsrand von Hegykő: Pálinka-Fabrikation. Foto: O. Meiser (2021)*

süße Maische in die reife Maische, die dann für das Destillieren bereit ist. Der Maische dürfen weder Zucker noch Aromastoffe zugegeben werden. Dies ist auch gesetzlich untersagt.

Der nächste bedeutende Arbeitsschritt ist die Destillation der gereiften Maische. Dort entscheidet sich, wie die Hefe ihre Arbeit verrichtet. Viel Debatte herrscht darüber, ob eine Technologie mit kleinem Kessel oder andere Wege zum besten Resultat führen.

Der Hegykőer Betrieb verwendet die mit Dampf arbeitenden Destillier-Apparaturen der deutschen Firma *Müller GmbH*, die ein beindruckendes Erscheinungsbild abgeben und gut zu bedienen sind.

Beim Destillierprozeß kommt es darauf an, den sog. Körper vom wertlosen Vor- und Nachlauf zu trennen. Der Vorlauf, der wegen seines hohen Anteils an

*ein Blick ins Innere der kleinen Fabrik: Destillierapparat. Foto: O. Meiser (2021)*

Methylalkohol giftig ist, darf nicht in das Produkt gelangen. Auch durch das korrekte Abscheiden des Nachlaufs kann der Anteil von Fuselöl und Fuselalkohol in den Bränden auf ein Minimum reduziert werden.

Nach einer Ruhephase werden die in größeren Mengen vertriebenen Brände mithilfe eines Osmosefilters und Wasser in der gewünschten Größenordnung verdünnt. Beim Verdünnen mit Wasser fallen die nicht löslichen Fuselöle, sowie für die Brände ungünstige Molekülverbindungen aus. Mit feinen Filtern läßt sich das langerwartete Endergebnis erzielen: ein reiner Brand mit reichem Obstbouquet und vollmundig im Geschmack.

Die geeigneten Brände werden in Fässern ausgebaut und erweitern die Angebotspalette des Betriebs.

Auch bei der Lagerung vollzieht sich ein zauberhafter Wandel und die Brände werden von Woche zu Woche feiner. Weil das Sonnenlicht für die Brände unvorteilhaft ist, sind sie in dunkle Flaschen abgefüllt.

Ein richtig guter Pálinka weckt an grauen, kalten Wintertagen Erinnerungen an den Sommer und wärmt Körper wie Seele auf!

Die Brände sollten mit einer Temperatur um 20°C getrunken werden - nicht aufgewärmt, ohne Honig und nicht ex und hopp. Man nimmt idealerweise zuerst mit der Nase das Aroma auf und genießt das Getränk dann in kleinen Schlucken, die man auf der Zunge zergehen läßt.

*Egy csepp pálinka* erhielt bislang für 72 Edelbrände Goldmedaillen, darunter 27 in der Meister-Kategorie. Einige Auszeichnungen sind:

- bester Pálinka Ungarns 2015; aus Traube Zenit und Sauerkirsch

- bester Pálinka Ungarns 2019; aus schwarzer Apfelbeere (Aronie)

- bester Pálinka von Quintessence; aus Marille 2020

- erfolgreichste Pálinka-Brennerei Ungarns 2018, 2019 und 2020

- Titel von Quintessence: beste Brennerei im Handel 2020

*Egészségére!* – Auf Ihre Gesundheit!

Dieses für viele Fremde kompliziert auszusprechende ungarische Prost setzt sich aus folgenden Wortbestandteilen zusammen:

*egész*: ganz

*egészség*: Ganzheit. Wenn der Körper ganz ist: Gesundheit

*-é*: besitzanzeigende Endung „Ihre"

*-re*: ortsbestimmende Endung „auf" (vgl. z.B. Hegykőre: *nach* Hegykő)

Sagen Sie jedoch bitte nicht „*Egészseggére*", denn dies heißt etwas anderes! Fragen Sie die Ungarn doch mal nach dem Unterschied ;-)

Und wenn Sie mit jemandem Freundschaft geschlossen haben, sagen Sie:

*Egészségedre! –* Auf dein Wohl!


## 5.5. Gesundes aus Feld und Garten

## 5.5.1. Gemüse…


„*Unsere Flur war wie ein japanischer Teppich, vielleicht noch viel bunter als dieser*"

So äußerte sich einmal ein Bewohner von Hegykő über den Gemüsebau im Rahmen einer Studie, die 1965 von *Marietta Boross* durchgeführt wurde und der viele Informationen dieses Kapitels entnommen sind.

Gemüse wird aufgrund der guten naturräumlichen Voraussetzungen vermutlich schon seit ewigen Zeiten in Hegykő, sowie den umliegenden Seedörfern Fertőhomok, Hidegség und Fertőboz gebaut. Bis 1945 sicherte der Gemüsebau vielen der sehr kinderreichen Familien von Hegykő das Einkommen, zumal nur sehr wenige Menschen Berufe außerhalb der Landwirtschaft erlernen konnten.

Den Erzählungen nach soll schon der ungarische König *Matthias Corvinus (1443-1490)* Melonen aus den Dörfern am Neusiedler See bezogen haben. Aus dem Jahr 1551 ist bekannt, daß der Grundherr *Tamás Nádasdy* Melonen an den Wiener Hof liefern ließ. Berichte über den Anbau von roten Zwiebeln und Knoblauch tauchen im Jahr 1608 in den Lagerbüchern der Hegykőer Meierhof-Wirtschaft auf. 1639 gehörten zu dieser zwei Gemüsegärten, die von einem bei der Herrschaft angestellten Gärtner bearbeitet wurden.

Nachdem Hegykő lange Zeit überwiegend ein Fischerdorf gewesen war, stellten sich dann vor allem ab der zweiten Hälfte des 18. Jahrhunderts auch andere Erwerbszweige ein. Innerhalb der Landwirtschaft ist da insbesondere der Gemüsebau zu nennen. So wird nun seit weit über zweihundert Jahren in Hegykő intensiv Gemüse kultiviert. In früherer Zeit tauschte man dieses in den Dörfern der Region Rábaköz auch gegen Mais. Für die Zeit um 1740 weiß man, daß am damaligen Meierhof von Hegykő Kürbisse gepflanzt wurden.

Eine Rolle spielten – wie früher manchmal noch alte Leute berichteten - offenbar auch einige Einsiedler von

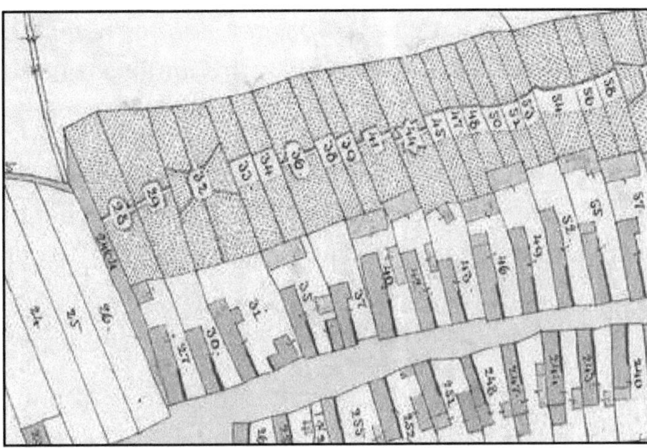

*Der Katasterplan der Franziszeischen Aufnahme von 1856 zeigt die Gemüsegärten (obere Parzellen).*

Kiscenk, welche ab 1774 die Bevölkerung der umliegenden Dörfer im Gartenbau unterwiesen.

Schriftliche Quellen über den Gartenbau tauchen auch im Jahre 1776 auf. Bei dem bereits in anderem Zusammenhang erwähnten Gesuch geht es um die Abgabe des Zehnten u.a. auf rote Zwiebeln.

Ende des 18. Jahrhunderts wuchsen in den Gärten der herrschaftlichen Meierei Erbsen, Bohnen, Linsen, Mais, Topinambur, Zuckerrüben und Futterrüben.

Weiteren Aufschwung nahm der Gemüsebau dann vor allem in der zweiten Hälfte des 19. Jahrhunderts, wobei nach 1870 nicht nur das Gemüse selbst, sondern auch das Saatgut nachgefragt wurde. Während man den Gemüsebau früher auch in den herrschaftlichen Gärten betrieb, fand er nun überwiegend auf dem Land der Kleinbauern statt.

*Paur István* merkt u.a. 1883 an, daß in der Gegend Gemüse nicht nur in kleinen Beeten, sondern auf der Fläche von ganzen Morgen angebaut würde und sich daraus ein einträglicher Wirtschaftszweig entwickelt habe, den man sonst in diesem Maße im ganzen Komitat nirgends fände.

Das Aufkommen der Reblaus *Phylloxera* in den 1890er-Jahren begünstigte den Wirtschaftszweig ebenfalls, denn es führte dazu, daß viele Bauern von Wein auf Gemüsebau umstellten.

Eine Notiz aus der *Ödenburger Zeitung vom 21.9.1898* erwähnt einen *Emmerich (Imre) Zambó,* der für sein Gemüse einen Preis auf der landwirtschaftlichen Ausstellung von Kapuvár erhielt.

Positiv wirkte sich dann auch die Regulierung des Wasserhaushalts der Region durch den 1909 fertiggestellten *Einser-Kanal* aus, wonach nun mehr vor Überschwemmung geschützte Flächen für den Gemüseanbau zur Verfügung standen. Dadurch konnten jedermann Felder zugeteilt werden, die dann „Proletarier-" oder „Pachtfelder" genannt wurden.

Wie u.a. *Boross (1965)* anmerkt, stieg während des Ersten Weltkriegs die allgemeine Nachfrage weiter, da das Hegyköer Wurzelgemüse auf den Märkten von Wien, Wiener Neustadt und Eisenstadt sehr gefragt war. Es wurde bis nach Deutschland und sogar nach Frankreich vertrieben. Auch das örtliche Interesse wuchs um 50-60 %. Problem war allerdings, daß für die schweren Arbeiten wie etwa das Umgraben kriegsbedingt die Männer fehlten.

Ab dem Ersten Weltkrieg arbeitete man dann zunehmend mit Frühbeeten, was die Produktion steigerte und sich lohnte, weil Lebensmittel verstärkt von Österreich nachgefragt wurden. Häufig schmuggelte man sie über die Grenze, da Ungarn zu jener Zeit besser damit versorgt war als sein Nachbar.

1922 wurde unter dem Namen *Pomona* eine von Pittner und Teilhabern genannte Gesellschaft gegründet, die sich mit Gemüse- und Obstbau befaßte.

In der Zwischenkriegszeit ging das Gemüse der Region stark auf die Märkte nach Wien (v.a. Zwiebeln, Knoblauch, Gurken und Tomaten), aber auch in Budapest erzielte qualitativ hochwertiges Wurzelgemüse aus Hegykő hohe Preise. 1930-1944 war der Tomaten- und Paprikaanbau, vereinzelt auch der Kürbisanbau, sehr bedeutend. 1931 gab es in Hegykő vier Gemüsehändler. 1935 gründete sich ein Händler-Dachverband, welcher v.a. die Händler der Seegemeinden zusammenschloß und auch die Schilfwirtschaft integrierte.

Nach dem Anschluß Österreichs an das Deutsche Reich 1938 und während des Zweiten Weltkriegs wurde das Gemüse von Hegykő und Umgebung weiterhin sehr stark nach Wien und Wiener Neustadt geliefert. In den Vierzigerjahren kamen die ersten Sämaschinen auf, v.a. jene des Fabrikats Kühne aus Mosonmagyaróvár.

Für die Großbesitzer mit Flächen über 18 Morgen spielte der Gemüseanbau nur eine untergeordnete Rolle, da sie sich auf den Anbau von Getreide und Futterpflanzen konzentrierten. Mittelgroße Betriebe mit Flächen von 8 bis 25 Morgen betrieben den Gemüseanbau, soweit für das arbeitsintensive Geschäft Arbeitskräfte vorhanden waren. Der Gemüsebau war daher hauptsächlich ein Standbein der bis zu 8 Morgen bewirtschaftenden Kleinbauern, wo in den kinderreichen Familien auch schon die Kleinen ab 6-8 Jahren mithelfen und einfache Arbeiten verrichten konnten, was allerdings dann häufig auf Kosten des Schulbesuchs ging. Während diese Leute im Frühling und Sommer Gemüse bauten, waren sie im Winter in der Schilfschneiderei beschäftigt. Teilweise bauten manche von ihnen auch Kartoffeln und Mais.

Nach dem Krieg erleichterte eine Haltstation der Bahn für Hegykő den Vertrieb des Gemüses.

Der Obergespan *István Kóczán* äußerte sich 1946 über den Gemüsebau folgendermaßen:

*„Es stimmt, daß der Gemüsebau mehr Arbeit bereitet. Man muß fünfmal so viel arbeiten, doch wird auch fünfmal so viel bezahlt. Wir bauen grünen Paprika, Bohnen, Gurken, Melonen, Spargel, Kürbisse, Zwiebeln, gelbe Rüben, Petersilie, Sellerie, Kohlrabis und rote Rüben an.“*

Unkrautvernichtungsmittel wurden erstmals in den Fünfzigerjahren in größerem Stil eingesetzt. Wenngleich die Bevölkerung diesen zunächst kritisch gegenüberstand, überzeugte dann doch die Perspektive höherer Erträge. Dennoch wurden sie zunächst erst einmal von einzelnen Bauern ausprobiert, damit – falls Probleme auftauchen sollten – nicht das ganze Dorf davon betroffen wäre.

Und es wurde getauscht: eine Fuhre Dünger gegen 400 Tomaten- oder 500 Paprikasetzlinge.

Eine wichtige Rolle bei der Entwicklung des Obst- und Gemüsebaus der Region spielte die *MSZKN*, die *Ungarische Gartenbau und Saatgut Nonprofit GmbH*, die eine Außenstelle in Sarród betreibt.

In Hegykő baut verschiedenes Gemüse u.a. die *Hegykői Mezőgazdasági Zrt.*, aber auch hinter den Häusern in Privatgärten sieht man immer noch sehr häufig Folien-Gewächshäuser.

Charakteristisch für den Gemüsebau der Region war immer seine Vielfalt. In Hegykő werden (vgl. *Porpáczy 2012*) hauptsächlich Gelbe Rüben, Wurzelpetersilie, Wurzelsellerie und rote Zwiebeln angebaut, während es in Fertőhomok Gurken, Tomaten, Gelbe Rüben und Wurzelpetersilie sind. Hidegség baut Tomaten und Salat, in Fertőboz sind es u.a. auch Gurken und Erbsen. All die erwähnten Gemeinden verwenden 5-12 % ihres Ackerlandes für den Gemüsebau, der früher traditionell Frauenarbeit war.

Der erfolgreiche Gemüsebau findet seine Grundlagen vor allem in den günstigen Bodenverhältnissen, die im Bereich von Hegykő ein abwechslungsreiches Mosaik bilden und sowohl mechanische Gesichtspunkte als auch Kalkgehalt bzw. pH-Wert (alkalisch bis stark alkalisch) betreffend gute Voraussetzungen bieten.

Die Gunst durch die Seenähe läßt sich mit anderen gewässernahen, guten Anbaugebieten in Ungarn, so der Großen Schüttinsel (ung. *Szigetköz*), der Insel Csepel bei Budapest oder dem Gebiet um Kalocsa (an der Donau; bekannt für Paprika) vergleichen

Während die österreichische Seite des Neusiedler Sees innerhalb Österreichs zu den wärmsten und trockensten Gebieten zählt, ist die ungarische Seite innerhalb von Ungarn das kühlste und niederschlagsreichste Tieflandgebiet, was den Gemüseanbau im Vergleich zu wärmeren Tiefebenen begünstigt.

Insgesamt gesehen sind die Möglichkeiten für den Gemüseanbau um Hegykő viel besser als etwa in den seenahen Gemeinden des österreichischen Seewinkels, in denen man eher auf Weinbau setzt.

Durch entsprechende Fruchtfolge begegnet man der Gefahr einer Bodenmüdigkeit. Meistens ist der Boden schon so optimal, daß man keinen Kunstdünger einbringen muß, und oft benötigt man derart wenig Chemie, daß man schon fast von biologischem Anbau sprechen kann.

Die besten Böden lagen immer direkt um das Dorf herum, während weiter südlich der Boden zu kiesig ist und man dichter zum See hin das Land nach der Entwässerung eher als Heuwiesen nutzte. Auch innerhalb der für den Gemüsebau geeigneten Zonen benötigen die verschiedenen Gemüsearten unterschiedliche Standorte. Zwiebeln bevorzugen gedüngten, aber nicht zu nassen Boden. Mehr Wasser brauchen – bei ebenfalls guter Düngung - dagegen der Wurzelsellerie und der Paprika.

Nach der Ernte im Herbst und vor dem Frost wurde umgegraben; diese Arbeit auch dann im Frühjahr fortgesetzt – eine anstrengende Arbeit, bei der man oft Freunde und Verwandte zur Hilfe holte. Ältere Leute erzählten früher gerne, sie hätten derart viel umgegraben, daß sie jedes Jahr einen Spaten verbraucht hätten. Das umgegrabene Feld wurde noch am selben Tag mit dem Rechen geglättet, damit der Boden nicht austrocknete. Dann konnte gepflanzt werden. Für die Leute war alles auch eine Art Wettbewerb: Wer als erster auf den Markt kam, hatte gewonnen! Auch das Saatgut produzierten die Leute selbst. Durch Auslese wurden etwa beim Wurzelgemüse schöne, lange Wurzeln ohne Seitentriebe ausgewählt und über den Winter gelagert. Gesät bzw. gesteckt wurde von Hand. Dies brachte – z.B. bei Zwiebeln - um ein Drittel mehr Ertrag als das Säen mit der Maschine, wobei man freilich durch die Maschinenarbeit insgesamt höhere Erträge hat, weil man größere Flächen schneller bearbeiten kann. Kleines Saatgut wurde manchmal mit Sand gemischt, damit es sich beim Aussäen gleichmäßig verteilte. Für das Säen von Hand war windstille Witterung Voraussetzung.

Bei einem Teil der Gemüse wurde auch mit Setzlingen gearbeitet, die man in früherer Zeit von den Gärtnereien der Grundherrschaft kaufte. Setzlinge wurden in mit Rinderdung aufbereiteten Frühbeeten gezogen.

Bei den Leuten hieß es allgemein, daß man ab dem Zeitpunkt, da man barfuß gehen konnte, auch pflanzen sollte – zwischen dem 10. und 15. Mai. Meistens wurden jedoch erst noch die Eisheiligen abgewartet. Gurken pflanzte man ab dem 30. Mai.

*Zwiebeln aus Hegykő. Foto: O. Meiser (2021)*

Unkraut wurde gejätet, sobald die Jungpflanzen vier Blätter hatten. Das Unkrautjäten war Aufgabe von Frauen und Kindern.

Im Winter wurde das Gemüse in Mieten aufbewahrt. Es wurde eine zwei Meter tiefe Grube angelegt und mit Ziegelsteinen ausgekleidet; darüber ein Schilfdach angelegt. Das Gemüse wurde parallel zur Wand der Grube gelegt. Wurzelsellerie kam in die Mitte. Gelbe Rüben wurden einfach in die Erde eingegraben und mit Stroh abgedeckt.

Der private Gemüsebau ruht auch heute zumeist auf den Schultern der Frauen, doch immer weniger sieht man inzwischen die alten Weiblein mit violetter oder rosa geblümter *otthonka*, der Kittelschürze, wie sie inbrünstig und sich aufopfernd auf ihren sauberst geharkten Feldern und Beeten knien. Einige neu hinzugezogene Bürger hingegen bevorzugen es immer mehr, ihren „Garten" zuzupflastern, um nicht einmal mehr den Rasen mähen zu müssen…

Hier einiges zu häufig angebauten Gemüsearten:

Die *Zwiebeln* (ung. *hagyma*; wiss. *Allium cepa*) von Hegykő können gut mit den sehr bekannten Zwiebeln von Makó (bei Szeged) – letztere sogar seit 2014 auf der Liste der Hungarica – konkurrieren. Die Zwiebeln werden im Allgemeinen Ende Februar bis Anfang März gesetzt. Dazu ist ein Boden von guter Qualität notwendig. Dieser sollte schön aufgearbeitet sein, nach Möglichkeit bereits schon im vorangegangenen Herbst. Die Zwiebeln werden mit einem Abstand von 20 cm gesteckt und sind im Juli reif. Zwiebeln können nach ihrer Ernte bis zum Mai des folgenden Jahres problemlos aufbewahrt werden. Wichtig ist dabei, daß sie trocken gelagert werden und keinen Frost bekommen. Daher erfolgt die Lagerung oft in Haufen. Bei wärmerer Witterung müssen die Zwiebeln allerdings verteilt werden.

Der *Wurzelsellerie* (ung. *zeller*; wiss. *Apium graveolens*) bevorzugt gut gedüngten, fein aufgearbeiteten und vor allem sandhaltigen Boden. Es ist von Vorteil, wenn der Boden schon zwei bis drei Jahre zuvor gedüngt war. Das Gemüse hat eine Vegetationsperiode von 180-220 Tagen. Seine Knollen haben einen Durchmesser von 8-14 cm, sind glatt und rundlich und die Wurzeln wenig verzweigt. Das Fleisch ist weiß und kompakt. Die Blätter sind glänzend, aufrechtstehend und dunkelgrün.

Bis zu den 60er Jahren wurden Setzlinge in Frühbeeten vorgezogen. In jüngerer Zeit geschieht das Heranziehen unter Folien. Die Saat erfolgt Ende Februar bis Anfang März. Ende April bis Anfang Mai, wenn die Pflanzen 4-5 Blätter getrieben haben, können sie komplett ans Freie gewöhnt werden. Der Wurzelsellerie wird in Reihen mit 40 x 40 cm Abstand gepflanzt. Er kann Ende Oktober bis Anfang November geerntet werden.

Dieses Gemüse ist sehr gut frisch zu verarbeiten und eignet sich auch für Gemüsevertriebe mit Kühlvorrichtungen. Traditionell wird der Wurzelsellerie gerne für verschiedene Gemüsesuppen verwendet. Seit den 1980er Jahren wurde er jedoch auch immer mehr Bestandteil von Salaten und kalter Küche.

Bei der *gelben Rübe* (*Karotte, Möhre, Mohrrübe,* ung. *sárgarépa*; wiss. *Daucus carota*) werden die Sorten *Fertődi,* aber auch die Nantes-ähnlichen Sorten *Napa* und *Neapel* angebaut und unter der Regionalbezeichnung „*Fertőd vidéki sárgarépa*" (gelbe Rübe aus der Region Neusiedler See) vermarktet.

Die Länge der gelben Rüben liegt bei 15-25 cm, ihr Durchmesser bei 1,5 – 4 cm und ihr Gewicht zwischen 50 und 150 g. Das Gemüse ist schön gerade gewachsen und ohne Seitenverzweigungen.

Besonders charakteristisch für die gelben Rüben der Region sind daneben ihr süßlicher Geschmack und ihre rötlichere Färbung.

Ihr Zuckergehalt liegt auf 100 g bezogen bei 5 mg, der Kalziumgehalt bei 40 mg und der Phosphorgehalt bei 30 mg.

Der Boden braucht organischen Dünger und nur wenig Kunstdünger. Um Schädlingsbefall und Bodenmüdigkeit zu umgehen, werden die gelben Rüben

*gelbe Rüben aus Hegykő. Foto: O. Meiser (2021)*

nur auf Feldern gepflanzt, auf denen mindestens zwei Jahre davor etwas anderes gewachsen ist. Der 40 cm tief gepflügte Boden wird im Herbst gehäufelt, so daß im Frühling zum frühestmöglichen Zeitpunkt, d.h. manchmal bereits im Februar, gesät werden kann, wobei in den Boden auch Kalium und Phosphor eingearbeitet werden müssen.

Gelbe Rüben, die gelagert werden, benötigen zudem Bor, z.B. durch Zugabe von Laubdünger. Die Rüben werden in Reihen von 30-50 cm Abstand gepflanzt; 20-25 pro laufenden Meter. Das Jäten des Unkrauts geschieht von Hand; das Häufeln mit Maschinen. Die früh gesetzten Rüben werden zwei bis dreimal gegossen, wodurch die Ernte an Qualität gewinnt.

Die Ernte beginnt Ende Mai und dauert bis zu zwei Monate. Lagersorten werden im Herbst vor den ersten Frösten geerntet und bei 1-2°C und 95 % Luftfeuchtigkeit in Kühlhäusern aufbewahrt.

Gerade die im Vergleich zum übrigen ungarischen Tiefland kühlere Sommertemperatur begünstigt den frühen und den für die Lagerung geeigneten Anbau.

1976 konnte die regionale Sorte veredelt werden.

*Wurzelpetersilie. Foto: O. Meiser (2021)*

Die *Wurzelpetersilie* (oder: *Peterwurzen,* ung. *fehérrépa,* wiss. *Petroselinum crispum*), die auch auf der Großen Schüttinsel (*Szigetköz*) angebaut wird, ist (vgl. *Balázs 2002*) ein Gemüse der Art und wird in den langen Sorten *Arat* und *Fakir*, sowie den halblangen, frühen Sorten *Berlin* und *Eagle* angebaut. Sie bevorzugt lehmig-sandigen Boden.

Das Gemüse ist 20-30 cm lang, hat 2-4 cm im Durchmesser und erreicht ein Gewicht von 50-150 g. Auf das Frischgewicht bezogen enthalten 100 g Wurzelpetersilie 9 mg Zucker, 30 mg Kalzium und 30 mg Phosphor.

Die Hegyköer Wurzelpetersilie gerät schön regelmäßig und ohne Verzweigungen. Unter kulinarische Gesichtspunkten ist sie sehr aromatisch und würzig.

Wurzelpetersilie wird in der ungarischen Küche als Geschmacksverstärker eingesetzt und ist daher rund ums Jahr auf den Märkten zu bekommen. Sie wird einzeln oder mit anderem Gemüse zusammen tiefgefroren oder als Suppengemüse gehandelt.

*Paprika* (dt., ung.; wiss. *Capsicum spec.*) wäre in Verbindung mit Ungarn sicher ein eigenes Buch wert, und als solches ist „*Das Buch vom ungarischen Paprika*" von *Zoltán Halász (1914-2007)* sehr zu empfehlen.

Anders als viele vom Klischee beeinflußt glauben, ist die Heimat der Paprika-
gewächse nicht Ungarn, sondern Süd- und Mittelamerika. Wie die ebenfalls aus
der Neuen Welt stammende Kartoffel, ist der Paprika ein Nachtschattenge-
wächs. Portugiesen wie Spanier brachten die Pflanze auf die Iberische Halbin-
sel, von wo aus sie wiederum durch die östlichen Kolonien der Portugiesen in
den Orient gelangte und von dort mit den Türkenkriegen auf den Balkan. Zu
Beginn wurde der Paprika immer wieder mit Pfeffer (lat. *Piper*) verwechselt
bzw. als solcher verkauft, was etwa die Namensähnlichkeit im Spanischen und
Portugiesischen *pim(i)enta* (Pfeffer) und *pim(i)ento* (Paprika) zeigt. Das ungarische und auch ins Deutsche übernommene Wort Paprika soll sich ebenfalls
vom *Piper* ableiten. Der bekannte Paprika von Ungarn ist v.a. jener aus der
Gegend um *Kalocsa* (ebenfalls Hungaricum!).

In Hegykő werden die Sorten *Cece*, *Bogyoszló* und *Erfurt* angebaut. Es gibt
Kirschpaprika und kleine, scharfe Paprika. Die Ernte erfolgt normalerweise im
Frühherbst. Beim Kauf und Verbrauch achten Sprachunkundige auf die Be-
zeichnungen *édes* bzw. *édesnemes* – süß bzw. edelsüß – und *csipős*, scharf!

Paprikafrüchte enthalten relativ viel Vitamin C (pro 100 g Frucht 128 mg), und
in diesem Zusammenhang sei noch darauf hingewiesen, daß der ungarische
Chemiker *Albert Szent-Györgyi (1893-1986)* für die Extraktion des Vitamin C
aus dem Paprika 1937 den Nobelpreis für Medizin erhielt.

An *Gurken* (ung. *uborka*, wiss. *Cucumis sativus*) werden lange, grüne Sorten
(die klassische „Salatgurke"), sowie halblange und kurze Sorten zum Einlegen
angebaut.

Die Hektarerträge bei den in Hegykő angebauten Gemüsearten können (vgl.
*MezőHír 2014*) bei der gelben Rübe bei 50 t und bei der Wurzelpetersilie und
dem Wurzelsellerie jeweils um 35 t liegen.

Die Hegykőer Gemüse erhielten 2011 das Recht für die Verwendung des *ungarischen Gütesiegels für Tradition-Geschmack-Region* (HÍR, Registrierungs-
Nr. 172636) und können nun mit anderen Produkten dieser Art konkurrieren.

Die Möglichkeiten eines intensiven Gemüsebaus, der sicher noch weiteres Entwicklungspotential bietet, stellen für die Zukunft und die gesunde, weltmark-

tunabhängige Ernährung der Region eine wertvolle, klimafreundliche Alternative dar. Gleichzeitig ist der bereits erfolgende Klimawandel in Richtung trockener und wärmer für die Landwirte auch eine Herausforderung.

Zwei Rezepte mit Hegyköer Gemüse:

<u>Hegyköer Gemüsesuppe</u>

*benötigte Zutaten:*

2 große gelbe Rüben (natürlich am besten nur die von Hegykő!)

2 Gemüsepastinak

1 Kohlrabi

1 kleine rote Zwiebel

0,5 dl Sonnenblumen-Öl

100 g Erbsen

2 Teelöffel Salz

Pfeffer, je nach Geschmack

ein halber Eßlöffel feines Mehl

1 l Wasser

*Zubereitung:*

1. Die gelben Rüben in Scheiben schneiden und im Öl erhitzen; so bekommt die Suppe eine schöne gelbe Farbe.

2. Die kleingeschnittene Zwiebel, sowie den in Scheiben geschnittenen Pastinak und den in Würfel geschnittenen Kohlrabi hinzugeben.

3. Das Ganze ein paar Minuten anschwitzen, salzen und pfeffern; dann mit Mehl bestäuben, danach eine weitere Minute lang anschwitzen, die Erbsen hinzufügen und in ca. 1 l Wasser geben.

4. Kochen; anschließend mit etwas Petersilie bestreuen.

Hegykőer Gelbe-Rüben-Torte

*benötigte Zutaten:*

300 g gelbe Rüben

3 Eier

eine Prise Salz

150 g Zucker

250 g gemahlene Walnüsse

100 g feines Mehl

1 Backpulver

für die Creme:

200 g Rahmkäse

4 Eßlöffel Zucker

ein halber Liter Sahne

1 Sahnesteif

Butter zum Ausstreichen der Backform

Pistazien zur Dekoration

gekochte gelbe Rüben

Zitronenmelisse

*Zubereitung:*

1. Die gelben Rüben kleinraspeln. Die Eier aufschlagen, zum Eiweiß drei Eßlöffel Wasser und eine Prise Salz geben; danach zu steifem Schaum schlagen.
Dabei nach und nach den Zucker, sowie das Eigelb einbringen.

2. Das Backpulver ins Mehl mischen und mit den Walnüssen verrühren; dabei auch die gerebelten gelben Rüben hinzufügen und alles durchmischen; dann zur Eiermasse hinzugeben.

3. Den Backofen vorheizen und die Backform mit Butter ausstreichen; in diese den gut durchmischten Teig hineingeben und backen.

4. Für die Creme den Käse schnell mit dem Zucker verrühren. Die Sahne steif schlagen und beides sorgfältig zusammenbringen. Je nach Anzahl der Schichten, welche die Torte haben soll, auf den Boden auftragen.

5. Mit Pistazien, kleinen Stücken von gelber Rübe und Blättern der Zitronenmelisse die Oberfläche garnieren.

*Jó étvágyat!* - Guten Appetit!


## 5.5.2. ...und Obst


Aus den 1620-er Jahren weiß man, daß in den Gärten der Hegykőer Meierhofwirtschaft auch Obst gebaut wurde. Welches, ist jedoch weitgehend unbekannt, denn erwähnt sind nur Sauerkirschen (Weichseln).

In den Dreißigerjahren wurden vor allem Marillen, aber auch Süß- und Sauerkirschen, sowie Äpfel, Birnen, Pflaumen, Pfirsiche und Walnüsse kultiviert. In geringerem Umfange gab es Mispeln, Mirabellen, Quitten und Mandeln.

Was spezielles Obst der Region betrifft (vgl. *Agrármarketing Centrum 2002*), ist vom ungarischen Neusiedler See vor allem eine Apfelsorte bekannt, nämlich der *Fertőder Winterapfel* (*Malus domestica* Borkh.) – eine Kreuzung aus den Sorten *Török Bálint* und *Jonathan*. Die mittelgroßen, sehr runden Äpfel haben ein Gewicht von 150 g. Die mittelstarke und wachsige Schale ist von ihrer Grundfarbe gelb und an ihrer sonnenbeschienenen Seite kräftig rot gestreift.

Die Apfelsorte wurde bereits vom Geschlecht der Esterházy schwerpunktmäßig kultiviert, u.a. durch Initiative der an anderer Stelle erwähnten Gräfin von Cziráki. Die Sorte kam zu Beginn des 20. Jahrhunderts auch nach Wien und ins östliche Österreich. In Ágfalva (Agendorf) bei Sopron, dessen Bewohner als

*Fertődi-Apfel. Foto: O. Meiser (2021)*

Obsthändler bekannt waren, wurde er oft gepflanzt und von den deutschsprachigen Bewohnern vermarktet.

Der Fertőder Winterapfel ist besonders für den frischen Verzehr und gutes Kompott geeignet.

Die Äpfel können Ende September geerntet werden und unter einfachen Lagerbedingungen wie Speisekammer oder Keller bis Ende März aufbewahrt werden. Nach der Ernte kann man den Apfel bereits sofort verarbeiten, doch nimmt seine Qualität unter Lagerbedingungen auch noch weiter zu.

Die Bäume der Fertődi-Sorte werden mittelgroß und bilden eine breite Krone aus. Sie haben eine hohe Ertragssicherheit und sind an das hiesige Klima gut angepaßt. Gegenüber Krankheiten sind sie widerstandsfähig; jedoch gegenüber Mehltau etwas anfällig.

# 6. Sagen vom Neusiedler See

Nach Streifzügen durch verschiedenste Themen im Zusammenhang mit Hegykő und dem Neusiedler See, kommen wir mit vier Sagen aus der Gegend allmählich zum Ende dieses Buches. Interessant ist, daß sich in allen Sagen auch immer ein Kern der Wahrheit findet.


## 6.1. Die Entstehung des Neusiedler Sees

An der Stelle des Neusiedler Sees befanden sich, wie man erzählt, einst sieben Dörfer, deren größtes *Leányfalu*, „Mädchendorf", hieß. Zuweilen wurde es auch *Leányvölgy*, „Mädchental", genannt.

Einmal ging das schönste Mädchen dieses Dorfes zum Brunnen, um Wasser zu holen. Nachdem sie ihren Krug gefüllt hatte, traf sie auf dem Nachhauseweg einen alten Mann. Von der sengenden Mittagshitze durstig, bat dieser das Mädchen um einen Schluck Wasser aus ihrem Krug. Doch das Mädchen war hochmütig und wollte dem alten Mann nichts geben. Der Greis verfluchte daraufhin das Mädchen. Wenige Schritte weiter stolperte das Mädchen sodann über einen Stein und ließ den Wasserkrug fallen. Durch den Fluch des alten Mannes floß nun so viel Wasser aus dem Krug, daß erst das Mädchendorf und danach auch noch die anderen sechs Dörfer überflutet wurden. So entstand der Neusiedler See. Manche behaupten, der alte Mann in der Sage sei der Heilige Petrus gewesen und der einzelnstehende, kleine Glockenturm von Hidegség sei an der Stelle, wo die Geschichte sich ereignet habe, errichtet.

Andere wiederum berichten, daß der Fürst Giletus von der Burg Forchtenstein einst im Gebiet von Mädchendorf auf Jagd ging. Nach der Jagd klopfte er an einem Haus um Wasser und Brot an, um sich zu stärken. Die Familie erkannte den Fürsten jedoch nicht, da er nur ein schlichtes Jagdgewand trug. Die hübsche Tochter der einfachen Leute, Maria, verliebte sich in den Fürsten, und über Jahre hinweg kam dieser in die Gegend, um das Mädchen heimlich zu treffen. Doch einer der Hofdiener des Fürsten verriet die Affäre schließlich der Fürstin. Als der Fürst dann einmal in eine Schlacht ziehen mußte, nahm das Schicksal seinen Lauf: Die Fürstin begab sich nach Mädchendorf, um sich an ihrer bäuerlichen Nebenbuhlerin zu rächen. Unter dem Vorwand der Hexerei klagte sie das Mädchen und deren Mutter an. Sie ließ die beiden fesseln und in den Dorfteich werfen. Im Todeskampf verfluchte die Mutter des Mädchens die Fürstin, aber auch die übrige Bevölkerung des Dorfes, die ihrem Schicksal tatenlos zugesehen hatte. Mit Entsetzen beobachteten die Leute vom Dorf alsbald, wie der Teich nach dem Fluch von Stunde zu Stunde anschwoll. Auf den Fluten schwammen Mutter und Tochter, von den Fesseln freigekommen, sich umarmend. Mit einem feierlichen Begräbnis der beiden toten Frauen versuchte man zwar noch, den bösen Zauber zu brechen, doch vergebens: Das ganze Dorf wurde überschwemmt und die Bewohner mußten sich in höhergelegene Bereiche flüchten. Das neue Dorf wurde schließlich Neusiedl genannt.

Nach anderen Erzählungen soll ein Brunnen ausgelaufen sein und alles überflutet haben. Dies paßt auch zu den Sagen, die sich manchmal die alten Fischer erzählten. Nach diesen, so heißt es, habe einst ein Mann seine Frau getötet und - um seine Untat zu verbergen - ihren Körper in einen Brunnenschacht geworfen. Hernach sei der Brunnen übergelaufen und habe nicht nur die ermordete Frau wieder zum Vorschein gebracht, sondern zur Strafe auch noch das ganze Dorf unter Wasser gesetzt.


<u>Der Sage wahrer Kern:</u>

Dieser Sage Kern ist sicher mit den z.T. dramatischen und schon bei 1.2. beschriebenen Wasserstandsschwankungen und Größenveränderungen des eigentümlichen Gewässers zu sehen. An der Stelle des heutigen Sees gab es früher wirklich einige Siedlungen, wie bis in die Steinzeit zurückreichende Funde im Seegebiet und historische Quellen beweisen. Einzelne von ihnen verschwanden erst im Mittelalter.

Sogar zwei Glocken wurden gefunden, die vielleicht aber auch einmal in Zeiten von Gefahr vergraben oder - ähnlich wie bei den Schildbürgern - im See versenkt wurden. Die eine Glocke scharrte ein weidender Stier mit den Hörnern aus dem Boden und man brachte sie anschließend in die Kirche von Fertőszéplak. Die andere fand man, als ein Bauer beim Mähen mit der Sense auf sie stieß. Sie befindet sich zur Zeit in der Kirche von Bogyoszló (östl. von Kapuvár).

Was den burgenländischen Ort Neusiedl (heute: Bad Neusiedl am See) anbelangt, so soll der Name allerdings erst nach dem Mongolensturm 1242 entstanden sein, als man in der Gegend neue Bewohner ansiedelte.

Immer wieder erzählt man in vielen Gegenden auch von Herrschern und Königen, die sich in Zivil gekleidet und unters Volk gemischt haben sollen, um zu erfahren, wie es wirklich um das Land steht und was die Menschen von ihnen so denken und sprechen. Einige nutzten dabei auch die Möglichkeit, bei schönen Mädchen einzukehren. Dies tat offenbar nicht nur der Fürst von Forchtenstein, sondern auch *König Matthias Corvinus (1443-1490)*, einer der bekanntesten und über alle Zeiten beliebtesten ungarischen Könige.


## 6.2. Vom Hany Istók, dem Waasen-Steffel


Einst, vor über 250 Jahren, lebte einmal ein armer Fischer mit seiner Frau in einer bescheidenen Hütte. Eines Tages kam der Mann mit einem prächtigen Wels vom Fischen nach Hause. Glücklich über den Fang und die Möglichkeit, durch einen guten Verkauf auf dem Markt die Armut der Familie zu lindern, sah die Frau den Fisch lange an. Doch ihre Mutter gebot ihr, dies nicht zu tun, denn es könne Unglück bringen. Und ohne daß sie es zunächst ahnten, war es bereits schon zu spät. Doch die Freude hielt zunächst an, denn dem jungen Paar wurde alsbald ein eigenartiges Kind geboren. Mit diesem Sohn begannen dann jedoch die Sorgen.

Das Kind lag nur apathisch in der Wiege und wurde immer erst dann lebendig, wenn es mit Wasser in Berührung kam und gebadet wurde. Der Junge war von ungewöhnlichem Äußeren. Er hatte kleine Augen, einen großen Kopf, einen breiten Mund und eine platte Nase, Schwimmhäute zwischen Fingern und Zehen, sowie eine schuppige Haut. Der Vater beschwichtigte zunächst und meinte, daß es vielleicht nicht gar zu ungewöhnlich sei, wenn das Kind eines Fischers einem Fisch ähnlich sähe.

Auf dem Lande bewegte sich der Knabe tolpatschig und unbeholfen, während
er im Wasser schnell und gewandt war. Was die anderen Leute zu essen pfleg-
ten, mundete ihm überhaupt nicht. Statt dessen bevorzugte der Junge als Speise
Fisch, die Eier der Wasservögel und feine Wasserpflanzen. Dadurch war er eng
an den Sumpf gebunden, in dem er sich, je älter er wurde, desto länger aufhielt,
um aus diesem nur auf den Ruf seiner Mutter hervorzukommen. Trotz all seiner
Eigenarten wurde das Kind von seiner Mutter über alles geliebt. Doch nicht so
von seinem Vater, der von Zorn ergriffen wurde, sooft er seinen Sohn sah. Als
der Junge einmal aus der Fischreuse seines Vaters einen Barsch gestohlen hatte,
verprügelte dieser das Kind fürchterlich. Danach sah er seinen Sohn allerdings
auch nicht mehr wieder, denn nun entfloh er für immer ins weite Röhricht.

Nach diesem Vorfall nahm das weitere Unglück seinen Lauf. Der Vater starb
und sein älterer Sohn wurde zum Militär einberufen. Die Mutter erkrankte und
mußte das Bett hüten, doch immer wieder fand sie Fisch und Vogeleier vor ihre
Haustüre gestellt. Natürlich konnte sie an niemanden anders als an ihren unglücklichen, fortgejagten Sohn denken!

Nachdem sich einige Fischer beklagt hatten, daß zum wiederholten Male ihr
Fang gestohlen worden war, stellte man Beobachtungen an und schließlich er-
griff man den Verdächtigen am Király Tó, dem Königssee, nördlich von Osli.
Der Dieb war tatsächlich der „Fischmensch", der sich von Fischen, Kröten und
Schlangen ernährte. Er wurde in die Burg von Kapuvár gebracht und dort ge-
fangengehalten. Weil man nicht wußte, ob das Kind getauft war,  taufte der
Pfarrer *György Szalontai* den Unglücklichen und gab ihm den Namen *Hany
Istók*, „Waasen-Steffel".

Der arme Mensch, der nicht richtig laufen, sondern nur springen oder schwimmen konnte, wurde von Neugierigen gehänselt und von den wütenden Fischern
geschlagen. So war es nicht weiter verwunderlich, daß der Junge, sobald sich
ihm Menschen nähern wollten, sich mit Tritten und Bissen zur Wehr setzte.
Nicht nur der Pfarrer, sondern auch der Lehrer bemühte sich um ihn, doch während die kleinen Schüler sich vor dem Steffel fürchteten, hänselten ihn die älteren, denn er konnte auch nicht sprechen und gab nur tierische Laute von sich.
Am liebsten versteckte er sich auf den dunklen Fluren der Burg oder schwamm
im Burggraben herum. Einzig und allein die Tochter des Burgvogts fand liebe

und tröstende Worte für das wilde Kind, nahm es gar zu Spaziergängen mit und schenkte ihm Sachen. Später ließ sich der Steffel sogar ankleiden und freute sich, wie noch erzählt wird, insbesondere über eine rote Hose, die man ihm gab. Der Steffel verrichtete auch kleine Küchenarbeiten, spaltete Holz, kehrte aus oder holte Wasser. Allmählich nahm er auch gekochtes Essen an, wenngleich er doch am liebsten Frösche aß.

Wie er heranwuchs und ein Bursche wurde, verliebte er sich in ein Mädchen. Die einen sagen, es war

*Waasen-Steffel-Skulptur bei Fertőhomok.*
*Foto: O. Meiser (2020)*

eben jene Tochter des Burgvogts, während die anderen von einem Mädchen namens Piroska wissen wollen. Als dann schließlich das Mädchen Hochzeit mit einem anderen Mann hielt, „beglückte" der Waasen-Steffel die Hochzeitsgesellschaft mit Schlangen und Kröten, so daß die geladenen Gäste vor Angst davonliefen! Der Steffel wurde, weil er das Fest verdorben hatte, von einigen Männern gepackt, verprügelt und in einen Schuppen gesperrt, aus dem er jedoch entfliehen konnte. Gedemütigt und gebrochenen Herzens verschwand er danach und ward nie wieder gesehen. Jäger fanden nach einigen Tagen am Königssee (Király Tó) noch die zerfetzte rote Hose des Steffel.

<u>Der Sage wahrer Kern:</u>

Um den Neusiedler See erzählte man immer wieder von im Sumpfe lebenden Geschöpfen - nicht nur vom Waasen-Steffel, sondern auch von anderen Schilf- oder Wassermännern wie etwa jenem, von dem Sagen in Gols berichten.

Den Waasen-Steffel hat es indes wirklich gegeben. Am 15. März 1749 wurde nach amtlichen Protokollen, die in der Amtskanzlei von Kapuvár aufbewahrt sind, von den beiden Fischern *Mihály Molnár* und *Ferenc Nagy* ein eigenartiges Geschöpf gefangen. Das zwischen acht und zehn Jahren alte Kind hatte – wie ein Frosch - doppelte Augenlider, sowie an Händen und Füßen Schwimmhäute. Für den 17. März ist die Taufe eines acht- bis zehnjährigen Knaben verbürgt, der auf den Namen *Stephan* (ung. *István*) getauft wurde. Taufpaten waren, wie aus Urkunden hervorgeht, ein *Mihály Hochsinger* und eine *Anna Maria Mezner*. Andere Aufzeichnungen lassen wissen:

„*Der Junge war nackt, aß Gras, Heu und Stroh, konnte keine Bekleidung ertragen, sprang, wenn er Menschen sah, ins Wasser und schwamm wie ein Fisch. Er lebte dann ein Jahr lang in der Burg, aß auch gekochte Speisen, trug Kleidung und begann sich zu einem Menschen zu wandeln. Doch irgendwann sprang er in die nahe Raab und schwamm fort. Er wurde nie mehr gefunden*"

Der Junge wurde offenbar in die Obhut des Burgvogts *Pál Rosenstingl* gegeben, dessen Tochter *Juliska* hieß. Juliska heiratete 1751.

Über das weitere Schicksal des Waasen-Steffels ist nichts mehr bekannt, so daß er wohl tatsächlich wieder in die Freiheit der Natur geflohen ist, was wahrscheinlich das Beste für ihn gewesen sein mag.

Der Fall erinnert an andere ähnlicher Art wie z.B. an den „Wolfsjungen" *Victor von Aveyron (ca. 1788-1828)* in Frankreich, der erstmalig 1797 gesehen, später gefangen wurde und dann – allerdings sehr unglücklich – in der Gesellschaft verblieb.

Während man sich auch heute noch mit andersgearteten Menschen schwertut, konnte man früher mit ihnen, wie auch die Geschichte des Waasen-Steffels andeutet, zumeist überhaupt nicht adäquat umgehen.

Die Legende um den Waasen-Steffel wurde übrigens auch mehrfach literarisch verarbeitet, u.a. von dem bekannten ungarischen Erzähler *Mór (Maurus) Jókai (1825-1904)*, nach dem auch in Hegykő eine Straße benannt ist. In seinem Roman „*Die namenlose Burg*" (ung. „*A Névtelen Vár*") greift der Autor das Thema auf.

Eine Skulptur des Waasen-Steffel wurde am Rand von Fertőhomok 2011 aufgestellt. Auf ihrer Rückseite steht geschrieben:

„*Az élet él és élni akar.*"

„*Das Leben lebt und will leben.*"

Diese Worte des ungarischen Dichters *Endre Ady (1877-1919)* gelten auch für alle Lebewesen und Menschen, die nicht unseren gängigen Normvorstellungen entsprechen!

## 6.3. Der Fluch der Nixe

Einst, so heißt es, wohnte am Ufer des Neusiedler Sees ein alter, knauseriger Fischer. Täglich fuhr er zum Fischen hinaus und kehrte am Abend mit reichem Fang in seine Kate zurück. Durch den Verkauf der Fische, die ihm stets guten Gewinn bescherten, war er mit der Zeit ein reicher Mann geworden, der sich über ein weniger volles Netz nicht mehr hätte grämen müssen. Aber die Gier des Fischers kannte keine Grenzen. Nachdem dann der Fischreichtum des Sees nachließ, gab er die Schuld nicht etwa der Überfischung, sondern den Wassernixen, die durch ihr Treiben die Fische verscheucht hätten, und beschimpfte sie übel.

Als der Fischer eines Tages wieder auf den See fuhr, bemerkte er in einer Bucht des Ufers eine anmutige Gestalt, die vergebens versuchte, sich von der Stelle zu bemühen. Als der Fischer nun näher heranruderte, wurde er gewahr, daß es eine wunderschöne Wassernixe war, die sich in einem seiner Netze verfangen

*Neusiedler-See-Nixe, Skulptur aus Leithakalk von Rudolf Meiser (*1938). Foto: Oliver Meiser (2022)*

und bei ihren Anstrengungen, wieder herauszukommen, mehrere Löcher hineingerissen hatte.

„Hilf mir doch bitte hinaus!", bat die Nixe flehentlich. „Sieben Tage und sieben Nächte bin ich hier schon gefangen, und es gelingt mir nicht, mich zu befreien. Meine Kinder vermissen mich bereits!" Der hartherzige Fischer jedoch blieb allen Bitten gegenüber taub. Zornig darüber, daß ihm die Nixe die Fische verscheucht und noch dazu sein Netz beschädigt hatte, schlug er sie mit seinem Ruder nieder. Mit letzter Kraft rief ihm die Wasserfrau noch zu: „Auf ewig sollst du verflucht sein für deine Schandtat! Niemals sollst du deine Liebsten wiedersehen!" Dann versank die Nixe sterbend in der milchigen Flut, während der Fischer sie noch verhöhnte. Doch da fing auf einmal der Seegrund an zu beben, der Himmel verfinsterte sich und Dunkelheit brach herein. Ein brüllender Sturm kämmte über den bislang so friedlichen Spiegel des Sees und riesige Wellenberge bauten sich auf, um den Fischer mit seinem Kahn ohne jede Spur zu verschlingen.

An stillen Herbstabenden, wenn sich kein Schilfhalm regt und unheimliche Nebelbänke über das Wasser ziehen, dringen vom Wasser die Geräusche eines verzweifelten Ruderns. Es ist jener verfluchte Fischer, der vergeblich versucht, mit seinem Kahn das Ufer zu erreichen. Doch die Nixe sorgte dafür, daß er für immer auf dem Wasser bleiben muß und niemals Frieden finden wird.

Aus dieser Sage dringen in zweierlei Hinsicht mahnende Worte: Erstens die Warnung vor den schweren Stürmen und Unwettern, die immer wieder plötzlich hereinbrechen können und die trotz der Flachheit und damit vermeintlichen Ungefährlichkeit des Sees schon viele Menschen das Leben gekostet haben.

Zweitens war es, als die Menschen am See noch überwiegend von der Fischerei lebten, vielleicht auch bereits schon der mahnende Zeigefinger, der Natur nicht zu viel zu entnehmen, um nicht etwa durch Überfischung längerfristig das Wohlergehen aller zu gefährden.

Unsere heutige, noch viel größere Gier läßt Müll und Geisternetze in den Ozeanen treiben. Wer weiß, ob die sich darin verfangenden Meeresschildkröten und Seekühe uns nicht auch verfluchen und Unglück bereiten, wenn wir nicht endlich achtsamer mit dieser Welt umgehen!

## 6.4. Das verlorene Diplom

Man erzählt sich die Sage, daß aus einem der Dörfer am See einst ein junger Mann aufbrach, um in den deutschen Landen Medizin zu studieren.

Nachdem er sein Studium mit Erfolg abgeschlossen hatte, begab er sich mit seinem Diplom auf ein Donauschiff, um in seine Heimat zurückzukehren. Doch unglücklicherweise ging das Schiff in einem gefährlichen Laufen unter. Der junge Mann konnte sich zwar an Land retten, doch sein Beutel mit dem Universitätsdiplom war verloren. Betrübt kehrte er nach Hause, und niemand außer seiner lieben Mutter mochte ihm glauben, daß er sein Diplom erhalten hatte und nun wirklich Arzt war.

Als der Unglückliche eines Tages traurig am Seeufer entlangspazierte, sah er einen seltsamen Gegenstand in den Fluten schwimmen. Der junge Mann watete ins seichte Wasser und fischte ihn heraus. Voller Freude und mit nicht geringem

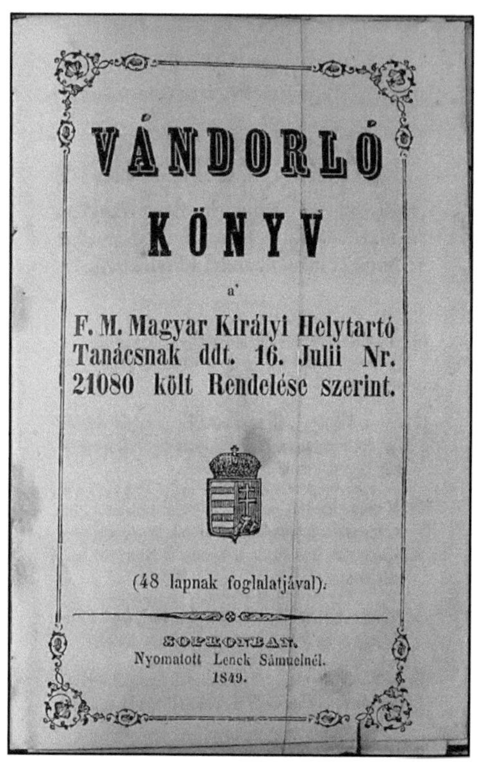


*Wanderbuch aus dem 19. Jh.*

Staunen erkannte er, daß es sein Beutel war, den er beim Schiffsunglück verloren hatte. Sofort lief er ins Dorf zurück, wo der Pfarrer und Richter das aufgeweichte Diplom trockneten, entzifferten und der hart erarbeitete akademische Titel nun schließlich doch noch gebührend gefeiert werden konnte.

Eine andere Erzählung ähnlicher Art weiß von einem Faßbindergesellen zu berichten, der ebenfalls bei einem Schiffsunglück auf der Donau, von einer Wanderschaft heimkehrend, seinen kunstvoll geschnitzten Schlegel verlor und diesen, nachdem er dann in Neusiedl Meister geworden war, eines Tages am Ufer des Sees angespült fand.

Doch wie dieser oder auch der Beutel jenes frischgebackenen Medicus von der Donau in den Neusiedler See gekommen sein soll, das bleibt ein großes Geheimnis. Eine Höhle, durch die Wasser aus der Donau in den See fließt, ist eher unwahrscheinlich.

<u>Der Sage wahrer Kern:</u>

Die Vorstellung, daß in der Donau untergegangene Schiffe oder im Wasser verlorene Gegenstände wieder im Neusiedler See auftauchen sollen, ist offenbar weit verbreitet gewesen. Die Sage tritt daher in verschiedenen Varianten, d.h. mit verschiedenen Berufen und unterschiedlichen verlorenen Gegenständen auf.

Inzwischen weiß man, daß der Neusiedler See offenbar wirklich einen größeren Teil seines Wassers auf unterirdischem Wege bezieht. Noch aber ist wohl wenig über diese Zuflüsse und ihre Verbindungen bekannt.

*Rathaus und Post. Foto: O. Meiser (2021)*

**Gemeindesteckbrief Hegykő:**

Einwohnerzahl: 1766 (Stand 2021)

Gemarkungsfläche: 26,8 km²

Bevölkerungsdichte: 59,8 Ew/km²

Postleitzahl: 9437

Vorwahl: +3699 (vom Ausland), +0699 (innerhalb Ungarns)

verwaltungstechnische Zugehörigkeit: Komitat Győr-Moson-Sopron

Bürgermeister: István Szigethi (seit 2006, 2019 wiedergewählt)

# Vereine in Hegykő

*Sport*

- Sportclub Fertőmenti (FSC)
- Handballverein (FKC)
- Fußball-Seniorenmannschaft
- Freizeit- und Sportverein FIT
- Verein zur Förderung des Schulsports
- Reitclub

*Kultur*

- Gemeinnützige Stiftung Pro Cultura
- Stiftung für kulturelles Leben und traditionelle Handarbeiten der Region Fertő-Hanság
- Géza-Bolla-Kinderchor der Grundschule
- Kirchenchor St. Michael

*Sonstige:*

- Freiwillige Feuerwehr Hegykő
- Ortsgruppe des Ungarischen Roten Kreuzes
- Angelverein
- Verein zur Förderung der Gemeinde Hegykő
- Stiftung zur Förderung der Grundschule Hegykő
- Falkner-, Jagd- und Naturschutzverein
- Touristikverein Hegykő
- Hegykőer Regenbogenstiftung
- katholische Pfarrgemeinde Hegykő

# Temperaturen und Niederschläge in der Region

| Meßstation | Meereshöhe [NN] | Jahresmitteltemperatur [°C] | Jahresniederschlag [mm] |
|---|---|---|---|
| Andau | 116 | | 612 |
| Apetlon | 120 | | 593 |
| Deutschkreutz* | 192 | 9,5 | 617 |
| Eisenstadt* | 184 | 10,0 | 618 |
| Fertőrákos~ | 147 | 10,2 | 550 |
| Fertőújlak~ | 115 | 10,2 | 570 |
| Illmitz+ | 117 | 10,3 | 595 |
| Magyaróvár° | 123 | 9,8 | 602 |
| Neusiedl a. See* | 135 | 10,1 | 574 |
| Podersdorf a. See# | 118 | 11,3 | 697 |
| Rust# | 119 | 10,1 | 607 |
| Sopron° | 234 | 9,8 | 716 |
| Szombathely° | 216 | 9,6 | 666 |
| Tadten" | 122 | | 550 |

*Jahresmitteltemperaturen und Jahresniederschläge in der Region Neusiedler See und Umgebung. Zusammenstellung von O.Meiser nach Daten von:*

+ nach ZAMG 1960-1990

* nach ZAMG 1971-2000

# nach clima-data.org

° siehe Borhidi (1960)

~ Hidrometeorológia Fertőrákos 1971-2005

" Karner 1950

leere Felder: keine Daten / Angaben

# Wetterbeobachtungen 2021

*Messungen von. O. Meiser*

| Klimaparameter | Januar 2021 | Juli 2021 | Jahr |
|---|---|---|---|
| Durchschnittstemperatur [°C] | 1,7 | 22,9 | 11,2 |
| Temperatur-Höchstwert [°C] | 14,3 (am 22.1. um 13.30 h) | 36,7 (am 8.7. um 15.10 h) | 36,7 (am 8.7. um 15.10 h) |
| Temperatur-Tiefstwert [°C] | -7,6 (am 12.1. um 5.30 h) | 12,1 (am 1.7. um 5.20 h) | -9,3 (am 15.2. um 5.50 h) |
| Frosttage (Tagesminimum unter 0°C) | 25 | - | 91 |
| Eistage (Tagesmaximum unter 0°C) | 4 | - | 7 |
| Sommertage (Höchsttemperatur mind. 25°C) | - | 26 | 80 |
| Tropentage (Höchsttemperatur mind. 30°C) | - | 10 | 23 |
| Niederschlag [mm] | 44,6 | 123,4 | 604,0 |
| Niederschlags-Höchstwert [mm] an einem Tag | 10,6 (am 28.1.) | 42,2 (am 7.7.) | 42,2 (am 7.7.) |
| Tage mit Niederschlag über 0,2 mm | 13 | 8 | 111 |
| Tage mit Niederschlag über 20 mm | 0 | 2 | 7 |
| durchschnittl. Windgeschwindigkeit [km/h] | 2,1 | 2,9 | 2,8 |

| Klimaparameter | Januar 2021 | Juli 2021 | Jahr |
|---|---|---|---|
| Höchst-Windgeschwindigkeit [km/h] | 41,8<br><br>(14.1. um 10.10 h) | 38,6<br><br>(18.7. um 17.10 h) | 61,2<br><br>(19.12. um 20.20 h) |
| vorherrschende Windrichtung | NW | NW | NW |

## Eine Übersicht über Fische der Region Neusiedler See

| deutscher Name | ungarischer Name | *wiss. Name* |
|---|---|---|
| Aal | angolna | *Anguilla anguilla* |
| Aland | jász | *Leuciscus idus* |
| Bachschmerle, Bartgrundel | kövi csík | *Barbatula barbatula* |
| Barbe | márna | *Barbus barbus* |
| Bitterling | szívárványos ökle | *Rhodeus sericeus amarus* |
| Brachsen, Brassen, Blei | dévérkeszeg | *Abramis brama* |
| Döbel, Aitel | domolykó | *Leuciscus cephalus* |
| Flußbarsch | sügér | *Perca fluviatilis* |
| Giebel | ezüstkárász | *Carassius auratus* |
| Graskarpfen | amur | *Ctenopharyngodon idella* |
| Gründling | fenekjáró küllő | *Gobio gobio* |
| Güster | karika keszeg | *Blicca bjoerkna* |
| Hecht | csuka | *Esox lucius* |
| Hundsfisch | lápi póc | *Umbra krameri* |
| Karausche | kárász | *Carassius carassius* |
| Karpfen | ponty | *Cyprinus carpio* |

| deutscher Name | ungarischer Name | wiss. Name |
| --- | --- | --- |
| Kaulbarsch | vágódurbincs | *Gymnocephalus cernuus* |
| Marmorierte Grundel | tarka géb | *Proterorhinus marmoratus* |
| Moderlieschen | kurta baing | *Leucaspius delineatus* |
| Plötze, Rotauge | bodorka | *Rutilus rutilus* |
| Quappe, Rutte, Trüsche | menyhal | *Lota lota* |
| Rapfen | balin | *Aspius aspius* |
| Regenbogenforelle | szívárványos pisztráng | *Onchorhynchus mykiss* |
| Rotfeder | vörösszárnyú keszeg | *Scardinius erythrophthalmus* |
| Schlammpeitzger | réti csík | *Misgurnus fossilis* |
| Schleie | compó | *Tinca tinca* |
| Silberkarpfen | fehér busa | *Hypophthalmichthys molitrix* |
| Sonnenbarsch | naphal | *Lepomis gibbosus* |
| Steinbeißer, Dorngrundel | vágó csík | *Cobitis taenia* |
| Ukelei | küsz | *Alburnus alburnus* |
| Wels | harcsa | *Silurus glanis* |
| Zander, Fogosch | süllő, fogas | *Stizostedion lucioperca* |
| Ziege | garda | *Pelecus cultratus* |
| Zope | lapos keszeg | *Abramis ballerus* |

*auf der Grundlage von Beobachtungen verschiedener Autoren ab 1858, vereinfacht nach Pannonhalmi und Sütheő (2007), sowie aus: Fertő tavi hidro-ökológiai tájékoztató rendszer, A Fertő tó halai és halászata, Keserü Balázs ÉDUKÖVIZIG főelőadó Győr 2008*

# Zeittafel mit Ortschronik von Hegykő und Umgebung

| Epoche / Jahr | Ereignis(se) |
| --- | --- |
| Jungsteinzeit | Spuren einer Siedlung bei Hidegség |
| 5700 v. Chr. | Ausbreitung der Bandkeramiker im Donauraum. |
| Kupferzeit | Steinbeilfund aus Hegykő und Siedlungsreste in den umliegenden Orten |
| Bronzezeit | Spuren einer Siedlung, Grabfunde in der Umgebung |
| Eisenzeit, Kelten | in Hegykő vermutl. Siedlung, Grabfunde und Siedlungen um Sopron |
| 15 v. Chr. | die Römer erobern Noricum |
| 9 n. Chr. | Illyricum inferius entsteht, später Pannonien genannt |
| Römerzeit | aus Hegykő sind zwei Grabsteine erhalten; eventuell existierte ein römischer Gutshof |
| 374 n. Chr. | Einfall der Quaden |
| 433 n. Chr. | die Römer übergeben Pannonien den Hunnen |
| 520 n. Chr. | die Langobarden erreichen das Gebiet; in Hegykő großer Friedhof |
| 567 n. Chr. | die Awaren übernehmen die Herrschaft in Pannonien; Funde aus Sopronkőhída |
| 828 | die Franken lösen das awarische Fürstentum auf; unter Karl d. Großen |
| 896 | Ungarische Landnahme; das Gebiet fällt unter den Einfluß des Stammes der Kér |
| 1000 | die Ungarn werden unter König Stephan christlich |
| 1074 | Erwähnung des Neusiedler Sees unter dem Namen Ferteu („in stagno Ferteu") und „Vertowe" |

| Epoche / Jahr | Ereignis(se) |
| --- | --- |
| 1241 | Mongolensturm |
| 1262 | Hegykő wird erstmals urkundlich erwähnt: Von Fertőszéplak wird der Wochenmarkt nach „Igku" verlegt. |
| 1277 | Sopron wird zur Stadt erhoben |
| 1313 | Die „Cives de Igku" wird Besitztum der Familie Kanizsai |
| 1344-1350 | Schauplatz von Komitatsversammlungen und Rechtsprechung |
| 1419 | In einer Urkunde taucht der Ort erstmals unter seinem deutschen Namen „zum Heiligen Stein" auf |
| 1446 | in einer Urkunde „HEGHKW" geschrieben |
| 1454 | wird Hegykő von Feinden der Kanizsai verwüstet |
| 1459 | erstmalige Erwähnung eines eigenen Pfarrers |
| 1526 | Schlacht bei Mohács – die Türken kommen |
| 16. Jh. | Kroaten werden in Hegykő angesiedelt |
| 1531 | die Kirche wird protestantisch und gehört zu Hidegség |
| 1543-57 | die Familie Nádasdy wird neuer Besitzer von Hegykő |
| 1590 | erstmalige schriftliche Erwähnung der Kirche von Hegykő |
| 1601 | im Langen Türkenkrieg werden Hegykős Nachbardörfer verwüstet. Hegykő bleibt vermutlich unzerstört. |
| 1660 | Gegenreformation: wieder katholisch, wird die Kirche von Hegykő an Fertőszéplak angeschlossen |
| 1680 | Pál Esterházy erwirbt Hegykő |
| 1683 | die Türken stehen das zweite Mal vor Wien |
| nach 1671 | das Dorf geht in den Besitz der Familie Széchenyi über |

| Epoche / Jahr | Ereignis(se) |
| --- | --- |
| 1711 | eine Pestepidemie dezimiert die Bevölkerung drastisch |
| 1728 | im Ort leben 37 ungarische, 17 kroatische und 6 deutsche Familien |
| 1740-42 | Der See trocknet komplett aus. Beginn landwirtschaftlicher Nutzung des Seebodens |
| 1766/67 | Hegykős Bewohner schreiben einen Brief an die Kaiserin Maria Theresia, in dem sie sich über ungerechte Behandlung beklagen. Neue Urbarialordnung. |
| 1771 | Hegykő fällt an die Witwe von Zsigmond Széchenyi |
| 1776 | der Ort wird genannt „Oppidum Hegiku" und Mezőváros („Landstadt") |
| 1815 | Hegykő fällt Graf István Széchenyi zu |
| 1831-33 | Choleraepidemie in Hegykő mit mind. 103 Toten. |
| 1840 | in Hegykő wird eine Seidenraupenzucht eingeführt |
| 1843 | Weinbergsordnung und Weinbau in Hegykő |
| 1848/49 | bürgerliche Revolution, an der auch fünf Bürger aus Hegykő teilnehmen |
| 1850-1860 | Betrieb einer Ziegelfabrik in Hegykő |
| 1853 | Hegykő erwirbt aus Sopron sieben Feuerspritzen |
| 1865-71 | Der See trocknet abermals komplett aus |
| 1867 | sog. „Ausgleich" innerhalb der K&K-Monarchie |
| 1871 | Hegykő wird „Kleingemeinde" (kisközség) |
| 1875 | Baubeginn der Eisenbahnlinie Győr-Sopron-Ebenfurth |
| 1889 | Gründung der Freiwilligen Feuerwehr Hegykő |
| 1892 | Anschaffung einer Viehwaage in Hegykő |

| Epoche / Jahr | Ereignis(se) |
| --- | --- |
| 1895-1909 | Bau des Einser-Kanals zur Regulierung des Wasserspiegels des Neusiedler Sees |
| 1896 | Bau der Eisenbahnlinie Fertőszentmiklós-Neusiedl |
| 1897 | in Hegykő bildet sich eine Konsumentenvereinigung |
| 1899 | ein Feuer zerstört einen großen Teil des Dorfes |
| 1900 | Hegykő wird Großgemeinde („nagyközség") |
| Jahre nach 1900 | 56 Bürger wandern nach Amerika aus |
| 1904 | die alte Dorfkirche wird abgebrochen und nach Plänen des Soproner Architekten János Schiller die heutige gebaut<br><br>Bau auch einer neuen Schule |
| 1914 | 28. Juli: Beginn des Ersten Weltkriegs |
| 1916 | 30. November: Kaiser Franz-Joseph stirbt |
| 1918 | 11. November: Ende des Ersten Weltkriegs, 59 Soldaten aus Hegykő sind gefallen |
| 1919 | Räterepublik; am 7.April Bildung eines Volksrats in Hegykő |
| 1920 | 4. Juni: Vertrag von Trianon. Die westlichsten Teile Ungarns fallen an Österreich. |
| 1921 | 14./16. Dezember: Volksabstimmung über den Verbleib von Sopron und Umgebung. Die Bewohner entscheiden sich für die Zugehörigkeit zu Ungarn. Hegykő liegt außerhalb des Abstimmungsgebiets. |
| 1925 | Gründung des Hegykőer Chores unter Géza Bolla |
| 1928 | Gründung eines Schützenvereins<br><br>Einrichtung einer Postbuslinie Sopron – Süttör (Fertőd) |
| 1930 | die nur wenige Jahre existierende Ziegelei wird geschlossen, |

| Epoche / Jahr | Ereignis(se) |
| --- | --- |
| 1930 | das Nachbardorf Fertőhomok brennt fast komplett nieder |
| 1931 | der Kirchturm wird erhöht, das Pfarrhaus gebaut |
| 1932 | Hegykő wird eigene Pfarrei |
| 1937 | ein Brand vernichtet in Hegykő zehn Wohnhäuser und 30 Scheunen; Anschluß ans Stromnetz |
| 1938 | Gründung des Hegykőer Gewerbevereins |
| 1939 | Bau eines neuen Schlachthauses; im selben Jahr beginnt in Europa am 1.9. ein anderes Schlachten. |
| 1942 | Bau einer Arztpraxis |
| 1944 | Bau des Levente-Heims |
| 1945 | 31. März: die Russen marschieren ein,<br><br>4. April: Kampfhandlungen in Ungarn enden,<br><br>insges. 27 Kriegstote in Hegykő,<br><br>freie Wahlen und Landreform, |
| 1946 | Aufstellen einer Fußballmannschaft |
| 1949 | „Wahlen"; es gibt nur eine Partei (MKP) zur „Auswahl" |
| 1956 | Herbst: Ungarn-Aufstand; in Hegykő ohne Blutvergießen |
| 1958 | Bau einer Aufbahrungshalle |
| 1959 | Beginn der Kollektivierung der Landwirtschaft, LPG-Gründung |
| 1968 | Bau eines Sportplatzes |
| 1969 | Geologen finden Thermalwasser in Hegykő<br><br>Bau der Turnhalle |

| Epoche / Jahr | Ereignis(se) |
| --- | --- |
| 1970 | Gründung eines Gemeinderats, zu dem auch Fertőhomok und Hidegség gehören |
| 1972 | das Thermalbad wird eröffnet |
| 1977 | Entstehung des Landschaftsschutzbezirks Neusiedler See |
| 1979 | der ungarische Teil des Neusiedler Sees wird Biosphärenreservat |
| 1984 | zusammen mit Fertőhomok und Hidegség entsteht ein gemeinsamer Gemeinderat |
| 1987 | Bau des Rathauses |
| 1989 | 2. Mai Abbau der Grenzanlagen<br><br>19. August Paneuropäisches Picknick<br><br>Fall des Eisernen Vorhangs<br><br>Anerkennung der ungarischen Schutzgebiete nach der Ramsar-Konvention |
| 1990 | 30. November: Beginn der Gemeinde-Selbstverwaltung |
| 1991 | Einrichtung des ungarischen Nationalparks Neusiedler See – Seewinkel |
| 1994 | Zusammenschluß der beiden Nationalparkteile von Ungarn und Österreich |
| 1995 | EU-Beitritt Österreichs; die Grenze wird EU-Außengrenze |
| 1998 | Gründung der Euregio-West / Nyugat-Pannonia |
| 2001 | Buchholz / Westerwald wird Partnergemeinde von Hegykő<br><br>die Seeregion wird UNESCO-Erbe |
| 2002 | Errichtung eines Vogelbeobachtungsturms in Hegykő |
| 2003 | Schaffung der Europaregion Centrope |

| Epoche / Jahr | Ereignis(se) |
| --- | --- |
| 2003-2004 | Renovierung der Kirche von Hegykő |
| 2004 | 1. Mai: Beitritt Ungarns zur EU (große Osterweiterung)<br><br>Bau eines Kirchengemeindezentrums |
| 2005 | Renovierung der Schule abgeschlossen |
| 2006 | Renovierung der Sporthalle |
| 2007 | 21. Dezember: Ungarn tritt dem Schengen-Raum bei |
| 2008 | Renovierung des Kinderspielplatzes<br><br>Einweihung des Kunstwerks „Heiliger Stein" |
| 2010-2011 | Bau einer Aufbahrungshalle am Friedhof |
| 2014 | Neugestaltung des Fahrradwegs |
| 2015 | Eröffnung des Spitzen-Museums |
| 2017 | Einweihung des neuen Sportvereinsheims |
| 2018 | Einweihung des neuen Feuerwehrhauses |
| 2019 | Bau eines neuen Sportplatzes |
| 2020 | Erneuerung des Kirchendachs<br><br>Einrichtung der Touristeninfo im „Tante-Mariska-Haus" |
| 2021 | Aufstellen eines Verkehrsblitzers: Langsam fahren! |

*Hegykő, Ansicht von Südwesten mit Neubauten. Foto: O. Meiser (2016)*

# Schreibweisen des Ortsnamens Hegykő

| Jahr / Zeitraum | Schreibweise |
| --- | --- |
| 1262 | Villa Igku |
| 1313 | Ygku |
| 1321 | Heugku |
| 1330 | Hegkw |
| 1331 / 1344 | Egkew |
| 1339 / 1341 | Egku |
| 1345 / 1351 | Ygkew |
| 1385 | Hydku |
| 1416 | Hegiku |
| 1419 | zum Heiligen Stein |
| 1446 | Heghkw |
| 1454 | Kogkew |
| 1459 | Hegkw |
| 1492 | Hegkew |
| 1556 | allodiatura Hegkwiyensis |
| 1660 | Negikó |
| bis 17. Jh. gebräuchlich | (Oppidum) Hegiku |

| Jahr / Zeitraum | Schreibweise |
| --- | --- |
| 1769 | Negyko |
| 1783 | Hegykeo |
| 1792 | Heiligenstein |
| ab dem 18. Jh. | Hegykő |

*zusammengestellt aus unterschiedlichen Quellen*

## Einige Flurnamen auf der Markung Hegykő

Flurnamen bezeichnen Teile der Gemarkung. Oft sind diese Namen uralt. In jedem Falle stammen sie aus Zeiten, in denen das Leben der Menschen überwiegend durch die Landwirtschaft geprägt war und sich das tägliche Gespräch um dieses Thema drehte. Durch die Flurnamen konnten Örtlichkeiten wie Wiesen, Felder, Weiden etc. rasch lokalisiert werden und jeder wußte, wovon die Rede war. Flurnamen können Auskunft geben u.a. über Besitzer, Nutzung, Größe oder Eigenarten des Geländes oder der Grundstücke.

Da Hegykő über lange Zeiten durch Großgrundbesitz bzw. große Besitztümer geprägt war, finden sich auf der relativ weitläufigen Markung dennoch vergleichsweise wenige Flurnamen im Gegensatz zu anderen Gegenden Mitteleuropas, in denen die Fluren durch Klein- und Kleinstbesitze extrem zersplittert sind, wie man es etwa im Schwäbischen oft findet.

Viele der Hegykőer Flurnamen wurden bereits 1767 erwähnt und viele von ihnen stehen auch in modernen Karten und Plänen. Mehr noch finden sich in *Szigethi (2021)*. Manche der Flurnamen gingen auch in die neueren Straßennamen ein.

| Flurname ungarisch | deutsche Übersetzung etwa |
| --- | --- |
| Alsó Sziget | *Untere Insel* |
| Alsószer | *Unteres Stück* |
| Bánhossza | *Besitz des Banus (=Adelstitel)* |
| Domb Dülő | *Bühlrain* |
| Erdős Földek | *Waldäcker* |
| Félholdás | *Halbmorgen* |
| Felső Sziget | *Obere Insel* |
| Fertői Dülő | *Seerain* |
| Gyula Dülő | *Juliusrain* |
| Kakashalom | *Hahnenbol* |
| Kenderszer | *Hanfländer* |
| Két Út közi Dülő | *Zwischen den Wegen* |
| Kis Bajcsa | *?* |
| Konyha Alja | *Küchenboden* |
| Közép Dülő | *Mittlerer Rain* |
| Marci Völgy | *Martinstal* |
| Nádas | *Im Röhricht* |
| Nagy Bajcsa | *?* |
| Pajtaalja | *Scheunengrund* |
| Pinnye Út feletti Dülő | *Ob dem Freindorfer Weg* |
| Pokolsás | *Höllenried* |
| Répaföld | *Rübenfeld* |

| Flurname ungarisch | deutsche Übersetzung etwa |
| --- | --- |
| Rövid Dülő | Kurzer Rain |
| Szilvadülő | Pflaumenrain |
| Telkes Gazdák Legelője | Großbauernweide |
| Urassági Erdő | Herrenwald |
| Zsellérek Dülő | Kätnerrain |

*Übersetzungen ins Deutsche: O. Meiser*

## Straßennamen von Hegykő

| ungarischer Name der Straße | deutsche Übersetzung bzw. Bedeutung |
| --- | --- |
| Alsószer u. | Unteres-Teil-Str. (nach Flurnamen) |
| Bartók Béla u. | nach Béla Bartók (1881-1945), ung. Komponist |
| Béke u. | Friedensstr. |
| Erdősföld u. | Waldland-Str. (nach Fln.) |
| Fertő u. | Neusiedler-See-Str. |
| Forrás u. | Quellstr. |
| Fürdő u. | Badstr. |
| Halastó u. | Fischteichstr. |
| Hosszúkertek u. | Langgärten-Str. (nach Fln.) |

| ungarischer Name der Straße | deutsche Übersetzung bzw. Bedeutung |
|---|---|
| Iskola u. | *Schulstr.* |
| Jókai u. | *nach Mór Jókai (1825-1904), ung. Erzähler* |
| Kenderszer u. | *Hanfländer-Str. (nach Fln.)* |
| Kertekalja u. | *Gärtengrund-Str. (nach Fln.)* |
| Kisérek u. | *Kleine-Adern-Str. („kleine Bächlein")* |
| Kossuth Lajos u. | *nach Lajos Kossuth (1802-1894), ung. Staatsmann* |
| Mező u. | *Landstr.* |
| Nádarató u. | *Schilfernter-Str.* |
| Nyárfa sor | *Pappelzeile* |
| Pakusás u. | *nach Fln.* |
| Patak u. | *Bachstr.* |
| Petőfi Sándor u. | *nach Sándor Petőfi (1823-1849), Dichter* |
| Rétföld u. | *Wiesenland-Str.* |
| Szamár út | *Eselsweg* |
| Szent Mihály u. | *St. Michael-Str.* |
| Sziget u. | *Inselstr.* |

| ungarischer Name der Straße | deutsche Übersetzung bzw. Bedeutung |
| --- | --- |
| Tó u. | *Seestr.* |
| Viola u. | *Veilchenstr.* |

## Einwohnerzahlen von Hegykő

| Jahr | Einwohnerzahl | Anzahl der Häuser |
| --- | --- | --- |
| 1598 | - | 18 |
| 1697 | 392 | |
| 1714 | 250 | |
| 1735 | 474 | |
| 1748 | 400 | |
| 1762-1781 | - | 71-83 |
| 1780 | 489 | |
| 1784 | 499 | 86 |
| 1785 | 510 | 86 |
| 1800-1808 | - | 74-79 |
| 1802 | 540 | |
| 1810 | 529 | |
| 1812 | 550 | 78 |
| 1815 | 561 | |
| 1820 | 615 | |

| Jahr | Einwohnerzahl | Anzahl der Häuser |
|---|---|---|
| 1825 | 641 | |
| 1828 | 678 | 78 |
| 1830 | 701 | |
| 1831 | 698 | |
| 1833 | 609 | |
| 1835 | 605 | |
| 1840 | 661 | |
| 1846 | 696 | 94 |
| 1848 | 731 | |
| 1850 | 828 | 88 |
| 1854 | 800 | |
| 1856 | | 90 |
| 1857 | 700 | |
| 1864 | 700 | |
| 1869 | 978 | - |
| 1870 | 979 | 126 |
| 1873 | 868 | |
| 1875 | 979 | |
| 1881 | 1079 | 133 |
| 1891 | 1150 | 156 |
| 1895 | 1150 | |
| 1900 | 1337 | 182 |

| Jahr | Einwohnerzahl | Anzahl der Häuser |
| --- | --- | --- |
| 1910 | 1320 | 188 |
| 1911 | 1321 | |
| 1920 | 1394 | 213 |
| 1930 | 1513 | 244 |
| 1941 | 1589 | 265 |
| 1949 | 1631 | |
| 1970 | 1614 | |
| 1980 | 1357 | |
| 1984 | 1247 | 352 |
| 1990* | 1242 | 383 |
| 1995 | 1270 | 410 |
| 2001* | 1260 | 442 |
| 2005 | 1276 | 481 |
| 2011* | 1441 | 563 |
| 2015 | 1588 | 574 |
| 2019 | 1745 | 604 |
| 2021 | 1776 | 638 |

*nach Szigethi (2021) und Kovácsné / Völgyi (2001), sowie (ab 1990) Zentralamt für Statistik (Központi Statisztikai Hivatal), ergänzt um weitere, einzelne Quellen.*

*Angaben ohne die Meierhöfe. Leer = keine Angabe gefunden od. vorhanden. * = Jahr mit Volkszählung.*

# Schülerzahlen der Schule von Hegykő

| Schul-(Jahr) | Schülerzahl |
| --- | --- |
| 1770 | 24 |
| 1797 / 98 | 23 |
| 1811 / 12 | 38 |
| 1820 / 21 | 66 |
| 1830 / 31 | 52 |
| 1847 / 48 | 105 |
| 1855 / 56 | 90 |
| 1862 | 116 |
| 1873 | 115 |
| 1883 | 151 |
| 1894 | 170 |
| 1903 | 186 |
| 1916 / 17 | 188 |
| 1927 / 28 | 155 |
| 1935 / 36 | 221 |
| 1942 / 43 | 193 |
| 1943 / 44 | 215 |
| 1948 | 230 |
| 1960 | 297 |
| 1978 / 79 | 219 |
| 2017 | 187 |
| 2021 | 190 |

*zusammengestellt aus diversen Quellen*

# Ordnung muß sein! Sowohl in der Schule…

## *Schul-Hausordnung*

### *ausgearbeitet von Oberlehrer Géza Rózsás 1909*

<u>*Disziplinarische Regeln,*</u>

*die da von jedem in die Schule gehenden Schüler streng einzuhalten*

*I. vor der Schule*

*1. Jeder Schüler möge so früh aufstehen, daß er zur erforderlichen Zeit in der Schule erscheinen kann.*

*2. Nach dem morgendlichen Aufstehen soll er sich waschen und kämmen und seine Fingernägel – wenn sie gewachsen sind – schneiden.*

*3. Seine Kleidung soll stets sauber sein. Nie soll ein Schüler in lumpiger Kleidung in der Schule erscheinen.*

*4. Seine Schulsachen soll er immer an sicherem Ort verwahren, so daß er sie stets wiederfinde.*

*5. Von zu Hause soll der Schüler so losgehen, daß er weder früh noch spät, sondern immer eine Viertelstunde vor Unterrichtsbeginn in der Schule erscheine.*

*6. Von zu Hause fortgehend soll der Schüler seinen Eltern die Hand küssen, sie loben und so in die Schule aufbrechen. Unterwegs soll er auf dem Hin- wie Rückweg jedermann grüßen.*

7. Vor dem Hineingehen in die Schule reinige der Schüler sein Schuhwerk, sowie seine Kleidung von Staub, Schmutz und Schnee und trete erst dann ein.

8. Von der Puszta kommende Kinder möchten solche Nahrungsmittel, welche die Luft der Schule verschlechtern wie z.B. nach Knoblauch riechendes Fleisch oder Wurst, nicht mitbringen.


*II. In der Schule.*


1. Im Winter soll der Schüler nicht an den Kamin gehen, sondern dort auf der Bank an einem bezeichneten Platz sitzen.

2. Beim Eintreten des Lehrers stehen die Schüler auf, grüßen und bleiben solange stehen bis das Zeichen zum Setzen gegeben wird.

3. Der Schüler sitzt in einer Reihe auf der Bank und richtet, sofern nicht mit einer anderen Sache beschäftigt, seine Aufmerksamkeit auf den Lehrer.

4. Was der Lehrer befiehlt, soll freudig und genau befolgt werden.

5. Sprechen und antworten ist nur jenem erlaubt, der dazu aufgerufen wird. Wenn geantwortet wird, geschehe es laut, damit es jeder verstehe.

6. Wenn jemand antworten möchte, hebe er die rechte Hand. Einem anderen vorflüstern ist nicht erlaubt.

7. Wenn jemand Notdurft hat, hebe er die linke Hand und bitte um Erlaubnis.

8. Um zehn Uhr wird eine zehnminütige Pause gegeben, in welcher zunächst die Jungen und dann die Mädchen an bezeichneten Ort ihre Notdurft verrichten. Auf den Boden spucken und die Aborte beschmutzen ist nicht gestattet, auch nicht das Beschmieren der Wände und Türen.

9. Die Bänke oder Schulmaterialien zu bekritzeln oder zu beschmutzen ist verboten.

10. Während des Unterrichts ist das Essen und Trinken nicht erlaubt.

11. Wenn während des Unterrichts jemand in die Schule kommt, sollen die Schüler aufstehen und grüßen. Fremden ist das Betreten des Klassenraumes untersagt.

12. Anderen Schüler etwas wegzunehmen oder auszutauschen ist nicht gestattet. Gefundene Gegenstände müssen auf das Lehrerpult gelegt werden.

13. Einen anderen zu beschimpfen, zu verletzen oder zu verachten ist streng verboten.

14. Sich untereinander zu zanken oder zu prügeln ist verboten.

15. Die Schüler sollen sich gegenseitig wie Geschwister lieben und untereinander gutwillig und friedliebend sein.

16. Nach dem Ende des Unterrichts sollen die Schüler ihre Schulsachen zusammenpacken, beten und sich paarweise von der Schule entfernen.


III. In der Kirche.


1. Die Schüler gehen unter der Führung des Lehrers in schöner Ordnung paarweise von der Schule in die Kirche. Die Bücher lassen sie in der Schule. In der Kirche knien sie in einer Reihe vor dem Altar und singen aus ihren Gebetbüchern. Beim Hinknien tun sie dieses auf beiden Knien, halten ihre Hände zusammen und führen sich fromm auf. Nach Ende der Messe verlassen sie mit einem Kniefall die Kirche.

2. Bei kirchlichen Prozessionen gehen die Schüler unter der Führung ihres Lehrers paarweise, beten und singen, wie es der Lehrer im Allgemeinen vorschreibt.

3. Bei Beichte und Kommunion meiden sie das Gedrängel und verhalten sich nach der Anweisung ihrer Lehrer.

4. Wenn die Kinder paarweise aus der Kirche herauskommen, gehen sie ohne Lärmen entweder in die Schule oder nach Hause, je nachdem, was ihnen vorher gesagt wurde.

*IV. Außerhalb der Schule.*

*1. Wenn die Kinder von der Schule nach Hause gehen, grüßen sie jeden; daheim angekommen grüßen sie und küssen ihren Eltern die Hand.*

*2. Während des Spielens auf der Straße ist das gegenseitige Prügeln, Bewerfen mit Steinen und Schlagen mit dem Stock streng untersagt. Es ist nicht erlaubt, ein Messer mit sich zu führen.*

*3. Wenn jemand in der Schule bestraft wurde, ist es nicht erlaubt, dies zu Hause zu erzählen oder denjenigen zu verspotten und zu beschimpfen.*

*4. Die Schüler sollen eines anderen Eigentum nicht anrühren, keinen Schaden verursachen und die Hunde nicht bewerfen oder reizen.*

*5. Jeder an ihnen vorbeikommende Erwachsene ist mit Respekt – den Hut ziehend – zu grüßen.*

*6. Wenn die Kinder ihre Lektion gelernt haben und ihnen von den Eltern nichts anderes befohlen wird, können sie spielen; jedoch nur erlaubte Spiele. Um Knöpfe oder Geld spielen ist streng verboten.*

*7. Sie sollen Häuser und Türen nicht bekritzeln und besudeln.*

*8. Es ist streng verboten, Fuhrwerken nachzulaufen oder auf sie aufzuspringen.*

*9. Die Kinder sollen nicht verschwitzt Wasser trinken und sich nicht im frühen Frühjahr auf den feuchten Boden legen.*

*10. Am Straßenrand im Staub zu spielen ist gefährlich.*

*11. Die Kinder sollen nicht in unbekannten Gewässern baden und beim Baden Kleidung oder eine Schürze verwenden. Sie sollen sich nicht auf dünnes Eis begeben.*

*12. Sie sollen nicht unbekannte Kräuter, Beeren oder Pilze verzehren, da sie dann sterben können.*

13. Mit Feuer oder Streichholz zu spielen oder dieses mit sich zu führen, ist nicht erlaubt.

14. Vögel zu fangen, Tiere zu quälen, Eier und Nester auszunehmen und Bäume zu beschädigen, ist streng verboten.

15. Bei häuslichen Feiern sollen die Kinder keinen Wein oder Pálinka trinken.

16. Es ist verboten, in die Kneipe zu gehen oder sich in deren Umgebung aufzuhalten; gleichermaßen ist es verboten, in Tanzlokale zu gehen. Auch mit Erlaubnis der Eltern ist das nicht gestattet.

17. Grundsätzlich sollen sich die Schüler so verhalten, daß ihr Verhalten bei jedermann auf allgemeine Liebe stößt. Wer sich nicht verhält wie in den genannten Punkten aufgeführt, richtet sich gegen Gott, gegen seine Mitmenschen, seine Eltern, seine Lehrer, sowie gegen die Passanten und wird seiner Strafe nicht entgehen.

18. An die Einhaltung dieser Regeln ist jeder Schüler streng gebunden.

*Hegykő, Ansicht von Osten mit Schneeberg. Foto: O. Meiser (2016)*

...als auch sonst im Dorf!

## Rundbrief des Gemeindeamtes vom 22. Mai 2013,

der freundlicherweise auch in deutscher Sprache in dem untenstehenden Wortlaut an die Immobilieneigentümer ging

*„Sehr geehrte Immobilieneigentümer!*

*Sehr geehrte Immobiliennutzer!*

*Im Sinne der Erhaltung der Sauberkeit, der Ordnung unserer Gemeinde, die Vorbeugung der Nachbarstreitigkeiten, die Erhaltung der Gesundheit der Menschen – vor der Sommersaison – möchten wir Sie auf einige aktuelle, die Immobilieneigentümer betreffende Rechtsvorschriften und Angebote wie folg aufmerksam machen:*

*Die Eigentümer (Nutzer) der Immobilien müssen sich gegen schädliches Unkraut schützen. Eine gesonderte Verpflichtung bedeutet innerhalb von Unkraut der Schutz vor der Ambrosie. In diesem Fall muss man jedes Jahr bis zum 30. Juni die Bildung der Blütenknospen der Ambrosie verhindern, und danach muss man diesen Zustand bis Ende des Vegetationszeitraumes (Herbst) fortlaufend aufrechterhalten.*

*Wenn der Eigentümer (Nutzer) dieser Verpflichtung auch entgegen des entsprechenden Beschlusses nicht nachkommt, veranlassen wir eine Verteidigung zu Gemeinschaftsinteressen! Im Rahmen dieser Verteidigung verrichtet die Unkrautbekämpfung ein von uns beauftragter Unternehmer, wer auch ohne die Genehmigung des Eigentümers (Nutzers) die Immobilie betreten darf. Die Kosten der Verteidigung trägt der Eigentümer (Nutzer), welche Kosten die staatliche Steuerbehörde wie Steuern eintreibt. Neben den Vollzugskosten müssen wir gegen die unterlassende Person eine Pflanzenschutzgeldbuße verhängen, die Summe dieser Geldbuße ist abhängig von der Größe der betroffenen Fläche, und liegt zwischen 15 000,- Ft und 5 000 000,- Ft(!). Die Pflanzenschutzgeldbuße kann auch widerholt verhängt werden.*

*Die Eigentümer (Nutzer) der Immobilie müssen nicht nur für die Sauberhaltung, und die Beseitigung der den problemlosen Abfluss des Regenwassers behindernden Gegenstände auf den eigenen Flächen sorgen, sondern auch für die Grünspur zwischen der Immobilie und der Straße (öffentliches Gebiet), sowie für die sich hier befindende offene Kanal und der Kunstgegenstände. Genauso muss man natürlich die Bürgersteige vor den Immobilien sauber halten. Die Eigentümer (Nutzer) der Eckimmobilien betrifft diese Verpflichtung auf beiden Straßenabschnitten.*

*Die Unterbringung des bei der Unkrautbekämpfung, bei der Sauberhaltung der Immobilien, Pflege der holzigen Pflanzen entstandenen sogenannten Gartenabfalles (abgeschnittene Grünpflanzen, Gras, Laub, Schnittabfall usw.) ist Aufgabe (Verantwortung) des Eigentümers (Nutzers) der Immobilie. Diese müssen entweder auf der eigenen Fläche untergebracht, kompostiert werden, oder man kann diese mit dem Kauf und dem Abtransport des hierfür eingeführten „Grünen Sackes" von der die Abfallbehandlung verrichtenden STKH Kft. „entsorgt" werden. Theoretisch ist das verbrennen des Gartenabfalls nicht verboten, die Bedingungen hierfür wird aber dies Selbstverwaltung wahrscheinlich in den nahen Zukunft in einer örtlichen Verfügung regeln. Bis dahin bitten wir in solchen Fällen mit der größtmöglichen Sorgfalt, bei Windstille, auch die Interessen der Nachbarn vor Augen haltend zu verfahren. Die Verbrennung von sonstigen Abfällen ist verboten!*

*Wir möchten alle Immobilienbesitzer und –Nutzer bitten, die lärmigen Tätigkeiten (Rasenmähen und Bauarbeiten inbegriffen) mit der kleinsten Störung der Ruhe der Nachbarn zu verrichten. Zur Vermeidung der späteren (Rechts-)Streitigkeiten empfehlen wir diese Tätigkeiten an Werktagen zwischen 7 und 19 Uhr, am Samstag zwischen 8 und 16 Uhr zu verrichten, und am Sonntag diese möglichst vollkommen zu unterlassen.*

*Wir machen Sie betont darauf aufmerksam, daß Abfall (auch Gartenabfall inbegriffen) nicht auf sich im Eigentum (Nutzung) anderer befindlichen – auch leeren – Grundstücken und auf öffentlichen Flächen – weder im inneren, noch im äußeren Bezirk der Gemeinde – untergebracht werden darf! Wir werden – ohne Erwägung – Anzeige gegen jede Person erheben, welche Person dies trotzdem tut.*

*Wir wissen, dass die Mehrheit der Immobilieneigentümer auch vor unserem Brief so verfahren hat. Man muss aber auch wissen, dass wir gegen die diese Regeln verletzenden in vielen Fällen auf Amtswegen, oder auf Anmeldung (Anzeige) durch de Bevölkerung amtliche Verfahren abwickeln müssen. Unseren Informationsblatt haben wir für die Vorbeugung dieser Angelegenheiten, und wie in der Einleitung geschrieben, für die Erhaltung der Sauberkeit und der Ordnung unserer Gemeinde zusammengestellt.*

*Wir danken Ihnen für Ihre Kooperation. "*

Anmerkungen des Autors:

Mit den Ambrosien sind die Traubenkräuter (*Ambrosia spec.*), v.a. das Beifußblättrige Traubenkraut (*Ambrosia artemisiifolia*) gemeint.

Die aus der Neuen Welt eingeschleppte Pflanze ist hochallergen und kann schon bei geringem Kontakt Hautirritationen und Asthma auslösen. Bitte wirklich Vorsicht damit und unbedingt meiden!

STKH Kft.: der Abfallentsorgungs-Zweckverband (Müllabfuhr).

*Sport- und Festhalle Hegykő. Foto: O. Meiser (2022)*

# Glossar spezieller ungarischer Begriffe

| ungarisch | deutsch |
| --- | --- |
| *batyú* | das Bündel der ung. Landfrauen |
| *bécsi piros* | Wiener Rot; Farbe für trad. Unterröcke |
| *bivaly* | der Wasserbüffel (*Bubalus arnee*) |
| *bogrács* | der Gulasch(suppen)kessel |
| *böllér* | der Schlächter, Schlachthelfer |
| *bucsú* | die Kirmes, Kirbe, Kirchweih |
| *bugyoga, butykos* | ein Typ von Wasserkrug |
| *cicefarka* | der Rattenschwanz (bei Mädchenfrisur) |
| *egészségére / egészségedre!* | auf Ihr Wohl / auf dein Wohl! |
| *emelőháló* | die Daubel, das Hub- oder Hebenetz |
| *fejkosár* | der auf dem Kopf zu tragende Korb |
| *fonott korsóüveg* | eine Korbflasche |
| *fülemüle* | die Nachtigall |
| *gulyás* | der Rinderhirte |
| *gulyásleves* | die Gulaschsuppe |
| *hálomsíros kultúra* | die Hügelgräberkultur |
| *hálóvarsa* | die Netzreuse |
| *irtásföld* | durch Trockenlegung oder Entwässerung zu Ackerland umgebrochenes Gelände |
| *ispán* | der Gespan, altung. Gutsverwalter |
| *kapcá* | der Winterstrumpf |

| ungarisch | deutsch |
| --- | --- |
| *karkosár* | der Armkorb |
| *kettős fazék, ikerfazék* | doppeltöpfiger Henkelmann für Mahlzeiten |
| *kishold* | der „Kleinmorgen" (= 3.586,25 m²) |
| *kocér* | das Stoßeisen (Werkzeug zum Schilfernten) |
| *kocsma* | eine einfache Dorfkneipe, ein Beisl |
| *kolács* | die Golatsche (Hefegebäck, gerne zu Hochzeiten) |
| *kötöződrót-orsó* | Bindedraht-Schlinge zum Schilfernten |
| *krisztuspapucs* | „Christusschlappen" (aus Autoreifen) |
| *kürtő* | Labyrinth-Reuse aus Rohrgeflecht |
| *mangalica disznó* | das Mangalitza-Schwein, Wollschwein |
| *mázsa* | alter ung. Zentner (56 kg) |
| *méritő* | der Kescher |
| *moslék* | der Schweineeimer, Saukübel |
| *nyél* | die Fischgabel |
| *otthonka* | die Kittelschürze (gerne rosa-lila) |
| *öl* | ungar. Klafter, alte Maßeinheit, ca. 1,9 m |
| *pálinka* | ungarischer Brand, insbes. aus Marillen |
| *piác / piácozás* | der Markt / der Marktgang |
| *poncichter* | „Bohnenzüchter", schwäb. Winzer in Sopron |
| *rác birka* | das Zackelschaf, Reitzenschaf |

| ungarisch | deutsch |
| --- | --- |
| *rendszerváltás* | die Wende 1989, der „Systemwechsel" |
| *sárgarigó* | der Pirol (*Oriolus oriolus*) |
| *szürke marha* | das Graurind, Steppenrind |
| *stafírung* | die Aussteuer (dt. Lehnwort) |
| *sváb* | der Schwabe, oft allg. für alle Deutschen |
| *tapogató* | die Korbreuse |
| *teknő* | der hölzerne Backtrog |
| *tolókasza* | die Schubsense (für die Schilfernte) |
| *tornác* | der überdachter Hausgang, die Veranda |
| *Vasfüggöny* | der Eiserne Vorhang |
| *vatolag* | der tragbare Trinkwasserbehälter |
| zubbony | der Arbeitskittel |

*Neubaugebiet Rétföld utca. Foto: O. Meiser (2022)*

# Übersetzung der im Text erwähnten Ortsnamen

*Zusammenstellung: O. Meiser*

die Anordnung der Spalten stellt keinerlei Wertung dar!

leer: nicht existierend od. unbekannt

I. in Ungarn liegende Orte.

| ungarisch | deutsch | kroatisch |
| --- | --- | --- |
| Ágfalva | Agendorf | Agendrof |
| Balf | Bad Wolfs (St. Wolf-gang) | |
| Brennbergbánya | Brennberg | |
| Csepreg | Tschapring | Čepreg |
| Csorna | Gschirnau | |
| Ebergőc | Börgötz, Ebergötzen | |
| Ezüst Tó | Silbersee | |
| Felsőcsatár | Ober-Schilding | Gornij Četar |
| Fertő | Neusiedler See | Nežidersko jezero |
| Fertőboz | Holling | |
| Fertőd | Esterhaza | Herceško |
| Fertőendréd | Großandrä | |
| Fertő-Hanság-Főcsa-torna | Einser-Kanal | |

| ungarisch | deutsch | kroatisch |
| --- | --- | --- |
| Fertőhomok | Amhagen | Umok |
| Fertőrákos | Kroisbach | Krojspuh |
| Fertőszéplak | Schlippach am See | Siplak |
| Fertőszentmiklós | St. Nik(o)lau(s) am See | Nikola |
| Győr | Raab (Stadt) | Jura |
| Hanság | Wa(a)sen | |
| Harka | Harkau | Horka |
| Hegykő | Heiligenstein | Hečko, Hečkur oder Hiećka |
| Hidegség | Klein-Andrä | Vedešin |
| Ikva | Ikwa, Spitalbach, Eicha | |
| Irottkő | Geschriebenstein | |
| Kapuvár | Kobrunn | |
| Király Tó (bei Osli) | Königssee | |
| Kisalföld | Kleine Ung. Tiefebene | Mali Alfeld |
| Kiscenk | Klein-Zinkendorf | |
| Kópháza | Kohlnhof | Kolnjof |
| Kőszeg | Güns | Kiseg |
| Lébény | Leiden | |
| Lövő | Markt Schützen | Livir |
| Nagycenk | Groß-Zinkendorf | |
| Nyugat-Dunántúl | West-Transdanubien | Zapadno Podunavle |
| Nagylózs | Losing | |

| ungarisch | deutsch | kroatisch |
| --- | --- | --- |
| Osli | | Ošlija |
| Pereszteg | Perestagen | |
| Pinnye | Pinier, Freindorf | |
| Pusztacsalád | Altschladen | |
| Rába | Raab (Fluß) | Raba |
| Rák Patak | Krebsbach | |
| Sarród | Schrollen | Šrolna |
| Sárvár | Kotenburg | Mala Sela (slow.) |
| Szigetköz | die Große Schüttinsel | |
| Sopron | Ödenburg | Šopron |
| Sopronbánfalva | Wandorf | |
| Soproni Hegység | Ödenburger Gebirge | Šopronsko gorje |
| Sopronkőhída | Stein am Brückl | |
| Sopronkövesd | Gissing | |
| Szombathely | Stein am Anger | Subotište |
| Várhely (bei Sopron) | Burgstall | |
| Zsámbék | Schambeck | |
| Zsira | Tening | Žira |

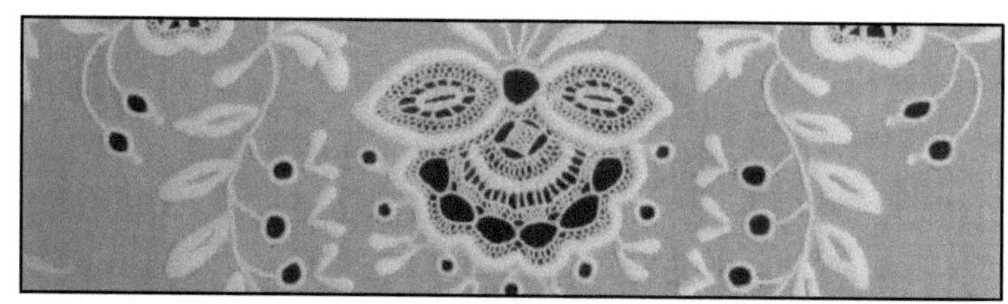

## II. im heutigen Österreich liegende Orte

| deutsch | ungarisch | kroatisch |
| --- | --- | --- |
| Andau | Mosontarcsa | |
| Bad Neusiedl am See | Nezsider | Niuzalj |
| Burgenland | Őrvidék, Várvidék | Gradišće |
| Deutschkreutz | Sopronkeresztúr | Kerestur |
| Donnerskirchen | Fertőfehéregyháza | Bijela Crikva |
| Draßburg | Darufalva | Rasporak |
| Eisenstadt | Kismarton | Željezno |
| Forchtenstein | Frakno | Fortnava |
| Geschriebenstein | Irottkő | |
| Gols | Gálos | |
| Haschendorf (b. Necken-markt) | Hasfalva | Hošindrof |
| Lackenbach | Lakompak | Lakimpuh |
| Lockenhaus | Léka | Livka |
| Lutzmannsburg | Locsmánd | Lucman |
| Mörbisch | Fertőmeggyes | Merbiš |
| Neckenmarkt | Sopronnyék | Lekindrof |
| Neusiedler See | Fertő | Neždersko jezero |
| Nikitsch | Fülés | Filež |
| Oberpullendorf | Felsőpulya | Gornja Pulja |
| Oggau | Oka | Cokula |

| deutsch | ungarisch | kroatisch |
| --- | --- | --- |
| Pamhagen | Pomogy | |
| Purbach | Feketeváros | Porpuh |
| Raab (Fluß) | Rába | Raba |
| Rust | Ruszt | Rušta |
| Sigleß | Siklós | Cikleš |
| St. Margarethen | Szentmargitbánya | (Sveta) Margareta |
| Stoob | Csáva | Štuma |
| Waasen | Hanság | |
| Wulka | Vulka | Vulka |

*Nachbarort Fertőhomok (kroat. Umok), Foto: O. Meiser (2007)*

# Leben in Hegykő und Ferien in der Region

Hegykő bietet eine solide Grundversorgung für den Alltag. Es gibt derzeit u.a.

- mehrere Lebensmittelgeschäfte
- einen kleinen Wochenmarkt (samstags)
- eine Bäckerei
- Blumenläden
- einen Haushaltswarenladen
- Modeboutique
- Friseure
- Schönheitssalons
- Kfz-Reparatur und Karosseriebau
- Postamt
- Geldautomat (nächste Banken in Fertőd)
- eine Praxis für Allgemeinmedizin
- Zahnärzte
- Masseur
- katholische Kirche

Vieles, was sich in Hegykő nicht besorgen läßt, kann man inzwischen, ohne sich in das immer verkehrsreichere Sopron stürzen zu müssen, im nahen Fertőd oder Fertőszentmiklós erledigen. Beide Orte sind verwaltungsmäßig gesehen nach ihrem Status Städte; letzteres seit 2008, weshalb seit dieser Zeit auch Fernzüge dort halten.

Für Besucher verfügt Hegykő über:

- Thermalbad mit Innen- und Außenbecken, sowie Sauna
- mehrere Pensionen bzw. eine größere Palette von Ferienwohnungen und Dorfunterkünften
- einen Campingplatz mit bis zu max. 200 Stellplätzen
- Restaurants verschiedener Kategorien
- Cafés (davon eines neben einem Kinderspielplatz)
- eine Pizzeria

*Das Thermalbad Hegykő aus der Vogelperspektive. Foto: O. Meiser (2016)*

Der Ferienstandort Hegykő ermöglicht:

- Kuren in Thermalbädern

- Fahrradtouren auf dem Neusiedler-See-Radweg

- Naturbeobachtungen im Nationalpark mit Besuch der Nationalparkzentren Fertőújlak und Illmitz (A)

- Wanderungen im Szárhalmi-Wald und im Ödenburger Gebirge

- Wassersport-Aktivitäten und Baden am Neusiedler See oder am Badesee von Tómalom

*Dorfarztpraxis von Hegykő. Foto: O. Meiser (2021)*

- Museumsbesuche: Spitzenhaus Hegykő, Bauernhausmuseum und Lampenmuseum in Fertőszéplak, Heimatstube von Fertőhomok, Dorfhaus von Sarród

- Unternehmungen in Sopron: mittelalterliches Stadtbild, Museen, Einkaufen.

- Schloßbesuche in Fertőd (UNESCO-Welterbe) und Nagycenk

- speziell für Kinder: Hof mit alten Nutztierrassen in Lászlómajor bei Sarród, Waldeisenbahn von Nagycenk, Draisinentouren in Deutschkreutz (A), Kleinzoo in Pamhagen (A), sowie in Sopron: Kinder-Erlebnismuseum Macskakő, Sommer-Bobbahn und Klettergarten.

*Apotheke von Hegykő. Foto: O. Meiser (2022)*

- Besuch von kulturellen Events: Tízforrás-Festival in Hegykő (Musik aller Art; auch Film), Volt-Fesztivál Sopron (Pop), Höhlentheater von Fertőrákos (überwiegend klassische Musik), Höhlentheater im Römersteinbruch St. Margarethen (A; Oper), Liszt-Festival (Raiding, A), Haydn-Festival und Schloßkonzerte in Fertőd und Eisenstadt (A), Seefestspiele von Mörbisch (A; Operette & Musical)

- Einkaufen in den Designer-Outlet-Centern von Parndorf (A)

- Tagesausflüge nach Szombathely, Győr, Budapest und zum Balaton bzw. nach Eisenstadt, Wiener Neustadt, in die Römerstadt Carnuntum, nach Wien und Bratislava oder für alpine Eindrücke ins Gebiet von Schneeberg und Rax

*Neue Touristen-Info von Hegykő Mariska-Néni-Ház. Foto: O. Meiser (2022)*

Ein *Touristeninformationszentrum* (*Peisonia Látogatóközpont*) gibt es in der Nyárfa Sor neben dem Ödön-Széchenyi-Park. Es heißt ihrer früheren Besitzerin zu Ehren *Tante-Mariska-Haus* (*Mariska Néni Háza*), denn diese hat der Gemeinde ihr Haus zum Zwecke dieser Nutzung hinterlassen.

Hilfreich für Besucher sind u.a.:

*www.hegyko.hu* (offizielle Webseite der Gemeinde Hegykő)

*www.nationalparkneusiedlersee.at* (österr. Nationalparkseite)

*www.ferto-hansag.hu* (ung. Nationalparkseite)

Verkehrsverbindungen für An- und Abreise bzw. Ausflüge:

- nächster Anschluß zur neuen Autobahn M85 Budapest-Győr-Sopron: *Fertőszentmiklós.*

- nächste Grenzübergänge von und zu Österreich: *Deutschkreutz-Kóphto* (16 km; von und nach mittleres Burgenland und Graz), *Schattendorf-Ágfalva* (28 km; von und nach Mattersburg, Wiener Neustadt. <u>Achtung, zeitliche Begrenzungen!</u>), *Klingenbach-Sopron* (27 km; Hauptstraße von und nach südl. Wien, Eisenstadt, Wiener Neustadt), *St. Margarethen-Kőhída* (27 km; Eisenstadt, Rust, Mörbisch) oder *Pamhagen-Fertőd* (15 km; von und nach östl. Wien, Seewinkel, Parndorf, Hainburg, Bratislava). <u>Nur mit dem Fahrrad:</u> *Apetlon / Pamhagen – Fertőújlak* (19 km; in den Seewinkel, Ostufer Neusiedler See) und *Mörbisch-Fertőrákos* (21 km; von und nach Westufer Neusiedler See, Rust).

- nächste Bahnhöfe: *Fertőszéplak-Fertőd* (4,5 km; Verbindung über den Seewinkel und Neusiedl / Parndorf nach Wien), *Fertőszentmiklós* (8 km; Halt für Regional- und Fernzüge nach Győr und Budapest bzw. - mit Umsteigen in Sopron nach Wien oder Wiener Neustadt / Semmering / Graz)

- nächster internationaler Flughafen: *Wien Schwechat (VIE); 83 km.*

- nächster Flugplatz für Privatpiloten: *Meidl-Airport in Fertőszentmiklós; 4 km.*

- Regionalbusse: mehrere Haltestellen im Ort für Verbindungen nach Sopron und Fertőd

- Fernbusse: ab dem zentralen Busbahnhof von Sopron (20 km)

Bus- und Zugfahrpläne von Ungarn unter:
*www.menetrendek.hu (auch englisch)*

*Für Übernachtung, Speis und Trank ist in Hegykő gesorgt! Foto: O. Meiser (2022)*

<u>Vorschläge für Fahrradtouren</u>

Die Region Neusiedler See ist ideal für das Genußradeln, da es bei den Radstrecken verhältnismäßig wenige Steigungen gibt.

Hegykő liegt direkt am 125 km langen, den See komplett umrundenden Neusiedler-See-Radweg. Wer nur die halbe Strecke fahren will, kann die Radlerfähre von Illmitz (Ostufer) nach Mörbisch (Westufer) benutzen. Aber auch kleinere Touren lassen sich unternehmen:

- zur Brücke von Andau (Denkmal im Zusammenhang der deutschen Flüchtlinge 1947/48 und der ungarischen Flüchtlinge 1956): von Hegykő über Fertőd und Nyárliget, vor der Grenze in den Hanság abbiegend. Hin und zurück 64 km.

- Wein-Tour, die streckenweise durch das ungarische Blaufrän-
  kischgebiet führt: Dies ist ein Streckenabschnitt des Neusied-
  ler-See-Radwegs, der von Hegykő nach Fertőrákos und zurück
  führt. 52 km.

- Tour der Baudenkmäler: von Hegykő über Fertőszéplak (Ba-
  rockkirche, Bauernhausmuseum), Fertőd (Schloß), Fertőszentmiklós (Aussichtsturm) und Röjtökmuzsaj (Schloß, Rast am
  Angelteich) zurück nach Hegykő. 35 km.

- Natur-Tour mit Abstecher nach Österreich: von Hegykő nach
  Fertőd und weiter über Sarród und Lászlómajor (Schau-Bauernhof, Heuriger) zum Einser-Kanal (Vogelbeobachtungs-
  turm). Von dort nach Fertőújlak (ung. Nationalparkzentrum
  mit Ausstellung), über die Grenze nach Pamhagen und zurück
  über Nyárliget und Fertőd nach Hegykő. 35 km.

- Széchenyi-Tour: von Hegykő über Fertőhomok, Hidegség und
  Fertőboz nach Nagycenk (Széchenyi-Schloß und –Mauso-
  leen); von dort wieder über Hidegség zurück nach Hegykő. 25
  km.

*Klimafreundlich unterwegs - viele Möglich-
keiten für Gäste. Foto: O. Meiser (2022)*

# Übersichtskarte

*Diese Orientierungskarte hat die Gemeinde für Besucher am Ödön-Szécheny-Platz gegenüber der Touristen-Info aufgestellt.*

417

| **Luftlinienentfernungen von Hegykő** <br> **zu ausgewählten anderen Orten (in km)** <br> *siehe auch: www.luftlinie.org* | |
|---|---|
| Berlin (D) | 596 |
| Bern (CH) | 708 |
| Bratislava (SK) | 63 |
| Brüssel (BEL) | 971 |
| Buchholz / Westerwald (D) | 764 |
| Budapest (H) | 169 |
| Eisenstadt (A) | 32 |
| Fertőd, Schloß (H) | 5,5 |
| Graz (A) | 118 |
| Győr (H) | 63 |
| Jerusalem (ISR) | 2352 |
| Keszthely / westl. Plattensee (H) | 100 |
| Lourdes (F) | 1405 |
| Luxemburg (L) | 815 |
| Mariazell (A) | 116 |
| Mattersburg (A) | 32 |
| Mekka (SAU) | 3567 |
| München (D) | 393 |
| Neusiedl a. See (A) | 36 |
| New York (USA) | 6856 |
| Pfullingen (D) | 570 |
| Schneeberg (A) | 78 |
| Rijeka (HR) | 312 |
| Rom (I) | 721 |
| Santiago de Compostela (E) | 2042 |
| Semmering (A) | 73 |
| Sopron (H) | 16 |
| Szombathely (H) | 45 |
| Wien (A) | 73 |
| Wiener Neustadt (A) | 47 |

*zusammengestellt von O. Meiser*

# Quellenverzeichnis / weiterführende Literatur und Links:

*fett gedruckt: die beiden wichtigsten ungarischsprachigen Hauptquellen zu Hegykő*


*Agrármarketing Centrum / Földmüvelésügyi és Vidékfejlesztési Miniszterium: Hagyományok – Ízek – Régiók – Magyarország hagyományos és tájjellegű mezőgazdasági és élelmiszer-ipari termékeinknek gyűjteménye; Budapest 2002*

*Ambrus, András Dr.: Insektenwelt, Schmetterlinge; aus der Reihe Hefte der Silberreiherburg (Hrsg. Gábor Reischl), o.J.*

*Balassa, Iván / Ortutay, Gyula: Magyar néprajz (Ungarische Volkskunde); Corvina, 3. Aufl. 1982*

*Balázs, Sándor: Zöldségtermesztők Kézikönyve (Handbuch des Gemüsebaus), Mezőgazda Kiadó, 2. Aufl., Budapest 2002.*

*Bárdosi, János: A magyar Fertő halászata (Die Fischerei des Neusiedler Sees), Soproni muzeum kiadványai I., Sopron 1994*

*Benndorf, O. / Bormann, E.: Mittheilungen aus Oesterreich-Ungarn; Jahrgang XVI, bei F.Tempsky; Wien-Prag-Leipzig 1898*

*Berger, Rudolf – Fally, Josef – Lunzer, Hans: Frischer Wind am Steppensee – Friedenspark im Herzen des neuen Europa; Fally-Eigenverlag, Deutschkreutz 1992*

*Boross, Marietta: Zöldségtermelés a Fertő tó déli partján (Gemüsebau am Südufer des Neusiedler Sees); in: Soproni Szemle 1965/4, 19. Jg.*

*Burgenländische Landesregierung (Hrsg.): Burgenland, Landeskunde; Bundesverlag für Unterricht, Wissenschaft und Kunst, Wien 1951*

*Burgenländisches Landesmuseum Eisenstadt (Hrsg.): Höhlen und Karst im Burgenland, aus der Reihe: Wissenschaftliche Beihefte zur Zeitschrift „Die Höhle", Bd.51; Eisenstadt 1998*

*Csatkai / Dercsényi: Sopron és környéke régészeti emlékei (Die archäologischen Denkmäler von Sopron und Umgebung)*

*Csiszár, Attila: A höveji csipke (Die Spitzen aus Hövej); online-Artikel.*

*Csiszár, Attila: A höveji csipke története (Die Geschichte der Spitzen aus Hövej); Internet-Artikel auf www.hovej.hu*

*Fischer, Holger: Eine kleine Geschichte Ungarns; edition Suhrkamp, Frankfurt a. Main 1999*

*Fremdenverkehrsamt des Komitatsrates Győr-Sopron: Illustrierter Führer durch Sopron; Sopron 1959.*

*Freudenberger, Werner: Kultweg Bernsteinstraße – auf dem Weg von Carnuntum nach Aquileia; Styria Regional 2014*

*Geschnatter, Zeitung des Nationalparks, Ausgaben:*

*- 3/1994, Artikel „Wo die Langhörner weiden"*

*- 4/1996, Artikel „Wie der Neusiedler See entstand"*

*- 3/1998, Artikel „See oder nicht See…"*

*- 4/1998, Artikel „Auf dem Weg zur EUREGIO"*

*- 1/1999, Artikel „Von alten Wasserlinien und wandernden Dörfern"*

*- 3/1999, Artikel „Wasser unter dem See".*

*Győr-Sopron Megye Tanácsának Idegenforgalmi Hivatala (Hrsg.): Sopron Környéke – Utikalauz; Sopron 1957*

*Halász, Zoltán: Das Buch vom ungarischen Paprika; Corvina-Verlag, Budapest 1970.*

*Hartlauf, J.: Der Goldschakal in Österreich mit Fokus auf den Lebensraum im Nationalpark Neusiedler See-Seewinkel; Institut für Wildbiologie und Jagdwirtschaft / Goldschakalprojekt der Universität für Bodenkultur Wien, 2018*

*Hegykői Hírek, Informationsblatt der Selbstverwaltung, 17.Jg. 2008 / I: darin Rezept vom Oster-Hefezopf.*

*Hegykői Hírek, Informationsblatt der Selbstverwaltung, 17.Jg. 2008, Sonderausgabe über den „Heiligen Stein"*

*Hegykő und Fertőhomok, Gemeinde: Hegykő, Fertőhomok; Fremdenverkehrsprospekt der beiden Gemeinden, 2006*

Herrmann, Anton Prof. Dr.: Ueber die ungarische Fischerei; in: Ethnologische Mitteilungen aus Ungarn – Zeitschrift für die Bewohner Ungarns und seiner Nebenländer, 1887-88 Nr.2

Historisches Museum der Pfalz Speyer (Hrsg.): Attila und die Hunnen, Konrad Theiss Verlag, Stuttgart 2007

Höpflinger, Franz / Schliefsteiner, Herbert: Naturführer Österreich – Flora und Fauna; Steirische Verlagsgesellschaft mbH, 2002

Hornyansky, Victor (Bearbeiter): Geographisches Lexikon des Königreiches Ungarn; Verl. Gustav Heckenast, Pest 1864

Horváth, Attilané: Örökségünk a Fertő-táj (Unser Erbe, der Neusiedler See),Croatica Kht., Fertőd 2005

Horváth, Emil: Hegykő, Fertőhomok, Hidegség osztály- és rétekszerkezetének alakulása (Die Herausbildung von Klassen und Schichten in Hegykő, Fertőhomok und Hidegség) 1960-1983; in: Soproni Szemle, 38. Jahrgang, 1984/4

Illyés, Gyula: Die Puszta (ung. original: Puszták Népe); Suhrkamp-Verlag, 1999

Ivanics, Ferenc (Hrsg.): Neusiedler See Welterbe, Phare-Kleinprojekt Österreich-Ungarn 2002

Jekelfalussy, József: Magyarország Helységnévtára (Namenarchiv von Ungarn); Pest Könyvnyomda Rt., Budapest 1895

Kaiser, Ottó: A magyar népművészet 1000 csodája (Die tausend Wunder der ungarischen Volkskunst); Alexandra 2015

Karlsbader Wochenblatt Nr. 5 / XVIII. Jahrgang vom 2.2.1878; über „angekommene Curgäste"

Karner, Josef: Burgenland. Ein Heimatbuch für Volks-, Haupt- und Mittelschulen; Österr. Bundesverlag, Wien 1950

Kárpáti László – Fally Josef (Hrsg.): Fertő-Hanság-Neusiedler See-Seewinkel Nemzeti Park, monografikus tanulmányok a Fertő és a Hanság vidékéről, Fertő-Hanság Nemzeti Park Igazgatóság Szaktudás Kiadó Ház, Budapest 2012

Kelemen, István: Fertőhomok 1274 – 2001; Croatica Kht, Budapest 2001

*Keserű, Balázs (ÉDUKÖVIZIG főelőadó): A Fertő tó halai és halászata Keserü (Die Fische und die Fischerei des Neusiedler Sees),  Balázs Fertő tavi hidro-ökológiai tájékoztató rendszer Győr 2008*

*Király, Gergély und Takács, Tamás: A magyar Fertő edényes flórája (Die Flora des Neusiedler Sees in Ungarn); Fertő-Hanság Nemz. Park Igazgatóság, Sarród 2020*

*Király, Gergély und Takács, Tamás: Flora des Nationalparks; aus der Reihe Hefte der Silberreiherburg (Hrsg. Gábor Reischl), o.J.*

*Kisalföld: A rómaiak és a bor (Die Römer und der Wein); in: Ausgabe vom 14.2.2011*

*Kiss, Andrea: Fertő River – a low level signal or something else? (Der Fluß Neusiedler See – Zeichen für niedrigen Wasserstand oder etwas anderes?); in: Chronica 9/10, S.66-77, 2010*

*Kiss, Viktória / Melis Eszter: Arany ékszerek és bronzfegyverek a vasút alatt – a bronzkori temető kincsei Nagycenkről (Goldschmuck und Bronzewaffen neben der Eisenbahn – die Schätze des bronzezeitlichen Friedhofs von Nagycenk); Internet-Artikel der Magyar Tudományos Akadémia vom 6.7.2018*

*Kóczán Tímea: A Fertő halászai (Die Fische des Neusiedler Sees); in: Hegykői Hírek, Informationsblatt der Selbstverwaltung, 17.Jg. 2008, Nr. II.*

*Koenig, Otto: Das Buch vom Neusiedlersee; Wiener Verlag, Wien 1961*

*Kollerfy, Michael: Ortslexikon der Länder der Ungarischen Krone mit Rücksicht auf die verschiedenen Zweige der Verwaltung; Franklin-Verein, Budapest 1875*

***Kovács, Ibolya & Völgyi, János: Hegykő község története a kezdetektől a II. világháborúig (Die Geschichte der Gemeinde Hegykő von den Anfängen bis zum Zweiten Weltkrieg); Croatica Kiadó, Budapest 2001***

*Környei Dr., Attila et alii: Győr – Moson – Sopron Megye Települései (Die Siedlungen des Komitats Győr-Moson-Sopron) ; Hazánk Könyvkiadó, Győr 1994*

*Kövary, Georg: Ein Ungar kommt selten allein; Neff-Verlag, Wien 1984*

*Krisch, András: Die Vertreibung der Deutschen aus Ödenburg 1946; Escort, Sopron 2007*

*Kroiss, Hans: Ungarisch für den See – Hans Kroiss macht sich Gedanken zur Herkunft des ungarischen Seenamens „Fertő"; in: Nationalpark Herbst-Geschnatter Nr.3 / Okt. 2013*

*Kugler, Péter: Die Säugetierwelt des Nationalparks; aus der Reihe Hefte der Silberreiherburg (Hrsg. Gábor Reischl), o.J.*

*Lendvai, Paul: Die Ungarn. Ein Jahrtausend Sieger in Niederlagen; Bertelsmann-Verlag, München 1999*

*Mazek-Fialla, Dr. Karl: Die österreichische Seesteppe und der Neusiedler See; Verlag Karl Kühne, Wien 1947*

*Mertens, Hermann: Neuestes Städte-Lexicon – ein Handbuch für Beamte und Geschäftsleute; Verlag der J.C.Hinrich'schen Buchhandlung; Leipzig 1854*

*MezőHír: A hegykői zöldség titkája (Das Geheimnis des Hegykőer Gemüses); Artikel vom 28.1.2014*

*Mohl, Adolf: Der Waasen-Steffel; in: Volk und Heimat, Zeitschrift für Kultur und Bildung des Volksbildungswerkes; 54. Jg. Nr.1/1999*

*Nagy, Csaba: A Fertő – Hanság Nemzeti Park (Der Nationalpark Neusiedler See – Waasen), Alexandra Kiadója, Pécs 2007*

*Napetschnig, Madeleine Mag.: Das Land an der Grenze – eine literarische Begehung; in: Geschnatter, Nationalparkzeitung 1/1999*

*Nationalparkgesellschaft Neusiedler See: Nationalpark Neusiedler See – Seewinkel; o.J.*

*ÖNB: Schritt für Schritt zum Nationalpark Neusiedler See – Seewinkel*

*Eine Festschrift des ÖNB zur Gründung des Nationalparks Neusiedler See – Seewinkel, Salzburg 1993*

*Pellinger, Attila: Vögel des Neusiedler Sees; aus der Reihe Hefte der Silberreiherburg (Hrsg. Gábor Reischl), o.J.*

*Peralta, Miguel Angel: Magyarország gyógyító vizei – Heilende Wässer in Ungarn; Carita Bt. – Pharma Press Kft., Budapest 2004*

*Plihál, Katalin: Magyarország legszebb térképei (Die schönsten Karten Ungarns); Kossuth kiadó – Országos Széchenyi Könyvtár 2009*

*Raffelsperger, Franz: Allgemeines Geographisch-Statistisches Lexikon aller Österreichischen Staaten; Dritter Band Ha-Kz, 2.Aufl. Wien 1846*

*Rebay, Katharina C.: Hallstattzeitliche Grabfunde aus Donnerskirchen; in: Burgenländische Heimatblätter, 67. Jahrgang, Ausgabe 4/2005*

*Retzlaff, Hans & Kunnert, Heinrich: Das Burgenland – deutsche Grenze im Südosten; Verlagshaus Bong & Co., Berlin, o.J. [1941?]*

*Schmid, Thedor Dr.: Der Neusiedler See im Altertum und Mittelalter und das Rätsel des Lacus Peiso;in: Burgenländische Heimatblätter, 1. Jahrgang, Folge 4, Eisenstadt, im Dezember 1932*

*Scholz, Dieter – Baumbach, Anke: Trauer um Alexandra Freifrau von Wrede; in: Neue Westfälische Zeitung vom 10.2.2018*

*Stefánka, László & Krisch, Magdolna: Ausflug am Ufer des Neusiedler Sees; Escort-Buchverlag, Sopron 1999*

*Stefánka, László & Krisch, Magdolna: Ausflüge in der Umgebung von Sopron; Escort-Buchverlag, Sopron 1999*

*Strassmann, Burkhard: Mastbruch im Windhöschen; in: DIE ZEIT Nr.20 vom 11.5.2006.*

**Szigethi, István – Kelemen, István - András Nemes jun. – Osváth, Ádám — Zambó, Júlia: Hegykő történelme (Die Geschichte von Hegykő); herausgegeben von der Gemeinde Hegykő, Druck: Palatia Nyomda és Kiadó Kft., Győr 2021**

*Szondi, Ildikó / Seres, Alíz Ivett: Tengerentúli magyarok (Ungarn in Übersee); in: Acta Universitatis Szegediensis, Forum acta juridica et politica, (1) 2., S. 169-200, 2011*

*Tolnai, Krisztina: Nationalpark Fertő – Hanság; herausgegeben von der Verwaltung des Nationalparks Fertő – Hanság; o.J.*

*Tomka, Péter – Nagy, Andrea – Molnár, Attila: Sie kamen und gingen – Langobarden und Awaren in der Kleinen Tiefebene, Ausstellungsführer; Verwaltung der Komitatsmuseen, Győr 2008*

*Trunkó László: Ungarn; aus der Reihe: Sammlung geologischer Führer, Nr.91;Verlag Gebr. Borntraeger, Berlin – Stuttgart 2000*

*Tutuntzisz, Ákos und Gabriella: Sopron a kelták korában – Vaskori útmutató Sopron és környékéről (Sopron zur Zeit der Kelten – ein Leitfaden für Sopron und Umgebung), Sopron 2005*

*Váczi, Miklós: Unsere gefiederten Jagdkameraden; aus der Reihe Hefte der Silberrei-herburg (Hrsg. Gábor Reischl), o.J.*

*Varga, János: Grenzschutz gegen die Türken im 16.-17. Jahrhundert im Vorraum der Leitha; in: Diesseits und jenseits der Leitha – Grenzen und Grenzräume im Pannonischen Raum, Tagesband der 21. Schlaininger Gespräche 17.-20.9.2001*

*Wagner, Wilhelm J.: Der große Bildatlas zur Geschichte Österreichs; Verlag Kremayr & Scheriau, Wien 1995*

*Wikipedia: Artikel über den Neusiedler See (ungarisch und deutsch), über den Schauspieler K. Eperjes (in ungarischer und deutscher Sprache).*

*WWF Österreich: Gemeinsam für den Erhalt des Schilfgürtels am Neusiedler See; Internet-Artikel vom 1.10.2018*

*www.1csepppalinka.hu, Homepage der Palinka-Destille von Hegykő*

*www.arcanum.com, u.a. historische Karten*

*www.hungaricana.hu,  u.a. historische Karten*

*www.atlas-burgenland.at: u.a. Artikel über die Langobarden von Pannonien*

*www.ferto-hansag.hu: Homepage des ungarischen Nationalparkteils*

*www.fertop.art: Infoseite zu Hegykő und Umgebung*

*www.hegyko.hu: offizielle Seite der Gemeinde*

*www.hegykoiskola.hu: Seite der Grundschule von Hegykő*

*www.hegykoplebania.hu: Seite der Kirchengemeinde Hegykő*

*www.izorzok.hu : Rezept Hegykőer Torte mit gelben Rüben*

*www.kapuvar.hu: Seite der Stadt Kapuvár, u.a. mit der Legende vom Waasen-Steffel.*

*www.nationalparkneusiedlersee.at: Homepage des österr. Nationalparkteils.*

*www.nosalty.hu : Hegykőer Gemüsesuppen-Rezept*

*www.ovodahegyko.hu: Seite des Kindergartens von Hegykő*

*www.sagen.at: u.a. Sagen vom Neusiedler See*

*www.saratermal.hu : über das Thermalbad von Hegykő*

*www.storchenverein.at : Interessantes über Störche am Neusiedler See*

<u>sonstige Quellen:</u>

*Informationstafeln in Hegykő und Hidegség, verfügbare Materialien der Tourismusämter.*

## Hinweise zu im Text verwendeten Abkürzungen

| | |
|---|---|
| ÁVO | *Államvédelmi Hatóság*; ung.-kommunistische Staatssicherheitsbehörde |
| Bgl. | Burgenland |
| dt. | deutsch |
| engl. | englisch |
| Fln. | Flurname |
| it. | italienisch |
| k.A. | keine Angabe |
| kirg. | kirgisisch |
| kroat. | kroatisch |
| lat. | lateinisch |
| MKP | *Magyar Kommunista Part*; Ungarische Kommunistische Partei |
| Mz. | Mehrzahl |
| NÖ | Niederösterreich |
| rum. | rumänisch |
| russ. | russisch |
| slowak. | slowakisch |
| spec. | Spezies, Art |
| ssp. | Subspezies, Unterart |
| Szt. | *Szent* (ung., = Sankt) |
| türk. | türkisch |
| u. | *utca* (ung., = Straße) |
| ung. | ungarisch |
| wiss. | wissenschaftlich |

# Danksagung

Meiner lieben Tochter Aglája Viktória, die sich in ihrer stressigen gymnasialen Oberstufe die Zeit genommen hat, mit ihren Illustrationen Beiträge zu diesem Buch leisten!

Aglája Völker, die mich da und dort beim Übersetzen beraten hat.

Hans und Marika Leicht, die für mich den Ungarnfriedhof in Pocking besucht haben.

allen anderen, die mit Informationen, Rat und Tat zur Seite standen.

*Birdwatcher. Foto: O. Meiser (2019)*

# Über den Autor

*Oliver Meiser* (*1970 in Reutlingen, Baden-Württemberg)

ist nunmehr seit 1997 eng auch mit Hegykő, dem Neusiedler See, Ungarn und der ungarischen Sprache verbunden.

Aufgewachsen in Pfullingen, studierte er nach seinem Abitur in Reutlingen Geowissenschaften und Biologie an der Universität Tübingen und als DAAD-Stipendiat an der Universidade Federal in Rio de Janeiro; arbeitete bei einem Projekt für Entwicklungszusammenarbeit auf Fidschi im Südpazifik. Neben der weiten Welt interessierte er sich auch schon in seiner alten Heimat stets für regionale Themen. Mit einer Diplomarbeit über die heimischen Orchideen seines Wohnortes und deren Kartierung erhielt er seinen Abschluß als Diplom-Geograph. Nebenbei verfaßte er eine Arbeit über schwäbische Flurnamen, für die er im Rahmen des Landespreises für Heimatforschung Baden-Württemberg einen Förderpreis erhielt.

Als Volkshochschul-Dozent leitete Oliver Meiser einige Jahre lang Höhlenexkursionen entlang der Schwäbischen Alb und hielt Vorträge am Naturkundemuseum der Kreisstadt Reutlingen. Heute ist er bei einem namhaften Münchner Reiseunternehmen als Kultur- und Wander-Studienreiseleiter in Europa und Übersee tätig.

Überdies schreibt Oliver Meiser Lyrik und Prosa. Gedichte und Erzählungen wurden im Rahmen von Anthologien in Deutschland und Österreich veröffentlicht. Preise erhielt er u.a. vom Bertelsmann-Verlag, dem Freien Deutschen Autorenverband, von der Bonner Buchmesse Migration und der Stiftung Euronatur. Aus dem Spanischen übersetzte er eine Landeskunde über Peru ins Deutsche.

Seine Begeisterung für Hegykő animierte Herrn Meiser, dieses kleine Heimatbuch für die zahlreichen deutschsprachigen Gäste des Ortes und andere Interessenten in Ungarn und im angrenzenden Österreich zu schreiben.

Falls Sie Anregungen haben, mit eigenem Wissen zu einer Verbesserung der nächsten Auflage dieses Buches beitragen möchten oder mir Ihre DDR-Fluchtgeschichte durch das Schilf des Neusiedler Sees erzählen wollen, freue ich mich, von Ihnen zu hören.

Kontakt zum Autor erhalten Sie über

oli.meiser@web.de

Von Oliver Meiser ist außerdem erschienen:

*Flurnamen, Gewann- und Örtlichkeitsbezeichnungen in Stadt und Markung Pfullingen – unterwegs durch Natur und Kultur.*

*Books on Demand, Norderstedt 2021*
*ISBN-Nr. 978-3-7534-0453*

Die uralte schwäbische Stadt Pfullingen mit ihrer großen und landschaftlich vielfältigen Markung besitzt einen enormen Reichtum an Flur- und Ortsnamen. Diese Flurnamen sind oft viele Jahrhunderte alt und erzählen viel über Natur, Land(wirt)schaft und Geschichte.

Was bedeuten jene Namen, denen man auf Stadtplänen, Karten oder beim Spazierengehen draußen auf Schildern begegnet?

Der Autor und Diplom-Geograph Oliver Meiser, der in Pfullingen aufgewachsen ist und damals für seine Flurnamenforschung einen Förderpreis beim Wettbewerb um den Landespreis für Heimatforschung Baden-Württemberg erhielt, erläutert die Namen und ist mit dem Leser unterwegs: in Stadt und Markung, durch Wald und Flur, entlang von Bächen und auf Bergen.

Ein Heimatbuch für Alteingesessene, sowie Neubürger und alle, die sich für das spannende Thema interessieren.

Als gedruckte Ausgabe oder als Download bei *www.bod.de* oder im Buchhandel – nur solange der Vorrat reicht!